跟老男孩学Linux运维

MySQL入门与提高实践

老男孩 著

机械工业出版社
China Machine Press

图书在版编目（CIP）数据

跟老男孩学 Linux 运维：MySQL 入门与提高实践 / 老男孩著 . —北京：机械工业出版社，2019.1
（Linux/Unix 技术丛书）

ISBN 978-7-111-61367-1

I. 跟… II. 老… III. SQL 语言 – 程序设计 IV. TP311.132.3

中国版本图书馆 CIP 数据核字（2018）第 263939 号

跟老男孩学 Linux 运维：MySQL 入门与提高实践

出版发行：机械工业出版社（北京市西城区百万庄大街 22 号 邮政编码：100037）
责任编辑：张梦玲 责任校对：殷 虹
印 刷：北京瑞德印刷有限公司 版 次：2019 年 1 月第 1 版第 1 次印刷
开 本：186mm×240mm 1/16 印 张：27
书 号：ISBN 978-7-111-61367-1 定 价：99.00 元

凡购本书，如有缺页、倒页、脱页，由本社发行部调换
客服热线：（010）88379426 88361066 投稿热线：（010）88379604
购书热线：（010）68326294 88379649 68995259 读者信箱：hzit@hzbook.com

前言

为什么要写这本书

“跟老男孩学 Linux 运维”系列书籍出版以来，得到了广大网友的一致好评和赞扬，但是也有很多读者和网友从各种渠道对老男孩提出了新的期待，其中之一就是系列书籍中缺少企业中最为关键的 MySQL 实战方向的书籍。

毋庸置疑，所有互联网网站最大的瓶颈就是企业的后端数据库，而 MySQL 更是重中之重，谁掌握了数据库技术，谁就能轻松拿到高薪，并且数据库管理岗位比其他岗位更受企业重视，因为数据安全是企业最重要的生命线，没有之一。由于老男孩平时教学十分繁忙，还要承担公司的管理工作，使得本书的写作一直断断续续。但是，在每次教学讲到 MySQL 技术时，老男孩就会想起读者和网友们的殷殷期待，于是又投入到写作中，本书就是在这种情况下完成的，在此特别感谢所有的读者和网友，没有你们的持续期待和支持，这本书就不会面世。

在长期的运维工作以及深度教学中，老男孩发现很多 Linux 运维人员以及大部分开发人员，都对数据库的技术一知半解，只停留在基本的安装和 SQL 简单使用上，更要命的是大家都觉得数据库很重要，但是在工作中又都很惧怕数据库的管理和维护。数据库的重要性是毋庸置疑的，但是数据库技术真的没那么难，更没那么可怕，只要稍加努力，普通人也可以掌握胜任数据库管理员岗位的绝大部分技能本领。

鉴于以上，作为一个曾经维护过数十台规模的混合数据库集群的过来人，老男孩决定写一本能让零基础新手以及 Linux 运维、开发入门人员都有信心掌握好数据库管理与维护的实战书籍，相信本书一定会让众多读者受益，提升他们的数据库管理和维护能力，实现加薪升职。本书旨在面向非专业专职数据库管理员，让所有的非专职技术人员能够具备独立（兼）管理中小企业数据库的实战能力。

本书是“跟老男孩学 Linux 运维”系列的第五本书（前 4 本已由机械工业出版社出版），更多“跟老男孩学 Linux 运维”实战系列图书在持续写作中，敬请期待。

读者对象

- Linux 入门与开发人员
- Linux 运维工程师
- 初中级数据库管理人员
- 网络管理员和项目实施工程师
- Linux 相关售前售后技术工程师
- 开设 Linux 相关课程的大中专院校
- 对 Linux、MySQL 数据库感兴趣的人群

如何阅读本书

本书依然延续老男孩写书的特点，是一本偏重实战的 MySQL 图书，并非大而全，但处处可以体现实战二字，丰富的知识讲解取自企业中的实战案例解决方案，并结合老男孩十几年的数据库运维工作和教学工作进行了梳理。全书从脉络上共分为 20 章：

第 1 ～ 4 章为数据库知识简介，以及 MySQL 数据库单 / 多实例安装介绍和实践，内容简单易懂，让读者能够快速上手掌握 MySQL。

第 5 ～ 9 章讲解的是企业中 MySQL 数据库的常用维护和管理知识及实践、常用管理 SQL 语句知识及实践、数据库备份和管理知识与实践，以及企业级数据库逻辑备份与物理备份实战案例，让读者切实掌握中小企业的数据库维护本领。

第 10 ～ 13 章讲解的是企业中 MySQL 数据库常用的日志、字符集、引擎等知识，并深入讲解核心引擎 InnoDB，为学好数据库知识打下坚实的基础。

第 14 ～ 17 章讲解的是企业中 MySQL 数据库的最核心技术——主从复制知识，同时讲解主从复制的各种架构在企业中的实战应用、半同步与 GTID 下同步的应用。

第 18 ～ 20 章讲解的是企业中 MySQL 数据库集群的高可用方案以及 MHA 的实战

案例、数据库读写分离中间件的实践、阿里云数据库 RDS 的基本应用实践。

勘误和支持

由于老男孩的教学任务很重，课程较多，这本书基本上都是利用早晨和夜晚的时间完成写作的，限于本人的水平和能力，加之编写的时间仓促，书中难免有疏漏和不当之处，恳请读者批评指正。你可以将书中的错误发布在专门为本书准备的博客“http://www.itblogs.cn”评论处，同时不管你遇到何种问题，都可以加入为本书准备的 QQ 交流群 465216827（加群说明：MySQL），我将尽力为读者提供最满意的解答。书中所需的工具等都将发布在上述博客中，我也会将工具相应功能的更新及时发布出来。如果你有更多的宝贵意见，欢迎发送邮件至我的邮箱 oldboy@oldboyedu.com 或者加老男孩助理的微信 17600131504，加入本书的交流群，期待能够听到读者的真挚反馈。

致谢

感谢前阿里云资深专家肖海波为本书贡献了第 20 章 RDS 数据库内容。

感谢老男孩教育高级讲师曾老师为本书贡献了 MHA/Atlas 等章节内容。

感谢老男孩教育高级讲师郭老师对本书部分内容的校对和提出的修改建议。

感谢老男孩教育的每一位在校学员——你们自觉努力地学习，使得我有较多的时间持续写作。感谢你们对老男孩教育的支持。

感谢老男孩教育的每一位老师，正是你们辛勤努力的工作，让我得以有时间完成此书。

感谢森华易腾的陆锦云女士及其同事，感谢你们提供的 IDC 机房带宽资源并长期支持，使得本书得以顺利完成！

感谢机械工业出版社华章公司的编辑杨绣国和温莉芳女士，感谢你们的不懈支持、包容和鼓励，正是你们的鼓励和帮助引导我顺利完成全部书稿。

感谢没有提及名字的所有学生、网友以及关心关注老男孩的每一个人。

最后要感谢我的父母、家人，正是你们的支持和体谅，让我有无限信心和力量去写作，并最终完成此书！

谨以此书，献给支持老男孩教育的每一位朋友、学员以及众多热爱 Linux 运维技术的人。

老男孩

中国，北京，2018 年 11 月

目录

第12章 MySQL数据库存储引擎知识 / 226

第13章 MySQL引擎之InnoDB / 241

第1章

数据库介绍与分类

1.1 数据库介绍

什么是数据库

简单地说，数据库（Database）就是一个存放计算机数据的仓库，该仓库按照一定的数据结构（数据结构是指数据的组织形式或数据之间的联系）对数据进行组织和存储，我们可以通过数据库提供的多种方法来管理其中的数据。

若以生活中的案例来进行更形象的描述，那么计算机里的数据库就是类似于人们存放杂物的储物间和仓库，它们的区别只是存放的东西不同，杂物间存放的是实体物件，而数据库里存储的是计算机数据。

1.2 数据库的种类

按照早期的数据库理论，比较流行的数据库模型分为三种，分别为层次数据库、网状数据库和关系型数据库。而在当今的互联网企业中，最常用的数据库模型主要分为两种，即**关系型数据库**和**非关系型数据库**。我们不是写教科书，更不是研究数据库理论，因此，本书主要讲解关系型数据库和非关系型数据库 NoSQL 这两类最重要也是目前互联网企业里实际使用最多的数据库类型。

1.2.1 关系型数据库介绍

（1）关系型数据库的由来

虽然网状数据库和层次数据库已经很好地解决了**数据的集中和共享问题**，但是在数据的独立性和抽象级别上仍然存在很大的欠缺。用户在对这两种数据库进行存取时，仍然需要明确数据的存储结构，指出存取路径。而关系型数据库则可以较好地解决这些问题。

（2）关系型数据库介绍

关系型数据库模型可将复杂的数据结构归结为简单的二元关系（即**二维表格形式**）。例如，老男孩 IT 教育某一期的学生表格（见表 1-1）关系就是一个二元关系。在关系型数据库中，对数据的操作几乎全部建立在一个或多个关系表格上，通过对这些关联的表格进行分类、合并、连接或选取等运算来实现对数据的管理。

关系型数据库的诞生距今已有几十年，已经从理论逐步发展成为大家耳熟能详的企业产品，例如，最常见的 MySQL 和 Oracle 数据库，其中，Oracle 在数据库领域里上升到了霸主地位，形成了每年高达数百亿美元的庞大产业市场，而 MySQL 也是不容忽视的数据库，近些年逐渐崛起，以至于被 Oracle 重金收购，目前它们占据了互联网领域 90% 以上的数据库市场份额。

（3）关系型数据库表格之间的关系举例

前面已经讲过，数据库简单来说就是一个存放计算机数据的仓库，但是数据存放在数据库里还是有一定的组织形式的。在一个关系型数据库里，二维表格是组织数据的基本形式，每个不同的数据库里可以包含多张表格，例如，oldboy 库里可以包含如下的表 1-1 ～ 1-3。

表 1-1 学生表

学号	姓名	年龄
001	Oldboy	35
002	Oldgirl	30
003	张三	26
004	李四	22

表 1-2 课程表

课程号	课程名	学分
1001	linux 运维	25
1002	linux 架构	25
1003	python 运维	25
1004	mysql 数据库	25

表 1-3 学生选课表

学号	课程号	成绩
001	C1004	80
002	C1002	90
003	C1001	95
004	C1003	70

而数据库里的每个表格又是由若干个列组成的，例如，表 1-3 中的学号、课程号、成绩都是组成表格的列，此外，一个表格可以有多个列，每个列又存储着不同的信息。

由此，我们可以理解列的概念了，列是表中的字段，所有的表都是由一个或多个列组成的。

数据库中的每个列（或称字段）都有相应的数据类型，数据类型定义每个列存储数据的类别，例如，如果某个列中希望存储的内容为数字，那么可以选择的数据类型为数字类型（int 等）；如果列中存储的是少量文本或日期，甚至是大量文本等类别，那么数据库都会对应不同的数据类型来进行存储。

由此我们就可以理解数据类型的概念了，数据类型用于定义每个列需要存储什么样的数据，每个列都可以根据存储数据的实际需要来设置数据类型，在指定数据类型的同时还可以指定存储数据的长度。

图 1-1 是关系型数据库表格的基本信息说明。

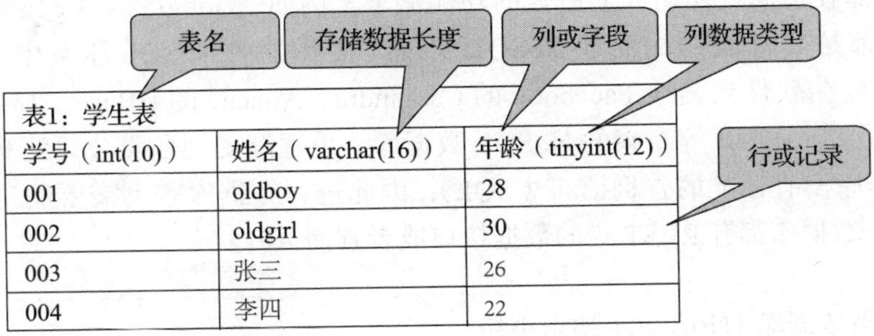

表名　存储数据长度　列或字段　列数据类型　行或记录

表1：学生表		
学号（int(10)）	姓名（varchar(16)）	年龄（tinyint(12)）
001	oldboy	28
002	oldgirl	30
003	张三	26
004	李四	22

图 1-1　关系型数据库表格基本信息

关系型数据库知识和特点小结

1）关系型数据库在存储数据时实际上采用的就是二维表格形式（和 Word、Excel 里的表格几乎一样）。

2）市场上占有量较大的是 MySQL 和 Oracle 数据库，而互联网场景最常用的是 MySQL 数据库。

3）通过 **SQL（结构化查询语言）**来存取、管理关系型数据库的数据。

4）关系型数据库在保持数据安全和数据一致性方面功能很强，遵循 ACID 理论（后文会讲此知识）。

1.2.2　非关系型数据库介绍

1. 非关系型数据库诞生的背景

非关系型数据库也称为 NoSQL 数据库，请注意，NoSQL 的本意是“Not Only SQL”，指的是非关系型数据库，而不是“No SQL”（没有 SQL）的意思。因此，NoSQL 数据库的产生之初并不是要彻底地否定和终结关系型数据库，而是作为传统关系型数据库的一个有效补充。

随着互联网 Web2.0、Web3.0 网站的兴起，传统的关系型数据库在应付这些网站，特别是对于规模日益扩大的海量数据，超大规模和高并发的微博、微信等类型的动态网站时已经显得力不从心，暴露了很多难以克服的问题，例如，传统关系型数据库的 I/O 瓶颈、性能瓶颈等都难以有效突破。于是出现了大批**针对特定场景，以高性能、高并发以及使用便利为目的的功能特异化的数据库产品**，非关系型数据库就是在这样的情景中诞生并得到非常迅速发展的。在这些特定的场景下，NoSQL 数据库可以发挥出难以想象的高效率和高性能。近年来，NoSQL 这个术语得到了广泛认同。

NoSQL 是非关系型数据库的广义定义。它打破了长久以来关系型数据库与 ACID 理论大一统的局面。NoSQL 数据库的数据存储不需要固定的表结构，通常也不存在连接操作。其在大数据存取上具备关系型数据库无法比拟的性能优势，满足了企业应用需要将数据存储在横向且伸缩性上更强的功能需求。例如，Google 的 BigTable、Amazon 的 Dynamo 都是非常成功的商业 NoSQL 实现。在开源的 NoSQL 体系中，从早期的 Memcached 缓存软件到当今 Facebook 的 Cassandra、Apache 的 HBase，都得到了广泛应用，redis、MongoDB 等新兴的 NoSQL 数据库，也逐渐受到各类公司的欢迎和追捧。NoSQL 数据库没有标准的查询语言（SQL），因此进行数据库查询需要制定数据模型。许多 NoSQL 数据库都有 REST 式的数据接口或者查询 API。

非关系型数据库（NoSQL）知识小结

1）NoSQL 数据库不是否定关系型数据库，而是作为关系型数据库的一个重要补充。

2）NoSQL 数据库为了适应灵活及高性能、高并发需求而生，忽略影响高性能、高并发的功能。

3）在 NoSQL 数据库领域，当今的最典型产品为 redis（持久化缓存）、MongoDB、Memcached（纯内存）等。

4）NoSQL 数据库没有标准的查询语言 (SQL)，通常使用 REST 式的数据接口或者查询 API。

2. 非关系型数据库种类介绍

（1）键值存储数据库

键值（key-value）数据库类似于传统语言中使用的哈希表，可以通过 key 来添加、查询或者删除数据，因为是使用 key 主键访问，所以会获得很高的性能及扩展性。

键值数据库主要使用一个哈希表，表中有一个特定的键和一个指针（指向特定的数据）。对于 IT 系统来说，key/value 模型的优势在于简单、易部署、高并发。

下面就来举例说明。

k1 → oldboy, k1 是键，相当于学号, oldboy 对应的就是真实的数据，相当于具体的人。

k2 → oldgirl, k2 是键，相当于学号, oldgirl 对应的就是真实的数据，相当于具体的人。

我们要找人，首先定位学号（k1，k2），然后再找到具体的数据（oldboy、oldgirl）。

键值存储数据库的典型产品为 Memcached、redis。

提示： Memcached、redis 是互联网领域里中小型企业网站使用最多的 NoSQL 数据库种类。

（2）列存储数据库

列存储（column-oriented）数据库会将数据储存在列族（column family）中，一个列族通常存储会被一起查询的相关数据。举个例子，对于 Person 类，我们通常会查询他们的姓名和年龄，而不是薪资。在这种情况下，姓名和年龄就会放入一个列族中，而薪资则放在另一个列族中。

这部分数据库通常用于应对分布式存储的海量数据。键仍然存在，但是它们的特点是指向了多个列。这些列是由列族来安排的。

列存储数据库的典型产品为 Cassandra、HBase。

提示： Cassandra、HBase 是互联网领域大型门户网站使用较多的 NoSQL 数据库种类。例如，新浪、京东网站使用的是 HBase（曾经笔者所在培训机构的 DBA 老师就曾经在新浪公司维护数台 HBase 集群），360 安全公司使用的是 Cassandra（笔者的学生曾在该公司维护数百台 Cassandra 集群）。

（3）面向文档的数据库

面向文档（document-oriented）的数据库的灵感来自于 Lotus Notes 办公软件，而且它同第一种键值存储相类似。该类型的数据模型是版本化的文档，半结构化的文档以特定的格式存储，比如 JSON。面向文档（document-oriented）的数据库可以看作键值数据库的升级版，允许之间嵌套键值。而且面向文档（document-oriented）的数据库比键值数据库的查询更高效。

面向文档的数据库会将数据以文档的形式储存。每个文档都是自包含的数据单元，是一系列数据项的集合。每个数据项都有一个与名称对应的值，值既可以是简单的数据类型，如字符串、数字和日期等；也可以是复杂的类型，如有序列表和关联对象等。数据存储的最小单位是文档，同一个表中存储的文档属性可以是不同的，数据可以使用 XML、JSON 或者 JSONB 等多种形式存储。

面向文档的数据库的典型产品为 MongoDB。

提示： MongoDB 是互联网领域里中小型企业比较常用的面向文档的数据库种类，在部分企业里，可以替代 MySQL 作为数据库使用。

（4）图形数据库（了解即可）

图形（graph）数据库允许我们将数据以图形的方式进行存储。实体会被作为顶点，而实体之间的关系则会被作为边。比如我们有三个实体 Steve Jobs、Apple 和 Next，则会有两个“Founded by”的边将 Apple 和 Next 连接到 Steve Jobs。

图形结构的数据库与其他行列以及刚性结构的 SQL 数据库不同，它使用的是灵活的图形模型，并且能够扩展到多个服务器上。

图形数据库的典型产品为 Neo4J、InfoGrid

提示： 在笔者工作的十多年里，没有使用过图形数据库，不过根据国外网站数据库排名信息来看，Neo4J 上升到了 21 位（截至笔者写作时），看来该软件正在被越来越多的人所熟知，我们对它保持关注吧，建议简单了解就可以了。

1.3　常用关系型数据库产品介绍

1.3.1　Oracle 数据库

Oracle 前身叫作 SDL，由 Larry Ellison 和另外两个开发人员于 1977 年创办，他们开发了自己的拳头产品，在市场上大量销售，1979 年，Oracle 公司引入了第一个商用 SQL 关系型数据库管理系统。Oracle 公司是最早开发关系型数据库的厂商之一，其产品支持最广泛的操作系统平台。目前 Oracle 关系型数据库产品的市场占有率很高。

Oracle 公司是目前全球最大的数据库软件公司，也是近年来业务增长极为迅速的软件提供商与服务商。

2007 年 7 月，Oracle 公司在美国纽约宣布推出数据库 Oracle 11g，这是 Oracle 数据库的较新版本。据官方介绍，Oracle 11g 有 400 多项功能，经过了 1500 万个小时的测试，开发工作量达到了 3.6 万人 / 月。Oracle 11g 在安全、XML DB、备份等方面得到了很大的提升。

主要的应用企业包括传统大企业、大公司、政府、金融、证券等。

版本包括 Oracle 8i、Oracle 9i、Oracle 10g、Oracle 11g、Oracle 12c 等。

1.3.2　MySQL 数据库

MySQL 数据库是一个开源的中小型关系型数据库管理系统，由**瑞典 MySQL AB 公司开发**。该公司于 2008 年被 Sun 公司收购，后 Sun 公司又被 Oracle 公司收购。目前 MySQL 被广泛地应用于各**大中小型网站中**。由于其具有体积小、速度快、总体拥有成本低，且开放源码等特点，因此许多大中小型网站选择它作为网站数据库，从而降低网站总体拥有成本，甚至国内知名的淘宝网也选择弃用 Oracle 而更换成更为开放的 MySQL。

MySQL 数据库的应用范围主要包括互联网领域、大中小型网站、游戏公司、电商平台等，因用户广泛，其产生了很多高并发的成熟解决方案，因此传统企业的用户也在逐渐增多。

1.3.3 MariaDB 数据库

MariaDB 数据库管理系统是 **MySQL 数据库的一个分支**，主要由开源社区维护，采用 GPL 授权许可。开发这个 MariaDB 数据库分支的可能原因之一是：Oracle 公司收购了 MySQL 之后，有将 MySQL 闭源的潜在风险，因此 MySQL 开源社区采用分支的方式来避开这个风险。

开发 MariaDB 数据库的目的是完全兼容 MySQL 数据库，包括 API 和命令行，使之能够轻松地成为 MySQL 的替代品。在存储引擎方面，它使用 XtraDB 来代替 MySQL 的 InnoDB。MariaDB 由 MySQL 的创始人 Michael Widenius 主导开发，他早前曾以 10 亿美元的价格，将自己创建的公司 MySQL AB 卖给 Sun，此后，随着 Sun 被甲骨文收购，MySQL 的所有权也落入 Oracle 的手中。MariaDB 数据库的名称来自 MySQL 的创始人 Michael Widenius 的女儿 Maria 的名字。

MariaDB 基于事务的 Maria 存储引擎，替换了 MySQL 的 MyISAM 存储引擎，使用 Percona 的 XtraDB 替换了 MySQL 的 InnoDB 存储引擎。

MariaDB 数据库的早期版本，均依照 MySQL 的版本发行。因此，使用 MariaDB 的人都会从 MySQL 中了解到 MariaDB 的相关功能，学习 MySQL 数据库的人，也可以轻松上手掌握 MariaDB 数据库。

1.3.4 SQL Server 数据库

Microsoft SQL Server 是微软公司开发的**大型关系型数据库系统**。SQL Server 的功能比较全面、效率高，可以作为中型企业或单位的数据库平台。由于 SQL Server 与 Windows 操作系统紧密集成，所以不论是应用程序的开发速度，还是系统事务处理的运行速度，都得到了较大的提升。对于在 Windows 平台上开发的各种企业级信息管理系统来说，不论是 C/S（客户机 / 服务器）架构还是 B/S（浏览器 / 服务器）架构，SQL Server 都是一个很好的选择。但 **SQL Server 也有它的缺点，即只能在 Windows 系统下运行**。

1987 年，微软和 IBM 合作开发完成 OS/2，IBM 在其销售的 OS/2 ExtendedEdition 系统中绑定了 OS/2 Database Manager，而微软产品线中尚缺少数据库产品。为此，微软将目光投向 Sybase，同 Sybase 签订了合作协议，使用 Sybase 的技术开发了基于 OS/2 平台的关系型数据库。1989 年，微软发布了 SQL Server 1.0 版。Microsoft 在与 Sybase 分道扬镳之后，在其 6.05 和 7.0 版本中重写了核心数据库系统，最终形成了如今的 SQL Server。

SQL Server 数据库主要应用于使用 Windows 服务器平台的企业。

1.3.5 Access 数据库

美国 Microsoft 公司于 1994 年推出了微机数据库管理系统。它结合了 Microsoft Jet Database Engine 和图形用户界面两项特点，是 Microsoft Office 的成员之一。具有界面友好、易学易用、开发简单、接口灵活等特点，是典型的新一代桌面关系型数据库管理系统。Access 能够存取 Access/Jet、Microsoft SQL Server、Oracle，或者任何 ODBC 兼容数据库的资料。Access 界面友好而且易学易用，作为 Office 套件的一部分，可以与 Office 集成，实现无缝连接，Access 提供了表（Table）、查询（Query）、窗体（Form）、报表（Report）、宏（Macro）、模块（Module）等用来建立数据库系统的对象，而且还提供了多种向导、生成器、模板，把数据存储、数据查询、界面设计、报表生成等操作规范化。

Access 是入门级小型桌面数据库，性能、安全性都很一般。可供个人管理或小型网站之用。Access 不是数据库语言，只是一个数据库程序。集成于 Office 中。其主要具有如下特点。

- 完善地管理各种数据库对象，具有强大的数据组织、用户管理、安全检查等功能。
- 强大的数据处理功能，Access 具备了许多先进的大型数据库管理系统所具备的特征，如事务处理 / 出错回滚能力等。
- 可以方便地生成各种数据对象，利用存储的数据建立窗体和报表，可视性好。
- 作为 Office 套件的一部分，可以与 Office 集成，实现无缝连接。
- 能够利用 Web 检索和发布数据，实现与 Internet 的连接。Access 主要适用于中小型应用系统，或者作为客户机 / 服务器系统中的客户端数据库。

早期应用领域为小型程序系统 ASP+Access 系统，例如，留言板、校友录、BBS 等，目前在互联网场景下使用得较少。

1.3.6 PostgreSQL 数据库

PostgreSQL 是加州大学伯克利分校计算机系开发的，以 POSTGRES 为基础，后来更名为 PostgreSQL，它是除了 MySQL 之外发展较快的另一个关系型数据库管理系统（RDBMS）。

PostgreSQL 在灵活的 BSD- 风格许可证下发行。它提供了相对其他开放源代码数据库系统（比如 MySQL）和专有系统（比如 Oracle、Sybase、Microsoft SQL Server）之外的另一种选择。

PostgreSQL 支持大部分 SQL 标准，并且提供了非常多的特性：复杂查询、外键、触发器、视图、事务完整性、MVCC。同样，PostgreSQL 可以用许多方法扩展，比如，通过增加新的数据类型、函数、操作符、聚集函数、索引等来扩展。任何人都可以免费使用、修改和分发 PostgreSQL，不管是私用、商用，还是学术研究使用，目前数据库产品排名在第四位，是一个很有潜力的数据库，但不建议新手或者经验欠缺的企业人员使用。

1.3.7 其他不常用的关系型数据库

本书主要关注互联网领域常用的数据库产品，像 DB2、Informix、Sybase 等在互联网公司几乎见不到，因此这里就不多介绍了。

1.4　常用非关系型数据库产品介绍

1.4.1　Memcached(key-value)

Memcached 是一个开源的、支持高性能、高并发的分布式内存缓存系统，由 C 语言编写，总共 2000 多行代码。从软件名称上看，前 3 个字符“Mem”就是内存的意思，而接下来的 5 个字符“Cache”就是缓存的意思，最后一个字符 d，是 daemon 的意思，代表是服务端守护进程模式服务。

Memcached 服务分为服务端和客户端两部分，其中，服务端软件的名字形如 Memcached-1.4.24.tar.gz，客户端软件的名字形如 Memcached-2.25.tar.gz。

Memcached 软件诞生于 2003 年，最初由 LiveJournal 的 Brad Fitzpatrick 开发完成。Memcache 是整个项目的名称，而 Memcached 是服务器端的主程序名，因其协议简单，应用部署方便且支持高并发，因此广泛应用于互联网企业，直到现在仍然如此。其官方网站地址为：http://memcached.org/。

缓存一般用于保存一些经常被存取的对象或数据（例如，浏览器会把经常访问的网页缓存起来），通过缓存来存取对象或数据要比在磁盘上存取快很多，因为前者使用的是内存，后者使用的是磁盘。Memcached 是一种纯内存缓存系统，把经常存取的对象或数据缓存在 Memcached 的内存中，程序通过 API 的方式存取这些被缓存的数据，Memcached 里面的数据就像一张巨大的 HASH 表，数据以 key-value 对的方式存在。Memcached 通过缓存经常被存取的对象或数据，从而减轻频繁读取数据库的压力，提高网站的响应速度，构建出速度更快的可扩展的 Web 应用。

由于 Memcached 为纯内存缓存软件，一旦重启，所有的数据都会丢失，因此，新浪网基于 Memcached 开发了一个开源项目 Memcachedb。通过为 Memcached 增加 Berkeley DB 的持久化存储机制和异步主辅复制机制，使 Memcached 具备了事务恢复能力、持久化数据存储能力和分布式复制能力，Memcachedb 非常适合需要超高性能读写速度、持久化保存的应用场景，但是最近几年其正逐渐被其他的持久化产品所替代，例如 redis。

有关 Memcached 的知识小结

1）Memcached 为 key-value 型数据库。

2）Memcached 为纯内存数据库。

3）Memcached 相关持久化产品 Memcachedb、Tokyo Cabinet\Tokyo Tyrant(ttserver)。

4）Memcached 企业级讲解见《跟老男孩学 Linux 运维：Web 集群实战》[⊖]第 13 章。

⊖　该书已由机械工业出版社出版，书号为 ISBN 978-7-111-52983-5。——编辑注

1.4.2 redis(key-value)

和 Memcached 类似，redis 也是一个 key-value 型存储系统。但 redis 支持的 value 类型相对更多，包括 string（字符串）、list（链表）、set（集合）和 zset（有序集合）等。这些数据类型都支持 push/pop、add/remove 和取交集、并集和差集及更丰富的操作，而且这些操作都是原子性的。在此基础之上，redis 支持各种不同方式的排序。与 Memcached 一样，为了保证效率，redis 的数据都是缓存在内存中的。区别是 redis 会周期性地把更新的数据写入磁盘或者把修改操作写入追加的记录文件中，并且在此基础之上实现 master-slave（主从）复制。

redis 是一个高性能的 key-value 数据库。redis 的出现，在很大程度上补偿了 Memcached 这类 key/value 软件的不足，在部分场合还可以对关系型数据库起到很好的补充作用。它提供了 Python、Ruby、Erlang 和 PHP 客户端，使用很方便。

redis 的官方网址为 http://www.redis.io/documentation。

---

redis 知识小结

1）支持内存缓存，这个功能和 Memcached 相同。

2）支持持久化存储，这个功能和 Memcachedb、ttserver 相同。

3）数据类型更丰富。比其他 key-value 库功能更强。

4）支持主从、分布式等集群模式。

5）支持队列等特殊功能。

1.4.3 MongoDB(document-oriented)

MongoDB 是一个介于关系型数据库和非关系型数据库之间的产品，是非关系型数据库当中功能最丰富，最像关系型数据库的一种产品。它支持的数据结构非常松散，类似 JSON 的 bjson 格式，因此可以存储比较复杂的数据类型。MongoDB 最大的特点是其所支持的查询语言非常强大，其语法有点类似于面向对象的查询语言，几乎可以实现类似关系型数据库单表查询的绝大部分功能，而且还支持对数据建立索引。它的特点是高性能、易部署、易使用，存储数据非常方便。

其主要功能特性具体如下。

- 面向集合存储，易存储对象类型的数据。“面向集合”（collenction-orented），意思是数据被分组存储在数据集中，称为一个集合（collenction）。每个集合在数据库中都有一个唯一的标识名，并且可以包含无限数目的文档。集合的概念类似于关系型数据库（RDBMS）里的表（table），不同的是它不需要定义任何模式（schema）。

- 模式自由（schema-free），这意味着对于存储在 MongoDB 数据库中的文件，我们不需要知道它的任何结构定义。如果需要，你完全可以把不同结构的文件存储在同一个数据库里。
- 支持动态查询。
- 支持完全索引，包含内部对象。
- 支持查询。
- 支持复制和故障恢复。
- 使用高效的二进制数据存储，包括大型对象（如视频等）。
- 自动处理碎片，以支持云计算层次的扩展性。
- 支持 Ruby、Python、Java、C++、PHP 等多种语言。
- 文件存储格式为 BSON（JSON 的一种扩展）。BSON（Binary Serialized document Format）存储形式是指：存储在集合中的文档，被存储为键 – 值对的形式。键用于唯一标识一个文档，为字符串类型，而值则可以是各种复杂的文件类型。

此外，还可以通过网络访问。MongoDB 服务端可运行在 Linux、Windows 或 OS X 平台，支持 32 位和 64 位应用，而且它是把数据存储在文件中的，为提高效率其使用内存映射文件进行管理。

关于 MongoDB 更详细的文档请见 http://www.mongodb.org/display/DOCS/Manual Documentation:http://www.mongodb.org/display/DOCS/Home。

MongoDB 是很有发展潜力的课程之一，后续会重点讲解该软件。

1.4.4 Cassandra(column-oriented)

Apache Cassandra 是一套开源分布式 key-value 存储系统。它最初由 Facebook 开发，用于储存特别大的数据。Facebook 目前使用的正是此系统。

Cassandra 的主要特性如下所示。

- 分布式。
- 基于列的结构化。
- 高伸展性。

Cassandra 的主要特点是它不是一个数据库，而是由**一堆数据库节点共同构成的一个分布式网络服务**，对 Cassandra 的一个写操作，会被复制到其他节点上去，对 Cassandra 的读操作，也会被路由到某个节点上去读取。对于一个 Cassandra 群集来说，扩展性能是比较简单的事情，只管在群集里面添加节点就可以了。

Cassandra 是一个混合型的非关系型数据库，类似于 Google 的 BigTable。其主要功能比 Dynomite（分布式的 key-value 存储系统）更丰富，Cassandra 最初由 Facebook 开发，后转变成了开源项目。它是一个网络社交云计算方面很理想的数据库。以 Amazon 专有的完全分布式的 Dynamo 为基础，结合了 Google BigTable 基于列族（column family）的数据模型。P2P 去中心化的存储，在很多方面都可以称为 Dynamo 2.0。

Cassandra 的官方网址为：http://cassandra.org。

1.4.5　其他非关系型数据库

除此之外，其他非关系型数据库还有 HBase、BerkeleyDB、Tokyo Cabinet\Tokyo Tyrant（ttserver）等。

1.5　数据库相关知识

1.5.1　数据库发展历史大事记

1951：Univac 系统使用磁带和穿孔卡片作为数据存储。

1956：IBM 公司在其 Model 305 RAMAC 中第一次引入了磁盘驱动器。

1961：通用电气（GE）公司的 Charles Bachman 开发了第一个数据库管理系统 IDS。

1969：E.F. Codd 发明了关系型数据库。

1973：由 John J.Cullinane 领导 Cullinane 公司开发了针对 IBM 主机的基于网络模型的数据库 IDMS。

1976：Honeywell 公司推出了第一个商用关系型数据库产品 Multics Relational Data Store。

1979：Oracle 公司引入了第一个商用 SQL 关系型数据库管理系统。

1983：IBM 推出了 DB2 数据库产品。

1985：为 Procter & Gamble 系统设计的第一个商务智能系统产生。

1991：W.H.“Bill” Inmon 发表了“构建数据仓库”。

1.5.2　数据库软件企业应用排名及发展趋势参考

2013 年数据库软件企业应用排名如图 1-2 所示。

April 2013

Rank	Last Month		DBMS	Database Model	Score	Changes
1.		1.	Oracle	Relational DBMS	1560.59	+27.20
2.	↑	3.	MySQL	Relational DBMS	1342.45	+47.24
3.	↓	2.	Microsoft SQL Server	Relational DBMS	1278.15	-40.21
4.		4.	PostgreSQL	Relational DBMS	174.09	-3.07
5.		5.	Microsoft Access	Relational DBMS	161.40	-8.77
6.		6.	DB2	Relational DBMS	155.02	-4.31
7.		7.	MongoDB	Document store	129.75	+5.52
8.	↑	9.	SQLite	Relational DBMS	88.94	+5.68
9.	↓	8.	Sybase	Relational DBMS	80.16	-5.25
10.		10.	Solr	Search engine	46.15	+2.99

图 1-2　2013 年数据库软件企业应用排名

2015 年数据库软件企业应用排名如图 1-3 所示。

257 systems in ranking, March 2015

Rank			DBMS	Database Model	Score		
Mar 2015	Feb 2015	Mar 2014			Mar 2015	Feb 2015	Mar 2014
1.	1.	1.	Oracle	Relational DBMS	1469.09	+29.37	-22.71
2.	2.	2.	MySQL	Relational DBMS	1261.09	-11.36	-29.12
3.	3.	3.	Microsoft SQL Server	Relational DBMS	1164.80	-12.68	-40.48
4.	4.	↑5.	MongoDB	Document store	275.01	+7.77	+75.03
5.	5.	↓4.	PostgreSQL	Relational DBMS	264.44	+2.10	+29.38
6.	6.	6.	DB2	Relational DBMS	198.85	-3.57	+11.52
7.	7.	7.	Microsoft Access	Relational DBMS	141.69	+1.15	-4.79
8.	8.	↑10.	Cassandra	Wide column store	107.31	+0.23	+29.22
9.	9.	↓8.	SQLite	Relational DBMS	101.71	+2.14	+8.73
10.	10.	↑13.	Redis	Key-value store	97.05	-2.16	+43.59

图 1-3　2015 年数据库软件企业应用排名

2016 年数据库软件企业应用排名如图 1-4 所示。

305 systems in ranking, May 2016

Rank			DBMS	Database Model	Score		
May 2016	Apr 2016	May 2015			May 2016	Apr 2016	May 2015
1.	1.	1.	Oracle	Relational DBMS	1462.02	5.51	+19.93
2.	2.	2.	MySQL	Relational DBMS	1371.83	+1.72	+77.56
3.	3.	3.	Microsoft SQL Server	Relational DBMS	1142.82	+7.77	+11.79
4.	4.	4.	MongoDB	Document store	320.22	+7.78	+42.90
5.	5.	5.	PostgreSQL	Relational DBMS	307.61	+3.89	+34.09
6.	6.	6.	DB2	Relational DBMS	185.96	+1.87	-15.09
7.	↑8.	↑8.	Cassandra	Wide column store	134.50	+4.83	+27.95
8.	↓7.	↓7.	Microsoft Access	Relational DBMS	131.58	-0.39	-14.00
9.	9.	↑10.	Redis	Key-value store	108.24	-3.00	+13.51
10.	10.	↓9.	SQLite	Relational DBMS	107.26	-0.70	+2.10

图 1-4　2016 年数据库软件企业应用排名

2017 年数据库软件企业应用排名趋势如图 1-5 所示。

337 systems in ranking, November 2017

Rank			DBMS	Database Model	Score		
Nov 2017	Oct 2017	Nov 2016			Nov 2017	Oct 2017	Nov 2016
1.	1.	1.	Oracle	Relational DBMS	1360.05	+11.25	-52.96
2.	2.	2.	MySQL	Relational DBMS	1322.03	+23.20	-51.53
3.	3.	3.	Microsoft SQL Server	Relational DBMS	1215.08	+4.76	+1.27
4.	4.	4.	PostgreSQL	Relational DBMS	379.92	+6.64	+54.10
5.	5.	5.	MongoDB	Document store	330.47	+1.07	+5.00
6.	6.	6.	DB2	Relational DBMS	194.06	-0.53	+12.61
7.	7.	↑8.	Microsoft Access	Relational DBMS	133.31	+3.86	+7.34
8.	8.	↓7.	Cassandra	Wide column store	124.21	-0.58	-9.76
9.	9.	9.	Redis	Key-value store	121.18	-0.87	+5.64
10.	10.	↑11.	Elasticsearch	Search engine	119.41	-0.82	+16.84
11.	11.	↓10.	SQLite	Relational DBMS	112.76	+0.77	+0.76
12.	12.	12.	Teradata	Relational DBMS	78.23	-1.85	+3.07
13.	13.	↑14.	Solr	Search engine	69.16	-1.97	+0.80
14.	14.	↓13.	SAP Adaptive Server	Relational DBMS	67.04	-0.20	-3.12
15.	↑16.	↑16.	Splunk	Search engine	64.87	+0.51	+10.14
16.	↓15.	↓15.	HBase	Wide column store	63.56	-0.83	+4.82
17.	17.	17.	FileMaker	Relational DBMS	58.84	-2.22	+4.92
18.	18.	↑20.	MariaDB	Relational DBMS	55.29	-1.11	+12.62
19.	19.	19.	Hive	Relational DBMS	53.25	+1.81	+4.13
20.	20.	↓18.	SAP HANA	Relational DBMS	49.18	-0.92	-0.09
21.	21.	21.	Neo4j	Graph DBMS	38.45	+0.50	+1.70

图 1-5　2017 年数据库软件企业应用排名

2018 年数据库软件企业应用排名如图 1-6 所示。

342 systems in ranking, May 2018

Rank			DBMS	Database Model	Score		
May 2018	Apr 2018	May 2017			May 2018	Apr 2018	May 2017
1.	1.	1.	Oracle	Relational DBMS	1290.42	+0.63	-63.90
2.	2.	2.	MySQL	Relational DBMS	1223.34	-3.06	-116.69
3.	3.	3.	Microsoft SQL Server	Relational DBMS	1085.84	-9.67	-127.96
4.	4.	4.	PostgreSQL	Relational DBMS	400.90	+5.43	+34.99
5.	5.	5.	MongoDB	Document store	342.11	+0.70	+10.53
6.	6.	6.	DB2	Relational DBMS	185.61	-3.34	-3.23
7.	↑9.	↑9.	Redis	Key-value store	135.35	+5.24	+17.90
8.	↓7.	↓7.	Microsoft Access	Relational DBMS	133.11	+0.89	+3.24
9.	↓8.	↑11.	Elasticsearch	Search engine	130.44	-0.92	+21.62
10.	10.	↓8.	Cassandra	Wide column store	117.83	-1.26	-5.28
11.	11.	↓10.	SQLite	Relational DBMS	115.45	-0.53	-0.61
12.	12.	12.	Teradata	Relational DBMS	74.41	+0.74	-1.91
13.	13.	↑16.	Splunk	Search engine	65.09	+0.04	+8.40
14.	14.	↑18.	MariaDB	Relational DBMS	64.99	+0.44	+14.01

图 1-6　2018 年数据库软件企业应用排名

上述内容源自 http://db-engines.com/en/ranking。

从图 1-6 所示的 2018 年的数据库软件企业应用排名趋势可以看出，Oracle 依然是稳坐第一，但是已有落后的趋势了，即将讲解的“主人公”MySQL 稳坐第二，如果再加上同源的 MariaDB，则已经超过了 Oracle 的排名，而后面的 PostgreSQL、MongoDB 的上升趋势也较明显，因此，建议大家重点掌握 MySQL，其次是 MongoDB。

1.6　本章重点

1）关系型数据库知识及特点介绍。

2）关系型数据库的典型产品介绍及应用场景说明。

3）非关系型数据库知识及特点介绍。

4）非关系型数据库典型产品介绍及应用场景说明。

5）常见数据库产品的发展趋势排名。

1.7　章节试题

1）什么是关系型数据库，其有什么特点？

2）关系型数据库的典型产品有哪些，各自对应什么应用场景？

3）什么是非关系型数据库，其有什么特点？

4）非关系型数据库的常见种类及相应的典型产品有哪些？

5）请分别说出 5 个最流行的关系型和非关系型数据库产品名称。

第2章 MySQL数据库入门知识介绍

2.1 MySQL介绍

2.1.1 MySQL简介

前面已经介绍过，MySQL属于传统的关系型数据库产品，其开放式的架构使得用户的选择性很强，而且随着技术的逐渐成熟，MySQL支持的功能也越来越多，性能也在不断地提高，对平台的支持也在增多，此外，社区的开发与维护人数也很多。当下，MySQL因为其功能稳定、性能卓越，且在遵守GPL协议的前提下，可以免费使用与修改，因此深受用户喜爱。

我们知道，关系型数据库的特点是将数据保存在不同的表中，再将这些表放入不同的数据库中，而不是将所有的数据统一放在一个大仓库里，这样的设计加快了MySQL的读取速度，而且它的灵活性和可管理性也得到了很大的提高。访问及管理MySQL数据库的最常用标准化语言为SQL——结构化查询语言。SQL使得对数据库进行存储、更新和存取信息的操作变得更加容易。例如，你能用SQL为一个网站检索产品信息及存储用户信息、博文、帖子等，有关SQL的知识后文会详细讲解。

2.1.2 MariaDB数据库的诞生背景介绍

自甲骨文公司收购MySQL之后，MySQL在商业数据库与开源数据库领域的市场占有份额都跃居第一，这样的格局引起了部分业内人士的担忧，因为商业数据库的老大有可能将MySQL闭源，为了避免Oracle将MySQL闭源，而无开源的类MySQL数据库可用，MySQL 社区采用了分支的方式——MariaDB 数据库就这样诞生了，MariaDB 是一个向后兼容的数据库产品，可能会在以后替代 MySQL，其官方地址为 https://mariadb.org/。不过，这里还是建议大家选择更稳定且使用更广泛的 MySQL 数据库，可以先测试 MariaDB 数据库，等使用的人员多一些，社区更活跃后再正式考虑使用也不迟。

2.1.3 为什么选择 MySQL 数据库

毫无疑问，选择 MySQL 数据库已是既成事实，绝大多数使用 Linux 操作系统的互联网网站都在使用 MySQL 作为其后端的数据库存储方式，从大型的 BAT 门户到电商平台、分类门户等无一例外。那么，MySQL 数据库到底有哪些优势和特点，让大家不约而同地选择它呢？

原因可能有以下几点。

- MySQL 性能卓越，服务稳定，很少出现异常宕机的情况。
- MySQL 开放源代码且无版权制约，自主性强，使用成本低。
- MySQL 历史悠久，社区及用户非常活跃，遇到问题，可以寻求帮助。
- MySQL 软件体积小，安装使用简单，并且易于维护，安装及维护成本低。
- MySQL 品牌口碑效应好，使得企业无须考虑即可直接用之。
- LAMP、LNMP、LNMT（tomcat）等流行 Web 架构都含有 MySQL。
- MySQL 支持多种操作系统，提供了多种 API，支持多种开发语言，特别是对流行的 Java、Python、PHP 等语言都有很好的支持。

提示： 官方给出的使用 MySQL 理由见 http://www.mysql.com/why-mysql/topreasons.html。

2.2 MySQL 数据库分类与版本升级

MySQL 数据库的官方网站为 http://www.mysql.com，其发布的 MySQL 版本采用双授权政策，和大多数开源产品的路线一样，MySQL 数据库也有**社区版和企业版**之分，且这两个版本又各自分了四个版本依次发布，这四个版本分别为：Alpha 版、Beta 版、RC 版和 **GA 版本**。

2.2.1 MySQL 数据库企业版与社区版的区别

1. MySQL 数据库企业版介绍

MySQL 企业版由 MySQL AB 公司内部专门的人员负责开发及维护，但同时也会吸纳社区人员编写的优秀代码及算法，并且由他们严格按照软件测试流程对这些采纳的代码进行测试，确定没有问题之后才会进行发布。简单地说，MySQL 企业版是由 MySQL 公司内部发布的，它参考了社区版的先进代码功能和算法，是 MySQL 公司的赢利产品，需要付费才能使用及提供服务支持，稳定性和可靠性无疑都是最好的，当然了，企业腰包得够鼓才能买得起。据老男孩了解的信息，某知名分类门户网站 2008 年就购买过 MySQL 企业版，价格不比那些闭源的商业数据库便宜，也是大几十万。

2. MySQL 数据库社区版介绍

MySQL 社区版则是由分散在世界各地的 MySQL 开发者、爱好者以及用户参与开发与测试的，包括软件代码的管理、测试工作，也是他们在负责。社区也会设立 BUG 汇报机制，收集用户在使用过程中遇到的 BUG 情况，相比于企业版，社区版的开发及测试环境没有那么严格。

3. MySQL 数据库企业版与社区版的区别

MySQL 是成熟产品，企业版与社区版之间在性能方面相差不大。它们的区别主要集中在以下几个方面。

- 企业版本组织管理与测试环节控制更严格，稳定性更好。
- 企业版不遵守 GPL 协议，社区版遵守 GPL 协议，可以免费使用！
- 使用企业版后可以购买相关的服务，比如，享受 7×24 小时的技术支持以及定时打补丁等服务，但是用户必须为此支付服务费用。社区版的服务质量与时效性等就无法与企业版相比了。
- 社区版本的维护服务只能靠社区提供，其无法像企业版本那样获得故障及补丁解决服务，但是，使用社区版是完全免费的方式。

2.2.2 MySQL 数据库的四种发布版本介绍

前面已经阐述过，MySQL 的版本发布采用的是双授权政策，即分为社区版和企业版，而这两个版本又各自分为四个版本，依次发布：Alpha 版、Beta 版、RC 版和 **GA 版本**。

这四种发布版本之间的说明及区别具体如下。

（1）Alpha 版

Alpha 版一般只在开发的公司内部运行，不对外公开。主要是开发者自己对产品进行测试，检查产品是否存在缺陷、错误，验证产品功能与说明书、用户手册是否一致。MySQL 属于开放源代码的开源产品，因此需要世界各地的开发者、爱好者和用户参与软件的开发、测试和手册编写等工作。自然也就必须对外公布此版本的源码和产品了，以方便他人参与开发或测试工作，甚至编写与修改用户手册。

（2）Beta 版

Beta 版一般是完成功能的开发和所有的测试工作之后的产品，不会存在较大的功能或性能上的 BUG，通常会邀请或提供给用户体验与测试，以便更全面地测试软件的不足之处或存在的问题。

（3）RC 版

RC 版属于生产环境发布之前的一个小版本或称候选版，是根据 Beta 版本的测试结果，收集到的 BUG 或缺陷等信息，进行修复和完善之后的一版产品。

（4）GA 版

GA 版是软件产品正式发布的版本，也称生产版本的产品。一般情况下，企业的生产环境都会选择 GA 版本的 MySQL 软件，用于真实的生产环境中。偶尔有个别大型企业会为追求新功能驱动而牺牲稳定性使用其他版本，但只是个例。

既然有四种发布版本，那么如何进行选择呢？

MySQL AB 官方网站会把各种数据库版本都上传到网站，以供不同的用户下载，主要是 MySQL 数据库是属于开放源代码的数据库产品，其鼓励全球的技术爱好者参与研发、测试、文档编写和经验分享，甚至还包括产品的发展规划。对于 Development 版本、Alpha 版本和 Beta 版本，应禁止在生产环境中使用，因为很可能会存在重大的问题或是有些功能未被完全实现。绝大多数情况下，RC 版本也是不允许使用在生产环境中的，毕竟这是一个在 GA 版本之前（也即生产版本发布之前）的小版本。另外，对于 MySQL 数据库 GA 版本，也需要慎重选择，开源社区的产品毕竟不是经过严格的测试工序完成的，是全球开源技术人员自愿完成的，会存在比商业产品稳定性弱的缺陷。更严格的选择后面会有进一步的说明。

国内门户提供的 MySQL 下载地址：http://mirrors.sohu.com/mysql/

2.3 MySQL 数据库软件的命名介绍

MySQL 数据库软件的版本号是由 3 个数字和一个后缀组成。例如，mysql-5.6.40.tar.gz 的版本号，其数字的含义分别如下。

- 第 1 个数字（5）是主版本号，描述了文件格式。所有版本 5 的发行都有相同的文件格式。
- 第 2 个数字（6）是发行级别。主版本号和发行级别组合到一起便构成了发行序列号。
- 第 3 个数字（40）是指在此发行系列的版本号，随每个新分发版而递增。通常你需要已经选择的发行（release）的最新版本（版本）。

每次更新之后，版本字符串的最后一个数字会递增。如果是相对于前一个版本增加了新功能或有微小的不兼容性，那么字符串的第二个数字会递增。如果文件格式改变，那么第一个数字会递增。

至于版本号中的后缀，那是用来显示发行的稳定性级别的，通过这一系列后缀显示如何改进稳定性。可能的后缀有：alpha 版、beta 版、rc 版、没有后缀（稳定版或 GA 版）。这几个后缀对应的说明可参见 2.2.2 节。

2.4　MySQL 产品路线

2.4.1　MySQL 产品路线变更历史背景

早期，MySQL 也是遵循版本号逐渐增加的方式发展，格式形如 mysql-X.XX.XX.tar.gz，例如，老 DBA 都非常熟悉的生产场景下的版本：MySQL 4.1.7、MySQL 5.0.56 等。

近几年，为了提高 **MySQL 产品的竞争优势**，提高性能、降低开发维护成本等，也为了方便企业用户更精准地选择合适的版本，MySQL 在发展到 5.1 系列之后，又重新规划为三条产品线。下面一起来看看。

2.4.2　MySQL-5.0.xx 到 MySQL-5.1.xx 的产品线

第一条产品线为：MySQL 5.0.xx 升级到 MySQL 5.1.xx，这条产品线继续完善与改进其用户体验和性能，同时又增加了新功能，可以说这条路线是 MySQL 早期产品的延续，这一系列产品的发布情况及历史版本如下。

MySQL 5.1 是当前的稳定发布系列版本。只针对漏洞修复重新发布；没有增加会影响稳定性的新功能。

MySQL 5.0 是前一个稳定发布系列版本。只针对严重漏洞修复和安全修复重新发布；没有增加会影响该系列的重要功能，并且官方也很快停止了对其的支持。

MySQL 4.0 和 MySQL 3.23 是旧的稳定发布系列版本。该版本建议不再使用，并且官方已经停止了对其的支持。

目前 Red hat linux 7 以及 CentOS 7 以前的官方 yum 源里附带的还是 MySQL 5.1 的版本，但是在绝大多数的大型互联网企业的重要场景里，已经罕见 5.1 版本了，当下，本系列的产品线已经发布到了 5.2 系列（非稳定版）。

2.4.3　MySQL-5.4.xx 到 MySQL-5.7.xx 产品线

为了更好地整合 MySQL AB 公司社区和第三方公司开发的新存储引擎，以及吸收新的实现算法等，从而更好地支持 SMP 架构并提高性能，第二条产品线做了大量的代码重构。版本编号从 5.4.xx 开始，最新稳定版为 5.7.xx，目前发展到了 6.0.xx 和 8.0.xx（非稳定版）。

据官方讲，MySQL 5.6 是有史以来最好的版本，是世界上使用最广的开源数据库，它提供了一套新的、先进的功能，使我们能够建设新一代基于网络和嵌入式的应用和服务。

在企业中，目前是 MySQL 5.5 和 MySQL 5.6 并存的主流时代，MySQL 5.7 是未来，本书的讲解主要以 MySQL 5.6 大版本为主，同时兼顾 MySQL 5.5，并尽可能兼顾 MySQL 5.7。

2.4.4 MySQL-Cluster-6.0.xx 到 MySQL-Cluster-7.5.xx 产品线

为了更好地推广 MySQL Cluster 版本，提高 MySQL Cluster 的性能和稳定性，改进和增加功能，使其对 Cluster 存储引擎提供更有效的支持与优化，因此研发了第三条产品线。该产品线的版本号为 6.0.xx，目前已发展到 7.5.xx。

图 2-1 为 MySQL 各版本的发展参考图，对应时间一般为最后更新时间，而非发布时间。

MySQL-4.1/	第一条产品线	16-Oct-2013 04:58
MySQL-5.0/		08-Oct-2012 20:32
MySQL-5.1/		07-Nov-2014 00:23
MySQL-5.2/		08-Oct-2012 21:00
MySQL-5.4/	第二条产品线	08-Oct-2012 21:00
MySQL-5.5/		12-Dec-2016 08:57
MySQL-5.6/		09-Dec-2016 16:26
MySQL-5.7/		11-Dec-2016 19:11
MySQL-6.0/		08-Oct-2012 20:59
MySQL-8.0/		22-Nov-2016 02:49
MySQL-Cluster-6.2/	第三条产品线	26-Jun-2008 04:20
MySQL-Cluster-6.3/		02-Feb-2013 06:42
MySQL-Cluster-7.0/		01-Feb-2013 22:08
MySQL-Cluster-7.1/		31-Jan-2015 00:44
MySQL-Cluster-7.2/		16-Jan-2017 22:09
MySQL-Cluster-7.3/		17-Jan-2017 00:01
MySQL-Cluster-7.4/		17-Jan-2017 00:32
MySQL-Cluster-7.5/		17-Jan-2017 19:11

图 2-1 MySQL 的各版本发展的参考图

2.5 生产场景中如何选择 MySQL 版本

2.5.1 MySQL 数据库发布特性

商业软件研发和发行公司，都会提供经过完整测试，甚至多种用户环境模拟测试及试用之后，才推出的稳定的生产环境版本，这也使得技术人员对于商业数据库软件的选择，一般不需要有太多的顾虑与考虑。

在大公司（像 BAT 等），对于数据库软件版本的选择，也会有相关人员详细阅读其新功能或改进点知识，并且会做很多相关的研究和测试工作，最后才逐步上线，而且是从边缘业务慢慢过渡到核心业务。

目前，对于 MySQL 的企业版本，需要注册账号才可以下载到编译过的安装包或源代码，而且账号只有一个月的有效期；社区版本的 MySQL 产品，则不需要注册账号，只要填写一些信息即可转到下载页面。

2.5.2 企业生产场景选择 MySQL 数据库的建议

企业生产场景下，数据库是重中之重，因此选择 MySQL 数据库一定要慎重。下面是给出的一些选择建议。

1）一定要选稳定版版本，即选择开源的社区版的稳定版。

2）产品线选择，建议选择第二条产品线中的 5.5 或 5.6 版本。目前互联网公司主流版本是 5.5 和 5.6。

3）选择 MySQL 数据库至少发布半年以上的稳定版本。

4）要尽可能选择前后几个月没有大的 BUG 修复的版本，而不是大量修复 BUG 的集中版本。

5）最好选择向后较长时间没有更新发布的版本。

6）要考虑开发人员开发程序使用的版本是否兼容你所选的版本。

7）首先作为内部开发测试数据库环境，测试运行几个月的时间。

8）优先对企业非核心业务采用新的数据库稳定版本软件。

9）向高手请教或者在及技术氛围好的群里和大家一起交流，使用真正的高手用过的、好用的且 BUG 少的 GA 版本产品。

经过上述工序之后，若是没有重要的功能 BUG 或性能瓶颈，则可以开始考虑作为任何业务数据服务的后端数据库软件了。

上述为选择的流程建议，实际上很多中小公司都会直接选择 GA 版的最新版本，如果业务中使用的功能比较单一，且数据和访问量不是很大，一般也不会有什么大问题，上述选择的建议，是以大规模大数据量高并发，使用数据库功能较多的场景为前提进行讲解的，对于这类场景，一定要慎重选择。

参考资料：

http://baike.baidu.com/view/24816.htm

http://baike.baidu.com/view/2521908.htm

2.6　章节试题

1）在企业中如何正确选择 MySQL 的版本？

2）请描述 MySQL 的不同产品路线及发展情况？

3）MySQL 与 MariaDB 的基本区别是什么？

第3章

MySQL 数据库安装方法及安装实践

3.1 MySQL 数据库的安装方法及选择

在当今的互联网企业里，MySQL 数据库大多运行在 Linux 系列操作系统上，当然，你也可以运行在 Windows/Unix 等商业操作系统上，本书主要以国内互联网公司应用最多的数据库服务操作系统——CentOS 6 最新版（6.8）x86_64 Linux 系统为例进行讲解，使用其他系统的读者同样也可以从本书受益！

即使是在 CentOS 6 x86_64 Linux 系统环境下，若应用场景不同或版本不同，MySQL 数据库的安装方法也会有所区别，下面我们就把最常见的几种方法一一介绍给大家！

3.1.1 yum/rpm 方式安装 MySQL

MySQL 官方网站及相关镜像网站提供了不同版本的 RPM 安装包，并且针对不同的硬件或操作系统平台，安装包的类型也会有区别。在使用时，可以到官方网站的下载页面进行选择，国内有一些互联网公司提供了镜像文件下载，比如搜狐、阿里云公司提供的镜像资源就非常不错。

下面是搜狐网提供的数据库软件镜像地址：http://mirrors.sohu.com/mysql，如果本书使用的版本不再发布，那么可以选择 5.6 的其他相关版本，老男孩也在本书开头提供的地址中上传了本书使用的版本的软件。

注意：yum/rpm 安装方式适合所有 MySQL 软件产品。

1. rpm 包方式安装 MySQL

rpm 包的安装方式非常简单，这里以 el6 平台下的 MySQL 5.6.40 版本为例，首先，要通过上述搜狐镜像地址下载到如下四个 MySQL 相关软件安装包。

```
MySQL-client-5.6.40-1.el6.x86_64.rpm
MySQL-devel-5.6.40-1.el6.x86_64.rpm
MySQL-server-5.6.40-1.el6.x86_64.rpm
MySQL-shared-5.6.40-1.el6.x86_64.rpm
```

提示： 我们可以从 Linux 的对应系统盘或系统镜像里找到类似的 rpm 包，但是版本一般会较低一些。

一般来说，其中的 MySQL-server-5.6.40-1.el6.x86_64.rpm 和 MySQL-client-5.6.40-1.el6.x86_64.rpm 这两个软件包是必须要安装的，至于另外两个软件包，则可视实际需要进行安装，不过一般建议一起安装。

可以把这四个 rpm 包上传到服务器的目录中，然后执行如下 rpm 命令进行安装：

```
[root@oldboy tools]# rpm -qa|grep mysql          #<== 查找已经安装的 mysql 的包。
mysql-libs-5.1.73-7.el6.x86_64
rpm -e mysql-libs-5.1.73-7.el6.x86_64 --nodeps  #<== 卸载系统已经安装的mysql 依赖包。
rpm -ivh MySQL-client-5.6.40-1.el6.x86_64.rpm
rpm -ivh MySQL-devel-5.6.40-1.el6.x86_64.rpm
rpm -ivh MySQL-shared-5.6.40-1.el6.x86_64.rpm
rpm -ivh MySQL-server-5.6.40-1.el6.x86_64.rpm
```

这里的 el6 表示适合操作系统的版本，还有 el5、el7 等。i686 表示适合 32 位的系统，x86_64 表示适合 64 位的系统。

执行上述命令即可完成 MySQL 软件的安装。

在采用 rpm 包安装方式时，必须要官方或第三方提供了现成的 rpm 软件包，否则是无法使用该方式安装的。另外，和直接采用 yum 的安装方式相比，rpm 包的安装方式往往可以选择更新的版本，但是 rpm 包安装也有自身的问题，例如，无法满足定制化安装，比如，不能进行编译参数、路径等的更改。

2. yum 方式安装 MySQL

yum 方式安装 MySQL 数据库时，只需要执行一个命令“yum install mysql-server -y”即可，yum 方式的安装原理是在执行 yum 安装命令之后，其会自动从 yum 源地址下载相应名称的 MySQL 数据库 rpm 包，然后到系统上安装，并自动解决各种软件包之间的依赖问题。这是一个非常不错的安装软件的方式，不仅仅是针对 MySQL，安装其他软件也是如此。

yum 安装方式的最大优点就是超级简单，但是它也有自身的问题：例如它继承了 rpm 包的无法定制化安装的问题；另外一个缺点是采用默认的 yum 安装时，一般随 yum

源附带的软件版本都比较低，例如，截至作者写作本文时（2018.5），使用 CentOS 6.9 Linux 默认 yum 安装的 MySQL 版本仅为 5.1.73。

3.1.2 采用常规方式编译安装 MySQL

采用常规方式编译安装 MySQL 时，适合使用第一条最正宗的 MySQL 产品线 5.2 及以前版本：

所谓常规方式编译安装 MySQL 就是延续早期 MySQL 的 3 部曲安装方式，即“./configure;make;make install”，下面是老男孩在早期的企业生产场景下操作过的具体命令及参数：

```
tar zxf mysql-5.1.73.tar.gz
cd mysql-5.1.73
./configure \
--prefix=/application/mysql5.1.73 \
--with-unix-socket-path=/application/mysql5.1.73/tmp/mysql.sock \
--localstatedir=/application/mysql5.1.73/data \
--enable-assembler \
--enable-thread-safe-client \
--with-mysqld-user=mysql \
--with-big-tables \
--without-debug \
--with-pthread \
--enable-assembler \
--with-extra-charsets=complex \
--with-readline \
--with-ssl \
--with-embedded-server \
--enable-local-infile \
--with-plugins=partition,innobase \
--with-mysqld-ldflags=-all-static \
--with-client-ldflags=-all-static
make
make install
ln -s /application/mysql-5.1.73/ /application/mysql
```

安装到这里，MySQL 数据库还不能正常启动使用，还需要进行初始化数据库等工作，具体可以参考后文的安装部分。

此种方式适合所有 MySQL 5.2.xx 及以前的产品系列，是最常规的编译方式，在当下的互联网企业中，此种编译安装的方法已经很少使用了，原因是第一条产品线的产品（MySQL 5.2.xx 及以前的产品系列）用得越来越少了，被第二条产品线（MySQL 5.4.xx 及以后的产品系列）的产品逐渐替代了，因此，老男孩也不建议读者再使用第一条产品线的产品作为对外的业务库。

3.1.3　采用 cmake 方式编译安装 MySQL

考虑到 MySQL 5.4.xx 及以后系列产品的特殊性，其编译方式和早期的第一条产品线的有所不同，这里采用 cmake 或 gmake 的方式编译安装。即“./cmake;make;make install”，生产场景的具体命令及参数具体如下：

```
tar zxf mysql-5.6.40.tar.gz
cd mysql-5.6.40
cmake . -DCMAKE_INSTALL_PREFIX=/application/mysql-5.6.40 \
-DMYSQL_DATADIR=/application/mysql-5.6.40/data \
-DMYSQL_UNIX_ADDR=/application/mysql-5.6.40/tmp/mysql.sock \
-DDEFAULT_CHARSET=utf8 \
-DDEFAULT_COLLATION=utf8_general_ci \
-DWITH_EXTRA_CHARSETS=all \
-DWITH_INNOBASE_STORAGE_ENGINE=1 \
-DWITH_FEDERATED_STORAGE_ENGINE=1 \
-DWITH_BLACKHOLE_STORAGE_ENGINE=1 \
-DWITHOUT_EXAMPLE_STORAGE_ENGINE=1 \
-DWITH_ZLIB=bundled \
-DWITH_SSL=bundled \
-DENABLED_LOCAL_INFILE=1 \
-DWITH_EMBEDDED_SERVER=1 \
-DENABLE_DOWNLOADS=1 \
-DWITH_DEBUG=0
#提示，编译时可配置的选项很多，具体可参考本章最后一部分的内容或官方文档。
make
make install
ln -s /application/mysql-5.6.40/ /application/mysql
```

安装到这里，MySQL 数据库仍然无法正常启动使用，还需要进行初始化数据库等工作，具体可以参考后文的安装部分，另外，cmake 等用于编译的工具也需要提前进行安装。相关参数的说明，请见本章结尾的内容。

如果上述操作未出现错误，则 MySQL 5.6.40 软件 cmake 方式的安装就算成功了。

3.1.4　采用二进制方式免编译安装 MySQL

采用二进制方式免编译安装 MySQL 的方法和 yum/rpm 包安装的方式类似，适合各类 MySQL 产品系列，不需要复杂的编译设置及编译时间等待，直接解压下载软件包，就相当于编译方式的 make install 步骤完成了，然后只要进行初始化数据库的操作，即可完成并启动。此方式的 MySQL 软件包一般都比较大，最大可达 180MB，**采用二进制方式免编译安装** MySQL 的方法在后文会详细讲解。

3.1.5　如何正确选择 MySQL 的安装方式

若是对数据库要求不太高的场景，则可以采用 yum/rpm 方式安装 MySQL，例如，并发不大，只是在公司内部（wiki 系统）、企业内部（Zabbix 监控系统，OpenStack 后台管理）等需要数据库的一些应用场景，当然，生产场景下也是可以选择 yum 或 rpm 方式进行安装的。

但是，有很多大型网站或门户网站，在安装 MySQL 时，往往会有各种定制化、初始化的需求，这时，要根据企业的需求先把源码包制作成 rpm 包，然后搭建自己的 yum 仓库，最终采用“yum install mysql-server -y”的方式进行安装，这样做的优点是既兼顾了 yum/rpm 安装方式简单的优点，又用到了源码包安装方式的可定制性，但是，使用这个方法需要一定的技术能力，此部分的内容建议参考老男孩教育为读者提供的如下博文。

自动化运维必备技能——定制属于自己的 RPM 包 http://blog.oldboyedu.com/autodeploy-rpm/。

自动化运维必备技能——搭建属于自己的 YUM 仓库 http://blog.oldboyedu.com/autodeploy-yum/。

二进制免编译安装方式简单方便，且适合 5.0-5.1 和 5.5-5.7 系列，是不少专业 DBA 的选择，普通 Linux 运维人员一般多采用编译的方式进行安装，对应到 MySQL 5.0-5.1 系列就是常规编译方式，对应到 MySQL 5.5-5.7 系列就是 cmake 编译方式。

所以综合来讲，这些安装方式都是可以使用的，只是不同层次的人习惯不同，实际应用的性能差距不是很大。

老男孩的建议：首先是选择 MySQL **5.5 或以上的数据库版本**，当数据库服务器机器数量少的话，可以采用 cmake 编译方式安装，这是很多运维人员的习惯选择。在数据库服务器机器数量多的情况下，可采用二进制免编译方式安装，这是某些 DBA 的偏爱，若是数据库服务器机器数量特别大，且对定制化要求很高，则可以选择通过源码定制 rpm 包，搭建 yum 仓库的安装方式。当然了，采用此种方法的读者也要具备这方面的能力才行，前文已经给出了做 rpm 定制以及 yum 仓库搭建的地址，这里不再赘述。

3.2 安装并配置 MySQL 数据库

3.2.1 安装 MySQL 数据库

1. MySQL 数据库的安装环境准备

如果读者没有物理服务器环境，则可以搭建 vmware 等虚拟机环境学习，相应地需要准备如下内容。

1）请提前加大 VM 虚拟机硬件的内存，最好将内存设置成 2GB 以上。

2）最好提前下载好要安装的 MySQL 相关软件包（http://mirrors.sohu.com/mysql/），如果本书使用的软件版本已更新，请更新至 5.6 的最新版即可。

3）重视每个操作过程的输出，有错误要解决掉然后再继续，不能忽略掉操作中的错误（error）。

4）建议进入虚拟机界面去执行 make 以及 make install，通过 SSH 操作有时会导致网络中断。

有关 vmware 虚拟化学习软件和 CentOS 6 操作系统的安装详细步骤见《跟老男孩学 Linux 运维：Web 集群实战》，或者参看免费部署文章：http://book.51cto.com/art/201605/510756.htm。

特别提示： Linux 操作系统的安装选包很重要，如果系统安装的不合适（不要按照上述文章来安装，除非你真正知道自己在做什么），会导致 MySQL 无法正常安装及使用。

---

2. 安装 MySQL 需要的依赖包和编译软件

当前的 Linux 系统环境情况如下：

```
[root@oldboy ~]# cat /etc/redhat-release          #<== 操作系统版本
CentOS release 6.9 (Final)
[root@oldboy ~]# uname -r                         #<== 内核版本
2.6.32-696.el6.x86_64
[root@oldboy ~]# uname -m
x86_64                                            #<==64 位系统
```

（1）安装 MySQL 需要的依赖包

安装 MySQL 之前，最好先安装 MySQL 需要的依赖包，不然后面会出现很多报错信息，到那时还得再回来安装 MySQL 的依赖包。安装命令如下：

```
[root@oldboy ~]# yum install ncurses-devel libaio-devel -y  #<== 确保系统可以
                                                                 上网再执行。
[root@oldboy ~]# rpm -qa ncurses-devel libaio-devel
ncurses-devel-5.7-4.20090207.el6.x86_64
libaio-devel-0.3.107-10.el6.x86_64
```

提示： 安装后使用 rpm -qa ncurses-devel libaio-devel 命令进行检查，如果出现两行如上信息则表示安装成功。

（2）安装编译 MySQL 需要的软件

由于 MySQL 5.5 及以上的系列产品要采用特殊的编译方式安装，因此，需要先安装常用的编译 MySQL 的工具 cmake 软件包，命令如下：

```
[root@oldboy ~]# yum install cmake -y
[root@oldboy ~]# rpm -qa cmake
cmake-2.8.12.2-4.el6.x86_64
```

提示：安装后使用“rpm -qa cmake”检查，如果出现一行如上信息则表示安装成功。

此外，也有网友采用源码包的方式安装 cmake 的，但是操作起来比较复杂，因此一般建议读者选择这个简单的 yum 安装方法。

3. 开始安装 MySQL

为了让大家学习更多的 MySQL 技术，本文选择以相对复杂的源代码安装方式为例来讲解 MySQL 多实例安装，大型公司一般都会将 MySQL 软件定制成 rpm 包，然后放到 yum 仓库里，使用 yum 安装，中小型企业里的二进制和编译安装的区别不大。

使用二进制方式安装 MySQL 的方法见 http://oldboy.blog.51cto.com/2561410/1893734。

（1）建立 MySQL 用户账号

首先以 root 身份登录到 Linux 系统中，然后执行如下命令创建 mysql 用户账号：

```
[root@oldboy ~]# useradd -s /sbin/nologin -M mysql #<== 默认会创建和 mysql 用户
                                                     同名的组。
[root@oldboy ~]# id mysql
uid=500(mysql) gid=500(mysql) groups=500(mysql)
```

根据上述结果输出，可以看到 mysql 用户和组已经创建成功。

（2）获取 MySQL 软件包

MySQL 软件包的下载地址为：http://dev.mysql.com/downloads/mysql/（如果地址变更无法下载，则可以去 http://mirrors.sohu.com/mysql 下载或者去本章开头提供的云盘地址去下载相关的软件包）。可以把软件下载到客户端电脑本地后，使用 rz 等工具传到 Linux 里，或者找到网络下载地址后，直接在 Linux 里使用 wget 命令下载下来。

提示：本书以 MySQL 编译的方式进行讲解，使用二进制方式安装的完整过程前文已经给过地址了。在生产场景中，二进制和源码包两种安装方法都是可用的，其应用场景一般没什么太大差别。不同之处在于：二进制的安装包较大，名字和源码包也有些区别，二进制的安装过程比源码更快，更多区别在前文选择安装方式章节中已经讲解过了，这里就不再赘述了。

MySQL 源码包和二进制安装包的名称见表 3-1。

表 3-1　MySQL 二进制和源码包名称

MySQL 软件	软件名
MySQL 源码安装包	mysql-5.6.40.tar.gz（本章选择的软件包）
MySQL 二进制安装包	mysql-5.6.40-linux-glibc2.12-x86_64.tar.gz

（3）采用编译方式安装 MySQL

配置及编译安装的步骤具体如下。

第一步，下载 mysql 软件包，命令及操作如下：

```
[root@oldboy ~]# mkdir -p /home/oldboy/tools  #<== 这是老男孩习惯使用的软件目录。
[root@oldboy ~]# cd /home/oldboy/tools/
[root@oldboy tools]# wget -q http://mirrors.163.com/mysql/Dowloads/MySQL-5.6/
mysql-5.6.40.tar.gz
#<== 如果数据库软件更新了，请参考前文执行更换。
[root@oldboy tools]# ls -lh
total 31M
-rw-r--r--. 1 root root 31M Nov 28 07:46 mysql-5.6.40.tar.gz  #<== 源码包大小 31M。
```

第二步，解压并配置 mysql，命令及操作如下：

```
[root@oldboy tools]# tar xf mysql-5.6.40.tar.gz
[root@oldboy tools]# cd mysql-5.6.40
[root@oldboy tools]# cmake . -DCMAKE_INSTALL_PREFIX=/application/mysql-5.6.40 \
-DMYSQL_DATADIR=/application/mysql-5.6.40/data \
-DMYSQL_UNIX_ADDR=/application/mysql-5.6.40/tmp/mysql.sock \
-DDEFAULT_CHARSET=utf8 \
-DDEFAULT_COLLATION=utf8_general_ci \
-DWITH_EXTRA_CHARSETS=all \
-DWITH_INNOBASE_STORAGE_ENGINE=1 \
-DWITH_FEDERATED_STORAGE_ENGINE=1 \
-DWITH_BLACKHOLE_STORAGE_ENGINE=1 \
-DWITHOUT_EXAMPLE_STORAGE_ENGINE=1 \
-DWITH_ZLIB=bundled \
-DWITH_SSL=bundled \
-DENABLED_LOCAL_INFILE=1 \
-DWITH_EMBEDDED_SERVER=1 \
-DENABLE_DOWNLOADS=1 \
-DWITH_DEBUG=0
```

提示：

1）编译时可配置的选项很多，常见的参数选项请参见 3.4 节的选项说明讲解，此处就不特别说明了。

2）编译 MySQL 需要安装 gcc 等工具，此部分在安装操作系统时就已经安装上了，具体请参考 CentOS 6 操作系统的详细安装步骤，可参见《跟老男孩学 Linux 运维：Web 集群实战》一书或免费部署文章 http://book.51cto.com/art/201605/510756.htm。

3）如果读者感觉输入这些配置比较费时间，可以加本篇开头的 QQ 交流群获取文件。

第三步，编译并安装 mysql，命令及操作如下：

```
[root@oldboy mysql-5.6.34]# make          #<== 如果是多核 cpu，则可指定 make -j
                                              cpu 核数，加快编译速度。
[root@oldboy mysql-5.6.34]# make install
```

如果是虚拟环境测试，以上两步过程可能有些长，请耐心等待。

第四步，为 mysql 安装路径设置不带版本号的软链接 /application/mysql，操作命令如下：

```
[root@oldboy mysql-5.6.34]# ln -s /application/mysql-5.6.34/ /application/mysql
# 补充：如果系统里有曾经安装的数据库文件和启动程序，则最好停掉或删除，以免发生冲突。
[root@oldboy mysql-5.6.34]# ls -l /application/
total 4
lrwxrwxrwx.  1 root root   26 Feb 26 17:49 mysql -> /application/mysql-5.6.34/
drwxr-xr-x. 13 root root 4096 Feb 26 17:49 mysql-5.6.34
[root@oldboy mysql-5.6.34]# ls /application/mysql/     #<== 这是老男孩常用的 mysql 的
                                                            安装路径。
    bin  COPYING  data  docs  include  lib  man  mysql-test  README  scripts  share
sql-bench  support-files
```

如果上述操作未出现错误（每个步骤结束后，都可以使用“ echo $?”查看返回值是否为 0，为 0 则表示正确），则查看 /application/mysql/ 目录；若其下有内容，则表示 MySQL 5.6.40 源代码包采用 cmake 方式安装成功了。

3.2.2 创建 MySQL 数据库配置文件并对数据库目录授权

MySQL 5.5 及老版数据库默认为用户提供了多个配置文件模板，但是 MySQL 5.6 的 support-files 目录下已经没有配置文件模板了。

```
[root@oldboy mysql-5.6. 40]# ll support-files/*.cnf
-rw-r--r--. 1 root root 1126 Feb 26 17:54 support-files/my-default.cnf
[root@oldboy mysql-5.6. 40]# mv /etc/my.cnf /etc/my.cnf.bak
# 提示：在 CentOS  6.9 版操作系统最小化安装完成之后，在 /etc 目录下会存在一个 my.cnf，需要
将此文件更名为其他的名字，如：/etc/my.cnf.bak，否则，该文件会干扰源码安装的 MySQL 的正确配置，
造成无法启动。
# 在启动 MySQL 服务时，会按照一定的顺序搜索 my.cnf，先在 /etc 目录下找，若找不到则搜索 "$basedir/
my.cnf"，本例依旧选择大家熟悉的 /etc/ 路径！
[root@oldboy mysql-5.6.40]# cp support-files/my-default.cnf /etc/my.cnf
提示：此行操作可以省略，在下文初始化 mysql 时会自动生成 my.cnf 模板文件，如果已经执行了上
述命令，则初始化后会生成 my-new.cnf 文件，my.cnf 和 my-new.cnf 除了注释以外是一致的。
[root@oldboy mysql-5.6. 40]# chown -R mysql.mysql /application/mysql/
#<== 授权 mysql 用户管理 mysql 的安装目录，此步不做会导致启动服务错误。
```

关于 mysql 的配置文件 my.cnf 参数的更多说明及调优，请参看本书后面的章节。

3.2.3 初始化 MySQL 数据库文件

上述配置完毕后，就可以初始化数据库数据文件了，这个步骤其实也可以在编译安

装 MySQL 之后就操作，只不过放到这里更合理一些。

（1）初始化 MySQL 数据库

初始化数据库的核心命令为：

```
/application/mysql/scripts/mysql_install_db --basedir=/application/mysql/ --datadir=/application/mysql/data --user=mysql
```

提示：--basedir=/application/mysql/ 为 MySQL 的安装路径，--datadir 为数据文件目录。另外，需要注意 mysql_install_db 和 MySQL 5.1 的路径不同，MySQL 5.1 在 MySQL bin 路径下。

整个初始化的操作过程为：

```
[root@oldboy mysql-5.6.34]# /application/mysql/scripts/mysql_install_db --basedir=/application/mysql/ --datadir=/application/mysql/data --user=mysql
#<== 初始化 mysql 数据库文件，会有很多信息提示，如果没有 ERROR 级别的错误，有两个 OK 的字样，
     则表示初始化成功，否则就要解决初始化的问题。
WARNING: The host 'oldboy' could not be looked up with/application/mysql//bin/resolveip.
#<== 如果没做主机名解析，则提示警告。
Installing MySQL system tables...2018-05-10 18:00:25 0 [Warning] TIMESTAMP with implicit DEFAULT value is deprecated. Please use --explicit_defaults_for_timestamp server option (see documentation for more details).
2018-05-10 00:08:25 0 [Note] Ignoring --secure-file-priv value as server is running with --bootstrap.
2018-05-10 00:08:25 0 [Note] /application/mysql//bin/mysqld (mysqld 5.6.40) starting as process 47993 ...
2018-05-10 00:08:25 16787 [Note] InnoDB: Using atomics to ref count buffer pool pages
2018-05-10 00:08:25 16787 [Note] InnoDB: The InnoDB memory heap is disabled
2018-05-10 00:08:25 16787 [Note] InnoDB: Mutexes and rw_locks use GCC atomic builtins
2018-05-10 00:08:25 16787 [Note] InnoDB: Memory barrier is not used
2018-05-10 00:08:25 16787 [Note] InnoDB: Compressed tables use zlib 1.2.3
2018-05-10 00:08:25 16787 [Note] InnoDB: Using Linux native AIO
2018-05-10 00:08:25 16787 [Note] InnoDB: Using CPU crc32 instructions
2018-05-10 00:08:25 16787 [Note] InnoDB: Initializing buffer pool, size = 128.0M
2018-05-10 00:08:25 16787 [Note] InnoDB: Completed initialization of buffer pool
2018-05-10 00:08:25 16787 [Note] InnoDB: The first specified data file ./ibdata1 did not exist: a new database to be created!
2018-05-10 00:08:25 16787 [Note] InnoDB: Setting file ./ibdata1 size to 12 MB
2018-05-10 00:08:25 16787 [Note] InnoDB: Database physically writes the file full: wait...
...省略若干...
2018-05-10 00:08:28 16787 [Note] InnoDB: Waiting for purge to start
```

```
2018-05-10 00:08:28 16787 [Note] InnoDB: 5.6.34 started; log sequence number 0
2018-05-10 00:08:28 16787 [Note] Binlog end
2018-05-10 00:08:28 16787 [Note] InnoDB: FTS optimize thread exiting.
2018-05-10 00:08:28 16787 [Note] InnoDB: Starting shutdown...
2018-05-10 00:08:28 16787 [Note] InnoDB: Shutdown completed; log sequence number 1625977
OK #<== 两个 OK 是初始化成功的标志。
Filling help tables... 2018-05-10 00:08:28 0 [Warning] TIMESTAMP with implicit DEFAULT value is deprecated. Please use --explicit_defaults_for_timestamp server option (see documentation for more details).
2018-05-10 00:08:28 0 [Note] Ignoring --secure-file-priv value as server is running with --bootstrap.
2018-05-10 00:08:28 0 [Note] /application/mysql//bin/mysqld (mysqld 5.6.34) starting as process 48015 ...
2018-05-10 00:08:28 16809 [Note] InnoDB: Using atomics to ref count buffer pool pages
2018-05-10 00:08:28 16809 [Note] InnoDB: The InnoDB memory heap is disabled
...省略若干...
2018-05-10 00:08:28 16809 [Note] InnoDB: FTS optimize thread exiting.
2018-05-10 00:08:28 16809 [Note] InnoDB: Starting shutdown...
2018-05-10 00:08:28 16809 [Note] InnoDB: Shutdown completed; log sequence number 1625987
OK #<== 两个 OK 是初始化成功的标志。
To start mysqld at boot time you have to copy
support-files/mysql.server to the right place for your system
PLEASE REMEMBER TO SET A PASSWORD FOR THE MySQL root USER !
To do so, start the server, then issue the following commands:
/application/mysql//bin/mysqladmin -u root password 'new-password'
/application/mysql//bin/mysqladmin -u root -h oldboy password 'new-password'
Alternatively you can run:
/application/mysql//bin/mysql_secure_installation
which will also give you the option of removing the test
databases and anonymous user created by default.  This is
strongly recommended for production servers.
See the manual for more instructions.
You can start the MySQL daemon with:
cd . ; /application/mysql//bin/mysqld_safe &
You can test the MySQL daemon with mysql-test-run.pl
cd mysql-test ; perl mysql-test-run.pl
Please report any problems at http://bugs.mysql.com/
The latest information about MySQL is available on the web at
http://www.mysql.com
Support MySQL by buying support/licenses at http://shop.mysql.com
### 请注意如下几行英文的说明
New default config file was created as /application/mysql//my.cnf and
will be used by default by the server when you start it.
You may edit this file to change server settings
# 从上述说明中可以知道 MySQL 的默认配置文件已经变到了 /application/mysql//my.cnf 下。
WARNING: Default config file /etc/my.cnf exists on the system
```

```
This file will be read by default by the MySQL server
If you do not want to use this, either remove it, or use the
--defaults-file argument to mysqld_safe when starting the server
# 从上述说明中可以看到数据库启动时会读取 /etc/my.cnf，因此有可能会导致无法启动，避免的方
法就是使用 mysqld_safe 启动服务时采用“--defaults-file”参数指定配置文件，前文已将 /etc/
my.cnf 改名了，并进行了新的配置文件替换，所以，就不需要指定参数了，这里是一个坑，请读者注意。
```

此步骤必须要初始化成功，否则，后面会出现登录不了数据库等各种问题。

（2）初始化数据库的原理及结果说明

初始化数据库的实质就是创建基础的数据库系统的库文件，例如，生成 mysql 库表等。

初始化数据库之后，查看数据目录，可以看到多了如下文件：

```
[root@oldboy mysql-5.6.40]# ls -l /application/mysql/data
total 110604
-rw-rw----. 1 mysql mysql 12582912 May 10 00:08 ibdata1
-rw-rw----. 1 mysql mysql 50331648 May 10 00:08 ib_logfile0
-rw-rw----. 1 mysql mysql 50331648 May 10 00:08 ib_logfile1
drwx------. 2 mysql mysql     4096 May 10 00:08 mysql   #<== 用于存放管理 mysql
                                                            的数据
drwx------. 2 mysql mysql     4096 May 10 00:08 performance_schema
#<==5.5 及以上增加的内部性能库。
drwxr-xr-x. 2 mysql mysql     4096 May 10 00:48 test #<== 用于测试的 test 数据库。
[root@oldboy mysql-5.6.40]# tree /application/mysql/data
#<== 如果没有 tree，则可以采用 yum install tree -y 方式安装
/application/mysql/data
├── ibdata1
├── ib_logfile0
├── ib_logfile1
├── mysql
│   ├── columns_priv.frm
│   ├── columns_priv.MYD
│   ├── columns_priv.MYI
…省略若干…
│   ├── general_log.CSV
│   ├── general_log.frm
│   ├── help_category.frm
│   ├── procs_priv.frm
│   ├── procs_priv.MYD
│   ├── procs_priv.MYI
│   ├── proxies_priv.frm
│   ├── proxies_priv.MYD
│   ├── proxies_priv.MYI
│   ├── servers.frm
…省略若干…
│   ├── time_zone_name.MYI
│   ├── time_zone_transition.frm
│   ├── time_zone_transition.MYD
```

```
|    ├── time_zone_transition.MYI
|    ├── time_zone_transition_type.frm
|    ├── time_zone_transition_type.MYD
|    ├── time_zone_transition_type.MYI
|    ├── user.frm
|    ├── user.MYD
|    └── user.MYI
├── performance_schema
|    ├── accounts.frm
|    ├── cond_instances.frm
|    ├── db.opt
|    ├── events_stages_current.frm
|    ├── events_stages_history.frm
|    ├── events_stages_history_long.frm
|    ├── events_stages_summary_by_account_by_event_name.frm
…省略若干…
|    ├── threads.frm
|    └── users.frm
└── test
     └── db.opt
3 directories, 136 files
```

（3）MySQL 初始化故障排错集锦

本节的所有故障都必须要解除，即必须要出现两个 Yes 字样，否则，后面就算数据库服务可以启动，也会出现登录不了 MySQL 数据库等各种问题，因此读者若遇到了故障无法解决，则可以提前看一下本章结尾的故障集锦内容。

3.2.4 配置并启动 MySQL 数据库

1）设置 MySQL 启动脚本：

```
[root@oldboy mysql-5.6.40]# pwd
/home/oldboy/tools/mysql-5.6.40
[root@oldboy mysql-5.6.40]# cp support-files/mysql.server /etc/init.d/mysqld
#<== 将 mysql 启动脚本复制到 mysql 的命令路径。
[root@oldboy mysql-5.6.40]# chmod 700 /etc/init.d/mysqld  #<== 使脚本可执行，注意权限要小一些。
[root@oldboy mysql-5.6.40]# ls -l /etc/init.d/mysqld
-rwx------. 1 root root 10619 May 10 00:20/etc/init.d/mysqld
# 提示：老男孩开发了一个专业、规范，且相对简单的 Shell 版 MySQL 服务启动脚本，地址如下：
http://oldboy.blog.51cto.com/2561410/1945183
```

2）启动 MySQL 数据库：

```
#<== 这是启动数据库规范方法之一，还可以使用" /application/mysql/bin/mysqld_safe
    --user=mysql &" 启动。这个命令结尾“&”符号的作用是，在后台执行 mysql 服务，这条
    命令执行完，还需要按下回车才能进入到命令行状态。
#<== 注意，如果已经执行了上面的 /etc/init.d/mysqld start 启动命令，还想尝试下面 mysqld_
```

```
    safe 的命令，请先执行 /etc/init.d/mysqld stop 结束 mysql 进程。
[root@oldboy mysql-5.6.40]# /etc/init.d/mysqld start
Starting MySQL. SUCCESS!
```

特别提示：这里有一个大坑，就是数据库可能会无法启动，报错信息如下：

```
[root@oldboy mysql-5.6.40]# /etc/init.d/mysqld start
Starting MySQL.Logging to '/application/mysql-5.6.40/data/oldboy.err'.
180510 00:21:04 mysqld_safe Directory '/application/mysql-5.6.40/tmp' for UNIX
socket file don't exists.
 ERROR! The server quit without updating PID file (/application/mysql-5.6.40/
data/oldboy.pid).
提示：/application/mysql-5.6.40/tmp 目录不存在，5.6.34 前的早期版本没事。
```

解决办法：

```
[root@oldboy mysql-5.6.40]# mkdir -p /application/mysql-5.6.40/tmp
#<== 编译时指定的 socket 路径。
[root@oldboy mysql-5.6.40]# chown -R mysql.mysql /application/mysql/
[root@oldboy mysql-5.6.40]# /etc/init.d/mysqld start
Starting MySQL. SUCCESS!
```

提示： 禁止使用 kill -9、killall -9 等命令强制杀死数据库，这会引起数据库无法启动等故障发生。企业中曾发生过的血的教训案例请看 http://oldboy.blog.51cto.com/2561410/1431161。

3）检查 MySQL 数据库是否启动：

```
[root@oldboy ~]# netstat -lntup|grep mysql
tcp        0      0 :::3306             :::*          LISTEN     48065/mysqld
```

如果发现 3306 端口没起来，则请使用 tail -100 /application/mysql/data/ 机器名 .err 检查日志报错进行调试。经常查看服务运行日志是个很好的习惯，也是高手的习惯。

4）查看 MySQL 数据库启动结果日志：

```
[root@oldboy ~]# tail /application/mysql/data/oldboy.err
2018-05-10 17:38:36 48065 [Note] InnoDB: Waiting for purge to start
2018-05-10 17:38:36 48065 [Note] InnoDB: 5.6.40 started; log sequence number
1625987
2018-05-10 17:38:36 48065 [Warning] No existing UUID has been found, so we
assume that this is the first time that this server has been started. Generating
a new UUID: 4f94404a-fc74-11e6-8112-000c292ece3f.
2018-05-10 17:38:36 48065 [Note] Server hostname (bind-address): '*'; port:
3306
2018-05-10 17:38:36 48065 [Note] IPv6 is available.
2018-05-10 17:38:36 48065 [Note]   - '::' resolves to '::';
```

```
    2018-05-10 17:38:36 48065 [Note] Server socket created on IP: '::'.
    2018-05-10 17:38:36 48065 [Note] Event Scheduler: Loaded 0 events
    2018-05-10 17:38:36 48065 [Note] /application/mysql-5.6.40/bin/mysqld: ready
for connections.
    Version: '5.6.34'  socket: '/application/mysql-5.6.40/tmp/mysql.sock'  port:
3306  Source distribution
```

本例查看了错误日志的命令及错误日志中的内容，这里省略了大部分日志内容，只给出了默认的 10 行，如果有错误，一般会显示 error 字样。

5）设置 MySQL 开机自启动：

```
[root@oldboy ~]# chkconfig --add mysqld
[root@oldboy ~]# chkconfig --list mysqld
mysqld              0:off    1:off 2:on    3:on    4:on    5:on    6:off
```

此外，将启动命令 /etc/init.d/mysqld start 放到 /etc/rc.local 里面也可以实现开机自启动。

若 MySQL 安装及使用出现故障，则可根据下面的分析思路进行检查。

- 细看所有步骤执行命令返回的屏幕输出，不要忽略关键的输出内容。
- 查看 mysql 错误日志 /application/mysql/data/ 机器名 .err。
- 辅助查看系统日志 /var/log/messages。
- 如果是 MySQL 关联了其他服务，则还要同时查看相关服务的日志。
- 仔细阅读，重新查看所有操作的步骤是否正确，书写的命令及字符是否都正确。

经常查看各种服务运行日志是个很好的习惯，也是成长为高手的必经之路！

3.2.5 将 MySQL 相关命令加入全局路径

如果不为 MySQL 的命令配置全局路径，就会无法在命令行直接输入 mysql 这样的客户端命令，只能使用全路径命令（/application/mysql/bin/mysql），这种附带路径输入命令的方式很麻烦。下面来看看配置的具体方法。

1）确认 mysql 命令所在的路径：

```
[root@oldboy /]# ls /application/mysql/bin/mysql
/application/mysql/bin/mysql
```

2）在 PATH 变量前面增加 /application/mysql/bin 路径，并追加到 /etc/profile 文件中：

```
[root@oldboy /]# echo 'export PATH=/application/mysql/bin:$PATH' >>/etc/profile
#<== 注意，echo 后是单引号，双引号是不行的。
[root@oldboy /]# tail -1 /etc/profile
export PATH=/application/mysql/bin:$PATH #<== 放在前面也是有目的的，是为了防止执行
                                               时使用老版本的 mysql 命令。
[root@oldboy /]# source /etc/profile
#<== 执行 source 使上一行添加到 /etc/profile 中，内容直接生效。
```

```
#<== 以上命令的用途为，定义 mysql 全局路径，实现在任意路径执行 mysql 命令。
[root@oldboy ~]# echo $PATH
/application/mysql/bin:/usr/local/sbin:/usr/local/bin:/sbin:/bin:/usr/sbin:
/usr/bin:/root/bin
#<== 执行 echo $PATH，若有 /application/mysql/bin 输出则表示配置成功。
```

提示：更简单的设置方法为使用下面的命令做软链接：ln -s /application/mysql/bin/* /usr/local/sbin/，把 mysql 命令所在的路径链接到全局路径 /usr/local/sbin/ 的下面。

要特别强调的是，务必把 MySQL 命令路径放在 PATH 路径中其他路径的前面，否则，可能会导致使用的 mysql 客户端等命令和本章编译安装的 mysql 服务对应的 mysql 命令不是同一个，进而产生错误。下面的网址中给出了因为 MySQL 路径配置问题而导致的错误案例：http://oldboy.blog.51cto.com/2561410/1122867，该错误实际上就是因为使用 yum 安装的 MySQL 客户端命令访问了编译安装的服务端而导致的。

3.2.6　登录 MySQL 测试

登录并测试的命令如下：

```
[root@oldboy ~]# mysql  #<== 直接输入 mysql 就可以进入数据库了，而且身份还是 root。
Welcome to the MySQL monitor.  Commands end with ; or \g.
Your MySQL connection id is 1
Server version: 5.6.40 Source distribution
Copyright (c) 2000, 2018, Oracle and/or its affiliates. All rights reserved.
Oracle is a registered trademark of Oracle Corporation and/or its
affiliates. Other names may be trademarks of their respective
owners.
Type 'help;' or '\h' for help. Type '\c' to clear the current input statement.
mysql>
提示：你还可以使用如下三种命令写法登录 mysql。
mysql -uroot -p
mysql -uroot
mysql -uroot -p '密码'
```

若出现登录故障，则可以通过以下方法排查。

如果这里提示无法登录，排除了数据库启动问题之后，则很可能是数据库初始化文件有问题。例如，执行 mysql 后提示如下错误：

```
[root@oldboy ~]# mysql
ERROR 1045 (28000): Access denied for user 'root'@'localhost' (using password: NO)
```

解决办法：重新初始化数据库即可，此问题一般都是数据库初始化问题或者数据库文件损坏以及目录权限问题。

```
mysql> show databases;  #<== 查看当前的数据库
+--------------------+
| Database           |
+--------------------+
| information_schema |
| mysql              |
| performance_schema |
| test               |
+--------------------+
4 rows in set (0.00 sec)

mysql> select user();  #<== 查看当前的登录用户
+----------------+
| user()         |
+----------------+
| root@localhost |
+----------------+
1 row in set (0.00 sec)

mysql>   #<== 快捷键 ctrl+d，也可以使用 quit 或 exit 等。
```

MySQL 安装完成后，默认情况下，管理员账号 root 是无密码的，极不安全，必须要处理一下。

3.2.7 基本的 MySQL 安全配置

1. 为 root 用户设置密码

MySQL 管理员的账号 root 密码默认为空，极不安全，可以通过 mysqladmin 命令为 mysql 不同实例的数据库设置独立的密码：

```
[root@oldboy ~]# mysqladmin -u root password 'oldboy123'
#<== 为 root 用户设置密码 oldboy123。
Warning: Using a password on the command line interface can be insecure.
#<== 这里是一个警告，提醒用户命令行放置密码是不安全的，请读者尽量不要在命令行输入密码，
     而是采取交互式的方式输入密码。
[root@oldboy ~]# mysql #<== 无法直接输入命令登录了。
ERROR 1045 (28000): Access denied for user 'root'@'localhost' (using password: NO)
[root@oldboy ~]# mysql -uroot -p #<== 新的登录方式，也可以直接带密码 mysql -uroot
                                      -poldboy123。
Enter password:                  #<== 输入新密码 oldboy123，交互式输入密码不会记录
                                      在命令记录里，因此更安全。
Welcome to the MySQL monitor.  Commands end with ; or \g.
Your MySQL connection id is 5
Server version: 5.6.40 Source distribution
Copyright (c) 2000, 2018, Oracle and/or its affiliates. All rights reserved.
Oracle is a registered trademark of Oracle Corporation and/or its
affiliates. Other names may be trademarks of their respective
owners.
```

```
Type 'help;' or '\h' for help. Type '\c' to clear the current input statement.
mysql>
```

读者也可以执行 mysql_secure_installation 命令交互式地设置系统的用户密码。

2. 清理 mysql 服务器内无用的用户

```
mysql> select user,host from mysql.user;
+------+-----------+
| user | host      |
+------+-----------+
| root | 127.0.0.1 |
| root | ::1       |
|      | localhost |
| root | localhost |
|      | oldboy    |
| root | oldboy    |
+------+-----------+
6 rows in set (0.00 sec)

mysql> drop user root@'::1';
Query OK, 0 rows affected (0.00 sec)

mysql> drop user root@'oldboy';
Query OK, 0 rows affected (0.00 sec)

mysql> drop user ''@'oldboy';
Query OK, 0 rows affected (0.00 sec)

mysql> drop user ''@'localhost';
Query OK, 0 rows affected (0.00 sec)

mysql> select user,host from mysql.user;
+------+-----------+
| user | host      |
+------+-----------+
| root | 127.0.0.1 |
| root | localhost |
+------+-----------+
2 rows in set (0.00 sec)
```

提示：对于 drop 命令及数据库安全，后文会有详细讲解，此处不执行也可以。

有时使用 drop 命令可能会无法删除对应用户。比如，当数据库内的 host 等字段为大写及特殊 Linux 主机名时，删除用户就会遇到问题，例如：

```
mysql> drop user ' '@'MySQL';
ERROR 1396 (HY000): Operation DROP USER failed for ' '@'mysql'
```

可使用 DML 语句，并采用 delete 命令删除来解决此问题，具体命令如下：

```
mysql> delete from mysql.user where user='' and host='MySQL';
Query OK, 1 row affected (0.00 sec)
mysql> flush privileges;
Query OK, 0 rows affected (0.00 sec)
```

3. 删除 mysql 数据库内无用的 test 库

```
mysql> drop database test;
Query OK, 0 rows affected (0.00 sec)
mysql> show databases;
+--------------------+
| Database           |
+--------------------+
| information_schema |
| mysql              |
| performance_schema |
+--------------------+
3 rows in set (0.00 sec)
```

有关 MySQL 的更多安全措施，在后文会有更详细的讲解。

3.3 MySQL 安装 FAQ

问题 1：在配置 mysql 时遇到错误。

出现的错误如下：

```
checking for tgetent in -ltinfo... no
checking for termcap functions library... configure: error: No curses/termcap library found
```

原因：缺少 ncurses 安装包。

解决方法：执行"yum -y install ncurses-devel"命令。

问题 2：初始化 MySQL 数据库时出现故障。

- 故障 1：给出了警告信息"WARNING: The host 'oldboy' could not be looked up with resolveip"。

警告是可以忽略的，如果非要解决则需要修改对主机名的解析，使其和"uname -n"命令的结果一样，如下：

```
[root@oldboy ~]# grep "`uname -n`" /etc/hosts
127.0.0.1  oldboy #<== 也可以使用网卡 IP 解析。
```

- 故障 2：错误提示"ERROR: 1004 Can't create file '/tmp/#sql300e_1_0.frm' (errno: 13)"。

在执行初始化数据库命令时可能就会遇到这样的错误，错误提示如下：

```
ERROR: 1004  Can't create file '/tmp/#sql300e_1_0.frm' (errno: 13)
120406 15:47:02 [ERROR] Aborting
120406 15:47:02 [Note] /application/mysql/libexec/mysqld: Shutdown complete
Installation of system tables failed!  Examine the logs in
/application/mysql/data for more information.
```

根据提示可知，/tmp 目录不能创建文件，所以解决办法是对 /tmp 目录增加权限，具体如下。

解决办法：还原 /tmp 目录权限。操作命令如下：

```
[root@oldboy ~]# chmod 1777 /tmp          #<==1777 是 /tmp 的默认权限，除非曾经改动
                                               过此目录权限才会报错。
[root@oldboy ~]# ls -ld /tmp/
drwsrwxrwt. 8 root root 4096 3 月  10 18:07 /tmp/
```

本示例的故障必须要解除，否则，后面会出现登录不了 MySQL 数据库等各种问题。

问题 3：登录数据库时提示“Access denied for user 'root'@'localhost'”。

解答：正文里已经给出答案，此处不再赘述。

问题 4：有时使用 drop 命令删除 MySQL 用户删不掉。

解答：正文里已经给出答案，此处不再赘述。

3.4 MySQL 5.6 编译常见参数选项说明

MySQL 5.6 编译常见参数选项说明如表 3-2 所示。

表 3-2　MySQL 5.6 编译参数及说明

编译参数	说明
-DCMAKE_INSTALL_PREFIX=/application/mysql-5.6.40	设定 mysql 安装目录
-DMYSQL_DATADIR=/application/mysql-5.6.40/data	设定 mysql 数据文件目录
-DMYSQL_UNIX_ADDR=/application/mysql-5.6.40/tmp/mysql.sock	设定 mysql.sock 路径
-DDEFAULT_CHARSET=utf8	设定默认的字符集为 utf8
-DDEFAULT_COLLATION=utf8_general_ci	设定默认排序规则
-DEXTRA_CHARSETS=gbk,gb2312,utf8,ascii	启用额外的字符集类型
-DENABLED_LOCAL_INFILE=ON	启用本地数据导入支持
-DWITH_INNOBASE_STORAGE_ENGINE=1 -DWITH_FEDERATED_STORAGE_ENGINE=1 -DWITH_BLACKHOLE_STORAGE_ENGINE=1 -DWITHOUT_EXAMPLE_STORAGE_ENGINE=1 -DWITHOUT_PARTITION_STORAGE_ENGINE=1	若想启用某个引擎的支持：-DWITH_<ENGINE>_STORAGE_ENGINE=1 若想禁用某个引擎的支持：-DWITHOUT_<ENGINE>_STORAGE_ENGINE=0

（续）

编译参数	说明
-DWITH_FAST_MUTEXES=1	
-DWITH_ZLIB=bundled	启用 libz 库支持
-DENABLED_LOCAL_INFILE=1	这个参数重复了，启用本地数据导入支持
-DWITH_READLINE=1	启用 readline 库支持（提供可编辑的命令行）
-DWITH_EMBEDDED_SERVER=1	编译嵌入式服务器支持
-DWITH_DEBUG=0	禁用 debug（默认为禁用）

更多内容请参考官方 MySQL 5.6 的 cmake 编译参数：http://dev.mysql.com/doc/refman/5.6/en/source-configuration-options.html

3.5 章节试题

1）MySQL 的常见安装方法有哪些？

2）在企业中如何选择不同的 MySQL 安装方法？

3）请描述如何安装及配置 MySQL 服务？

4）安装及配置 MySQL 服务遇到故障如何排错？

5）MySQL 安装后可以做哪些基础优化？

第4章

MySQL 多实例数据库企业级应用实践

4.1 MySQL 多实例介绍

前面 3 章已经针对 MySQL 数据库进行了介绍，并说明了为什么选择 MySQL 数据库，以及 MySQL 数据库在 Linux 系统下的多种安装方式，同时以单实例讲解了如何以编译方式安装 MySQL 和基础安全优化等内容，本章将为大家讲解更为实用的 MySQL 多实例安装，百度、淘宝、阿里、新浪等大公司无一例外地都会使用多实例的方式部署数据库，那么是什么原因促使他们选择多实例数据库的部署方式呢？请看下文。

4.1.1 什么是 MySQL 多实例

根据老男孩的经验，简单地说，MySQL 多实例就是在一台服务器上同时开启多个不同的服务端口（如 3306、3307），同时运行多个 MySQL 服务进程，这些服务进程通过不同的 socket 监听不同的服务端口来提供服务。

这些 MySQL 多实例共用一套 MySQL 安装程序，使用不同的 my.cnf 配置文件、启动程序（也可以相同）和数据文件。在提供服务时，多实例 MySQL 在逻辑上看起来是各自独立的，它们根据配置文件的对应设定值来获得服务器相应数量的硬件资源。

打个比方吧，MySQL 多实例就相当于房子的多个卧室，每个实例可以看作是一间卧室，整个服务器就是一套房子，服务器的硬件资源（cpu、mem、disk）、软件资源（CentOS 操作系统）可以看作是房子的卫生间、厨房、客厅，是房子的公用资源。若你是北漂的小伙伴，与朋友一起租房，相信对此能有更好地理解，大家蜗居在一起，休息时在自己的卧室，但出来活动肯定是要共用上述公共资源的。图 4-1 是 MySQL 多实例形象示意图。

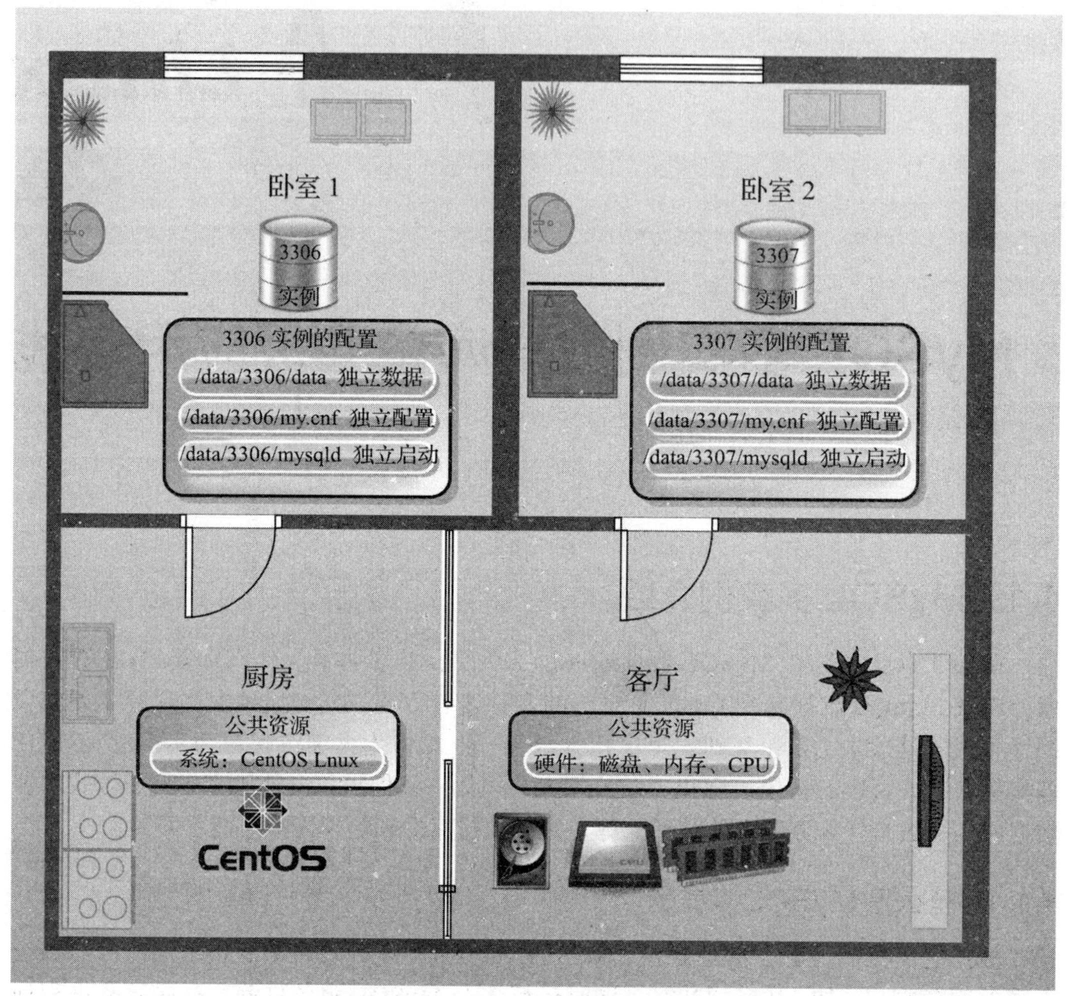

图 4-1 MySQL 多实例形象示意图

其实很多网络服务都是可以配置多实例的，例如 Nginx、Apache、Haproxy、redis、Memcahed 等都可以。而且这在门户网站中使用得很广泛，当然，随着虚拟化、云计算的产生和发展，也会通过不同的虚拟机切割资源配置独立的服务，但虚拟化存在一定的缺陷，例如，相比于物理机，其性能会有所下降等。

4.1.2 MySQL 多实例的作用与问题

本节首先来看看 MySQL 多实例的作用，具体如下。

- 可有效利用服务器资源。当单个服务器资源有剩余时，可
  提供更多的服务，且可以实现资源的逻辑隔离。
- 节约服务器资源。若公司资金紧张，但是数据库又需要各自尽
  务，而且还需要用到主从复制等技术，那么选择多实例就再好不过了

MySQL 多实例有它的好处，也有其弊端，比如，会存在资源互相抢占的问题。某个数据库实例并发很高或者有 SQL 慢查询时，整个实例会消耗大量的系统 CPU、磁盘 I/O 等资源，导致服务器上的其他数据库实例提供服务的质量一起下降。这就相当于大家住在一个房子的不同卧室中，早晨起来上班，都要刷牙、洗脸等，这样卫生间就会长期处于占用状态，其他人则必须要等待。不同实例获取的资源是相对独立的，无法像虚拟化一样完全隔离。

4.2 MySQL 多实例的生产应用场景

4.2.1 资金紧张型公司的选择

若公司资金紧张，公司业务访问量不太大，但又希望不同业务的数据库服务各自能够尽量独立地提供服务而互相不受影响，或者，还有需要主从复制等技术提供备份或读写分离服务的需求，那么，多实例就再好不过了。比如：可以通过 3 台服务器部署 9 ～ 15 个实例，交叉做主从复制、数据备份及读写分离，这样就可以达到 9 ～ 15 台服务器每个只装一个数据库才有的效果。这里需要强调的是，所谓的尽量独立是相对的。

4.2.2 并发访问不是特别大的业务

当公司业务访问量不太大的时候，服务器的资源基本上都是浪费的，这时就很适合多实例的应用，如果对 SQL 语句的优化做得比较好，MySQL 多实例会是一个很值得使用的技术，即使并发很大，合理分配好系统资源以及搭配好服务，也不会有太大的问题。

4.2.3 门户网站应用 MySQL 多实例场景

门户网站通常都会使用多实例，因为配置硬件好的服务器，可以节省 IDC 机柜空间，同时，运行多实例也会减少硬件资源占用率不满的浪费。比如，百度公司的很多数据库都是多实例的，不过，一般是从库采用多实例，例如某部门中使用的 IBM 服务器为 48 核 CPU，内存 96GB，一台服务器运行 3 ～ 4 个实例；此外，新浪网也有采用多实例的情况，内存 48GB 左右。

说明： 据老男孩调查，新浪网的数据库以单机 1 ～ 4 个数据库实例的居多。其中又数 1 ～ 2 个的最多，这是因为大业务占用的机器比较多。在该公司，服务器以

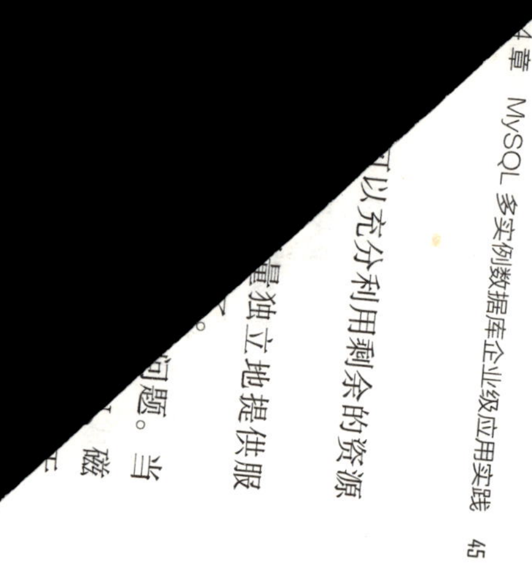

5210、内存 48GB、磁盘为 12*300G SAS、采用
门户网站的服务器配置参考，希望能给读者购买
数据帮助。

一般采用编译安装的方式，并且会在进行优化之后

的配置方案

程序多实例部署方案

单一配置文件、单一启动程序多实例部署方案，老男孩老师不推荐此方案，这里仅作为知识点提及，后文不会再涉及此方案。my.cnf 配置文件示例（MySQL 手册里提到的方法）如下：

```
[mysqld_multi]
mysqld     = /usr/bin/mysqld_safe
mysqladmin = /usr/bin/mysqladmin
user       = mysql
[mysqld1]
socket     = /var/lib/mysql/mysql.sock
port       = 3306
pid-file   = /var/lib/mysql/mysql.pid
datadir    = /var/lib/mysql/
user       = mysql
[mysqld2]
socket     = /mnt/data/db1/mysql.sock
port       = 3302
pid-file   = /mnt/data/db1/mysql.pid
datadir    = /mnt/data/db1/
user       = mysql
skip-name-resolve
server-id=10
default-storage-engine=innodb
innodb_buffer_pool_size=512M
innodb_additional_mem_pool=10M
default_character_set=utf8
character_set_server=utf8
#read-only
relay-log-space-limit=3G
expire_logs_day=20
```

㊀ 老男孩面授课程会讲 rpm 包定制以及 yum 仓库搭建技术。读者也可以参考老男孩内部的 360 云盘分享：http://yunpan.cn/cjJ4rWaT8bVRS，提取码为 1e89，里面有介绍 rpm 包制作的内部免费视频与 yum 仓库搭建速成或相关打包知识。

启动程序的命令如下：

```
mysqld_multi --config-file=/data/mysql/my_multi.cnf start 1,2
```

该方案的缺点是耦合度太高，只有一个配置文件，不好管理。工作开发和运维的统一原则是：降低耦合度。

4.3.2 多配置文件、多启动程序部署方案

多配置文件、多启动程序部署方案，是本文主要讲解的方案，也是老男孩老师常用并极力推荐的方案。下面来看一下配置示例。

以下是老男孩已经部署好的 MySQL 双实例的目录信息及文件注释说明：

```
[root@oldboy ~]# tree /data
/data
|-- 3306
|   |-- data    #<==3306 实例的数据文件。
|   |-- my.cnf  #<==3306 实例的配置文件。
|   `-- mysql   #<==3306 实例的启动文件。
`-- 3307
    |-- data    #<==3307 实例的数据文件。
    |-- my.cnf  #<==3307 实例的配置文件。
    `-- mysql   #<==3307 实例的启动文件。
4 directories, 4 files
```

提示： 这里的配置文件 my.cnf、启动程序 mysql 都是独立的文件，数据文件 data 目录也是独立的。

多实例 MySQL 数据库的安装和前文讲解的单实例没有任何区别，因此，读者如果有前文单实例的安装环境，那么可以直接略过 4.4.1 节的内容。

4.4 安装并配置多实例 MySQL 数据库

4.4.1 安装 MySQL 多实例

1. 安装 MySQL 需要的依赖包和编译软件

（1）安装 MySQL 需要的依赖包

安装 MySQL 之前，最好先安装 MySQL 需要的依赖包，不然后面会出现很多报错信息，到那时再回来安装 MySQL 的依赖包会很麻烦。安装命令如下：

```
[root@oldboy ~]# yum install ncurses-devel libaio-devel -y
[root@oldboy ~]# rpm -qa ncurses-devel libaio-devel
```

```
libaio-devel-0.3.107-10.el6.x86_64
ncurses-devel-5.7-4.20090207.el6.x86_64
```

提示：安装后检查，如果出现两行信息则表示安装成功。

（2）安装编译 MySQL 需要的软件

由于 MySQL 5.5 及以上系列产品采用了特殊的编译方式安装数据库，因此，需要安装常用的编译 MySQL 的工具 cmake 软件包，命令如下：

```
[root@oldboy ~]# yum install cmake -y
[root@oldboy ~]# rpm -qa cmake
cmake-2.8.12.2-4.el6.x86_64
```

提示：安装后使用“rpm -qa cmake”检查，如果出现一行如上信息则表示安装成功。此外，网上有资料选用源码包的方式安装 cmake，比较复杂，因此一般建议读者选择这种简单的 yum 安装 cmake 的方法。

2. 开始安装 MySQL

为了让大家学习更多的 MySQL 技术，这里选择以相对复杂的源代码安装为例来讲解 MySQL 多实例的安装。大型公司一般都会将 MySQL 软件定制成 rpm 包，然后放到 yum 仓库里，使用 yum 安装，在中小型企业里，二进制和编译安装方式的区别不大。

（1）建立 MySQL 用户账号

首先以 root 身份登录到 Linux 系统中，然后执行如下命令创建 mysql 用户账号：

```
[root@oldboy ~]# useradd -s /sbin/nologin -M mysql #<== 默认会创建和 mysql 用户
                                                       同名的组。
[root@oldboy ~]# id mysql
uid=500(mysql) gid=500(mysql) 组 =500(mysql)
```

根据上述结果输出，可以看到 mysql 用户和组已经成功创建。

（2）获取 MySQL 软件包

MySQL 软件包的下载地址为：http://dev.mysql.com/downloads/mysql/（如果地址变更无法下载，则去 http://mirrors.sohu.com/mysql 上下载，或者通过老男孩在本文开头给出的云盘地址下载）。可以把软件下载到客户端电脑本地后使用 rz 等工具传到 Linux 里，或者找到网络下载地址后直接在 Linux 里使用 wget 下载。

提示：本例是以 MySQL 编译的方式来讲解。在生产场景中，二进制和源码包两种安装方法都是可用的，其应用场景一般没有什么太大的差别。不同之处在于，二进制的安装包较大，二进制的安装过程比源码更快，此外在名字和源码包方面也有些区别。

（3）采用编译方式安装 MySQL

本节所讲的安装过程与 3.2.1 节“安装 MySQL 数据库”一节的内容一模一样，读者可以去第 3 章查看。

4.4.2 创建 MySQL 多实例的数据文件目录

在老男孩的企业中，通常以“ /data”目录作为 MySQL 多实例总的根目录，然后规划不同的数字（即 MySQL 实例端口号）作为“ /data”下面的二级目录；不同的二级目录对应的数字就作为 MySQL 实例的端口号，以区别不同的实例；数字对应的二级目录下包含 MySQL 的数据文件、配置文件以及启动文件等。

下面以配置 3306、3307 两个实例为例进行讲解。创建 MySQL 多实例的目录如下：

```
[root@oldboy ~]# mkdir -p /data/{3306,3307}/data
[root@oldboy ~]# tree /data/
/data/
|-- 3306          #<==3306 实例的目录。
|   `-- data      #<==3306 实例的数据文件目录。
`-- 3307          #<==3307 实例的目录。
    `-- data      #<==3307 实例的数据文件目录。
4 directories, 0 files
```

提示：

1）“ mkdir -p /data/{3306,3307}/data”相当于“ mkdir -p /data/3306/data; mkdir -p /data/3307/data”的两条命令。

2）如果是创建多个目录，则可以增加如 3308、3309 这样的目录名，在生产环境中，一般以 2~4 个实例为佳。

4.4.3 创建 MySQL 多实例的配置文件

MySQL 5.5 及以下数据库默认为用户提供了多个配置文件模板，但是 MySQL 5.6 版本只有一个模板文件。示例如下：

```
[root@oldboy mysql-5.6.40]# ll support-files/*.cnf
-rw-r--r--. 1 root root 1126 Feb 26 17:54 support-files/my-default.cnf
[root@oldboy mysql-5.6.34]# mv /etc/my.cnf /etc/my.cnf.bak
```

注意：在完成 CentOS 6.9 版操作系统的最小安装后，在 /etc 目录下会存在一个 my.cnf，需要将此文件更名为其他的名字，如 /etc/my.cnf.bak，否则，该文件会干扰源码安装的 MySQL 的正确配置，造成无法启动。

在启动 MySQL 服务时，会按照一定的顺序搜索 my.cnf，先在 /etc 目录下查找，若找不到则会搜索 "$basedir/my.cnf"，在本例中就是 /application/mysql-5.6.40/my.cnf，这是新版 MySQL 的配置文件的默认位置！

上面是单实例的默认配置文件模板，如果配置多实例，则其与单实例会有所不同。为了让 MySQL 多实例之间彼此独立，需要为每一个实例建立一个 my.cnf 配置文件和一个启动文件 mysql，让它们分别对应自己的数据文件目录 data。

首先，通过 vim 命令来添加配置文件内容，命令如下：

```
vim /data/3306/my.cnf
vim /data/3307/my.cnf
```

不同的实例需要添加的 my.cnf 内容也会有区别，具体见表 4-1，其中的配置是由官方的配置模板修改而来的，当然，在实际工作中则是拿早已配置好的模板来进行修改的，可以通过 rz 等方式上传配置文件模板 my.cnf 文件到相关目录下。

表 4-1　MySQL 3306、3307 实例配置文件对比

MySQL 3306 实例	MySQL 3307 实例
[root@oldboy scripts]# cat /data/3306/my.cnf	[root@oldboy scripts]# cat /data/3307/my.cnf
[client]　#<== 客户端模块。	[client]
port　　= 3306　#<== 客户端端口。	port　= 3307
socket　= /data/3306/mysql.sock	socket　= /data/3307/mysql.sock
[mysqld] #<== 服务端模块。	[mysqld]
user　= mysql　<== 用户。	user　= mysql
port　= 3306　#<== 端口。	port　= 3307
socket　= /data/3306/mysql.sock #<==socket 路径。	socket　= /data/3307/mysql.sock
basedir = /application/mysql #<==mysql 安装路径。	basedir = /application/mysql
datadir = /data/3306/data #<==mysql 数据文件。	datadir = /data/3307/data
log-bin = /data/3306/mysql-bin #<== 二进制日志。	log-bin = /data/3307/mysql-bin
server-id = 6	**server-id = 7**
[mysqld_safe] #<== 启动服务模块。	[mysqld_safe]
log-error=/data/3306/oldboy_3306.err #<== 错误日志。	log-error=/data/3307/oldboy_3307.err
pid-file=/data/3306/mysqld.pid #<==mysql 进程号文件	pid-file=/data/3307/mysqld.pid

---

提示. 本多实例的很多参数仅仅是方便学习环境之用，生产环境的配置可以参见本书后文，文中两个实例参数的区别已经标出。

最终完成后的多实例根 /data 目录结果如下：

```
[root@oldboy ~]# tree /data
/data
|-- 3306
|   |-- data
|   `-- my.cnf    #<== 这个就是 3306 实例的配置文件。
`-- 3307
    |-- data
    `-- my.cnf    #<== 这个就是 3307 实例的配置文件。
4 directories, 2 files
```

有关配置文件的参数说明，可以查看官方手册或者查找相关资料。

4.4.4 创建 MySQL 多实例的启动文件

MySQL 多实例启动文件的创建和配置文件几乎一样，也可以通过 vim 命令来添加，示例如下：

```
vim /data/3306/mysql
vim /data/3307/mysql
```

需要添加的 MySQL 启动文件内容见表 4-2。当然，在实际工作中是拿早已配置好的模板来进行修改的，可以通过 rz 等方式上传配置文件模板 mysql 文件到相关目录下。

表 4-2　3306 与 3307 mysql 实例启动文件对比

3306 mysql 实例启动文件	3307 mysql 实例启动文件

[root@oldboy scripts]# cat /data/3306/mysql
#!/bin/sh
##
#this scripts is created by oldboy at 2017-03-09
#site:http://www.oldboyedu.com
#blog:http://oldboy.blog.51cto.com
##
#init
port=3306　#<== 这里是两个实例启动脚本的唯一区别。
mysql_user="root"
CmdPath="/application/mysql/bin"
mysql_sock="/data/${port}/mysql.sock"
mysqld_pid_file_path=/data/3306/3306.pid
start(){
    if [! -e "$mysql_sock"];then
      printf "Starting MySQL...\n"
        /bin/sh ${CmdPath}/mysqld_safe --defaults
-file=/data/${port}/my.cnf --pid-
file=$mysqld_pid_file_path 2>&1 > /dev/null &
	[root@oldboy scripts]# cat /data/3307/mysql
	#!/bin/sh
	##
	#this scripts is created by oldboy at 2017-03-09
	#site:http://www.oldboyedu.com
	#blog:http://oldboy.blog.51cto.com
	##
	#init
	port=3307　#<== 这里是两个实例启动脚本的唯一区别。
	mysql_user="root"
	CmdPath="/application/mysql/bin"
	mysql_sock="/data/${port}/mysql.sock"
	mysqld_pid_file_path=/data/3307/3307.pid
	start(){
	    if [! -e "$mysql_sock"];then
	      printf "Starting MySQL...\n"
	        /bin/sh ${CmdPath}/mysqld_safe --defaults
	-file=/data/${port}/my.cnf --pid-
	file=$mysqld_pid_file_path 2>&1 > /dev/null &

（续）

3306 mysql 实例启动文件	3307 mysql 实例启动文件
`        sleep 3`	`        sleep 3`
`    else`	`    else`
`        printf "MySQL is running...\n"`	`        printf "MySQL is running...\n"`
`        exit 1`	`        exit 1`
`    fi`	`    fi`
`}`	`}`
`stop(){`	`stop(){`
`    if [ ! -e "$mysql_sock" ];then`	`    if [ ! -e "$mysql_sock" ];then`
`        printf "MySQL is stopped...\n"`	`        printf "MySQL is stopped...\n"`
`        exit 1`	`        exit 1`
`    else`	`    else`
`        printf "Stoping MySQL...\n"`	`        printf "Stoping MySQL...\n"`
``        mysqld_pid=`cat "$mysqld_pid_file_path"` ``	``        mysqld_pid=`cat "$mysqld_pid_file_path"` ``
`         if (kill -0 $mysqld_pid 2>/dev/null)`	`         if (kill -0 $mysqld_pid 2>/dev/null)`
`           then`	`           then`
`             kill $mysqld_pid`	`             kill $mysqld_pid`
`             sleep 2`	`             sleep 2`
`         fi`	`         fi`
`    fi`	`    fi`
`}`	`}`
`restart(){`	`restart(){`
`    printf "Restarting MySQL...\n"`	`    printf "Restarting MySQL...\n"`
`    stop`	`    stop`
`    sleep 2`	`    sleep 2`
`    start`	`    start`
`}`	`}`
`case "$1" in`	`case "$1" in`
`    start)`	`    start)`
`        start`	`        start`
`    ;;`	`    ;;`
`    stop)`	`    stop)`
`        stop`	`        stop`
`    ;;`	`    ;;`
`    restart)`	`    restart)`
`        restart`	`        restart`
`    ;;`	`    ;;`
`    *)`	`    *)`
`        printf "Usage: /data/${port}/mysql {start|stop|restart}\n"`	`        printf "Usage: /data/${port}/mysql {start|stop|restart}\n"`
`esac`	`esac`

提示： 这里的 MySQL 启动 Shell 脚本知识，请参考《跟老男孩学 Linux 运维：Shell 编程实战》一书，京东售卖地址：https://item.jd.com/12117874.html。

最终完成后的多实例根 /data 目录结果如下：

```
[root@oldboy ~]# tree /data
/data
|-- 3306
|   |-- my.cnf   #<==3306 实例的配置文件。
|   `-- mysql    #<==3306 实例的启动文件。
`-- 3307
    |-- my.cnf   #<==3307 实例的配置文件。
    `-- mysql    #<==3307 实例的启动文件。
2 directories, 4 files
```

需要特别说明一下的是，在多实例启动文件中，启动 MySQL 不同实例服务所执行的命令实质上是有区别的，例如，启动 3306 实例的命令如下：

```
mysqld_safe --defaults-file=/data/3306/my.cnf > /dev/null  2>&1&
```

启动 3307 实例的命令如下：

```
mysqld_safe --defaults-file=/data/3307/my.cnf >/dev/null 2>&1 &
```

其中，“ --defaults-file=/data/3307/my.cnf” 表示指定配置文件启动，“ >/dev/null 2>&1” 表示将正确输出和错误输出定向到空。

下面看看在多实例启动文件中，如何停止 MySQL 不同实例服务的命令。

本次多实例脚本，老男孩统一采用了 mysql 官方推荐的 kill 的形式：

```
printf "Stoping MySQL...\n"
mysqld_pid=`cat "$mysqld_pid_file_path"` #<== 获取进程 pid。
if (kill -0 $mysqld_pid 2>/dev/null)     #<== 测试 pid 对应的 mysql 进程是否存在。
    then
        kill $mysqld_pid                 #<== 根据进程号杀死进程。
        sleep 2
fi
```

而在以往的教学中，老男孩讲解的是使用如下的 mysqladmin 命令关闭方法，这个命令的缺点是必须要有数据库的 root 用户密码才能运行

停止 3306 实例的命令如下：

```
mysqladmin -u root -poldboy123 -S /data/3306/mysql.sock shutdown
```

停止 3307 实例的命令如下：

```
mysqladmin -u root -poldboy123 -S /data/3307/mysql.sock shutdown
```

4.4.5 配置 MySQL 多实例的文件权限

1）通过下面的命令授权 mysql 用户和组管理整个多实例的根目录 /data：

```
[root@oldboy ~]# chown -R mysql.mysql /data
[root@oldboy ~]# find /data -name mysql|xargs ls -l
-rw-r--r--. 1 mysql mysql 1192 Feb 26 21:39 /data/3306/mysql
-rw-r--r--. 1 mysql mysql 1307 Jul 21  2013 /data/3307/mysql
```

2）通过下面的命令授权 mysql 多实例所有启动文件的 mysql 可执行，设置 700 权限最佳，注意不要使用 755 权限，因为启动文件里有数据库管理员密码，会被读取到：

```
[root@oldboy ~]# find /data -name mysql|xargs chmod 700
```

现在检查下上述命令的处理结果，看看权限是否处理完成：

```
[root@oldboy ~]# find /data -name mysql -exec ls -l {} \;
-rwx------. 1 mysql mysql 1307 Jul 21  2013 /data/3307/mysql
-rwx------. 1 mysql mysql 1192 Feb 26 21:39 /data/3306/mysql
```

从输出来看，权限已经调整完毕，这里是引导读者在学习中使用记忆命令，其结果相当于"chmod 700 /data/3306/mysql"和"chmod 700 /data/3307/mysql"这两个命令的组合。

4.4.6 MySQL 相关命令加入全局路径的配置

1. 配置全局路径的意义

如果不为 MySQL 的命令配置全局路径，就会无法直接在命令行输入 mysql 这样的命令，这时只能使用全路径命令（"/application/mysql/bin/mysql"），而这种带着路径输入命令的方式很麻烦。

2. 配置 MySQL 全局路径的方法

1）确认 mysql 命令所在的路径，命令如下：

```
[root@oldboy ~]# ls /application/mysql/bin/mysql
/application/mysql/bin/mysql
```

2）在 PATH 变量前增加 /application/mysql/bin 路径，并追加到 /etc/profile 文件中，示例如下：

```
[root@oldboy ~]# echo 'export PATH=/application/mysql/bin:$PATH' >>/etc/profile
#<== 注意，echo 后是单引号，双引号是不行的。
[root@oldboy ~]# tail -1 /etc/profile
export PATH=/application/mysql/bin:$PATH
[root@oldboy ~]# source  /etc/profile
```

```
#<== 执行 source 使上一行添加到 /etc/profile 中，内容直接生效。
#<== 以上命令的用途为，定义 mysql 全局路径，实现在任意路径执行 mysql 命令。
[root@oldboy ~]# echo $PATH
/application/mysql/bin:/usr/local/sbin:/usr/local/bin:/sbin:/bin:/usr/sbin:/usr/bin:/root/bin
#<== 执行 echo $PATH，若有 /application/mysql/bin 输出则表示配置成功。
提示：如果第 3 章已经配置过，这里就不用配置了。
```

提示：更简单的设置方法为使用如下命令来做软链接：

ln -s /application/mysql/bin/* /usr/local/sbin/

把 mysql 命令所在路径链接到全局路径 /usr/local/sbin/ 的下面。

3. 因 MySQL 环境变量配置顺序导致的错误案例

特别强调：务必把 MySQL 命令路径放在 PATH 路径中其他路径的前面，否则，可能会导致使用的 mysql 等命令和编译安装的 mysql 命令不是同一个，进而产生错误。下面的网址中给出了因为 MySQL 路径配置问题而导致的错误案例：http://oldboy.blog.51cto.com/2561410/1122867，实际上就是因为使用 yum 安装的 MySQL 客户端命令访问了编译安装的服务端而出了问题。

4.4.7　初始化 MySQL 多实例的数据库文件

上述步骤全部配置完毕后，就可以初始化数据库文件了，这个步骤其实也可以在编译安装 MySQL 之后就操作，只不过放到这里更合理一些，注意其中与第 3 章内容的不同点。

（1）初始化 MySQL 数据库

初始化命令为：

```
cd /application/mysql/scripts
./mysql_install_db  --defaults-file=/data/3306/my.cnf --basedir=/application/mysql --datadir=/data/3306/data --user=mysql
./mysql_install_db  --defaults-file=/data/3307/my.cnf --basedir=/application/mysql --datadir=/data/3307/data --user=mysql
```

提示："--basedir=/application/mysql" 为 MySQL 的安装路径，--datadir 为不同的实例数据目录，这里多了一个特殊的参数，就是指定配置文件 "--defaults-file=/data/3306/my.cnf"，而 MySQL 5.6 以前的版本在安装多实例时没有，单实例更不需要此参数。

操作过程为：

```
[root@oldboy ~]# cd /application/mysql/scripts
```

初始化 3306 实例数据库：

```
[root@oldboy scripts]# ./mysql_install_db  --defaults-file=/data/3306/my.cnf --basedir=/application/mysql --datadir=/data/3306/data --user=mysql
#<== 初始化 mysql 数据库文件，会有很多信息提示，如果没有 ERROR 级别的错误，只有两个 OK 的字样，则表示初始化成功，否则就要解决初始化的问题。
Installing MySQL system tables...2018-05-10 21:50:10 0 [Warning] 'THREAD_CONCURRENCY' is deprecated and will be removed in a future release. #<== 如果一不小心，使用了 MySQL 5.6 已经遗弃的参数就会出现警告信息！
…省略若干行…
2018-05-10 21:50:10 7efded714720 InnoDB: Warning: Using innodb_additional_mem_pool_size is DEPRECATED. This option may be removed in future releases, together with the option innodb_use_sys_malloc and with the InnoDB's internal memory allocator.
#<== 如果一不小心，使用了 MySQL 5.6 已经遗弃的参数就会出现警告信息！
…省略若干行…
2018-05-10 21:50:14 48474 [Note] InnoDB: Shutdown completed; log sequence number 1620041
OK  #<== 如果此处有两个 OK，就表示初始化成功。
…省略若干行…
2018-05-10 21:50:14 48496 [Note] InnoDB: Using atomics to ref count buffer pool pages
2018-05-10 21:50:14 48496 [Note] InnoDB: The InnoDB memory heap is disabled
…省略若干行…
2018-05-10 21:50:16 48496 [Note] InnoDB: Shutdown completed; log sequence number 1620051
OK  #<== 如果此处有两个 OK，就表示初始化成功。
To start mysqld at boot time you have to copy
…省略若干行…
WARNING: Found existing config file /application/mysql/my.cnf on the system.
Because this file might be in use, it was not replaced,
but was used in bootstrap (unless you used --defaults-file)
and when you later start the server.
The new default config file was created as /application/mysql/my-new.cnf,
please compare it with your file and take the changes you need.
```

初始化 3307 实例数据库：

```
[root@oldboy scripts]# ./mysql_install_db  --defaults-file=/data/3307/my.cnf --basedir=/application/mysql --datadir=/data/3307/data --user=mysql
Installing MySQL system tables... 2018-05-10 21:51:01 0 [Warning] 'THREAD_CONCURRENCY' is deprecated and will be removed in a future release.
…省略若干行…
2018-05-10 21:51:05 48522 [Note] InnoDB: Shutdown completed; log sequence number 1620041
OK  #<== 如果此处有两个 OK，就表示初始化成功。
…省略若干行…
2018-05-10 21:51:07 48544 [Note] InnoDB: Shutdown completed; log sequence number 1620051
OK  #<== 如果此处有两个 OK，就表示初始化成功。
To start mysqld at boot time you have to copy
```

```
…省略若干行…
The new default config file was created as /application/mysql/my-new.cnf,
please compare it with your file and take the changes you need.
```

（2）初始化数据库的原理及结果说明

初始化数据库的实质就是创建基础的数据库系统的库文件，例如，生成 MySQL 库表等。

初始化数据库之后，查看对应实例的数据目录，可以看到多了如下文件：

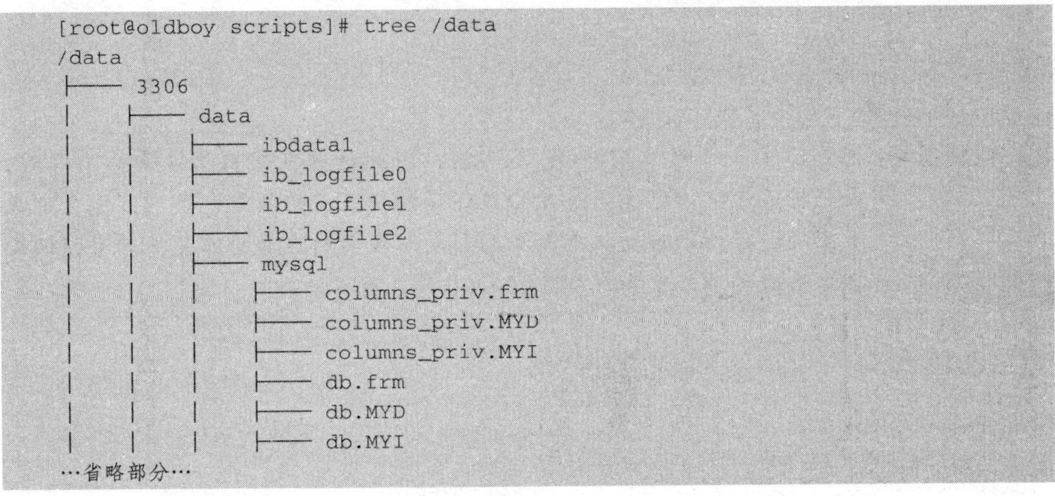

```
[root@oldboy scripts]# tree /data
/data
├── 3306
│   ├── data
│   │   ├── ibdata1
│   │   ├── ib_logfile0
│   │   ├── ib_logfile1
│   │   ├── ib_logfile2
│   │   ├── mysql
│   │   │   ├── columns_priv.frm
│   │   │   ├── columns_priv.MYD
│   │   │   ├── columns_priv.MYI
│   │   │   ├── db.frm
│   │   │   ├── db.MYD
│   │   │   ├── db.MYI
…省略部分…
```

多实例在安装过程中可能会遇到的问题与单实例是一样的，可参考第 3 章来解决，这些故障必须要解除，否则，后面会出现登录不了 MySQL 数据库等各种问题。

4.4.8　启动 MySQL 多实例数据库

下面来看看启动 MySQL 多实例数据库的命令，启动前要做一些准备工作，否则数据库可能无法正常启动。

```
[root@oldboy scripts]# mkdir -p /application/mysql-5.6.40/tmp
#<== 编译时指定的 socket 路径。
[root@oldboy scripts]# chown -R mysql.mysql /application/mysql/
```

如果按照第 3 章的内容安装了单实例数据库，则需要先停止之前启动的数据库。

```
[root@oldboy ~]# /etc/init.d/mysqld stop
Shutting down MySQL.... SUCCESS!
[root@oldboy ~]# chkconfig mysqld off
[root@oldboy ~]# chkconfig --list mysqld
mysqld          0:off   1:off   2:off   3:off   4:off   5:off   6:off
```

第一个实例 3306 的启动命令为：

```
[root@oldboy scripts]# /data/3306/mysql start
Starting MySQL...
```

第二个实例 3307 的启动命令为：

```
[root@oldboy scripts]# /data/3307/mysql start
Starting MySQL...
```

现在，检查 MySQL 多实例数据库是否启动成功：

```
[root@oldboy scripts]# netstat -lntup|grep 330
tcp        0      0 :::3306          :::*             LISTEN      48065/mysqld
tcp        0      0 :::3307          :::*             LISTEN      50011/mysqld
```

特别强调：因为第 3 章讲解过 MySQL 单实例，因此读者在实践第 4 章的内容时，最好将第 3 章的环境通过虚拟机还原到安装前的状态，否则可能会造成原来的进程处于启动状态，从而引发与多实例启动的冲突，老男孩的处理方法为，停止原来的单实例 3306 库，暂不使用。

```
[root@oldboy scripts]# /etc/init.d/mysqld stop
Shutting down MySQL.. SUCCESS!
[root@oldboy scripts]# netstat -lntup|grep 330
[root@oldboy scripts]# chkconfig mysqld off
[root@oldboy scripts]# chkconfig --list mysqld
mysqld          0:off  1:off   2:off 3:off   4:off 5:off  6:off
```

根据输出可以看到，3306 和 3307 实例均已正常启动。

4.4.9 MySQL 多实例数据库启动故障排错说明

如果 MySQL 多实例数据库有服务没有被启动，那么排查办法具体如下。

如果发现没有显示 MySQL 对应实例的端口，则请稍微等待几秒再检查，MySQL 服务的启动比 Web 服务等会慢一些。

如果还不行，则请查看 MySQL 服务对应实例的错误日志，错误日志路径在 my.cnf 配置的最下面定义。例如，3306 实例的错误日志为：

```
[root@oldboy scripts]# grep log-error /data/3306/my.cnf|tail -1
log-error=/data/3306/oldboy_3306.err
```

那么，可以执行“tail -100 /data/3306/mysql_oldboy3306.err”检查 mysql 错误日志：

```
[root@oldboy scripts]# tail /data/3306/oldboy_3306.err
2018-05-10 22:05:14 49285 [Note] Shutting down plugin 'MyISAM'
2018-05-10 22:05:14 49285 [Note] Shutting down plugin 'CSV'
2018-05-10 22:05:14 49285 [Note] Shutting down plugin 'MRG_MYISAM'
```

```
    2018-05-10 22:05:14 49285 [Note] Shutting down plugin 'sha256_password'
    2018-05-10 22:05:14 49285 [Note] Shutting down plugin 'mysql_old_password'
    2018-05-10 22:05:14 49285 [Note] Shutting down plugin 'mysql_native_password'
    2018-05-10 22:05:14 49285 [Note] Shutting down plugin 'binlog'
    2018-05-10 22:05:14 49285 [Note] /application/mysql-5.6.40/bin/mysqld: Shutdown
complete
```

上面的提示级别都为 Note，表示没有错误。下面的提示中就有报错信息了：

```
    170226 22:05:14 mysqld_safe mysqld from pid file /data/3306/mysqld.pid ended
    /usr/local/mysql/libexec/mysqld: Can't find file: './mysql/plugin.frm' (errno: 13)
    120412 15:23:33 [ERROR] Can't open the mysql.plugin table. Please run mysql_upgrade
to create it.
    120412 15:23:34  InnoDB: Initializing buffer pool, size = 32.0M
    120412 15:23:34  InnoDB: Completed initialization of buffer pool
    120412 15:23:34  InnoDB: Operating system error number 13 in a file operation.
    InnoDB: The error means mysqld does not have the access rights to
    InnoDB: the directory.
    InnoDB: File name ./ibdata1
    InnoDB: File operation call: 'create'.
    InnoDB: Cannot continue operation.
    120412 15:23:34 mysqld_safe mysqld from pid file /data/3306/mysqld.pid ended
```

此外，还可以通过以下方式来检查。

- ❑ 细看所有步骤执行命令返回的屏幕输出，不要忽略关键的输出内容。
- ❑ 查看 mysql 错误日志 /application/mysql/data/ 机器名 .err。
- ❑ 辅助查看系统日志 /var/log/messages。
- ❑ 如果是 MySQL 关联了其他服务，则要同时查看相关服务的日志。
- ❑ 仔细阅读，重新查看所有操作的步骤是否正确，书写的命令及字符是不是都对。

经常查看各种服务运行日志是一个很好的习惯，也是成为高手的必经之路！

其他可能导致故障的问题如下。

- ❑ 数据库服务器磁盘空间满了（可用“df -h”查看磁盘空间是否满）。
- ❑ 防火墙 iptables 和 selinux 是否关闭。
- ❑ 更多故障问题可以搜索或者加入老男孩交流群（号码见前言部分）。

4.5　配置及管理 MySQL 多实例数据库

1. 配置 MySQL 多实例数据库开机自启动

服务的开机自启动很关键，MySQL 多实例的启动也不例外。把 MySQL 多实例的启动命令加入 /etc/rc.local，可实现开机自启动：

```
[root@oldboy scripts]# echo "#mysql multi instances" >>/etc/rc.local
[root@oldboy scripts]# echo "/data/3306/mysql start" >>/etc/rc.local
```

```
[root@oldboy scripts]# echo "/data/3307/mysql start" >>/etc/rc.local
[root@oldboy scripts]# tail -3 /etc/rc.local
#mysql multi instances
/data/3306/mysql start
/data/3307/mysql start
```

提示：要确保 MySQL 脚本可执行，当然，也可以调整脚本，然后通过 chkconfig 进行开机启动管理，这部分内容在《跟老男孩学习 Linux 运维：Shell 编程实战》一书中有深入讲解！

2. 登录 MySQL 测试

测试命令如下：

```
[root@oldboy scripts]# mysql -S /data/3306/mysql.sock #<== 直接输入就可以进来了，而且身份还是 root。但是多了 -S /data/3306/mysql.sock，用于区别登录不同的实例。
Welcome to the MySQL monitor.  Commands end with ; or \g.
Your MySQL connection id is 1
Server version: 5.6.40 Source distribution
Copyright (c) 2000, 2018, Oracle and/or its affiliates. All rights reserved.
Oracle is a registered trademark of Oracle Corporation and/or its
affiliates. Other names may be trademarks of their respective
owners.
Type 'help;' or '\h' for help. Type '\c' to clear the current input statement.
mysql> quit
Bye
[root@oldboy scripts]# mysql -S /data/3307/mysql.sock #<== 登录 3307 实例。
Welcome to the MySQL monitor.  Commands end with ; or \g.
...省略若干...
mysql> quit
Bye
```

3. MySQL 多实例数据库的管理方法

MySQL 安装完成之后，默认情况下，MySQL 管理员的账号 root 是无密码的。登录不同的实例需要指定不同实例的 sock 路径及 mysql.sock 文件，这个 mysql.sock 是在 my.cnf 配置文件里指定的。

下面是无密码情况下登录数据库的方法，关键点是“-S”参数及后面指定的 /data/3306/mysql.sock，注意，对于不同实例的 sock，虽然它们的名字相同，但是路径是不同的，因此指的是不同的文件：

```
mysql -S /data/3306/mysql.sock
mysql -S /data/3307/mysql.sock
```

下面是重启对应实例数据库的命令：

```
/data/3306/mysql stop #<== 停止数据库。
/data/3306/mysql start
```

4. MySQL 安全配置

MySQL 管理员的账号 root 密码默认为空，极不安全，可以通过 mysqladmin 命令为 mysql 不同实例的数据库设置独立的密码。示例如下：

```
[root@oldboy scripts]# mysqladmin -u root -S /data/3306/mysql.sock password 'oldboy123'
#<== 为 mysql 数据库 3306 实例 root 用户设置密码 oldboy123。
Warning: Using a password on the command line interface can be insecure.
#<== 这里的 Warning 是 5.6 版本开始才有的，是提醒用户不要在命令行输入密码，后文会讲解消除
     的方法。
[root@oldboy scripts]# mysqladmin -u root -S /data/3307/mysql.sock password 'oldboy456'
#<== 为 mysql 数据库 3307 实例 root 用户设置密码 oldboy456。
Warning: Using a password on the command line interface can be insecure.
[root@oldboy scripts]# mysql -uroot -p -S /data/3306/mysql.sock
#<== 无法直接登录了
Enter password:
ERROR 1045 (28000): Access denied for user 'root'@'localhost' (using password: NO)
[root@oldboy scripts]# mysql -uroot -p -S /data/3306/mysql.sock
Enter password:
ERROR 1045 (28000): Access denied for user 'root'@'localhost' (using password: NO)
[root@oldboy scripts]# mysql -uroot -p -S /data/3306/mysql.sock
#<== 新的登录方式
Enter password:  #<== 输入新密码 oldboy123
Welcome to the MySQL monitor.  Commands end with ; or \g.
Your MySQL connection id is 5
Server version: 5.6.40 Source distribution
…省略若干…
Type 'help;' or '\h' for help. Type '\c' to clear the current input statement.
mysql>
```

提示： 3307 实例的设置方法和 3306 实例的设置相同，只是连接时的 sock 路径不同而已，关于这点已提醒多次，大家要注意下。

下面介绍带密码登录不同实例数据库的方法。

登录 3306 实例：

```
mysql -uroot -poldboy123 -S /data/3306/mysql.sock
```

登录 3307 实例：

```
mysql -uroot -poldboy456 -S /data/3307/mysql.sock
```

提示： 基础弱的读者，在测试时尽量保证多实例的密码相同，可以减少麻烦，后面还原数据库会覆盖密码，因此这里也会把 3306、3307 的密码统一设为“oldboy123！”修改命令为：

```
mysqladmin -u root -S /data/3307/mysql.sock -poldboy456 password oldboy123
```

更多内容，如删除默认的 test 数据库，以及删除默认的多实例的用户，请参见第 3 章，更多的数据库安全，请参考数据库优化章节。

5. 如何再增加一个 MySQL 的实例

若在已经有了 3306 和 3307 实例的基础之上，还想要再增加一个 MySQL 实例，该怎么办？下面给出增加一个 MySQL 3308 端口实例的命令集合：

```
mkdir -p /data/3308/data
\cp /data/3306/my.cnf  /data/3308/
\cp /data/3306/mysql  /data/3308/
sed -i 's/3306/3308/g' /data/3308/my.cnf
sed -i 's/server-id = 6/server-id = 8/g' /data/3308/my.cnf
sed -i 's/3306/3308/g' /data/3308/mysql
chown -R mysql:mysql /data/3308
chmod 700 /data/3308/mysql
cd /application/mysql/scripts
./mysql_install_db --defaults-file=/data/3308/my.cnf --datadir=/data/3308/data --basedir=/application/mysql --user=mysql
chown -R mysql:mysql /data/3308
egrep "server-id|log-bin" /data/3308/my.cnf
/data/3308/mysql start
sleep 5
netstat -lnt|grep 3308
# 提示：最好把 server-id 按照 IP 地址最后一个小数点的数字进行设置或者按照实例端口尾数进行设置。
# 成功标志：多了一个启动的端口 3308
[root@oldboy scripts]# netstat -lnt|grep 330
tcp        0      0 0.0.0.0:3306              0.0.0.0:*                   LISTEN
tcp        0      0 0.0.0.0:3307              0.0.0.0:*                   LISTEN
tcp        0      0 0.0.0.0:3308              0.0.0.0:*                   LISTEN
```

如果配置完毕，服务启动后却没有运行起来，别忘了一定要看 MySQL 错误日志，在“/data/3308/my.cnf”最下面有错误日志路径地址。本例作为作业留给读者自己去实践，看看能否独自搞定增加这个实例。

6. 多实例 MySQL 登录问题分析

（1）多实例本地登录 MySQL

多实例本地登录一般是通过 socket 文件来指定具体登录到哪个实例的，此文件的具体位置是在 mysql 编译过程或者 my.cnf 文件里指定的。在本地登录数据库时，登录程序会通过 socket 文件来判断登录的是哪个数据库实例。

例如，通过“mysql -uroot -p'oldboy123' -S /data/3307/mysql.sock”可知，登录的是 3307 这个实例。mysql.sock 文件是 MySQL 服务端与本地 MySQL 客户端进行通信的 Unix 套接字文件。

（2）远程连接登录 MySQL 多实例

远程登录 MySQL 多实例中的一个实例时，通过 TCP 端口（port）来指定所要登录的 MySQL 实例，此端口的配置是在 MySQL 配置文件 my.cnf 中指定的。

例如，在“ mysql -uoldboy -p'oldboy' -h 10.0.0.7 -P 3307”**中，“-P”为端口参数，后面**接具体的实例端口，端口是一种“逻辑连接位置”，是客户端程序被分派到计算机上特殊服务程序的一种方式，强调的是提前在 10.0.0.7 上对 oldboy 用户做授权。

4.6　参考资料

1）MySQL 官方手册中关于 MySQL 5.5 和 MySQL 5.6 的内容。

2）MySQL 数据库企业级核心知识精品地址为：

http://edu.51cto.com/course/course_id-4058.html

3）Heartbeat+DRBD+MySQL 高可用架构方案与实施过程细节：

http://oldboy.blog.51cto.com/2561410/1240412

4）MySQL 数据库企业级应用实战：

http://edu.51cto.com/pack/view/id-214.html

4.7　章节试题

1）什么是 MySQL 多实例？

2）请描述 MySQL 多实例的优缺点？

3）请描述如何配置 MySQL 多实例？

4）如何在本地以及远程登录 MySQL 多实例？

第5章

MySQL 常用管理基础知识实践

5.1 启动与关闭 MySQL

因为 MySQL 数据库中存放着企业的重要数据，所以数据库数据必须保持高度的一致性，这也导致了 MySQL 的内部管理机制很复杂，而这就使得 MySQL 数据库服务不同于常规的 Web 服务，是不能随意关闭的，因此，能否正确地关闭和开启 MySQL，是初学者管理 MySQL 数据库时最关键的事情之一。

5.1.1 单实例 MySQL 启动与关闭知识

1. 正确启动单实例 MySQL 数据库

第 3 章曾经讲解了单实例 MySQL 数据库的安装和部署，不知读者是否还记得在初始化数据库时有这么一条命令：

```
[root@oldboy mysql-5.6.40]# cp support-files/mysql.server /etc/init.d/mysqld
```

这条命令是把数据库自带的启动脚本，复制到 /etc/init.d/ 目录实现管理 MySQL 服务的启动和停止。

下面就为大家介绍启动单实例数据库的两种正确方法。

（1）利用数据库自带的脚本启动数据库

正确启动 MySQL 服务的命令如下：

```
[root@oldboy ~]# /etc/init.d/mysqld start
```

```
Starting MySQL.... SUCCESS!
```

执行启动命令之后，检测数据库是否已经启动：

```
[root@oldboy ~]# ss -lnt|grep 330
LISTEN     0      80                    :::3306                    :::*
```

提示：根据输出可以得知数据库成功启动了。这里的“/etc/init.d/mysqld start”相当于“mysqld_safe 2>&1 > /dev/null &”。

（2）用初始化数据库时 MySQL 系统给出的方法启动

首先，停止前面已启动的数据库，命令如下：

```
[root@oldboy ~]# /etc/init.d/mysqld stop
Shutting down MySQL.. SUCCESS!
[root@oldboy ~]# ss -lnt|grep 330
```

然后，使用 mysqld_safe 启动数据库，命令如下：

```
[root@oldboy ~]# mysqld_safe --user=mysql &
[1] 53854
[root@oldboy ~]# 170228 02:43:25 mysqld_safe Logging to '/application/mysql-5.6.40/data/oldboy.err'.
170228 02:43:25 mysqld_safe Starting mysqld daemon with databases from /application/mysql-5.6.40/data
```

提示：这里多出了很多提示信息，而且还需要再执行一次回车操作。

还可以使用如下不输出提示的命令替代上述启动命令：

```
[root@oldboy ~]# mysqld_safe --user=mysql >/dev/null 2>&1 &
[1] 53981
```

现在，再次检测数据库是否已经启动，命令如下：

```
[root@oldboy ~]# ss -lnt|grep 330
LISTEN     0      80                    :::3306                    :::*
```

可以通过如下命令查看 MySQL 服务进程信息：

```
[root@oldboy ~]# ps -ef|grep mysql|grep -v grep
root   53981  53667  0 02:48 pts/1   00:00:00 /bin/sh /application/mysql/bin/mysqld_safe --user=mysql
mysql     54070  53981  0 02:48 pts/1    00:00:00 /application/mysql-5.6.40/bin/mysqld --basedir=/application/mysql-5.6.40 --datadir=/application/mysql-5.6.40/data --plugin-dir=/application/mysql-5.6.40/lib/plugin --user=mysql --log-error=/
```

```
application/mysql-5.6.40/data/oldboy.err --pid-file=/application/mysql-5.6.40/
data/oldboy.pid
```

上述信息中一共有 2 个进程，一个是 mysqld_safe 进程，类似于 Web 服务的 nginx master（管理进程），另一个是 mysqld 进程，类似于 Web 服务的 nginx worker（工作进程）。

2. MySQL 单实例服务启动的基本原理

“/etc/init.d/mysqld”是 MySQL 自带的使用 Shell 编写的启动脚本，执行脚本后最终会调用 mysqld_safe 命令脚本，mysqld_safe 脚本执行后又会调用 mysqld 主程序启动 MySQL 服务，因此在前文查看 MySQL 进程时，会发现不仅有 mysqld_safe 进程，还有 mysqld 进程。

查看执行“/etc/init.d/mysqld start”命令的脚本中调用 mysqld_safe 的程序代码如下：

```
[root@oldboy ~]# sed -n '271,283p' /etc/init.d/mysqld
case "$mode" in
  'start')
    # Start daemon
    # Safeguard (relative paths, core dumps..)
    cd $basedir
    echo $echo_n "Starting MySQL"
    if test -x $bindir/mysqld_safe
    then
      # Give extra arguments to mysqld with the my.cnf file. This script
      # may be overwritten at next upgrade.
      $bindir/mysqld_safe --datadir="$datadir" --pid-file="$mysqld_pid_file_
path" $other_args >/dev/null & #<== 这正是在初始化数据库时系统给出的快速启动 MySQL 的方式。
```

MySQL 服务启动原理逻辑图如图 5-1 所示。

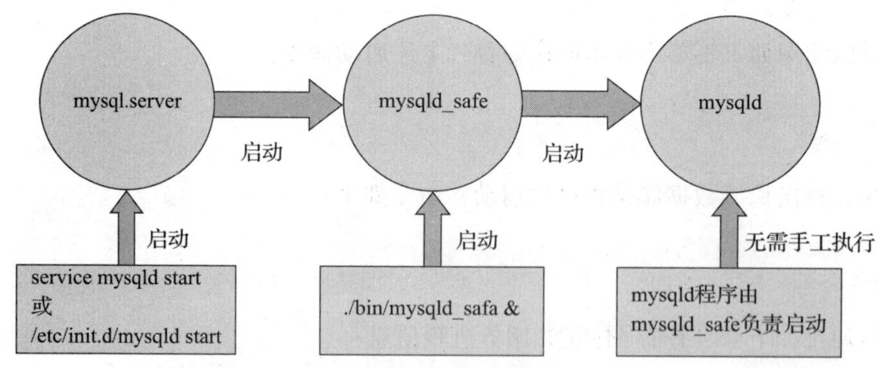

图 5-1 MySQL 服务启动原理逻辑图

3. MySQL 单实例服务启动小结

1）使用“/etc/init.d/mysqld start”命令启动数据库的本质就相当于执行“mysqld_safe --user=mysql &”命令。

2）老男孩开发 Shell 脚本启动多实例数据库时就是调用的 mysqld_safe 程序，最后由 mysqld_safe 程序调用 mysqld 完成数据库的启动。

3）在找回 MySQL root 密码时，也会使用 mysqld_safe 程序，并且会认带忽略授权表的参数启动来找回 root 密码。

4. 正确关闭单实例 MySQL 数据库

（1）使用数据库自带脚本关闭数据库

无论是使用自带脚本启动数据库，还是使用 mysqld_safe 启动数据库，都可以采用自带脚本关闭 MySQL 服务，操作命令如下：

```
[root@oldboy ~]# /etc/init.d/mysqld stop
Shutting down MySQL.. SUCCESS!
[root@oldboy ~]# ps -ef|grep mysql|grep -v grep #<== 采用过滤进程方法查看 mysql 服务。
```

（2）使用 mysqladmin 管理命令关闭数据库

MySQL 提供了一个 mysqladmin 管理命令，可以用来优雅地关闭数据库，命令如下：

```
[root@oldboy ~]# mysqladmin -uroot -poldboy123 shutdown   #<== 注意密码要正确。
Warning: Using a password on the command line interface can be insecure.
                                                          #<== 忽略它。
[root@oldboy ~]# ps -ef|grep mysql|grep -v grep           #<== 已经关闭数据库。
```

5. MySQL 单实例服务关闭的基本原理

使用“/etc/init.d/mysqld stop”命令执行脚本关闭数据库的程序代码如下：

```
  [root@oldboy ~]# sed -n '298,315p' /etc/init.d/mysqld
   'stop')
     # Stop daemon. We use a signal here to avoid having to know the
     # root password.
     if test -s "$mysqld_pid_file_path"            #<== 如果 $mysqld_pid_file_
                                                       path 变量大小不为 0。
     then
       mysqld_pid=`cat "$mysqld_pid_file_path"`  #<== 则读取路径下的内容并赋值给
                                                       mysqld_pid。
       if (kill -0 $mysqld_pid 2>/dev/null)      #<== 如果 $mysqld_pid 对应的进程
                                                       ID 存在则为真。
       then
         echo $echo_n "Shutting down MySQL"      #<== 打印提示。
         kill $mysqld_pid                   #<== 使用 kill pid 的方式关闭 MySQL 服务。
         # mysqld should remove the pid file when it exits, so wait for it.
         wait_for_pid removed "$mysqld_pid" "$mysqld_pid_file_path"; return_
value=$?                                         #<== 传参给函数。
       else
         log_failure_msg "MySQL server process #$mysqld_pid is not running!"
                                                 #<== 传消息给 msg 函数。
         rm "$mysqld_pid_file_path"              #<== 删除 PID 文件。
       fi
```

第 4 章的多实例数据库启动采用的就是这个方法，有关 Shell 编程的知识，请参考《跟老男孩学 Linux 运维：Shell 编程实战》一书，京东售卖地址：ttps://item.jd.com/12117874.html。

MySQL 自带脚本关闭数据库的原理就是通过 kill pid 的方式关闭数据库。

6. 使用关闭进程命令关闭数据库

如果使用上述的常规方法无法关闭数据库，那么还有几个命令可以使用，它们分别是 kill、killall、pkill，在不接任何参数的情况下，这几个命令发送的信号默认都是 TERM（15），表示停止，但进程有权忽略该信号。示例如下：

```
kill  pid               #<== 这里的 pid 是数据库服务对应的进程号。
killall mysqld          #<== 这里的 mysqld 是数据库服务对应的进程名字。
pkill mysqld            #<== 这里的 mysqld 是数据库服务对应的进程名字。
```

以下关闭数据库的操作应禁止使用，因为其很可能会导致 MySQL 数据库无法启动。

```
killall -9 mysqld       #<== 这里的 -9 信号表示强制杀死进程。
kill -9 pid             #<== 这里的 -9 信号表示强制杀死进程。
```

可通过如下地址查看企业生产高并发环境下野蛮粗鲁杀死数据库所导致的故障案例：

http://oldboy.blog.51cto.com/2561410/1431161

http://oldboy.blog.51cto.com/2561410/1431172

7. 关闭 MySQL 数据库方法小结

关闭 MySQL 数据库的方法选择顺序如下。

第一种使用 MySQL 自带的管理脚本，示例如下：

```
/etc/init.d/mysqld stop
```

第二种为 mysqladmin 管理方法：

```
mysqladmin -uroot -poldboy123 shutdown #<== 使用这个命令的最大障碍就是必须事先知道密码。
```

第三种为利用系统进程管理命令关闭 MySQL：

```
kill  pid         #<== 这里的 pid 为数据库服务对应的进程号。
killall mysqld    #<== 这里的 mysqld 是数据库服务对应的进程名字。
pkill mysqld      #<== 这里的 mysqld 是数据库服务对应的进程名字。
```

5.1.2 多实例 MySQL 启动与关闭方法示例

下面我们看一下多实例 MySQL 启动与关闭方法的原理。

启动 3306 实例命令服务的命令为“/data/3306/mysql start”，实际上就是 mysqld_safe 加上不同的实例配置文件参数启动，示例如下：

```
mysqld_safe --defaults-file=/data/3306/my.cnf 2>&1 > /dev/null &
```

停止 3306 实例的命令为“ /data/3306/mysql stop”，实际上使用的就是 mysqladmin 命令方法。示例如下：

```
mysqladmin -uroot -poldboy123 -S /data/3306/mysql.sock shutdown
```

还有就是把多实例的停止改为使用和“ /etc/init.d/mysqld stop”里面类似的 kill 方式，见 MySQL 默认启动脚本或第 4 章 MySQL 多实例启动脚本。

5.2 MySQL 连接原理方法及提示符设置

5.2.1 客户端连接 MySQL 服务器原理结构

1. MySQL 客户端简介

MySQL 是一个典型的 C/S 服务结构软件，作为运维或 DBA 人员，我们经常使用 MySQL 自带的客户端程序（在“ /application/mysql/bin”目录下）对其进行管理，常用的管理命令有 mysql、mysqladmin、mysqldump、mysqlbinlog，mysql 是登录 MySQL 最常用的客户端程序（有一些程序员也会使用类似 phpmyadmin 或者 Navicat 等的客户端管理软件）。

2. 客户端连接 MySQL 服务器原理结构

图 5-2 为本地客户端和远程应用服务程序，连接 MySQL 服务的工作原理逻辑图。

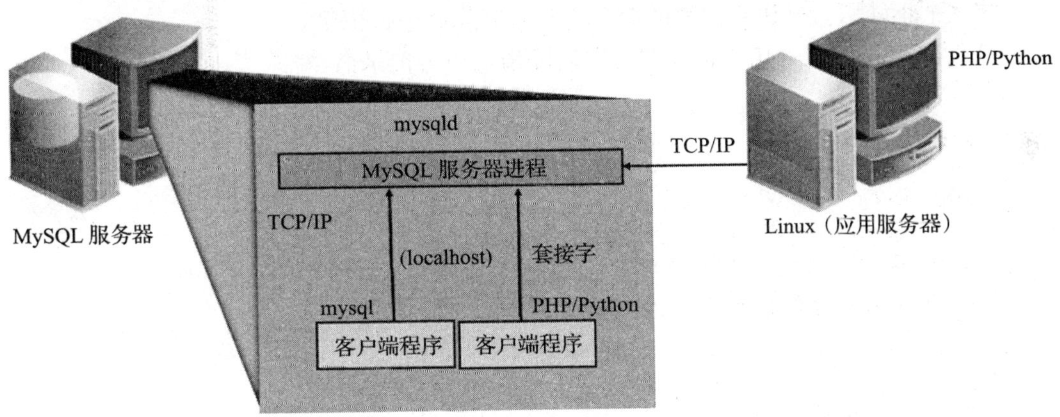

图 5-2 客户端连接 MySQL 服务器原理结构图

3. MySQL 连接方式介绍

如图 5-2 所示，MySQL 的连接方式有 TCP/IP 和 Socket 连接方式。TCP/IP 连接方式一般是应用（PHP/Python/Java 程序）和数据库服务不在一台机器上的连接方案，对于 mysql 命令来说就是指定 -h 参数登录，命令如下：

```
mysql -uroot -poldboy123 -h 10.0.0.52
```

本地连接数据库常用的方式一般是 Socket 连接方式，特别是多实例本地 MySQL 登录，本书就首推 socket 的连接方式，命令如下：

```
mysql -uroot -poldboy123 -S /tmp/mysql.sock
```

5.2.2 默认单实例 MySQL 登录方法

默认单实例 MySQL 的登录命令如下：

```
mysql                  #<== 刚装完系统无密码情况下的登录方式。不要密码。
mysql -uroot           #<== 刚装完系统无密码情况下的登录方式。不要密码。
mysql -uroot -p        #<== 这里是标准的 dba 命令行登录命令，交互式输入密码可有效防止密码泄露。
mysql -uroot -p'oldboy123'   #<== 命令行一般不这样使用，因为密码是明文的，5.6 版本
                                  只要一发现这样使用就会输出警告。
```

下面先介绍几个防止 MySQL 密码泄露的小妙招（MySQL 安全策略）。

第一个小妙招：可以通过环境变量来强制 Linux 不记录敏感历史命令。

在命令行执行“ HISTCONTROL=ignorespace”后，再在输入带密码的命令前面加一个空格登录，登录命令不会被记录到历史记录里。示例如下：

```
[root@oldboy ~]# HISTCONTROL=ignorespace      #<== 这里是临时生效，要想永久生效，
                                                    请放入 /etc/bashrc。
[root@oldboy ~]#  mysql -uroot -p'oldboy123' #<== 命令的开头要多一个空格。
```

第二个小妙招：操作完敏感的命令后及时删除命令行记录。

可执行“history -d 历史命令序号”清除指定历史记录命令：

```
[root@oldboy ~]# history|tail -4       #<== 显示历史记录。
  252  mysql -uroot -p'oldboy123'      #<== 此条带密码，敏感，待删除。
  253  pwd
  254  history
  255  history|tail -4
[root@oldboy ~]# history -d 252        #<== 删除序号为 252 的历史记录。
[root@oldboy ~]# history|tail -5
  252  pwd                             #<== 序号 252 对应的带密码登录的命令已经消失。
  253  history
  254  history|tail -4
  255  history -d 252
  256  history|tail -5
```

可执行“history -c”清除所有记录：

```
[root@oldboy ~]# history -c
[root@oldboy ~]# history
    1  history
```

也可执行“> ~/.bash_history”清除历史记录文件：

第三个小妙招：为带密码的启动脚本以及备份脚本等加 700 权限，用户和组改为 root。示例如下：

```
chmod 700 /data/3306/mysql        #<== 如果采用 kill 信号的关闭方式数据库，可不执行。
chmod 700 /server/scripts/bak.sh     #<== 将密码写入 my.cnf 配置文件，使得执行备份
                                         命令不需要加密码。
```

第四个小妙招：把密码写入 my.cnf 配置文件并加 600 权限，用户和组改为 mysql。示例如下：

```
[root@oldboy ~]# cp /application/mysql/my.cnf /etc/
[root@oldboy ~]# grep -A 2 client /etc/my.cnf    #<== 配置文件开头添加如下三行，
                                                     无须重启服务。
[client]                     #<== 客户端模块标签。
User = root                  #<== 用户参数及密码。
Password = oldboy123         #<== 密码参数及密码。
[root@oldboy ~]# mysql       #<== 此时登录数据库就不用输入密码了。
Welcome to the MySQL monitor.  Commands end with ; or \g.
Your MySQL connection id is 8
Server version: 5.6.40 Source distribution
...省略若干行...
Type 'help;' or '\h' for help. Type '\c' to clear the current input statement.
mysql>
```

5.2.3 默认多实例 MySQL 登录方法

多实例 MySQL 本地登录的方法如下：

```
[root@oldboy ~]# mysql -uroot -p -S /data/3306/mysql.sock
[root@oldboy ~]# mysql -uroot -p -S /data/3307/mysql.sock
```

多实例实际上就是通过 mysql 的“-S”参数指定不同的 sock 文件登录到不同的服务实例中。

5.2.4 异地远程登录 MySQL 方法

无论是单实例还是多实例的远程登录（无须指定 sock 路径），均可通过指定主机和端口登录，但登录的用户必须提前被授权许可才行。

单实例异地远程登录：

```
mysql -uroot -p -h 127.0.0.1
```

多实例异地远程登录：

```
mysql -uroot -p -h 127.0.0.1 -P3306
mysql -uroot -p -h 127.0.0.1 -P3307
```

这里的 127.0.0.1 可以被换成其他登录服务器的 IP 或 IP 段，注意必须提前被授权许可才行。

5.2.5 MySQL 连接提示符说明

1. MySQL 提示符设置说明

连接 MySQL 后的默认提示符是“ mysql>”，这个提示符也是可以更改的，就像 Linux 命令行提示符一样。

为了区分日常的正式环境和测试环境，从而避免操作失误，可以对提示符做一定的标记性修改，并且可将其写在配置里使之永久生效。

更改 MySQL 数据登录提示符的方法具体如下。

（1）修改登录提示符

命令行修改登录提示符的示例如下：

```
mysql> prompt \u@oldboy \r:\m:\s->
PROMPT set to '\u@oldboy \r:\m:\s->'
root@oldboy 07:38:04->
root@oldboy 07:38:10->
```

其中，“ \u@oldboy \r:\m:\s->”中的“ \u”为登录的数据库用户，“ @”为分隔符，后面的 oldboy 为固定标签，“\r:\m:\s”为时间信息，-> 为提示符标识。

（2）配置文件修改登录提示符

在 my.cnf 配置文件的 [mysql] 模块下添加如下内容（注意，不是 [mysqld]）。保存后，无须重启 MySQL，退出当前 session，重新登录即可。如果是在 my.cnf 配置文件中添加的，可以使用“\\”符号，以避免转义带来的问题。

```
[client]
prompt=\\u@oldboy \\r:\\m:\\s->
3)
```

（3）多实例场景登录提示符说明

在多实例场景下，要想使得提示符配置生效，不仅需要把参数放到 my.cnf 配置文件里，还需要在连接 MySQL 时增加“--defaults-extra-file”参数指定修改的配置文件。

可通过如下命令修改 MySQL 多实例配置文件，增加一行配置：

```
[root@oldboy ~]# head -4 /data/3307/my.cnf
[client]                                   #<== 客户端模块标签。
port             = 3307
socket           = /data/3307/mysql.sock
user = root                                #<== 为了登录方面，也可以增加用户参数设置。
Password = oldboy123                       #<== 为了登录方面，也可以增加用户密码参数设置。
prompt = \\u@oldboy \\r:\\m:\\s->          #<== 登录后提示。
```

增加密码参数后，请注意配置文件权限。

现在重新登录，仔细看，可以发现增加了一个特殊的指定配置文件的参数：

```
[root@oldboy ~]# mysql --defaults-extra-file=/data/3307/my.cnf -S /data/3307/
mysql.sock
#<== 如果要带用户密码参数，则要放在 --defaults-extra-file 选项后面。
Warning: Using a password on the command line interface can be insecure.
Welcome to the MySQL monitor.  Commands end with ; or \g.
Your MySQL connection id is 3
Server version: 5.6.40 Source distribution
... 省略若干行 ...
root@oldboy 07:53:25->quit
```

2. 登录后的显示信息

MySQL 5.6.40 登录后的显示信息如下：

```
[root@oldboy ~]# mysql -uroot -poldboy123
Warning: Using a password on the command line interface can be insecure.
Welcome to the MySQL monitor.  Commands end with ; or \g. #<==mysql 命令以分
                                                          号；或 \g 结束。
Your MySQL connection id is 13
Server version: 5.6.40 Source distribution                #<== 版本信息。
……省略若干行……
Type 'help;' or '\h' for help. Type '\c' to clear the current input statement.
                                                          #<== 帮助提示。
mysql>
```

提示： 很多网友都不注意这些登录信息，其实很多有用的提示内容都包含在登录信息里面。

5.2.6　退出 MySQL 数据库

数据库维护完毕后，如果需要退出，则可以执行下面的命令：

```
1、quit       (\q) Quit mysql.
2、exit       (\q) Exit mysql. Same as quit.
3、也可以使用快捷键 Ctrl+c 或 Ctrl+d。
```

操作命令如下：

```
mysql>quit
```

5.3　查看 MySQL 命令帮助

MySQL 中的查看帮助命令 help 与 Linux 命令行的普通命令帮助工具 man 类似，与

Linux 下 bash 内置命令的帮助工具 help 相同。要想查看 MySQL 中命令的使用语法等帮助信息，就需要用到 help 工具了，可以直接输入 help，或者先输入 help，然后在后面接要查看的命令及命令组合，例如 help create。默认情况下 MySQL 中的命令是不区分大小写的，这与 Linux 命令行严格区分大小写是有区别的。

下面直接在 MySQL 中键入 help 命令，输出的这部分帮助信息用途不是很大，简单了解即可：

```
mysql> help
...省略若干行...
List of all MySQL commands:
Note that all text commands must be first on line and end with ';'
?          (\?) Synonym for `help'.
clear      (\c) Clear the current input statement.
connect    (\r) Reconnect to the server. Optional arguments are db and host.
delimiter  (\d) Set statement delimiter.
edit       (\e) Edit command with $EDITOR.
ego        (\G) Send command to mysql server, display result vertically.
exit       (\q) Exit mysql. Same as quit.
go         (\g) Send command to mysql server.
help       (\h) Display this help.
nopager    (\n) Disable pager, print to stdout.
notee      (\t) Don't write into outfile.
pager      (\P) Set PAGER [to_pager]. Print the query results via PAGER.
print      (\p) Print current command.
prompt     (\R) Change your mysql prompt.
quit       (\q) Quit mysql.
rehash     (\#) Rebuild completion hash.
source     (\.) Execute an SQL script file. Takes a file name as an argument.
status     (\s) Get status information from the server.
system     (\!) Execute a system shell command.
tee        (\T) Set outfile [to_outfile]. Append everything into given outfile.
use        (\u) Use another database. Takes database name as argument.
charset    (\C) Switch to another charset. Might be needed for processing binlog
with multi-byte charsets.
warnings   (\W) Show warnings after every statement.
nowarning  (\w) Don't show warnings after every statement.
For server side help, type 'help contents'
```

比较重要的帮助命令是“ help contents”，也可以使用“ ? contents”命令，它可以显示很多重要的帮助信息。示例如下：

```
mysql> help contents
You asked for help about help category: "Contents"
For more information, type 'help <item>', where <item> is one of the following
categories:
   Account Management
   Administration
```

```
    Compound Statements
    Data Definition
    Data Manipulation
    Data Types
    Functions
    Functions and Modifiers for Use with GROUP BY
    Geographic Features
    Help Metadata
    Language Structure
    Plugins
    Procedures
    Storage Engines
    Table Maintenance
    Transactions
    User-Defined Functions
    Utility
```

为了方便读者辨识这些类别的知识，下面针对上面的输出结果进行了翻译，如表 5-1 所示。

表 5-1 “help contents”结果信息表

名称	翻译
Account Management	账户管理
Administration	管理员
Compound Statements	复合语句
Data Definition	数据定义
Data Manipulation	数据操作
Data Types	数据类型
Functions	函数
Functions and Modifiers for Use with GROUP BY	与 GROUP BY 相关的函数和修饰符
Geographic Features	地理特征
Help Metadata	帮助元数据
Language Structure	语言结构
Plugins	插件
Procedures	存储过程
Storage Engines	存储引擎
Table Maintenance	表维护
Transactions	事务处理
User-Defined Functions	用户自定义函数
Utility	实用程序

在上述“ help contents”命令的输出结果中，还可以用 help 加上感兴趣的信息，继续深入查看帮助，示例如下：

```
mysql> help Data Definition #<==Data Definition 的意思是数据定义分类，即数据库
                                         数据定义命令。
You asked for help about help category: "Data Definition"
For more information, type 'help <item>', where <item> is one of the following
topics:
    ALTER DATABASE
    ALTER EVENT
    ALTER FUNCTION
    ALTER LOGFILE GROUP
    ALTER PROCEDURE
    ALTER SERVER
    ALTER TABLE
    ALTER TABLESPACE
    ALTER VIEW
    CONSTRAINT
    CREATE DATABASE
    CREATE EVENT
    CREATE FUNCTION
    CREATE INDEX
    CREATE LOGFILE GROUP
    CREATE PROCEDURE
    CREATE SERVER
    CREATE TABLE
    CREATE TABLESPACE
    CREATE TRIGGER
    CREATE VIEW
    DROP DATABASE
    DROP EVENT
    DROP FUNCTION
    DROP INDEX
    DROP PROCEDURE
    DROP SERVER
    DROP TABLE
    DROP TABLESPACE
    DROP TRIGGER
    DROP VIEW
    RENAME TABLE
    TRUNCATE TABLE
mysql>
```

同样为了方便读者辨识这些命令的前缀知识，下面针对上面的输出信息进行了翻译，如表 5-2 所示。

表 5-2 “help Data Definition”结果信息表

命令前缀	说明
ALTER DATABASE	修改数据库
ALTER EVENT	修改事件
ALTER FUNCTION	修改函数

（续）

命令前缀	说明
ALTER LOGFILE GROUP	修改日志文件组
ALTER PROCEDURE	修改存储过程
ALTER SERVER	修改服务器
ALTER TABLE	修改表
ALTER TABLESPACE	修改表空间
ALTER VIEW	修改视图
CONSTRAINT	约束条件
CREATE DATABASE	创建数据库
CREATE EVENT	创建事件
CREATE FUNCTION	创建函数
CREATE INDEX	创建索引
CREATE LOGFILE GROUP	创建日志文件组
CREATE PROCEDURE	创建存储过程
CREATE SERVER	创建服务器
CREATE TABLE	创建表
CREATE TABLESPACE	创建表空间
CREATE TRIGGER	创建触发器
CREATE VIEW	创建视图
DROP DATABASE	删除数据库
DROP EVENT	删除事件
DROP FUNCTION	删除函数
DROP INDEX	删除索引
DROP PROCEDURE	删除存储过程
DROP SERVER	删除服务器
DROP TABLE	删除表
DROP TABLESPACE	删除表空间
DROP TRIGGER	删除触发器
DROP VIEW	删除视图
RENAME TABLE	重命名表
TRUNCATE TABLE	清除表

在上述“ help Data Definition”命令的输出中，还可以使用 help 加上感兴趣的具体管理数据库的命令信息，从而进一步深入查看帮助信息。比如，可以通过如下示例查看创建数据库的帮助信息：

```
mysql> help CREATE DATABASE
Name: 'CREATE DATABASE'
Description:
```

```
Syntax:
CREATE {DATABASE | SCHEMA} [IF NOT EXISTS] db_name
    [create_specification] ...
create_specification:
    [DEFAULT] CHARACTER SET [=] charset_name
  | [DEFAULT] COLLATE [=] collation_name
CREATE DATABASE creates a database with the given name. To use this
statement, you need the CREATE privilege for the database. CREATE
SCHEMA is a synonym for CREATE DATABASE.
URL: http://dev.mysql.com/doc/refman/5.6/en/create-database.html
mysql>
```

这样就查到了具体的管理数据库的命令帮助信息，查看其他的帮助信息也是如此，这里需要注意一点的是，读者要有一定的阅读英文或者使用工具翻译英文的能力。

提示：MySQL 的 help 命令帮助就相当于 Linux 下的 man 命令一样，很好用，读者要牢记。

5.4 设置及修改 mysql root 用户密码

5.4.1 MySQL 数据库用户安全策略介绍

安装完 MySQL 数据库之后，默认的管理员 root 密码为空，这很不安全。因此需要为 root 用户设置一个密码。其实前面在安装 MySQL 数据库之后，我们已经做了一些安全措施，具体如下。

- 数据库不设置外网 IP。
- 为 root 用户设置比较复杂的密码。
- 删除无用的 mysql 库内的用户账号，只保留 root@localhost 以及 root@127.0.0.1。
- 删除默认的 test 数据库。
- 增加用户的时候，授权的权限应尽量最小，允许访问的主机范围最小化。
- 登录命令行操作不携带密码，而是回车后输入密码，从 MySQL 5.6 版本起命令行携带密码会报警告提示。

除了上面的方法之外，针对 MySQL 数据库的用户处理，还有更严格的做法，下面就来看看。

以下是采用更安全的措施来删除 root，添加新的管理员用户。

1）删除所有 mysql 中的用户，包括 root 超级用户：

```
mysql> delete from mysql.user;
Query OK, 2 rows affected (0.00 sec)
```

这里的 root 可以保留，修改为其他用户也可以。

2）增加 system 并将该管理员用户提升为超级管理员，即与 root 等价的管理员用户，只是名字不同而已：

```
mysql> grant all privileges on *.* to system@'localhost' identified by 'oldboy123' with grant option;
Query OK, 0 rows affected (0.00 sec)
mysql> flush privileges;
Query OK, 0 rows affected (0.00 sec)
提示：flush-privileges      Reload grant tables (same as reload)
```

此外，对于带密码的文件或脚本权限，最好是文件用 600，脚本用 700，用户和组则用 root 或 mysql。

5.4.2　为管理员 root 用户设置及修改密码

1. 为 root 用户设置密码

刚安装完 MySQL 时是没有密码的，此时可以使用下面的命令为 MySQL 设置密码。

```
mysqladmin -u root password 'oldboy123' #<== 适合单实例。
mysqladmin -u root password 'oldboy123' -S /data/3306/mysql.sock
                                        #<== 适合多实例。
提示：命令是在 Linux 命令行执行的，而不是在 mysql 命令行。
```

2. 为 root 用户修改密码的方法一：Linux 命令行修改法

在 Linux 命令行下修改密码适合于已知密码的场合，此时可利用 mysqladmin 进行密码修改，示例如下：

```
mysqladmin -u root -p'oldboy123' password 'oldboy' #<== oldboy456 为原密码，
                                                    新密码为 oldboy。
mysqladmin -u root -p'oldboy' password 'oldboy123' -S /data/3306/mysql.sock
                                                #<== 适合多实例方式。
提示：读者练习完后请把密码依旧修改为 oldboy123，本书就是这样做的。
```

3. 为 root 用户修改密码的方法二：SQL 语句修改法

在 MySQL 命令行下修改密码常用于遗忘了密码的情况，或者给不熟悉 Linux 命令行管理的人员使用，这里的操作命令略微复杂一些，不过后文会有细致讲解。

```
mysql> UPDATE mysql.user SET password=PASSWORD("oldboy123") WHERE user='root' and host='localhost';
Query OK, 1 row affected (0.00 sec)
Rows matched: 1  Changed: 1  Warnings: 0
mysql> flush privileges; #<== 刷新权限使得修改密码生效。
Query OK, 0 rows affected (0.00 sec)
```

提示：

1）此法是 SQL 语句的 DML 语句，必须指定 where 条件（具体的用户和主机）。

2）必须使用 PASSWORD() 函数来加密更改密码，才能保证数据库里的密码是加密的。

3）此命令是在 mysql 命令行执行的，而不是在 Linux 命令行执行。

4）此法更适合密码丢失后，通过“--skip-grant-tables”参数启动数据库，再对密码进行修改的情形。

4. 为 root 用户修改密码的方法三：SQL 语句修改法

下述方法看起来简单，但也有很大的局限性：

```
mysql> set password=password('oldboy');
Query OK, 0 rows affected (0.00 sec)
mysql> flush privileges;
Query OK, 0 rows affected (0.00 sec)
mysql> quit
Bye
```

该方法的局限性表现在如下两个方面。

1）本方法仅为修改当前用户密码。

2）不适合通过“--skip-grant-tables”方式启动后修改密码，若此时采用该方法，将会报错，报错提示如下：

```
mysql>set password=password('oldboy');
ERROR 1290 (HY000): The MySQL server is running with the --skip-grant-tables option so it cannot execute this statement
```

5.5　找回 MySQL root 用户密码

对于一些粗心的管理员，可能会遭遇忘记 root 密码的情况，那么，假如我们一不小心忘记了数据库密码，该如何找回呢？本节将对此进行讲解。

5.5.1　找回 MySQL 单实例 root 用户密码的方法

首先停止 MySQL 服务，示例如下：

```
[root@oldboy ~]# /etc/init.d/mysqld stop
Shutting down MySQL.... SUCCESS!
```

然后，使用 mysqld_safe 附带的“--skip-grant-tables”（忽略授权登录验证）启动 MySQL 服务。示例如下：

```
[root@oldboy ~]# mysqld_safe --skip-grant-tables --user=mysql >/dev/null 2>&1 &
[1] 57303   #<== 在启动时加 --skip-grant-tables 参数，表示忽略授权表验证。
[root@oldboy ~]# ss -lnt|grep 330
LISTEN     0      80                        :::3306                    :::*
```

现在，无须密码即可登录 MySQL，示例如下：

```
[root@oldboy ~]# mysql #<== 登录时空密码即可。
Welcome to the MySQL monitor.  Commands end with ; or \g.
Your MySQL connection id is 1
Server version: 5.6.34 Source distribution
……省略若干行……
Type 'help;' or '\h' for help. Type '\c' to clear the current input statement.
mysql> mysqld_safe --skip-grant-tables --user=mysql >/dev/null 2>&1 &
mysql #<== 登录时空密码即可。
```

这时，可以将 root 密码修改为新密码了，示例如下：

```
mysql> set password=password('oldboy123'); #<== 该方法在此处无效。
ERROR 1290 (HY000): The MySQL server is running with the --skip-grant-tables
option so it cannot execute this statement
mysql> update mysql.user set password=PASSWORD("oldboy123") where user="root"
and host="localhost";
Query OK, 0 rows affected (0.01 sec)       #<== 该方法正合适，mysqladmin 的方法
                                               在这里也是无效的。
Rows matched: 1  Changed: 0  Warnings: 0
mysql> flush privileges;                   #<== 刷新权限使得修改密码生效。
Query OK, 0 rows affected (0.01 sec)
mysql> quit
Bye
```

重启 MySQL 服务，命令如下：

```
[root@oldboy ~]# /etc/init.d/mysqld stop #<== 也可以执行 mysqladmin -uroot
                                             -poldboy123 shutdown。
Shutting down MySQL.. SUCCESS!
[1]+  Done    mysqld_safe --skip-grant-tables --user=mysql > /dev/null 2>&1
[root@oldboy ~]# /etc/init.d/mysqld start
Starting MySQL. SUCCESS!
```

可再登录进行测试，示例如下：

```
[root@oldboy ~]# mysql -uroot -poldboy   #<== 使用错误的密码导致无法登录。
Warning: Using a password on the command line interface can be insecure.
ERROR 1045 (28000): Access denied for user 'root'@'localhost' (using password: YES)
[root@oldboy ~]# mysql -uroot -poldboy123 #<== 使用修改过后的密码即可登录了。
Warning: Using a password on the command line interface can be insecure.
Welcome to the MySQL monitor.  Commands end with ; or \g.
Your MySQL connection id is 3
...省略若干行...
mysql>
```

需要说明的是，加“--skip-grant-tables”参数登录后，修改完密码一定要重启，然后再对外提供服务。如果你发现重启后使用 MySQL 不加密码依然可以登录，请查看是不是配置文件设置了密码。此外，在 MySQL 命令行使用的密码会覆盖 my.cnf 配置文件中配置的密码。

5.5.2 找回 MySQL 多实例 root 用户的密码方法

这里以多实例的 3307 为例进行讲解。

第一步，关闭多实例 3307 MySQL 服务。

首先使用 killall mysqld 或者 kill pid（需要使用 ps 查到 pid 的值）的方式关闭指定实例 3307 的数据库，对于多实例的脚本（/data/3307/mysql），老男孩之前是使用 mysqladmin 的方式进行关闭的，这种方式需要使用密码才行，因此这个脚本此时就无法关闭（假设忘记了密码）了。

第二步，启动数据库时加“--skip-grant-tables”参数，注意，该参数要放到结尾：

```
[root@oldboy ~]# mysqld_safe --defaults-file=/data/3307/my.cnf --skip-grant-tables >/dev/null 2>&1 &
[1] 58437
[root@oldboy ~]# ss -lnt|grep 3307
LISTEN     0      128                              :::3307                        :::*
```

第三步，使用登录命令，示例如下：

```
[root@oldboy ~]# mysql -S /data/3307/mysql.sock    #<== 登录时空密码即可。
```

第四步，修改密码，示例如下：

```
mysql> update mysql.user set password=PASSWORD("oldboy123") where user="root" and host="localhost";
mysql> FLUSH PRIVILEGES;
mysql> quit
```

现在，可以重启服务，使用新密码登录了。

改完密码后，停止数据库，以正常启动的方式重新启动并登录：

```
[root@oldboy ~]# /data/3307/mysql stop
#<== 要提前编辑脚本，将修改后的密码写到脚本密码参数位置，否则会无法关闭数据库。
Stoping MySQL...
Warning: Using a password on the command line interface can be insecure.
[1]+  Done                    mysqld_safe --defaults-file=/data/3307/my.cnf --skip-grant-tables > /dev/null 2>&1
[root@oldboy ~]# /data/3307/mysql start          #<== 正式重启多实例 MySQL。
Starting MySQL...
[root@oldboy ~]# ss -lnt|grep 3307               #<== 检查是否重启成功。
LISTEN     0      128                              :::3307                        :::*
[root@oldboy ~]# mysql -S /data/3307/mysql.sock  #<== 不用密码登录不行了。
```

```
ERROR 1045 (28000): Access denied for user 'root'@'localhost' (using password: YES)
[root@oldboy ~]# mysql -uroot -poldboy -S /data/3307/mysql.sock
                                                    #<== 使用新密码登录。
Warning: Using a password on the command line interface can be insecure.
Welcome to the MySQL monitor.  Commands end with ; or \g.
...省略若干行...
mysql>
```

特殊提示：本章在单实例和多实例数据库之间进行了各种切换，请在使用单实例数据库之前，停止掉多实例中的 3306 实例，停止命令为 /data/3306/mysql stop，如果想使用多实例 3306 实例及 3307 实例，则需要提前停止单实例数据库，停止命令为 /etc/init.d/mysqd stop。

5.6　章节试题

1）请描述 MySQL 启动与关闭的命令原理。

2）请描述 MySQL 启动与关闭的常见优雅方法。

3）如何查看 MySQL 内部 SQL 命令的帮助？

4）如何设置与修改 MySQL 管理用户的密码？

5）MySQL 数据库密码丢失如何找回？

6）如何防止 MySQL 数据库密码泄露？

第6章

MySQL 常用管理 SQL 语句应用实践

6.1 SQL 介绍

6.1.1 什么是 SQL

SQL，英文全称为 Structured Query Language，中文意思是结构化查询语言，它是一种对关系型数据库中的数据进行定义和操作的语言，是大多数关系型数据库管理系统所支持的工业标准语言。

结构化查询语言（SQL）是一种数据库查询和程序设计语言，用于存取数据以及查询、更新和管理关系型数据库系统。SQL 常用作 MySQL 逻辑备份文件的扩展名。结构化查询语言是高级的非过程化编程语言，允许用户在高层数据结构上工作。它不要求用户指定数据的存放方法，也不需要用户了解具体的数据存放方式，所以，其完全不同于底层结构，不同的数据库系统可以使用相同的结构化查询语言作为数据输入与管理的接口。结构化查询语言语句可以嵌套，这使得它具有极大的灵活性和强大的功能。不同的数据库系统的 SQL 会有一些差别。

6.1.2 SQL 的分类

根据百科资料，管理关系型数据库的结构化查询语言包含 6 个部分，下面就来逐一介绍。

1. 数据查询语言（DQL）

DQL，全称为 Data Query Language，其语句也称为“数据检索语句”，作用是从表中获取数据，确定数据应怎样在应用程序中给出。关键字 SELECT 是 DQL（也是所有

SQL）用得最多的，其他 DQL 常用的保留字有 WHERE、ORDER BY、GROUP BY 和 HAVING。这些 DQL 保留字常与其他类型的 SQL 语句一起使用。具体语句示例如下：

```
mysql> select user,host from mysql.user order by user;
+------+-----------+
| user | host      |
+------+-----------+
| root | localhost |
| root | 127.0.0.1 |
+------+-----------+
2 rows in set (0.00 sec)
```

2. 数据操作语言（DML）

DML，全称为 Data Manipulation Language，中文为数据操作语言。其语句的关键字为 INSERT、UPDATE 和 DELETE。它们分别用于添加、修改和删除表中的行（数据）。具体语句示例如下：

```
mysql> delete from mysql.user where user='oldboy';
Query OK, 0 rows affected (0.00 sec)
```

3. 事务处理语言（TPL）

TPL，全称为 Transaction Processing Language，TPL 语句用于确保被 DML 语句影响的表的所有行能够及时得到更新。TPL 语句包括 BEGIN TRANSACTION、COMMIT 和 ROLLBACK。

4. 数据控制语言（DCL）

DCL，全称为 Data Control Language，这类语句通过 GRANT 或 REVOKE 授权用户许可，确定单个用户和用户组对数据库对象的访问。某些 RDBMS 可用 GRANT 或 REVOKE 控制对表中单个列的访问。

5. 数据定义语言（DDL）

DDL，全称为 Data Definition Language，其语句包括动词 CREATE、DROP 和 ALTER。可使用该语言在数据库中创建新库表或删除库表，或者为表添加字段、索引等。

6. 指针控制语言（CCL）

CCL，全称为 CURSOR Control Language，它的语句（像 DECLARE CURSOR、FETCH INTO 和 UPDATE WHERE CURRENT）用于对一个或多个表的单独行进行操作。

而开发人员、DBA 以及运维人员常把 SQL 分为表 6-1 中所列的三大类。

表 6-1 SQL 常见分类

类别	说明
DDL	DDL，中文为数据定义语言，主要关键字为 CREATE（创建）、ALTER（修改）、DROP（删除）等，负责管理数据库的基础数据（不会修改表的内容），例如，增删库、表、索引、用户等，**这部分知识运维人员和开发人员都要熟悉。** **执行“mysql> ? Data Definition”，可查看相关帮助**

（续）

类别	说明
DCL	DCL 中文为数据控制语言，主要关键字为 GRANT（用户授权）、REVOKE（权限回收）、COMMIT（提交）、ROLLBACK（回滚），**这里的 DCL 包含了上文的 TPL，运维人员需要熟练掌握这部分知识**。执行“mysql> ? Account Management”，可查看相关帮助
DML	DML 中文为数据操作语言，主要关键字为 SELECT（查）、INSERT（增）、DELETE（删）、UPDATE（改），主要针对数据库中表内的数据进行操作，**这里的 DML 包含了上文的 DQL，开发人员要熟练掌握这部分知识，运维人员熟悉即可**。 执行“mysql> ? Data Manipulation”，可查看相关帮助

6.2　SQL 解析原理流程

6.2.1　MySQL 体系结构简介

为了让读者能够清晰地理解 SQL 语句的执行原理，本节简单介绍下 MySQL 的基本内部结构，更详细的介绍请参见后文。MySQL 的体系结构由外围应用程序（客户端）、连接层、SQL 层、存储引擎层等组成，图 6-1 所示的即为 MySQL 的基本体系结构。

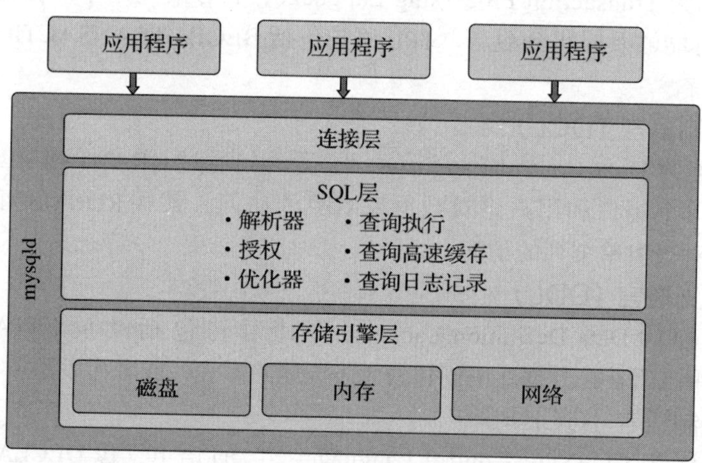

图 6-1　MySQL 基本体系结构

在图 6-1 中，应用程序在连接 MySQL 数据库时，首先要经过连接池技术，然后通过连接池进入 SQL 解析层，经过 SQL 解析层的一系列处理及解析后，再进入到存储引擎层去查找数据，最后通过内存或磁盘读取到数据，然后再逐级返回，最终将数据返回给应用程序或用户。这里大家需要了解的是 SQL 层在体系结构中的位置，正是 SQL 层解析并读懂 SQL 语句从而得以读取到数据库的数据，那么 SQL 层的解析流程到底是怎么样的呢？请看 6.2.2 节。有关 MySQL 体系结构的细节请参见后文。

6.2.2　SQL 解析流程介绍

为了让读者清晰地了解 SQL 解析的流程原理，老男孩特意用一张图来阐述，图 6-2 所示的即为 SQL 解析流程图。

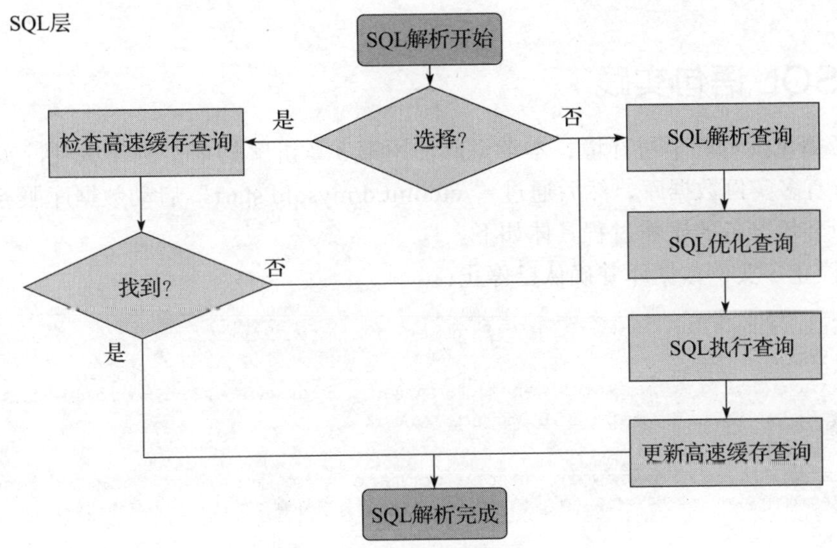

图 6-2　SQL 解析流程图

1）在图 6-2 中，当接收到 SQL 语句后，数据库首先会判断 SQL 语句的正确性、类型（例如 DDL、DML、DCL），然后根据不同类型，由命令分发模块投递到相应的模块处理。如果是 SELECT 语句，则首先会查找 SQL 高速缓存（query_cache）；如果命中目标数据，则 SQL 不需要再做相应的解析执行操作，直接将请求的数据返回客户端应用程序即可。

2）如果用户请求的数据未在高速缓存中命中，那么会进入 SQL 的解析过程。

a）对于 SQL 层本身来说，其是无法直接读懂 SQL 语句的，不能直接执行。这时，就要靠 SQL 层的解析器（Parser）来进行 SQL 的词法、语法分析，最终得出 1 个或多个 SQL 语句的执行计划。

b）得出执行计划之后，还不能直接使用，因为解析器可能给出了一条 SQL 语句的多种执行方式，需要进行进一步的判断，那么哪条执行计划是最好的呢？这件事情将交由查询优化器（Optimizer）去判断。优化器会根据自身的算法，找到代价最低（一般是有合理索引的那条）的那个执行计划进行下发。（当然有些情况例外，不过其都是由优化器自身的算法来决定的，我们在将来的章节中会再进行分析，另外在不同的 MySQL 版本里，优化器中的处理又各不相同。）

c）这时我们已经找到合适的执行计划了，是否就可以执行查询了呢？其实 SQL 层中还有其他相关的模块控制，例如，是否有权限去执行、执行是否需要等待等。

d）经过 SQL 层的逐层处理，SQL 终于被执行，然后将执行后的结果，投递到下层的存储引擎接口，最终经过存储引擎，获取到磁盘数据文件上的数据。

e）SQL 执行完成后，会将此次获取的数据更新到查询缓存（若有特定情况则不会更新）。

6.3 SQL 语句实践

为了简化读者的学习环境，本章全部使用第 3 章讲解的单实例环境进行实践，请读者停掉所有多实例数据库，然后通过“/etc/init.d/mysqld start”启动数据库服务。

学习环境准备的操作过程具体如下。

1）停止多实例数据库并确认已停止：

```
[root@oldboy ~]# /data/3306/mysql stop
Stoping MySQL...
Warning: Using a password on the command line interface can be insecure.
[root@oldboy ~]# /data/3307/mysql stop
Stoping MySQL...
Warning: Using a password on the command line interface can be insecure.
[root@oldboy ~]# ss -lnt|grep 330 #<== 执行后没有任何结果，表示多实例环境都已正确关闭。
```

2）启动单实例数据库，并确认已启动：

```
[root@oldboy ~]# /etc/init.d/mysqld start
Starting MySQL. SUCCESS!
[root@oldboy ~]# ss -lnt|grep 330  #<== 启动单实例后，执行检查端口命令，若出现下面
                                          的内容则表示单实例环境准备完毕。
LISTEN     0      80                          :::3306                       :::*
```

6.3.1 DDL 语句之管理数据库

DDL 的特点是对数据库内部的对象进行创建、修改、删除等操作，不涉及对表中内容的操作和更改。这部分是运维人员或 DBA 需要熟练掌握的内容，开发人员了解即可。

下面就跟随老男孩一起来了解下 DDL 的常用操作。

1. 创建数据库

创建数据库的命令语法为：

```
create database <数据库名>;
```

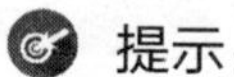

提示：

- 注意库名不能以数字开头。
- 所有字母对大小写不敏感。

如果把创建数据库比喻为追求女生，那么就是表 6-2 中的对应关系。

表 6-2 建库的信息说明

create	database	<数据库名>
动作（追）	目标（女生）	女生名字

在编译环境下，针对 MySQL 默认字符集建立数据库测试的步骤如下。

1）建立一个名为 oldboy 的数据库：

```
mysql> create database oldboy;          #<== 创建名为 oldboy 的数据库。
Query OK, 1 row affected (0.00 sec) #<== 执行后的输出结果，"Query OK" 表示成功执
行，"1 row affected" 表示影响了 1 行，"(0.00 sec)" 为执行的时间。
mysql> show databases;                  #<== 查看所有的数据库。
+--------------------+
| Database           |
+--------------------+
| information_schema | #<== 此表为系统表，存储数据库内置对象的信息，如用户，权限等。
| mysql              | #<== 此表为系统表，存储用户授权和权限相关的信息，授权时会用到。
| oldboy             | #<== 这里就是刚才创建的数据库。
| performance_schema | #<== 这是 MySQL 第二条产品线增加的系统表，存储与性能相关的表数据。
+--------------------+
4 rows in set (0.00 sec)
mysql>
```

查看刚刚创建的 oldboy 库对应的 SQL 语句：

```
mysql> help show                              #<== 通过 show 命令查看数据库语句的帮助。
SHOW CREATE DATABASE db_name
mysql> show create database oldboy\G  #<==\G 是为了调整显示的格式。
*************************** 1. row ***************************
       Database: oldboy
Create Database: CREATE DATABASE `oldboy` /*!40100 DEFAULT CHARACTER SET utf8 */
#<== 当不指定字符集建库时，库的字符集默认和编译时指定的字符集一致。
1 row in set (0.00 sec)
```

2）建立一个 GBK 字符集数据库，名为 oldboy_gbk，并查看建库语句：

```
mysql> create database oldboy_gbk CHARACTER SET gbk COLLATE gbk_chinese_ci;
Query OK, 1 row affected (0.01 sec)
mysql> show create database oldboy_gbk\G
*************************** 1. row ***************************
       Database: oldboy_gbk
Create Database: CREATE DATABASE `oldboy_gbk` /*!40100 DEFAULT CHARACTER SET gbk */
#<== 字符集确实改为了 gbk。
1 row in set (0.00 sec)
```

3）建立一个名为 oldboy_utf8 的 UTF8 数据库：

```
mysql> show create database oldboy_utf8\G
```

```
*************************** 1. row ***************************
       Database: oldboy_utf8
Create Database: CREATE DATABASE `oldboy_utf8` /*!40100 DEFAULT CHARACTER SET utf8 */
#<== 字符集确实改为了 utf8 了。
1 row in set (0.00 sec)
```

4）创建不同字符集格式的数据库命令集合：

```
create database oldboy; #<== 默认数据库的字符集设置配置。
create database oldboy_gbk DEFAULT CHARACTER SET gbk COLLATE gbk_chinese_ci;
                        #<== 创建 gbk 字符集数据库。
create database oldboy_utf8 DEFAULT CHARACTER SET utf8  COLLATE utf8_general_ci;
                        #<== 创建 utf8 字符集数据库。
```

提示：

- 字符集的不一致是数据库里中文内容出现乱码的罪魁祸首，有关字符集的知识详见后文。
- 查看字符集及校对规则名字（指定字符集建库结尾的语句，例如 SET gbk COLLATE gbk_chinese_ci）的方法为“mysql> SHOW CHARACTER SET;”。

到了这里，有必要了解一下有关数据库字符集的知识了。

如果编译的时候指定了特定的字符集，则以后创建对应字符集的数据库时就不需要指定字符集了。示例如下：

```
cmake . -DCMAKE_INSTALL_PREFIX=/application/mysql-5.6.40 \
-DMYSQL_DATADIR=/application/mysql-5.6.40/data \
-DMYSQL_UNIX_ADDR=/application/mysql-5.6.40/tmp/mysql.sock \
-DDEFAULT_CHARSET=utf8 \                  #<== 这里就是建库时指定的默认数据库字符集。
-DDEFAULT_COLLATION=utf8_general_ci \ #<== 这里就是建库时指定的默认数据库校对规则。
```

提示：使用 MySQL 二进制包安装的数据库字符集默认为 latin1！

那么，在企业里的不同场景下，要如何创建符合字符集需求的数据库呢？

可根据公司开发的程序确定字符集（建议选择 UTF8，移动互联网环境下可选 utf8mb4）！也可以在编译的时候指定字符集，例如：

```
-DDEFAULT_CHARSET=utf8 \
-DDEFAULT_COLLATION=utf8_general_ci \
```

此时，建库的时候默认创建即可，例如“create database oldboy;”。

如果编译的时候没有指定字符集或者指定了与网站程序不同的字符集，又该如何解决？

这时指定字符集创建数据库即可，也可以在数据库配置文件里，修改默认的字符集显示，具体见后文说明。

2. 显示数据库

显示数据库，前文已经出现过，最基本的命令就是：

```
show databases;
```

可执行 help show 查看与该命令对应的帮助信息。

```
mysql> help show
... 省略若干 ...
SHOW CREATE VIEW view_name
SHOW DATABASES [like_or_where]   #<== 这就是显示数据库的命令帮助信息。
SHOW ENGINE engine_name {STATUS | MUTEX}
SHOW [STORAGE] ENGINES
... 省略若干 ...
```

如果不知道本节所讲的关键命令 show，那么可以使用“help contents”命令，然后执行“help Administration”来查看。

下面来看个使用 show 命令的示例：

```
mysql> show databases like 'oldboy'; #<== 匹配 oldboy 字符串的内容。
+--------------------+
| Database (oldboy) |
+--------------------+
| oldboy             |
+--------------------+
1 row in set (0.00 sec)

mysql> show databases like 'oldboy%'; #<==% 为通配符，表示匹配以 oldboy 开头的所有内容。
+--------------------+
| Database (oldboy%) |
+--------------------+
| oldboy             |
| oldboy_gbk         |
| oldboy_utf8        |
+--------------------+
3 rows in set (0.00 sec)
```

3. 切换数据库

所谓的切换库，就相当于系统中的切换路径一样，只不过，系统中使用的是类似于“cd /etc”的命令，而数据库里切换库使用的是 use 命令。

命令语法为：

```
use  < 数据库名 >;
```

如果 oldboy 数据库存在，则可通过如下命令尝试进入 oldboy 数据库里：

```
mysql> select database(); #<== 查看当前管理员所在的库名。
+------------+
| database() |
+------------+
| NULL       |              #<== 空值，表示没有在任何库里。
+------------+
1 row in set (0.00 sec)

mysql> use oldboy           #<== 切换到 oldboy 库里。
Database changed
mysql> select database(); #<== 重新查看。
+------------+
| database() |
+------------+
| oldboy     |              #<== 表示存在于 oldboy 库里了。
+------------+
1 row in set (0.00 sec)
mysql>
```

4. 查看数据库包含的表信息

要查看数据库包含的表信息有两种常见的方法，第一种是切到数据库里面去查看，第二种是在外面查看库里的表信息。下面分别来看看。

第一种方法：切到数据库里面去查看表信息。

```
mysql> use oldboy
mysql> show tables;
Empty set (0.00 sec)  #<== 空表，因为是新库，还没有建立表。
```

第二种方法：在库外面查看库里的表信息。

```
mysql> show tables from oldboy;                #<== 查看指定库 oldboy 中包含的表。
Empty set (0.00 sec)
mysql> show tables in oldboy_gbk;
Empty set (0.00 sec)
mysql> show tables from mysql like 'db%';  #<== 还可以匹配包含指定字符开头的表。
+----------------------+
| Tables_in_mysql (db%) |
+----------------------+
| db                   |
+----------------------+
1 row in set (0.01 sec)
```

如果不知道这里使用的命令 show，则可以通过“ help contents”命令，进而执行“help Administration”命令来查看。

5. 删除数据库

命令语法为：

```
drop database <数据库名>;
```

以下示例用于删除名为 oldboy_gbk 的数据库：

```
mysql> drop database oldboy_gbk;
Query OK, 0 rows affected (0.02 sec)
mysql> show databases like 'oldboy_gbk';
Empty set (0.00 sec)
```

学习时遇到忘记命令或命令用法时就可以随时查看帮助和提示，例如，若不知道此题的命令是什么，则可以直接执行下面的命令查看帮助：

```
mysql> help drop database
```

当然如果连 drop 都不知道的话，就只能执行"help contents"，然后找到"Data Definition"来查看了，"Data Definition"的意思是数据定义，可想而知，"help Data Definition"就是用于查询具体的命令了。

6.3.2　DDL&&DCL 语句之管理用户

1. 查看当前数据库的用户列表

查看数据库用户列表属于 DML 负责的部分内容，此处为了方便读者理解，提前进行讲解。

查看当前数据库用户列表的命令如下：

```
mysql> select user,host from mysql.user;
+------+-----------+
| user | host      |
+------+-----------+
| root | 127.0.0.1 | #<== 数据库核心保留管理员用户。
| root | localhost | #<== 数据库核心保留管理员用户。
+------+-----------+
2 rows in set (0.00 sec)
```

这里的 select 关键字表示查询，是 DML 语句的关键字之一，user 和 hosts 为要查找的 mysql 表的字段，from 表示去哪查，mysql.user 是 mysql 库里的 user 表，select 语句的更多知识请见后文。此外，数据库的标准用户由"用户"@"主机名"共同组成的，两者加起来是数据库用户的唯一标识。

此前我们安装完数据库之后已经做了基础优化，因此，现在看到的数据库用户就只剩下两个了。

2. 创建数据库用户

创建数据库用户的语法和创建数据库的语法差不多，都使用的是关键字 create。表 6-3 针对该语法进行了说明。

```
CREATE USER '用户'@'主机' IDENTIFIED BY '密码';
```

表 6-3 创建用户表格

CREATE	USER	'用户'@'主机'	IDENTIFIED BY '密码';
动作（创建）	对象（用户）	用户和从哪个主机登录	设定密码

现在创建一个 blog 用户，只允许本地主机登录，密码是 blog123。

```
mysql> create user blog@localhost identified by 'blog123'; #<== 有时为了方便会省略单引号，建议尽量不要省略。
Query OK, 0 rows affected (0.01 sec)
mysql> select user,host from mysql.user;
+------+-----------+
| user | host      |
+------+-----------+
| root | 127.0.0.1 |
| blog | localhost | #<== 这样 blog 新用户就建立了。
| root | localhost |
+------+-----------+
3 rows in set (0.00 sec)
```

企业里创建用户一般是授权一个内网网段登录，最常见的网段写法有两种。

方法 1：172.16.1.%（% 为通配符，匹配所有的内容）。

方法 2：172.16.1.0/255.255.255.0，但是不能使用 172.16.1.0/24，这是个小遗憾。

下面创建一个用户 bbs，授权 172.16.1.0/24 网段内机器访问：

```
mysql> create user bbs@'172.16.1.%' identified by 'bbs123';
Query OK, 0 rows affected (0.00 sec)
mysql> select user,host from mysql.user where user='bbs';
+------+------------+
| user | host       |
+------+------------+
| bbs  | 172.16.1.% | #<== 这样 bbs 新用户就建立了。
+------+------------+
1 row in set (0.00 sec)
mysql>quit
```

登录测试：

```
[root@oldboy ~]# mysql -ublog -pblog123                #<== 数据库服务器本机上登录。
[root@oldboy ~]# mysql -ubbs -pbbs123 -h 172.16.1.51   #<== 异地或本机登录 bbs 用户
                                                            必须要指定 IP。
```

若授权主机不对，就会无法登录，这是 MySQL 的重要安全手段之一。

需要特别强调的一点是，使用 create 创建的用户仅仅是空用户，即除了可以连接数据库之外，其没有任何数据库权限，有关用户授权还必须要使用 grant 命令。当然，grant 命令可以同时完成创建用户和授权两种操作，因此，很多管理员使用 grant 替代 create 来创建用户。下面来看个示例：

```
mysql> show grants for bbs@'172.16.1.%'; #<== 查看用户对应的授权权限。
+----------------------------------------------------------------------------+
| Grants for bbs@172.16.1.%                                                  |
+----------------------------------------------------------------------------+
| GRANT USAGE ON *.* TO 'bbs'@'172.16.1.%' IDENTIFIED BY PASSWORD <secret> |
#<==USAGE 表示连接权限。
+----------------------------------------------------------------------------+
1 row in set (0.00 sec)
```

3. 删除数据库用户

删除数据库用户的语法如下：

```
drop user 'user'@' 主机域 ';
```

注意这里面的引号，可以是单引号也可以是双引号，不过最好是用单引号，这也是规范中建议的。

这个命令的意思与创建用户极其类似，具体见表 6-4。

表 6-4　删除数据库语法信息解释

drop	user	'user'@' 主机域 '
动作（删除）	对象（用户）	具体用户

下面使用该命令删除上述例子中的 blog 用户：

```
mysql> select user,host from mysql.user where user='blog'; #<== 删除前检查。
+------+----------+
| user | host     |
+------+----------+
| blog |localhost |
+------+----------+
1 row in set (0.00 sec)
mysql> drop user 'blog'@'localhost';                            #<== 删除命令。
Query OK, 0 rows affected (0.00 sec)
mysql> select user,host from mysql.user where user='blog';  #<== 删除后检查。
Empty set (0.00 sec)     #<== 删除了。
mysql> flush privileges; #<== 使得处理用户后，对数据库生效，一般有数据库改动的情况，
                              最好执行这个固定命令。
Query OK, 0 rows affected (0.00 sec)
```

如果读者使用 drop 删除不了用户，则很可能是因为用户或主机部分是特殊字符或大写内容等，此时可以使用下面的方式删除，以 bbs 用户、172.16.1.% 主机为例，具体处理命令及操作过程如下：

```
mysql> select user,host from mysql.user where user='bbs';
+------+----------+
| user | host     |
```

```
+------+-----------+
| bbs  | 172.16.1.% |
+------+-----------+
1 row in set (0.00 sec)
mysql> delete from mysql.user where  user='bbs' and host='172.16.1.%';
Query OK, 1 row affected (0.00 sec)
mysql> flush privileges;
Query OK, 0 rows affected (0.00 sec)
mysql> select user,host from mysql.user where user='bbs';
Empty set (0.00 sec)
mysql>
```

4. 授权数据库用户

查看 grant 的命令帮助，可以很容易地找到创建用户并授权的例子！在 MySQL 中输入“help grant”即可得到如下帮助信息：

```
mysql> help grant
…省略部分…
CREATE USER 'jeffrey'@'localhost' IDENTIFIED BY 'mypass';
GRANT ALL ON db1.* TO 'jeffrey'@'localhost';
GRANT SELECT ON db2.invoice TO 'jeffrey'@'localhost';
GRANT USAGE ON *.* TO 'jeffrey'@'localhost' WITH MAX_QUERIES_PER_HOUR 90;
…省略部分…
```

运维人员比较常用的创建用户的方法是，使用 grant 命令在创建用户的同时进行权限授权。下面列举一个授权的例子：

```
GRANT ALL ON  db1.* TO 'jeffrey'@'localhost' IDENTIFIED BY 'mypass ';
```

授权用户的 grant 命令简单语法为：

```
grant all privileges on dbname.* to username@localhost identified by 'passwd';
```

上述命令是授权 localhost 主机上通过用户 username 管理 dbname 数据库的所有权限，密码为 passwd。其中 username、dbname、passwd 可根据业务的情况分别修改。表 6-5 针对语法内容进行了说明。

表 6-5　grant 语法解释

grant	all/all privileges	on dbname.*	to username@localhost	identified by 'passwd'
授权命令	对应权限	目标：库和表	用户名和客户端主机	用户密码

操作案例 1：创建 test 用户，对 oldboy 库具备所有权限，允许从 localhost 主机登录管理数据库，密码是 test123。

实现上述操作的具体命令为：

```
grant all privileges on oldboy.* to 'test'@'localhost' identified by 'test123';
```

操作过程如下。

查看当前数据库的用户情况，然后执行对应命令授权，示例如下：

```
    mysql> grant all privileges on oldboy.* to 'test'@'localhost' identified by
'test123';
    Query OK, 0 rows affected (0.01 sec)
    mysql> select user,host from mysql.user where user='test';
    +------+-----------+
    | user | host      |
    +------+-----------+
    | test | localhost |  #<==test 用户已经建立了。
    +------+-----------+
    1 row in set (0.00 sec)
```

查看授权用户 test 的具体权限，命令如下：

```
    mysql> show grants for 'test'@'localhost';
    +--------------------------------------------------------------------------+
    | Grants for test@localhost                                                |
    +--------------------------------------------------------------------------+
    | GRANT USAGE ON *.* TO 'test'@'localhost' IDENTIFIED BY PASSWORD
'*676243218923905CF94CB52A3C9D3EB30CE8E20D'                                    |
    | GRANT ALL PRIVILEGES ON `oldboy`.* TO 'test'@'localhost'
      #<== 这里就是授权的权限，注意授权与上文中 create 创建用户的区别。             |
    +--------------------------------------------------------------------------+
    2 rows in set (0.00 sec)
```

操作案例 2：授权与 root 同等地位的 system 用户权限，如果读者有洁癖，创建完成就可以删除 root 用户了。

```
    mysql> show grants for root@localhost;  #<== 先查看 root 用户的权限。
    +--------------------------------------------------------------------------+
    | Grants for root@localhost                                                |
    +--------------------------------------------------------------------------+
    | GRANT ALL PRIVILEGES ON *.* TO 'root'@'localhost' IDENTIFIED BY PASSWORD
'*FE28814B4A8B3309DAC6ED7D3237ADED6DA1E515' WITH GRANT OPTION                  |
    | GRANT PROXY ON ''@'' TO 'root'@'localhost' WITH GRANT OPTION             |
    +--------------------------------------------------------------------------+
    2 rows in set (0.00 sec)
```

创建一个权限和 root 一样大的 system 用户，with grant option 是下面命令的重点：

```
    mysql> grant all on *.* to 'system'@'localhost' identified by 'system123'
with grant option;
    Query OK, 0 rows affected (0.00 sec)
    mysql> show grants for system@localhost;
    +--------------------------------------------------------------------------+
    | Grants for system@localhost                                              |
```

```
+--------------------------------------------------------------------------+
| GRANT ALL PRIVILEGES ON *.* TO 'system'@'localhost' IDENTIFIED BY PASSWORD
'*B2A09C1B789FF64A8C3C70A4EC1CA78F34C635B7' WITH GRANT OPTION                |
+--------------------------------------------------------------------------+
1 row in set (0.00 sec)

mysql> GRANT PROXY ON ''@'' TO 'system'@'localhost' WITH GRANT OPTION;
#<== 允许创建代理用户。
Query OK, 0 rows affected (0.00 sec)

mysql> show grants for system@localhost;
+--------------------------------------------------------------------------+
| Grants for system@localhost                                              |
+--------------------------------------------------------------------------+
| GRANT ALL PRIVILEGES ON *.* TO 'system'@'localhost' IDENTIFIED BY PASSWORD
'*B2A09C1B789FF64A8C3C70A4EC1CA78F34C635B7' WITH GRANT OPTION                |
| GRANT PROXY ON ''@'' TO 'system'@'localhost' WITH GRANT OPTION             |
+--------------------------------------------------------------------------+
2 rows in set (0.00 sec)
```

此外，还可以使用 create 和 grant 命令来配合完成授权操作。具体步骤如下。

首先，创建用户 username 及密码 passwd，授权主机 localhost：

```
CREATE USER 'username'@'localhost' IDENTIFIED BY 'passwd';
```

然后，授权 localhost 主机上通过用户 username 管理 dbname 数据库的所有权限，无须密码：

```
GRANT ALL ON dbname.* TO 'username'@'localhost';
```

若是要授权局域网内的主机远程连接数据库，根据 grant 命令的语法，我们知道 test@'localhost' 位置为授权访问数据库的用户和主机，其中 localhost 可以用域名、IP 地址或 IP 段来替代，因此，要授权局域网内的主机可以通过如下方法来实现。

第一种方法：一条命令 + 百分号的匹配法，示例如下：

```
mysql> grant all on *.* to test@'172.16.1.%' identified by 'test123';
Query OK, 0 rows affected (0.00 sec)
```

第二种方法：一条命令 + 子网掩码的配置法，示例如下：

```
mysql> grant all on *.* to test@'172.16.1.0/255.255.255.0' identified by 'test123';
Query OK, 0 rows affected (0.00 sec)
```

 **提示**：不能用 test@'**172.16.1.0/24**' 替代 test@'**172.16.1.0/255.255.255.0**'

第三种方法：通过两条命令来实现，具体如下。

首先，创建用户并设置密码：

```
mysql> create user test@'172.16.1.%' identified by 'test123';
Query OK, 0 rows affected (0.00 sec)
```

然后，对用户授权指定权限和管理的库表，这样即可实现：

```
mysql> grant all on *.* to test@'172.16.1.0/255.255.255.0';
Query OK, 0 rows affected (0.00 sec)
```

不过，要记得对上述每条 grant 命令最好都刷新权限（即使添加用户不需要，养成良好的一致性操作习惯也很重要）：

```
mysql> flush privileges;
Query OK, 0 rows affected (0.00 sec)
```

5. 授权的权限列表

可通过实验获得 ALL PRIVILEGES 都包括哪些权限。

说明：自己动手，丰衣足食，比到处问强多了，这是初学者（同学们）需要重点加强提高的地方。

首先，看看前面授权过的 test 用户的权限，命令如下：

```
mysql> show grants for 'test'@'localhost';
+------------------------------------------------------------------------+
| Grants for test@localhost                                              |
+------------------------------------------------------------------------+
| GRANT USAGE ON *.* TO 'test'@'localhost' IDENTIFIED BY PASSWORD
'*676243218923905CF94CB52A3C9D3EB30CE8E20D'                              |
| GRANT ALL PRIVILEGES ON `oldboy`.* TO 'test'@'localhost'
  #<== 这里就是授权的权限，注意授权与上文中 create 创建用户的区别。         |
+------------------------------------------------------------------------+
2 rows in set (0.00 sec)
```

此时查看的还是 ALL PRIVILEGES 权限，但并未细分。

然后，取消 test 用户的只读权限（SELECT），看看会是什么情况，示例如下：

```
mysql> REVOKE SELECT ON oldboy.* FROM 'test'@'localhost';
Query OK, 0 rows affected (0.00 sec)

mysql> REVOKE SELECT ON oldboy.* FROM 'test'@'localhost';
Query OK, 0 rows affected (0.00 sec)
mysql> show grants for 'test'@'localhost';
+------------------------------------------------------------------------+
```

```
|Grants for test@localhost                                                        |
+---------------------------------------------------------------------------------+
| GRANT USAGE ON *.* TO 'test'@'localhost' IDENTIFIED BY PASSWORD
'*676243218923905CF94CB52A3C9D3EB8'                                               |
| GRANT INSERT, UPDATE, DELETE, CREATE, DROP, REFERENCES, INDEX, ALTER,
CREATE TEMPORARY TABLES, LOCK TABLES, EXECUTE, CREATE VIEW, SHOW VIEW, CREATE
ROUTINE, ALTER ROUTINE, EVENT, TRIGGER ON `oldboy`.* TO 'test'@'localhost'    |
#<== 看到了吧，权限 all 被拆分成了更细的权限。
+---------------------------------------------------------------------------------+
2 rows in set (0.00 sec)
mysql> select * from mysql.db where user='test' and host='localhost'\G
#<== 去 db 表里查看用户权限。
*************************** 1. row ***************************
                 Host: localhost
                   Db: oldboy
                 User: test
          Select_priv: N #<== 这就是刚刚用 revoke 命令收回的权限。
          Insert_priv: Y
          Update_priv: Y
          Delete_priv: Y
          Create_priv: Y
            Drop_priv: Y
           Grant_priv: N #<== 这个权限是 N，为什么？这是因为创建用户 all 里没有授权
                              grant 权限。
      References_priv: Y
           Index_priv: Y
           Alter_priv: Y
Create_tmp_table_priv: Y
     Lock_tables_priv: Y
     Create_view_priv: Y
       Show_view_priv: Y
  Create_routine_priv: Y
   Alter_routine_priv: Y
         Execute_priv: Y
           Event_priv: Y
         Trigger_priv: Y
1 row in set (0.01 sec)
mysql>
```

此时我们再查看 test 用户权限，ALL PRIVILEGES 权限已经被细分，但是没有 select 权限了。

因此可以说，ALL PRIVILEGES 的权限至少包括：SELECT、INSERT、UPDATE、DELETE、CREATE、DROP、REFERENCES、INDEX、ALTER、CREATE TEMPORARY TABLES、LOCK TABLES、EXECUTE、CREATE VIEW、SHOW VIEW、CREATE ROUTINE、ALTER ROUTINE、EVENT、TRIGGER 等。

表 6-6 给出了 MySQL 的 ALL PRIVILEGES 的权限情况。

表 6-6　MySQL 的 ALL PRIVILEGES 的权限列表

权限	说明
SELECT	查询（数据）
INSERT	插入（数据）
UPDATE	修改（数据）
DELETE	删除（数据）
CREATE	创建（数据库、表等对象）
DROP	删除（数据库、表等对象）
RELOAD	重载
SHUTDOWN	关闭
PROCESS	进程
FILE	文件
REFERENCES	参考资料
INDEX	索引
ALTER	修改（数据库、表等对象）
SHOW DATABASES	查看数据库
SUPER	超级权限
CREATE TEMPORARY TABLES	创建临时表
LOCK TABLES	锁表
EXECUTE	执行
REPLICATION SLAVE	从复制权限
REPLICATION CLIENT	从客户端复制
CREATE VIEW	创建视图
SHOW VIEW	查看视图
CREATE ROUTINE	创建存储过程
ALTER ROUTINE	修改存储过程
CREATE USER	创建用户
EVENT	事件
TRIGGER	触发器
CREATE TABLESPACE	创建表空间

工作中授权时，授权用户应尽量授权为最小的满足业务需求的权限，而不是直接授权为“ALL PRIVILEGES”。

6. 企业中 grant 授权权限问题说明

（1）企业里主数据库用户的授权问题说明

在企业生产环境中，如果是以 Web 形式连接数据库的用户，那么尽量不要授予 all 权限，最好是分拆授权，比如，授予 select、insert、update、delete 等适合 Web 使用的 DML 语句关键字权限。下面示例中授予的权限就比较规范合理，当然，对于不同的企业，要具体问题具体分析。

```
    grant select,insert,update,delete on oldboy.* to test@'172.16.1.%' identified
by 'test123';
```

注意：授予用户权限时有如下 3 条安全红线不要轻易跨过。

- 权限不能用 all，而应用 select、insert、update、delete 等具体权限。
- 库不能用“*.*”，而应用“oldboy.*”格式具体到库。
- 主机不能用 %，而应用内网 IP 段，即 '172.16.1.%' 格式。

PHP 程序语言连接 MySQL 的简易程序代码如下：

```
<?php
  //$link_id=mysql_connect('数据库主机名','用户','密码');
    $link_id=mysql_connect('172.16.1.7','test','test123') or mysql_error();
    if($link_id){
        echo "mysql successful by oldboy !";
    }else{
        echo mysql_error();
    }
?>
```

（2）博客、CMS、BBS 等产品的数据库授权

前面说过，采用 Web 形式连接数据库的用户应尽量采用最小化原则进行授权，但是很多开源软件都是通过 Web 界面安装的，因此，在安装期间除了 select、insert、update、delete 这 4 个权限之外，有可能还需要 create、drop 等比较危险的权限。针对这种情况，需要建库、建表，授权例子如下：

```
    mysql> grant  select,insert,update,delete,create,drop on blog.* to 'blog
'@'172.16.1.%' identified by 'blog123';
    Query OK, 0 rows affected (0.00 sec)
```

生成数据库、表后，可以使用 revoke 命令收回 create、drop 授权：

```
mysql> revoke create,drop on blog.* from 'blog'@'172.16.1.%';
#<== 粗体部分一定要对上，否则会收不回来。
Query OK, 0 rows affected (0.00 sec)

mysql> show grants for 'blog'@'172.16.1.%';
+-------------------------------------------------------------------------+
| Grants for blog@172.16.1.%                                              |
+-------------------------------------------------------------------------+
| GRANT USAGE ON *.* TO 'blog'@'172.16.1.%' IDENTIFIED BY PASSWORD '*D6.B..A'|
| GRANT SELECT, INSERT, UPDATE, DELETE ON `blog`.* TO 'blog'@'172.16.1.%'|
+-------------------------------------------------------------------------+
2 rows in set (0.00 sec)
```

（3）生产环境针对主库（写为主读为辅）用户的授权策略

如果是单机，即 Web 或应用程序和数据库在一台电脑上的数据库授权，则可以采用如下命令：

```
GRANT all privileges ON `blog`.* TO 'blog'@'localhost' identified by 'blog123';
```

如果应用程序服务器和数据库服务器不在一个主机上，则授权命令如下：

```
GRANT all privileges ON `blog`.* TO 'blog'@'172.16.1.%' identified by 'oldboy456';
```

由于工作中异机环境比较多，因此下面都是针对异机情况进行说明的。

下面的命令为严格授权，使用该命令虽然重视了安全，但却忽略了方便。

```
GRANT SELECT, INSERT, UPDATE, DELETE ON `blog`.* TO 'blog'@'172.16.1.%'
identified by 'blog123';
```

（4）生产环境从库（只读）用户的授权

授权命令如下：

```
GRANT SELECT ON `blog`.* TO 'blog'@'172.16.1.%' identified by 'blog123';
```

这里表示为 172.16.1.0/24 的用户 blog 授予管理 blog 数据库中所有表（* 表示所有表）的只读权限（SELECT），密码为 blog123。

（5）生产环境主从库高级授权策略

针对这种情况，有两种授权形式，具体如下。

第一种，使用简单方法，见表 6-7。

表 6-7　用户和密码相同，只有 IP 不同的表格

写库用户	密码	端口	服务器 IP
blog	blog123	3306	172.16.1.7
读库用户	密码	端口	服务器 IP
blog	blog123	3306	172.16.1.8

第二种，配置简单方法，见表 6-8。

表 6-8　用户不同，IP 不同的表格

写库：			
blog_w	blog123	3306	172.16.1.7
读库：			
blog_r	blog123	3306	172.16.1.8

显然，第一种授权方法是最专业的，第二种方法给开发者的感觉是有多个用户，不专业。

（6）生产场景下的具体授权

主库授权的命令为：

```
GRANT SELECT, INSERT, UPDATE, DELETE ON `blog`.* TO 'blog'@'172.16.1.%'
identified by 'blog123';
```

从库授权用户的命令为：

```
GRANT SELECT ON `blog`.* TO 'blog'@'172.16.1.%' identified by 'blog123';
```

当然，从库除了做 SELECT 的授权之外，还可以加 read-only 等只读参数，严格控制 Web 用户写从库。

（7）生产场景下，主从库读写分离授权难点与解决方案

若主从库的 mysql 库和表是同步的，则会无法针对同一个用户授权不同的权限。主库授权后会自动同步到从库上，导致从库的授权只读失败。那么这种情况该怎么办呢？

解决方法有如下几点。

- 取消数据库中 mysql 库的同步功能。
- 授权主库权限后，从库执行收回增删改权限，只保留查的权限。
- 不在授权上控制增删改，而是用 read-only 参数控制普通用户更新从库。注意，read-only 参数对超级用户无效。

这几个解决方法的具体策略在主从复制章节中会有详细讲解。

（8）授权不规范导致的生产血案

以下案例是 2007 年老男孩群里网友讲述的真实案例。

运维人员授权用户 all 权限，导致开发人员通过该用户自行修改了表结构（字段），造成服务出问题，最后黑锅甩在了运维人员身上。

运维人员排查了半天也没有结果，终于在对比表结构（对比生产数据和备份的数据）的时候发现了问题，最后告诉开发人员，把字段改回去，服务就好了。

启发：生产场景下尽量不要给开发人员 select 以外的权限，对于网站的连接账号，不要授予 select、insert、delete、update 以外的权限。对别人的“仁慈”，就是对自己的岗位和公司最大的“背叛”。

---

7. 查看用户及授权

可通过如下命令查看 MySQL 数据库中的用户和主机信息：

```
mysql> select user,host from mysql.user;
```

```
+--------+-------------+
| user   | host        |
+--------+-------------+
| root   | 127.0.0.1   |
| blog   | 172.16.1.%  |
| root   | localhost   |
| system | localhost   |
| test   | localhost   |
+--------+-------------+
5 rows in set (0.00 sec)
```

注意：

1）由于安全原因，上面的用户是经过处理的。

2）MySQL 的用户由“用户名 @ 主机名”构成，所以在用户列具有相同的用户，不要奇怪。

要查看授权用户 blog 的具体授权权限，可使用如下命令：

```
mysql> show grants for 'blog'@'172.16.1.%';
+---------------------------------------------------------------------+
| Grants for blog@172.16.1.%                                          |
+---------------------------------------------------------------------+
| GRANT USAGE ON *.* TO 'blog'@'172.16.1.%' IDENTIFIED BY PASSWORD '*D6.B..A'|
| GRANT SELECT, INSERT, UPDATE, DELETE ON `blog`.* TO 'blog'@'172.16.1.%'|
+---------------------------------------------------------------------+
2 rows in set (0.00 sec)
```

6.3.3　DDL 语句之管理表

下面以前文给出的 MySQL 单实例编译场景为例，针对默认字符集格式的 oldboy 库进行讲解，环境准备如下：

```
mysql> create database oldboy;
ERROR 1007 (HY000): Can't create database 'oldboy'; database exists
#<== 提示已存在就不用创建了。
mysql> show create database oldboy\G
*************************** 1. row ***************************
       Database: oldboy
Create Database: CREATE DATABASE `oldboy` /*!40100 DEFAULT CHARACTER SET utf8 */
#<==utf8 字符集。
1 row in set (0.00 sec)
```

1. 建立表

MySQL 数据库中的表和 Word、Excel 里的表是一模一样的，相关表的基本知识如图 6-3 所示。

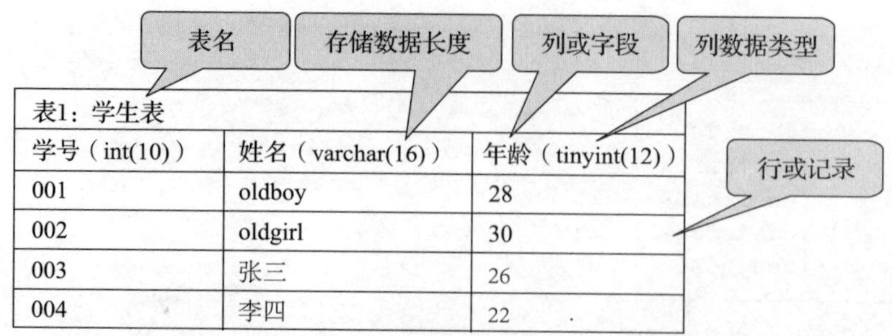

表1：学生表		
学号（int(10)）	姓名（varchar(16)）	年龄（tinyint(12)）
001	oldboy	28
002	oldgirl	30
003	张三	26
004	李四	22

图 6-3　数据库中的表

建表的基本命令语法为：

```
create table <表名> (
<字段名 1> <类型 1> ,
…
<字段名 n> <类型 n>);
```

其中，create table 是关键字，不能更改，但是大小写可以变化。

下面是人工设计的建表语句示例，表名为 student：

```
create table student(
id int(4) not null,
name char(20) not null,
age tinyint(2)  NOT NULL default '0',
dept varchar(16)  default NULL
);
```

第二种 MySQL 生成的建表语句，表名为 student：

```
CREATE TABLE `student` (
  `id` int(4) NOT NULL,
  `name` char(20) NOT NULL,
  `age` tinyint(2) NOT NULL DEFAULT '0',
  `dept` varchar(16) DEFAULT NULL
) ENGINE=InnoDB DEFAULT CHARSET=utf8;
```

上述语句表示创建一个 student 表，该表有 4 个字段：

```
CREATE TABLE `student` (    #<== CREATE TABLE 是创建表的固定关键字,student 为表名。
  `id` int(4) NOT NULL,              #<== 学号列，数字类型，长度为 4，不为空值。
  `name` char(20) NOT NULL,          #<== 名字列，定长字符类型，长度为 20，不为空值。
  `age` tinyint(2) NOT NULL DEFAULT '0', #<== 年龄列，很小的数字类型，长度为 2，
                                         不为空，默认为 0 值。
  `dept` varchar(16) DEFAULT NULL  #<== 系别列，变长字符类型，长度为 16，默认为空。
) ENGINE=InnoDB DEFAULT CHARSET=utf8;      #<== 引擎和字符集，引擎默认为 InnoDB，
                                         字符集，继承库的 utf8。
```

对于上面的 student 表内容可以用表 6-9 直观显示，字段下面的 5 表示表的 5 条记录。

表 6-9　student 表内容

表名：student			
id int(4)	name char(20)	age tinyint(2)	dept varchar(16)
1	oldboy	30	linux
2	oldgirl	29	mysql
3	inca	28	python
4	zuma	27	java
5	kaka	26	arch

可以看到，MySQL 的表和 Word、Excel 表几乎没有什么区别。很简单吧！

下面进行实战演示。

首先，执行 student 建表语句：

```
mysql> use oldboy;
Database changed
mysql> create table student( id int(4) not null, name char(20) not null, age
tinyint(2)  NOT NULL default '0', dept varchar(16)  default NULL  );
Query OK, 0 rows affected (0.02 sec)
mysql> show tables;
+-------------------+
| Tables_in_oldboy |
+-------------------+
| student          |
+-------------------+
1 row in set (0.00 sec)
```

可通过如下命令查看建表的语句：

```
mysql> show create table student\G
*************************** 1. row ***************************
       Table: student
Create Table: CREATE TABLE `student` (
  `id` int(4) NOT NULL,
  `name` char(20) NOT NULL,
  `age` tinyint(2) NOT NULL DEFAULT '0',
  `dept` varchar(16) DEFAULT NULL
) ENGINE=InnoDB DEFAULT CHARSET=utf8
1 row in set (0.00 sec)
```

需要注意的是，在 MySQL 5.1 和 MySQL 5.5 及以上环境中，默认建表语句中的引擎是不同的，如果希望控制表的引擎，就要在建表语句里显式地指定表引擎建表。

MySQL 5.1 及以前的版本中，默认引擎为 MyISAM，MySQL 5.5.5 及以后的版本中，默认引擎为 InnoDB。

通过以下命令可查看表结构：

```
mysql> desc student;
+-------+-------------+------+-----+---------+-------+
| Field | Type        | Null | Key | Default | Extra |
+-------+-------------+------+-----+---------+-------+
| id    | int(4)      | NO   |     | NULL    |       |
| name  | char(20)    | NO   |     | NULL    |       |
| age   | tinyint(2)  | NO   |     | 0       |       |
| dept  | varchar(16) | YES  |     | NULL    |       |
+-------+-------------+------+-----+---------+-------+
4 rows in set (0.00 sec)
```

上面提及的表的字段类型知识见表 6-10。

表 6-10　字段类型表的对应列的类型说明

列类型	说明
TINYINT	微小整数类型，可存储的容量为 1 字节
INT	整数类型，可存储的容量为 4 字节（4294967296）
CHAR(M)	定长字符串类型，当存储时，总是用空格填满右边到指定的长度。最大可存储 1<=M 字节 <=255
VARCHAR(M)	变长字符串类型，最大可存储 1<=M 字节 <=255

表 6-11 说明了 CHAR 和 VARCHAR 之间的差别。

表 6-11　CHAR 和 VARCHAR 之间的差别

值	CHAR(4)	存储需求	VARCHAR(4)	存储需求
''	' '	4 字节	''	1 字节
'ab'	'ab '	4 字节	'ab'	3 字节
'abcd'	'abcd'	4 字节	'abcd'	5 字节
'abcdefgh'	'abcd'	4 字节	'abcd'	5 字节

针对表 6-11 中存储需求的说明如下。

VARCHAR(10) 列可以容纳最大长度为 10 的字符串。实际存储需求是字符串（L）的长度，加上一个记录字符串长度的字节。对于字符串 'abcd', L 是 4，存储需要 5 字节。

CHAR 和 VARCHAR 的差别小结

char 类型是定长，不够的在右边用空格补全，这会浪费存储空间，以此列为查询条件时，速度更快，多数系统表的字段都是定长。

varchar 类型是变长，节省存储空间，以此列为查询条件时速度较慢。

下面来看看生产环境下的标准的 UTF8 格式表结构语句。下面是某 sns 产品生产中

的正式建表语句：

```
use sns;
set names gbk;
CREATE TABLE `subject_comment_manager` (
  `subject_comment_manager_id` bigint(12) NOT NULL auto_increment COMMENT '主键',
  `subject_type` tinyint(2) NOT NULL COMMENT '素材类型',
  `subject_primary_key` varchar(255) NOT NULL COMMENT '素材的主键',
  `subject_title` varchar(255) NOT NULL COMMENT '素材的名称',
  `edit_user_nick` varchar(64) default NULL COMMENT '修改人',
  `edit_user_time` timestamp NULL default NULL COMMENT '修改时间',
  `edit_comment` varchar(255) default NULL COMMENT '修改的理由',
  `state` tinyint(1) NOT NULL default '1' COMMENT '0 代表关闭，1 代表正常',
  PRIMARY KEY  (`subject_comment_manager_id`),
  KEY `IDX_PRIMARYKEY` (`subject_primary_key`(32)), #<== 括号内的 32 表示对前
                                                       32 个字符做前缀索引。
  KEY `IDX_SUBJECT_TITLE` (`subject_title`(32))
  KEY `index_nick_type` (`edit_user_nick`(32),`subject_type`)
  #<== 联合索引，此行为是新加的，用来为大家讲解。实际表语句内没有此行。
) ENGINE=InnoDB AUTO_INCREMENT=1 DEFAULT CHARSET=utf8;
```

2. 查看表结构

查看表结构的命令语法为：

```
desc 表名或者 show [full] columns from 表名 FROM db_name;
```

查看表结构有如下几种方法。

方法 1：先通过 use 进入到指定库，然后再查看。

```
mysql> use oldboy
Database changed
mysql> desc student;
+-------+-------------+------+-----+---------+-------+
| Field | Type        | Null | Key | Default | Extra |
+-------+-------------+------+-----+---------+-------+
| id    | int(4)      | NO   |     | NULL    |       |
| name  | char(20)    | NO   |     | NULL    |       |
| age   | tinyint(2)  | NO   |     | 0       |       |
| dept  | varchar(16) | YES  |     | NULL    |       |
+-------+-------------+------+-----+---------+-------+
4 rows in set (0.00 sec)
```

方法 2：无须进入指定库，通过如下命令直接查看。

```
mysql> show columns from oldboy.student;
+-------+-------------+------+-----+---------+-------+
| Field | Type        | Null | Key | Default | Extra |
+-------+-------------+------+-----+---------+-------+
| id    | int(4)      | NO   |     | NULL    |       |
```

```
    | name  | char(20)    | NO   |     | NULL    |       |
    | age   | tinyint(2)  | NO   |     | 0       |       |
    | dept  | varchar(16) | YES  |     | NULL    |       |
    +-------+-------------+------+-----+---------+-------+
    4 rows in set (0.00 sec)
    mysql> show full columns from student from oldboy;
    +-------+-------------+-----------------+------+-----+---------+-------+-
---------------------------------+---------+
    | Field | Type        | Collation       | Null | Key | Default | Extra |
Privileges                      | Comment |
    +-------+-------------+-----------------+------+-----+---------+-------+-
---------------------------------+---------+
    | id    | int(4)      | NULL            | NO   |     | NULL    |       |
select,insert,update,references |         |
    | name  | char(20)    | utf8_general_ci | NO   |     | NULL    |       |
select,insert,update,references |         |
    | age   | tinyint(2)  | NULL            | NO   |     | 0       |       |
select,insert,update,references |         |
    | dept  | varchar(16) | utf8_general_ci | YES  |     | NULL    |       |
select,insert,update,references |         |
    +-------+-------------+-----------------+------+-----+---------+-------+-
---------------------------------+---------+
    4 rows in set (0.01 sec)
```

3. 更改表名

更改表名有两种方法。

第一种是采用 rename 命令更改表名。

命令的语法为：

```
rename table 原表名 to 新表名；
```

例如，要将表 student 名字更改为 test，执行命令与结果如下：

```
mysql> rename table student to test;
Query OK, 0 rows affected (0.03 sec)
mysql> show tables;
+------------------+
| Tables_in_oldboy |
+------------------+
| test             |
+------------------+
1 row in set (0.00 sec)
```

第二种方法为采用 alter 法修改表名。

命令示例如下：

```
mysql> alter table test rename to student;
Query OK, 0 rows affected (0.01 sec)
```

```
mysql> show tables;
+-------------------+
| Tables_in_oldboy |
+-------------------+
| student           |
+-------------------+
1 row in set (0.00 sec)
```

4. 增、删、改表的字段

添加字段

命令语法为：

```
alter table 表名 add 字段 类型 其他；
```

在添加字段时，先通过如下命令测试表数据：

```
CREATE TABLE `test` (
  `id` int(4) NOT NULL AUTO_INCREMENT,
  `name` char(20) NOT NULL,
  PRIMARY KEY (`id`)
) ENGINE=InnoDB DEFAULT CHARSET=UTF8;
```

然后，查看表结构：

```
mysql> desc test;
+-------+----------+------+-----+---------+----------------+
| Field | Type     | Null | Key | Default | Extra          |
+-------+----------+------+-----+---------+----------------+
| id    | int(4)   | NO   | PRI | NULL    | auto_increment |
| name  | char(20) | NO   |     | NULL    |                |
+-------+----------+------+-----+---------+----------------+
2 rows in set (0.01 sec)
```

若要在表 test 中添加字段 sex、age 和 qq，类型分别为 char(4)、int(4)、varchar(15)，那么可以通过如下命令来完成。

先添加性别列，长度为 4，内容非空。示例如下：

```
mysql> alter table test add sex char(4);
Query OK, 0 rows affected (0.02 sec)
Records: 0  Duplicates: 0  Warnings: 0
mysql> desc test;
+-------+----------+------+-----+---------+----------------+
| Field | Type     | Null | Key | Default | Extra          |
+-------+----------+------+-----+---------+----------------+
| id    | int(4)   | NO   | PRI | NULL    | auto_increment |
| name  | char(20) | NO   |     | NULL    |                |
| sex   | char(4)  | YES  |     | NULL    |                |  #<== 此行为新增的 sex 列。
```

```
+-------+----------+------+-----+---------+----------------+
3 rows in set (0.00 sec)
```

 **提示**：默认情况下，列会增加到所有字段的结尾。

下面指定添加年龄列到 name 列后面的位置，示例如下：

```
mysql> alter table test add age int(4) after name;
Query OK, 0 rows affected (0.02 sec)
Records: 0  Duplicates: 0  Warnings: 0
mysql> desc test;
+-------+----------+------+-----+---------+----------------+
| Field | Type     | Null | Key | Default | Extra          |
+-------+----------+------+-----+---------+----------------+
| id    | int(4)   | NO   | PRI | NULL    | auto_increment |
| name  | char(20) | NO   |     | NULL    |                |
| age   | int(4)   | YES  |     | NULL    |                |
| sex   | char(4)  | YES  |     | NULL    |                |
+-------+----------+------+-----+---------+----------------+
4 rows in set (0.00 sec)
```

现在通过下面的命令在第一列添加 qq 字段：

```
mysql> alter table test add qq varchar(15) first;
Query OK, 0 rows affected (0.04 sec)
Records: 0  Duplicates: 0  Warnings: 0
mysql> desc test;
+-------+-------------+------+-----+---------+----------------+
| Field | Type        | Null | Key | Default | Extra          |
+-------+-------------+------+-----+---------+----------------+
| qq    | varchar(15) | YES  |     | NULL    |                |
| id    | int(4)      | NO   | PRI | NULL    | auto_increment |
| name  | char(20)    | NO   |     | NULL    |                |
| age   | int(4)      | YES  |     | NULL    |                |
| sex   | char(4)     | YES  |     | NULL    |                |
+-------+-------------+------+-----+---------+----------------+
5 rows in set (0.00 sec)
```

若要删除字段，可采用如下命令：

```
mysql> alter table test drop qq;
Query OK, 0 rows affected (0.02 sec)
Records: 0  Duplicates: 0  Warnings: 0

mysql> alter table test drop age;
Query OK, 0 rows affected (0.02 sec)
Records: 0  Duplicates: 0  Warnings: 0
```

若要同时添加两个字段，可采用如下命令：

```
mysql> alter table test add age tinyint(2) first,add qq varchar(15);
Query OK, 5 rows affected (0.06 sec)
Records: 5  Duplicates: 0  Warnings: 0
```

下面来看一些生产环境下的命令使用案例。

增加 1 个字段的命令如下：

```
ALTER TABLE `etiantian` ADD `FIRSTPHOTO_URL` varchar(255) default NULL COMMENT
'第一张图片 URL'
```

增 2 个字段的命令如下：

```
ALTER TABLE `basic` ADD `adhtml_top`  varchar(1024) default NULL COMMENT
'顶部广告 html' ,
                    ADD `adhtml_right` varchar(1024) default NULL COMMENT
'右侧广告 html' ;
```

改变字段的命令如下：

```
alter table ett_ambiguity change ambiguity_state  ambiguity_state tinyint
comment '状态，默认 1= 正常，0= 失效';
ALTER TABLE `ett_photo`
MODIFY COLUMN `PHOTO_DESCRIPTION` varchar(512) CHARACTER SET utf8 COLLATE
utf8_general_ci NOT NULL COMMENT '描述' AFTER PHOTO_TITLE`;
```

修改字段类型的命令如下：

```
mysql> alter table test modify age char(4) after name;
Query OK, 6 rows affected (0.00 sec)
Records: 6  Duplicates: 0  Warnings: 0
```

修改字段名称的命令如下：

```
mysql> alter table test change age oldboyage char(4) after name;
Query OK, 6 rows affected (0.01 sec)
Records: 6  Duplicates: 0  Warnings: 0
```

这里要说明一下企业里更改数据的流程：开发人员写出 SQL 语句，发给运维人员或 DBA 检验并执行（如图 6-4 所示）！

提示： 工作中添加字段的需求来自开发人员，运维人员或 DBA 执行开发人员提供的语句。

对数据库表的修改，应尽量选在代码上线的时候或者业务低谷的时候执行，不要在流量高峰期处理大表的更改。

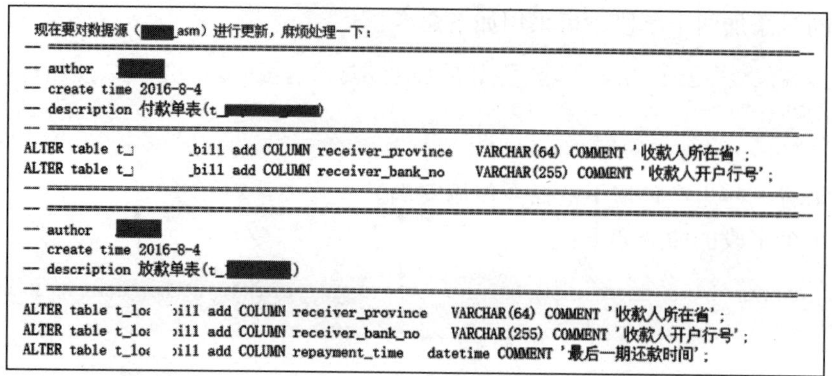

```
现在要对数据源（asm）进行更新，麻烦处理一下：
-- ==========================================================
-- author
-- create time 2016-8-4
-- description 付款单表(t_)
-- ==========================================================
ALTER table t_  _bill add COLUMN receiver_province   VARCHAR(64)  COMMENT '收款人所在省';
ALTER table t_  _bill add COLUMN receiver_bank_no    VARCHAR(255) COMMENT '收款人开户行号';
-- ==========================================================
-- ==========================================================
-- author
-- create time 2016-8-4
-- description 放款单表(t_)
-- ==========================================================
ALTER table t_lo  bill add COLUMN receiver_province   VARCHAR(64)  COMMENT '收款人所在省';
ALTER table t_lo  bill add COLUMN receiver_bank_no    VARCHAR(255) COMMENT '收款人开户行号';
ALTER table t_lo  bill add COLUMN repayment_time   datetime COMMENT '最后一期还款时间';
```

图 6-4　开发人员提交的修改数据库的 SQL 语句

下班的时候尽量不要独自在生产线上更改东西，老男孩在刚入行的时候就犯过一次这样的错误，还好提前备份了，迅速改了回来，不过还是吓出了一身冷汗。

5. 创建和删除索引

数据库的索引就像书的目录一样，如果在字段上建立了索引，那么以索引列为查询条件时可以加快查询数据的速度，这是 MySQL 优化的重要内容之一，后文会详细讲解，这里老男孩先带大家尝个鲜。

常见的为表内字段建立索引的方法有如下两种。

方法 1：建表后利用 alter 命令增加普通索引。

在此之前，要删除建表时创建的 index_name 索引，命令如下：

```
mysql> alter table student drop index index_name;
Query OK, 0 rows affected (0.01 sec)
Records: 0  Duplicates: 0  Warnings: 0
mysql> desc student;
+-------+-------------+------+-----+---------+----------------+
| Field | Type        | Null | Key | Default | Extra          |
+-------+-------------+------+-----+---------+----------------+
| id    | int(11)     | NO   | PRI | NULL    | auto_increment |
| name  | char(20)    | NO   |     | NULL    |                |
| age   | tinyint(2)  | NO   |     | 0       |                |
| dept  | varchar(16) | YES  |     | NULL    |                |
+-------+-------------+------+-----+---------+----------------+
4 rows in set (0.01 sec)
```

然后，就可以在 test 表的 name 列上添加索引了，索引名为 index_name，命令如下：

```
mysql> alter table test add index index_name(name);
Query OK, 0 rows affected (0.01 sec)
Records: 0  Duplicates: 0  Warnings: 0
```

方法 2：使用 create 为 test 表的 qq 列创建普通索引。

示例命令如下：

```
mysql> create index index_qq on test(qq);
Query OK, 0 rows affected (0.01 sec)
Records: 0  Duplicates: 0  Warnings: 0
```

查看结果：

```
mysql> desc test;
+-------+-------------+------+-----+---------+----------------+
| Field | Type        | Null | Key | Default | Extra          |
+-------+-------------+------+-----+---------+----------------+
| age   | tinyint(2)  | YES  |     | NULL    |                |
| id    | int(4)      | NO   | PRI | NULL    | auto_increment |
#<==PRI为主键的标识。
| name  | char(20)    | NO   | MUL | NULL    |                |
#<==MUL这里原来是空。
| sex   | char(4)     | YES  |     | NULL    |                |
| qq    | varchar(15) | YES  | MUL | NULL    |                |
#<==MUL这里原来是空。
+-------+-------------+------+-----+---------+----------------+
5 rows in set (0.00 sec)
```

其中，PRI为主键索引的标识，MUL为普通索引的标识。

删除建表时创建的index_name索引的命令为：

```
mysql> alter table student drop index index_name;
```

生产场景下的经验

当数据量以及访问量很大的时候，不适合临时建立索引，因为会影响用户访问。老男孩曾经在生产上为有着四五百万条记录的表建立索引，花了90～180秒，说多了都是血和泪啊，读者应尽量选择在业务流量低谷时建立索引，以避免重蹈覆辙。

6. 查看建表语句

可通过如下命令查看已建表对应的SQL语句：

```
mysql> show create table test\G   #<==\G垂直显示结果。
*************************** 1. row ***************************
       Table: test
Create Table: CREATE TABLE `test` (
  `age` tinyint(2) DEFAULT NULL,
  `id` int(4) NOT NULL AUTO_INCREMENT,
  `name` char(20) NOT NULL,
  `sex` char(4) DEFAULT NULL,
  `qq` varchar(15) DEFAULT NULL,
  PRIMARY KEY (`id`)
```

```
) ENGINE=InnoDB DEFAULT CHARSET=utf8
1 row in set (0.00 sec)
```

7. 删除表

命令的语法为：

```
drop table <表名>;
```

例如，删除表名为 test 的表，执行的命令和结果如下：

```
mysql> show tables from oldboy;
+-------------------+
| Tables_in_oldboy |
+-------------------+
| student          |
| test             |
+-------------------+
2 rows in set (0.00 sec)
mysql> drop table student;    #<== 删除表名为 test 的表。
Query OK, 0 rows affected (0.01 sec)
mysql> show tables from oldboy;
+-------------------+
| Tables_in_oldboy |
+-------------------+
| test             |
+-------------------+
1 row in set (0.00 sec)
```

6.3.4 DML 语句之管理表中的数据

1. 往表中插入数据

命令语法为：

```
insert into <表名> [( <字段名 1>[,..<字段名 n > ])] values ( 值 1 )[, ( 值 n )];
```

在插入数据前，先新建一个简单的测试表 test，语句如下：

```
use oldboy
drop table test;
CREATE TABLE test (
   id int(4) NOT NULL AUTO_INCREMENT,
  name char(20) NOT NULL,
  PRIMARY KEY (id)
) ;
desc test;
```

往表中插入数据有几种不同的语法，具体如下。

第一种：按规则指定所有的列名，并且每列都插入值。命令如下：

```
insert into test(id,name) values(1,'oldboy');
```

第二种：只在 name 列插入值，由于 id 列是自增的，所以可以这样操作。命令如下：

```
insert into test(name) values('oldgirl');
```

也可以执行下面的语句来实现，注意，这两种请只选择一条执行：

```
insert into test(id,name) values(null,'zhangsan');
```

第三种：如果不指定列，就要按规则为每列都插入恰当的值。命令如下：

```
insert into test values(3,'inca');
```

第四种：批量插入数据的方法，可提升效率。命令如下：

```
insert into test values(4,'zuma'),(5,'kaka'); #<== 批量插入 2 条记录，提升了效率。
delete from test;
INSERT INTO `test` VALUES (1,'oldboy'),(2,'oldgirl'),(3,'inca'),(4,'zuma'),
(5,'kaka');
```

下面是插入数据的实践：

```
mysql> use oldboy
Database changed
mysql> drop table test;
Query OK, 0 rows affected (0.00 sec)
mysql> CREATE TABLE test (
    ->    id int(4) NOT NULL AUTO_INCREMENT,
    ->   name char(20) NOT NULL,
    ->   PRIMARY KEY (id)
    -> ) ;
Query OK, 0 rows affected (0.02 sec)
mysql> desc test;
+-------+----------+------+-----+---------+----------------+
| Field | Type     | Null | Key | Default | Extra          |
+-------+----------+------+-----+---------+----------------+
| id    | int(4)   | NO   | PRI | NULL    | auto_increment |
| name  | char(20) | NO   |     | NULL    |                |
+-------+----------+------+-----+---------+----------------+
2 rows in set (0.00 sec)
```

通过以下命令插入第一行，请注意语法的细微不同：

```
mysql> insert into test(id,name) values(1,'oldboy');
Query OK, 1 row affected (0.00 sec)
mysql> insert into test(name) values('oldgirl');
Query OK, 1 row affected (0.01 sec)
mysql> insert into test values(3,'inca');
Query OK, 1 row affected (0.01 sec)
mysql> insert into test values(4,'zuma'),(5,'kaka');
```

```
Query OK, 2 rows affected (0.00 sec)
Records: 2  Duplicates: 0  Warnings: 0
mysql> select * from test;  #<== 查看插入后的结果。
+----+---------+
| id | name    |
+----+---------+
|  1 | oldboy  |
|  2 | oldgirl |
|  3 | inca    |
|  4 | zuma    |
|  5 | kaka    |
+----+---------+
5 rows in set (0.00 sec)
mysql> delete from test;  #<== 全部删除，批量重新插入。
Query OK, 5 rows affected (0.01 sec)
mysql> select * from test;
Empty set (0.00 sec)
mysql> INSERT INTO `test` VALUES (1,'oldboy'),(2,'oldgirl'),(3,'inca'),(4,
'zuma'),(5,'kaka');
Query OK, 5 rows affected (0.00 sec)
Records: 5  Duplicates: 0  Warnings: 0
mysql> select * from test; #<== 查看批量插入后的结果。
+----+---------+
| id | name    |
+----+---------+
|  1 | oldboy  |
|  2 | oldgirl |
|  3 | inca    |
|  4 | zuma    |
|  5 | kaka    |
+----+---------+
5 rows in set (0.00 sec)
```

提示：请大家注意观察输出结果。

测试完毕，退出数据库，然后备份上述数据，留着备用，备份的命令如下：

```
mysql> exit
Bye
[root@oldboy ~]# mysqldump -uroot -poldboy123 -B oldboy >/opt/bak.sql
Warning: Using a password on the command line interface can be insecure.
```

备份后要检查一下备份的 SQL 数据内容，同时过滤无用信息：

```
[root@oldboy ~]# ls -l /opt/bak.sql
-rw-r--r--. 1 root root 2051 Mar  2 03:32 /opt/bak.sql
#<== 这里的 2051 位置对应的数字不能太小，否则备份可能会有问题。
[root@oldboy ~]# egrep -v "#|\/|^$|--" /opt/bak.sql
USE `oldboy`;
```

```
    DROP TABLE IF EXISTS `test`;
    CREATE TABLE `test` (
      `id` int(4) NOT NULL AUTO_INCREMENT,
      `name` char(20) NOT NULL,
      PRIMARY KEY (`id`)
    ) ENGINE=InnoDB AUTO_INCREMENT=6 DEFAULT CHARSET=utf8;
    LOCK TABLES `test` WRITE;
    INSERT INTO `test` VALUES (1,'oldboy'),(2,'oldgirl'),(3,'inca'),(4,'zuma'),
(5,'kaka');
    UNLOCK TABLES;
```

可以看到上面备份的语句，就是我们执行的语句内容，后面会用到此处备份的数据还原填充数据。

补充强调： 我们平时登录网站发帖子、博文、微信，实质上都是通过 Web 网站的程序连接 MySQL 数据库，然后使用上述的 insert 语句把数据存入数据库。

2. 查询表中的数据

命令语法为：

```
select <字段 1, 字段 2, ...> from < 表名 > where < 表达式 >;
```

其中，select、from、where 是不能随便更改的，它们是关键字，支持大小写。

若要查看表 test 中的所有数据，可采用如下两种方法。

方法 1：进入指定库后再查询（常用）。

```
mysql> use oldboy
Database changed
mysql> select * from test;
+----+---------+
| id | name    |
+----+---------+
|  1 | oldboy  |
|  2 | oldgirl |
|  3 | inca    |
|  4 | zuma    |
|  5 | kaka    |
+----+---------+
5 rows in set (0.00 sec)
```

方法 2：直接在库外，使用“库 . 表”的方式查询。

```
mysql> select * from oldboy.test; #<== 用点号分隔库和表
+----+---------+
| id | name    |
+----+---------+
```

```
|  1 | oldboy  |
|  2 | oldgirl |
|  3 | inca    |
|  4 | zuma    |
|  5 | kaka    |
+----+---------+
5 rows in set (0.00 sec)
```

这里的“*”表示查询表的所有字段，详情可查看 help select。

可通过如下命令查询 mysql 库 use 表对应 user 和 host 列的用户，这是前面用过的方法：

```
mysql> select user,host from mysql.user;
+--------+------------+
| user   | host       |
+--------+------------+
| root   | 127.0.0.1  |
| blog   | 172.16.1.% |
| root   | localhost  |
| system | localhost  |
| test   | localhost  |
+--------+------------+
5 rows in set (0.00 sec)
```

若要根据指定条件查询表的部分数据，这里面又分为以下几种情况，具体来看看。

第一种，查看表 test 中的前 2 行数据，命令如下：

```
mysql> select * from test limit 2;
+----+---------+
| id | name    |
+----+---------+
|  1 | oldboy  |
|  2 | oldgirl |
+----+---------+
2 rows in set (0.00 sec)
mysql> select * from test limit 0,3; #<== 从第 0 行开查，查 3 行记录。
+----+---------+
| id | name    |
+----+---------+
|  1 | oldboy  |
|  2 | oldgirl |
|  3 | inca    |
+----+---------+
3 rows in set (0.00 sec)
```

第二种，指定固定条件查询数据，一般结尾接 where 关键字并指定字段的条件查询。假设要查询 id 为 1 的行，则命令如下：

```
mysql> select * from test where id=1; #<== 查询数字列无须加引号，但是看起来是数字，
                                          实际属于字符列就需要加引号了。
```

```
+----+--------+
| id | name   |
+----+--------+
|  1 | oldboy |
+----+--------+
1 row in set (0.00 sec)
mysql> select * from test where name='oldgirl'; #<== 查询字符串务必要加单引号。
+----+---------+
| id | name    |
+----+---------+
|  2 | oldgirl |
+----+---------+
1 row in set (0.00 sec)
```

提示：查询字符类型的条件列的值要带单引号，整形列的数字值不带引号，一切以字段类型为准。

若要同时查询多个条件，则取交集（and），例如查询 id 为 2，并且 name 为 oldgirl 的命令如下：

```
mysql> select * from test where id=2 and name='oldgirl'; #<== 多个条件。
+----+---------+
| id | name    |
+----+---------+
|  2 | oldgirl |
+----+---------+
1 row in set (0.00 sec)
```

第三种，指定固定条件范围查询数据。

执行命令如下：

```
mysql> select id,name from test where id>2 and id<5; #<== 多个条件，and 取交集。
+----+------+
| id | name |
+----+------+
|  3 | inca |
|  4 | zuma |
+----+------+
2 rows in set (0.00 sec)
mysql> select id,name from test where id>3 or id<2; #<== 多个条件，or 取并集。
+----+--------+
| id | name   |
+----+--------+
|  1 | oldboy |
|  4 | zuma   |
|  5 | kaka   |
```

```
+----+---------+
3 rows in set (0.00 sec)
```

第四种，其他查询功能。

若要查询排序功能，则可采用如下命令：

```
mysql> select id,name from test where id>3 order by id asc;
+----+------+
| id | name |
+----+------+
|  4 | zuma |
|  5 | kaka |
+----+------+
2 rows in set (0.00 sec)
mysql> select id,name from test where id<3 order by id desc;
+----+---------+
| id | name    |
+----+---------+
|  2 | oldgirl |
|  1 | oldboy  |
+----+---------+
2 rows in set (0.00 sec)
```

小结：前文已经讲解过，对于 MySQL 的 DML 语句，开发人员需要熟练掌握，运维人员只需简单了解即可，因此本书将其他的查询如子查询、join、union、多表关联查询、分组、having 等放到了开发章节来讲，运维人员了解到这就可以了，有兴趣的运维读者可以去开发章节深入学习，较长的 select 语句展示见 http://www.ithao123.cn/content-5282534.html。

---

3. 修改表中的数据

命令语法为：

```
update 表名 set 字段=新值,… where 条件;
```

这里一定要注意条件。

下面是修改指定的行字段内容案例实践。

可通过如下命令查看要修改的表：

```
mysql> select * from test;
+----+---------+
| id | name    |
+----+---------+
|  1 | oldboy  |
|  2 | oldgirl |
|  3 | inca    |
```

```
|  4 | zuma     |
|  5 | kaka     |
+----+---------+
5 rows in set (0.00 sec)
```

若要将 id 为 3 的行的名字修改为 gongli，可采用如下命令：

```
mysql> update test set name='xiaoting' where id=3; #<== 等号可以改为其他任一
                                                        符号或增加多条件。
Query OK, 1 row affected (0.00 sec)
Rows matched: 1  Changed: 1  Warnings: 0
mysql> select * from test where id=3;
+----+----------+
| id | name     |
+----+----------+
|  3 | xiaoting |
+----+----------+
1 row in set (0.00 sec)
```

4. 修改数据导致的事故案例和解决方案

注意，以下介绍的是严重的事故案例，若误操作，则可能会导致数据丢失。

如果不带条件更改所有表的记录，示例如下：

```
mysql> update test set name='xiaoting'; #<== 如果不加条件则要十分小心。专业做法是
要多向开发人员确认，发送给开发人员的语句一定要括号注明，以防止 DBA 误会。
Query OK, 4 rows affected (0.01 sec)
Rows matched: 5  Changed: 4  Warnings: 0
```

上述命令将会更改表的所有记录，此时如果是错误的修改，那么对企业来说就是重大的事故。查看更改后的结果：

```
mysql> select * from test;
+----+----------+
| id | name     |
+----+----------+
|  1 | xiaoting | #<== 可以发现，所有的 name 列的内容都是相同的了。
|  2 | xiaoting |
|  3 | xiaoting |
|  4 | xiaoting |
|  5 | xiaoting |
+----+----------+
5 rows in set (0.00 sec)
```

针对上面的故障，开始用备份的数据进行恢复（备份的重要性）：

```
mysql> drop table test;
Query OK, 0 rows affected (0.01 sec)
mysql> source /opt/bak.sql
Query OK, 0 rows affected (0.01 sec)
```

```
mysql> select * from oldboy.test;
+----+---------+
| id | name    |
+----+---------+
|  1 | oldboy  |
|  2 | oldgirl |
|  3 | inca    |
|  4 | zuma    |
|  5 | kaka    |
+----+---------+
5 rows in set (0.00 sec)
```

至于防止因发生误操作而导致上述数据库故障案例的方法之一，请读者到老男孩的博客 http://oldboy.blog.51cto.com/2561410/1321061 查看。

5. 删除表中的数据

命令语法为：

```
delete from 表名 where 表达式;
```

下面是操作演示。

若要删除表 test 中编号为 1 的记录，可采用如下命令：

```
mysql> use oldboy
Database changed
mysql> delete from test where id=1;            #<== 删除 id 为 1 的行。
Query OK, 1 row affected (0.00 sec)
mysql> delete from test where name='oldboy'; #<== 删除 name 等于 oldboy 的行。
Query OK, 0 rows affected (0.00 sec)
mysql> select * from test;
+----+---------+
| id | name    |
+----+---------+
|  2 | oldgirl |
|  3 | inca    |
|  4 | zuma    |
|  5 | kaka    |
+----+---------+
4 rows in set (0.00 sec)
```

提示：

- 不加任何条件（where）就是全部删除，这也是非常危险的操作，这里就不演示了。对于不加条件的 delete、update，一定要慎用回车键，按照流程操作（运维人员和开发人员一起操作）。
- 开发人员在程序里可能不用 delete 语句，而是用 update 语句来更新显示的状态（实现逻辑删除）。

以下是一个通过 update 伪删除数据的企业案例。

有些企业开发人员在开发程序时，会通过状态来判断页面内容显示。比如，在 test 表中有如下数据环境，环境接上文：

```
mysql> alter table test add  state tinyint(2) not null default 1;
Query OK, 0 rows affected (0.04 sec)
Records: 0  Duplicates: 0  Warnings: 0
mysql> desc test;
+-------+------------+------+-----+---------+----------------+
| Field | Type       | Null | Key | Default | Extra          |
+-------+------------+------+-----+---------+----------------+
| id    | int(4)     | NO   | PRI | NULL    | auto_increment |
| name  | char(20)   | NO   |     | NULL    |                |
| state | tinyint(2) | NO   |     | 1       |                |
+-------+------------+------+-----+---------+----------------+
3 rows in set (0.00 sec)
```

然后，程序显示内容时，使用如下的语句：

```
mysql> select * from test where state=1;
+----+---------+-------+
| id | name    | state |
+----+---------+-------+
|  2 | oldgirl |     1 |
|  3 | inca    |     1 |
|  4 | zuma    |     1 |
|  5 | kaka    |     1 |
+----+---------+-------+
4 rows in set (0.00 sec)
```

此时，如果要删除数据，就可以用 update 替代 delete 实现逻辑删除，现在删除 oldgirl 所在的行：

```
mysql> update test set state=0 where name='oldgirl';
Query OK, 1 row affected (0.00 sec)
Rows matched: 1  Changed: 1  Warnings: 0
```

查看删除结果，可以发现 oldgirl 所在的行确实消失了，但实际上数据表里依然有，只不过状态为 0，从而不显示了：

```
mysql> select * from test where state=1;
+----+------+-------+
| id | name | state |
+----+------+-------+
|  3 | inca |     1 |
|  4 | zuma |     1 |
|  5 | kaka |     1 |
+----+------+-------+
3 rows in set (0.00 sec)
```

提示：
网页正常显示的数据 SQL 语句为“select * from test where state=1;”
删除上述 oldgirl 的记录的语句为“update test set state=0 where name='oldgirl';”
因此实际上数据并未真的删除，而是显示状态变为 0 了，如果想要真正删除，还可以写个在夜里定时任务清理 state 为 0 的状态行。

6. 清空表中的数据

命令语法为：

```
truncate table 表名 ;
```

以下是清空实践：

```
mysql> select * from test; #<== 清空前查看下。
+----+---------+-------+
| id | name    | state |
+----+---------+-------+
|  2 | oldgirl |     0 |
|  3 | inca    |     1 |
|  4 | zuma    |     1 |
|  5 | kaka    |     1 |
+----+---------+-------+
4 rows in set (0.00 sec)
mysql> truncate table test; #<== 执行清空命令。
Query OK, 0 rows affected (0.00 sec)
mysql> select * from test; #<== 查询发现数据为空了。
Empty set (0.00 sec)
```

truncate 和 delete 是有区别的，简单说明如下。

- TRUNCATE 与不带 WHERE 子句的 DELETE 语句功能相同：两者均删除表中的全部行，但 TRUNCATE 比 DELETE 速度更快。
- TRUNCATE 通过释放存储表数据所用的数据页来删除数据，并且只在事务日志中记录页的释放，因此使用的系统和事务日志资源更少。
- DELETE 语句每次删除一行，并且会在事务日志中为所删除的每一行记录一项。

6.4 参考资料

1）SQL 介绍

http://baike.baidu.com/view/595350.htm?fromId=34

2）SQL 分类

http://baike.baidu.com/view/595350.htm?fromId=34

6.5　章节试题

1）登录 MySQL 数据库。

2）查看当前登录的用户。

3）创建数据库 oldboy，并查看已建库完整语句。

4）创建用户 oldboy，使之可以管理数据库 oldboy。

5）查看创建的用户 oldboy 拥有哪些权限。

6）查看当前数据库里有哪些用户。

7）进入 oldboy 数据库。

8）查看当前所在的数据库。

9）创建一张表 test，字段 id 和 name varchar(16)。

10）查看建表结构及表结构的 SQL 语句。

11）插入一条数据“1,oldboy”。

12）再批量插入 2 行数据“2, 老男孩”“3,oldboyedu”。

13）查询名字为 oldboy 的记录。

14）把数据 id 等于 1 的名字 oldboy 更改为 oldgirl。

15）在字段 name 前插入 age 字段，类型 tinyint(2)。

16）不退出数据库备份 oldboy 数据库。

17）删除 test 表中的所有数据，并查看。

18）删除表 test 和 oldboy 数据库并查看。

19）不退出数据库恢复以上删除的数据。

20）将 id 列设置为主键，在 Name 字段上创建普通索引。

21）在字段 name 后插入手机号字段（shouji），类型为 char(11)。

22）所有字段上插入 2 条记录（自行设定数据）。

23）删除 Name 列的索引。

24）查询手机号以 135 开头的，名字为 oldboy 的记录（提前插入）。

25）收回 oldboy 用户的 select 权限。

26）删除 oldboy 用户。

27）删除 oldboy 数据库。

28）使用 mysqladmin 关闭数据库。

29）MySQL 密码丢了，请找回。

30）简述 SQL 语句执行原理流程。

第7章

MySQL 数据库备份与恢复基础实践

7.1 MySQL 数据库的备份与恢复

7.1.1 备份数据的意义

经常有网友问，运维到底是什么工作，到底要做些什么？老男孩认为，运维工作的核心简单概括起来就是两件事：第一个是保护公司的数据，第二个是让网站能够7*24小时提供服务。

虽然这两件事情都很重要，但是相比较而言，丢失一部分数据和让网站7*24小时提供服务，哪个更重要呢？

这就要看具体的公司和具体的业务了。

例如，对于类似于百度搜索、腾讯这样的公司，丢失几万条记录（比如QQ聊天记录）可能并不算啥，这时7*24小时提供服务会更重要；而在金融行业（比如银行），数据是最重要的，一条都不能丢，而且不能泄漏。相较之下，可能宕机、停机的影响并没有那么大。

对于绝大多数企业来讲，**失去数据就相当于失去商机、失去产品、失去客户，甚至会造成公司倒闭，**那么，在所有的数据中，最核心的数据又是哪些呢？这恐怕要属数据库中的数据了，当然，并不是说其他数据不重要，只是这一部分更具代表性。既然数据库中的数据地位这么高，那么数据库备份与恢复的重要性就不言而喻了。

7.1.2 使用mysqldump进行数据库备份实践

MySQL数据库自带了一个很优秀的备份命令，即mysqldump，下面就来了解它的用法。

mysqldump 语法如下：

```
mysqldump -u用户名 -p密码 参数 数据库名> 备份的文件名.sql #<==-u和-p后可无空格。
```

特别说明：为了防止密码外泄，在第 5 章中，我们已经将密码写入配置文件中，具体配置见 5.2 节，因此，本章会使用不带用户和密码的命令替换带用户和密码的命令，例如，使用如下命令：

```
[root@oldboy ~]# mysql </opt/bak.sql
```

替换如下命令：

```
[root@oldboy ~]# mysql -uroot -poldboy123 </opt/bak.sql
#<== 这是使用mysql将第5章的实验数据还原的命令。
```

1. 不带参数备份单个数据库

范例：不加任何参数备份名字为 oldboy 的库。

首先，查看备份前的数据：

```
[root@oldboy ~]# mysql
Welcome to the MySQL monitor.  Commands end with ; or \g.
...省略若干行...
mysql> use oldboy
Database changed
mysql> select * from test; #<== 一共5行记录。
+----+---------+
| id | name    |
+----+---------+
|  1 | oldboy  |
|  2 | oldgirl |
|  3 | inca    |
|  4 | zuma    |
|  5 | kaka    |
+----+---------+
5 rows in set (0.00 sec)
mysql>
```

然后，执行备份 oldboy 库的命令，命令如下：

```
[root@oldboy ~]# mysqldump oldboy >/opt/mysql_bak.sql  #<== 密码在配置文件里了。
```

最后，使用 egrep 命令检查备份的结果：

```
[root@oldboy ~]# egrep -v "#|\*|--|^$" /opt/mysql_bak.sql
                                        #<== 为了清晰排除了注释等特殊字符。
DROP TABLE IF EXISTS `test`;            #<== 删除表语句。
CREATE TABLE `test` (                   #<== 建表语句。
```

```
  `id` int(4) NOT NULL AUTO_INCREMENT,
  `name` char(20) NOT NULL,
  PRIMARY KEY (`id`)
) ENGINE=InnoDB AUTO_INCREMENT=6 DEFAULT CHARSET=utf8;
LOCK TABLES `test` WRITE;
INSERT INTO `test` VALUES (1,'oldboy'),(2,'oldgirl'),(3,'inca'),(4,'zuma'),
(5,'kaka');                                                    #<== 插入语句。
UNLOCK TABLES;
```

可能读者已经发现了一个现象，mysqldump 备份的内容就是曾经执行过的 SQL 语句，所不同的是，为了恢复效率，mysqldump 把数据写成了一个 insert 语句，另外多了两行锁表和解锁的操作。

2. 加 -B 参数备份的实践

下面以备份 oldboy 库时加 -B 参数为例进行讲解。

备份命令如下：

```
[root@oldboy ~]#  mysqldump -B oldboy >/opt/mysql_bak_B.sql
```

将该例和上一个范例（没加参数的备份文件）进行对比，即可了解“-B”参数的作用：

```
[root@oldboy ~]# diff /opt/mysql_bak.sql /opt/mysql_bak_B.sql
#<== 使用 diff 或 vimdiff 比较。
18a19,26
> -- Current Database: `oldboy`
> --
>
> CREATE DATABASE /*!32312 IF NOT EXISTS*/ `oldboy` /*!40100 DEFAULT CHARACTER
SET utf8 */;
>
> USE `oldboy`;
>
> --
51c59
< -- Dump completed on 2017-03-02 10:00:56
---
> -- Dump completed on 2017-03-02 10:05:39
```

可以看到，加“B”参数的作用是增加**创建数据库和连接数据库的语句**。即如下这两条语句：

```
CREATE DATABASE /*!32312 IF NOT EXISTS*/ `oldboy` /*!40100 DEFAULT CHARACTER
SET utf8 */;
USE `oldboy`;
```

别小看这两条语句，在恢复数据库时可是有大作用的，后面讲解恢复知识时会进一步说明。

除此之外，若使用“B”参数备份数据库，那么后面可以直接接多个库名，即同时备份多个库。

3. 使用 gzip 压缩备份数据库的实践

指定压缩命令 gzip 压缩备份 oldboy 数据库，命令如下：

```
[root@oldboy ~]# mysqldump -B oldboy|gzip>/opt/mysql_bak_B.sql.gz
#<== 注意压缩命令前要加管道。
[root@oldboy ~]# ls -l /opt/
total 16
-rw-r--r--. 1 root root 2051 Mar  2 03:32 bak.sql
-rw-r--r--. 1 root root 2051 Mar  2 10:05 mysql_bak_B.sql
#<== 没有压缩的备份数据较大。
-rw-r--r--. 1 root root  779 Mar  2 10:16 mysql_bak_B.sql.gz
#<== 压缩过的数据库备份小了很多。
-rw-r--r--. 1 root root 1908 Mar  2 10:00 mysql_bak.sql
```

同样的数据，没有压缩备份时是 2051 字节，压缩备份后为 779 字节，整整缩小了三分之二。

阶段性知识点小结

通过以上几个范例，可以得出几个重要的 mysqldump 参数知识点。

- 使用 -B 参数备份数据库，会在备份的数据中增加建库及 use 库的语句。
- 使用 -B 参数备份数据库，后面还可以直接接多个库名，实现同时备份多个库。
- 使用 gzip 命令压缩备份的数据，备份的压缩包是原来的$\frac{1}{3}$大小。

---

4. mysqldump 命令工作原理

利用 mysqldump 命令备份数据的过程，实际上就是把数据（包括库表）从 MySQL 库里以 SQL 语句的形式直接输出或者生成备份文件的过程，这种备份成 SQL 语句的方式称为逻辑备份。

把备份的数据过滤掉注释信息，剩下的都是 SQL 语句，过滤结果如下：

```
[root@oldboy ~]# egrep -v "#|\*|--|^$" /opt/mysql_bak.sql
DROP TABLE IF EXISTS `test`;
CREATE TABLE `test` (
  `id` int(4) NOT NULL AUTO_INCREMENT,
  `name` char(20) NOT NULL,
  PRIMARY KEY (`id`)
) ENGINE=InnoDB AUTO_INCREMENT=6 DEFAULT CHARSET=utf8;
LOCK TABLES `test` WRITE;
INSERT INTO `test` VALUES (1,'oldboy'),(2,'oldgirl'),(3,'inca'),(4,'zuma'),
(5,'kaka');
UNLOCK TABLES;
```

使用 mysqldump 命令可以把数据库中的数据导出来，并通过 SQL 语句的形式存储。这种备份方式称为逻辑备份，效率不是很高。在当下的生产场景中，多用于数据量不是很大的备份情况，例如 30GB 以内的数据。若在数据库数据很大的时候采用此备份方法，则所用的时间就会很长，恢复的时间也会很长，因此，当数据大于 30GB（参考值）后，建议选择其他的诸如 Xtrabackup 的物理方式进行备份和恢复，见第 9 章内容。

5. 备份多个库

（1）备份多个库的实践

前文已经提到过，备份多个库时，可使用 mysqldump 命令的参数 -B 实现，操作结果如下：

```
mysql> show databases;#<== 查看当前数据库里的库信息。
+--------------------+
| Database           |
+--------------------+
| information_schema |
| mysql              | #<== 实验备用库 mysql。
| oldboy             | #<== 实验备用库 oldboy。
| oldboy_utf8        | #<== 实验备用库 oldboy_utf8。
| performance_schema |
+--------------------+
5 rows in set (0.00 sec)
mysql> quit
Bye
[root@oldboy ~]#  mysqldump -B oldboy oldboy_utf8|gzip>/opt/test.sql.gz
#<== 同时备份两个库。
# 提示：使用 -B 参数即表示后面可接多个库，并且在备份文件里会增加 use db，和 create database
db 的信息。
[root@oldboy ~]#  mysqldump -B oldboy oldboy_utf8 mysql|gzip>/opt/all.sql.gz
#<==MySQL 5.5 数据库备份 mysql 库时需要加一个 --events 参数否则会有警告信息，
    MySQL 5.6 版就没有提示了。
[root@oldboy ~]# ls -l /opt/all.sql.gz
-rw-r--r--. 1 root root 178750 Mar  2 11:09 /opt/all.sql.gz
#<== 备份的数据库不能太小（例如几字节），否则可能是由于命令或参数等导致备份结果有问题。
```

（2）如何做分库备份

上文使用 mysqldump 命令备份时，是把多个库备份成了一个文件。有时一个企业的数据库实例里会有多个库，例如（www、bbs、blog），但是出问题的时候可能只是其中某一个库，如果在备份时把所有的库都备份成了一个数据文件的话，恢复某一个库的数据时就比较麻烦了，因此有了分库备份的需求。

分库备份实际上就是每次只执行一个 mysqldump 备份命令语句备份一个库，如果数据库里有多个库，就执行多条相同的语句来备份各个库。注意每个库都可以用对应备份的库作为库名，结尾加“.sql”即可。备份多个库的命令如下：

```
mysqldump -uroot -p'oldboy123' -B oldboy ...
mysqldump -uroot -p'oldboy123' -B oldboy_utf8 ...
mysqldump -uroot -p'oldboy123' -B mysql ...
......
```

这里分享一个特殊技巧，即用如下命令实现分库备份，操作过程部分实现如下：

```
[root@oldboy ~]# mysql -e "show databases;"|egrep -v "_schema|atabase"
#<== 取出需要备份的库名列表。
mysql
oldboy
oldboy_utf8
[root@oldboy ~]# mysql -e "show databases;"|egrep -v "_schema|atabase"|sed
-r 's#^(.*)#mysqldump -B \1|gzip >/tmp/\1.sql.gz#g' #<== 利用命令拼接成多个 mysqldump
备份的具体命令，如下。
mysqldump -B mysql|gzip >/tmp/mysql.sql.gz
mysqldump -B oldboy|gzip >/tmp/oldboy.sql.gz
mysqldump -B oldboy_utf8|gzip >/tmp/oldboy_utf8.sql.gz
[root@oldboy ~]# mysql -e "show databases;"|egrep -v "_schema|atabase"|sed
-r 's#^(.*)#mysqldump -B \1|gzip >/tmp/\1.sql.gz#g'|bash #<== 最后管道对 bash 执行
这些备份命令，就是一次分开备份多个库了。
[root@oldboy ~]# ls -l /tmp/*.sql.gz #<== 大功告成，怎么样？
-rw-r--r--. 1 root root 178591 Mar  2 11:35 /tmp/mysql.sql.gz
-rw-r--r--. 1 root root    778 Mar  2 11:35 /tmp/oldboy.sql.gz
-rw-r--r--. 1 root root    510 Mar  2 11:35 /tmp/oldboy_utf8.sql.gz
```

当然了，读者还可以用 Shell 脚本实现分库备份的脚本，可以看老男孩曾经录制的视频：http://edu.51cto.com/course/course_id-808.html。

6. 备份单个表

语法如下：

```
mysqldump -u 用户名 -p 数据库名 表名 > 备份的文件名
```

当不加 -B 参数备份数据库时，例如“mysqldump oldboy test”，mysqldump 命令默认就会把 oldboy 当作库，把 test 当作表，如果后面还有多个字符串，例如“mysqldump oldboy test test1”，那么除了 oldboy 为库之外，其他的 test、test1 都是 oldboy 库的表。

执行结果如下：

```
[root@oldboy ~]# mysqldump oldboy test>/tmp/oldboy_test.sql
#<== 仅备份 oldboy 库里的 test 表。
```

7. 备份多个表

语法如下：

```
mysqldump -u 用户名 -p 数据库名 表名 1 表名 2 > 备份的文件名
```

下面的命令可同时备份 mysql 库下的 user 表和 db 表：

```
[root@oldboy ~]#  mysqldump mysql user db>/tmp/mysql.sql
提示：此时不能加 -B 参数了，因为库后面都是表了。
[root@oldboy ~]# egrep -v "#|\*|--|^$" /tmp/mysql.sql
DROP TABLE IF EXISTS `user`;
CREATE TABLE `user` (  #<==user 表。
  `Host` char(60) COLLATE utf8_bin NOT NULL DEFAULT '',
  `User` char(16) COLLATE utf8_bin NOT NULL DEFAULT '',
  `Password` char(41) CHARACTER SET latin1 COLLATE latin1_bin NOT NULL DEFAULT '',
...省略若干行...
  `password_expired` enum('N','Y') CHARACTER SET utf8 NOT NULL DEFAULT 'N',
  PRIMARY KEY (`Host`,`User`)
) ENGINE=MyISAM DEFAULT CHARSET=utf8 COLLATE=utf8_bin COMMENT='Users and
global privileges';
LOCK TABLES `user` WRITE;
UNLOCK TABLES;
DROP TABLE IF EXISTS `db`;
CREATE TABLE `db` (  #<==db 表。
  `Host` char(60) COLLATE utf8_bin NOT NULL DEFAULT '',
  `Db` char(64) COLLATE utf8_bin NOT NULL DEFAULT '',
  `User` char(16) COLLATE utf8_bin NOT NULL DEFAULT '',
...省略若干行...
  PRIMARY KEY (`Host`,`Db`,`User`),
  KEY `User` (`User`)
) ENGINE=MyISAM DEFAULT CHARSET=utf8 COLLATE=utf8_bin COMMENT='Database
privileges';
LOCK TABLES `db` WRITE;
INSERT INTO `db` VALUES ('%','test','','Y','Y','Y','Y','Y','Y','N','Y','Y'
,'Y','Y','Y','Y','Y','Y','N','N','Y','Y'),('%','test\\_%','','Y','Y','Y','Y','
Y','Y','N','Y','Y','Y','Y','Y','Y','Y','Y','N','N','Y','Y'),('localhost','oldb
oy','test','N','Y','Y','Y','Y','Y','N','Y','Y','Y','Y','Y','Y','Y','Y','Y','Y'
,'Y','Y'),('172.16.1.%','blog','blog','Y','Y','Y','Y','N','N','N','N','N','N',
'N','N','N','N','N','N','N','N','N');
UNLOCK TABLES;
```

可以看到 mysql.sql 文件里确实有了 user 表和 db 表的备份信息。

企业中可能会存在这样的情况，一个库里有大表也有小表，有时可能需要只恢复某一个小表，上面实现的多表备份文件很难拆开，就像没有分库那样会导致恢复某一个小表也很麻烦。那么又如何进行分表备份呢？

这里的思路和分库备份是一样的，每执行一条语句就备份一个表，生成不同的数据文件即可。命令如下：

```
mysqldump oldboy test > oldboy_test.sql
mysqldump oldboy test1> oldboy_test1.sql
......
```

将上述命令放入一个脚本里就是脚本分表备份了，当然这样是很土的备份脚本了，更好的备份脚本见分库分表备份视频，我们在学习 Shell 脚本编程时，会实现这个分表分库备份的脚本，视频链接为 http://edu.51cto.com/course/course_id-808.html。

分表备份的缺点：数据文件多，很碎，一旦需要全部恢复又很麻烦。

解决办法具体如下。

- 做一个完整全备，再做一个分库分表备份。
- 虽然文件多、碎，但可以利用脚本批量操作多个 SQL 文件。

8. 企业备份案例解析

企业面试案例：如果多个库或多个表备份到了一个文件里，那么这种情况下，如何恢复单个库或者单个表？

解答具体如下。

- 找个第三方测试库，将所有备份都导入到这个测试库里，然后把需要的单库或表再备份出来，最后恢复到需要恢复的正式库里。
- 如果是单表恢复，还可以执行“grep -w 表名 bak.sql> 表名 .sql”命令。

当然最好是备份时提前采用分库分表备份。

9. 备份数据库表结构（不包含数据）

利用 mysqldump 的 -d 参数可以只备份表的结构，即建表的语句。下面的示例将展示如何备份 oldboy 库中所有表的结构：

```
[root@oldboy ~]# mysqldump -d oldboy >/opt/oldboy.sql
#<== 备份 oldboy 库的所有表结构，也可以指定某一个表。
[root@oldboy ~]# egrep -v "#|\*|--|^$" /opt/oldboy.sql
DROP TABLE IF EXISTS `test`;
CREATE TABLE `test` (
  `id` int(4) NOT NULL AUTO_INCREMENT,
  `name` char(20) NOT NULL,
  PRIMARY KEY (`id`)
) ENGINE=InnoDB AUTO_INCREMENT=6 DEFAULT CHARSET=utf8;
```

说明一下，因为 oldboy 库里只有 test 表，因此这里只显示了 test 的表结构。

10. 只备份数据库表的数据（不包含表结构）

利用 -t 参数备份数据库表的数据（SQL 语句形式），命令如下：

```
[root@oldboy ~]# mysqldump -t oldboy >/opt/oldboy1.sql
#<== 备份 oldboy 库的所有表的内容，也可以指定某一个表。
[root@oldboy ~]# egrep -v "#|\*|--|^$" /opt/oldboy1.sql
LOCK TABLES `test` WRITE;
INSERT INTO `test` VALUES (1,'oldboy'),(2,'oldgirl'),(3,'inca'),(4,'zuma'),
(5,'kaka');
UNLOCK TABLES;
```

11. 同时将数据和表结构分离导出

利用 -T 参数可以实现将数据和表结构同时分离备份。不过有可能会碰到如下情况：

```
[root@oldboy ~]# mysqldump oldboy test --compact -T /tmp/
#<==5.6 版本因为安全权限问题不能直接导出了。
```

```
mysqldump: Got error: 1290: The MySQL server is running with the --secure-file-priv option so it cannot execute this statement when executing 'SELECT INTO OUTFILE' #<== 提示是因为 --secure-file-priv 选项所导致。
```

如果依然想以此方式备份数据，那么可以调整配置文件参数并重启 MySQL：

```
[root@oldboy ~]# grep sec /etc/my.cnf
secure_file_priv='' #<== 在 [mysqld] 模块下增加
[root@oldboy ~]# /etc/init.d/mysqld restart
Shutting down MySQL.. SUCCESS!
Starting MySQL.... SUCCESS!
```

备份的命令如下：

```
[root@oldboy ~]# mysqldump oldboy test --compact -T /tmp/
#<==--compact 是减少无用输出的意思。
[root@oldboy ~]# ls -l /tmp/test*
-rw-r--r--. 1 root  root  331 Mar  3 03:09 /tmp/test.sql
-rw-rw-rw-. 1 mysql mysql  40 Mar  3 03:09 /tmp/test.txt
[root@oldboy ~]# cat /tmp/test.sql                  #<== 建表的语句。
/*!40101 SET @saved_cs_client     = @@character_set_client */;
/*!40101 SET character_set_client = utf8 */;
CREATE TABLE `test` (
  `id` int(4) NOT NULL AUTO_INCREMENT,
  `name` char(20) NOT NULL,
  PRIMARY KEY (`id`)
) ENGINE=InnoDB AUTO_INCREMENT=6 DEFAULT CHARSET=utf8;
/*!40101 SET character_set_client = @saved_cs_client */;
[root@oldboy ~]# cat /tmp/test.txt                  #<== 纯文本数据，非 SQL 语句了。
1  oldboy
2  oldgirl
3  inca
4  zuma
5  kaka
```

---

mysqldump 参数新小结

通过以上讲解，可以得出如下关于 mysqldump 参数的新知识点。

- ❑ -d 参数的作用是只备份库表结构（SQL 语句形式）。
- ❑ -t 参数的作用是只备份表内的数据（SQL 语句形式）。
- ❑ -T 将库表和数据分离成不同的文件，数据是纯文本，表结构是 SQL 语句。

---

12. 刷新 binlog 文件参数（-F）

（1）binlog 是什么

Binlog 是一个二进制格式的文件，用于记录用户对数据库更新的 SQL 语句信息，例如更改数据库库表和更改表内容的 SQL 语句都会记录到 binlog 里，但是对库表等内容的查询则不会记录到日志中。

（2）binlog 对于备份的作用

当有数据写入到数据库时，还会同时把更新的 SQL 语句写入到对应的 binlog 文件里，这个文件就是上文所说的 binlog 文件。

使用 mysqldump 备份时，一般是对某一时刻的数据进行全备，例如，0 点进行数据库备份。

假设是每天 0 点对数据库进行备份，那么在两次备份之间就有 24 小时的数据没有备份，在这期间如果数据库发生故障，使用 mysqldump 全量恢复也只能恢复到当日 0 点，但是有了 binlog 文件，就可以将两次完整备份间隔之间的数据还原，因为 binlog 文件里的数据就是写入数据库的数据，使用 binlog 文件恢复数据，我们称之为二进制增量数据恢复。

（3）为什么要刷新 binlog

刷新（切割）binlog 日志的目的就是确定全备和增量备（binlog 文件）的临界点，当全备完成后，全备时刻以前的 binlog 文件就无用了（全备里已有这部分数据了），但是全备以后到下一次全备之前的数据就是十分重要的，这部分数据就存在于 binlog 文件里，因此在进行全备时需要找到全备之后和 binlog 增量之间的临界点，使得恢复时，需要的 binlog 文件数据一条不多（不能和全备的内容重合），一条不少（全备后的所有数据都要有）。图 7-1 是在企业中使用 -F 刷新日志的原理图。

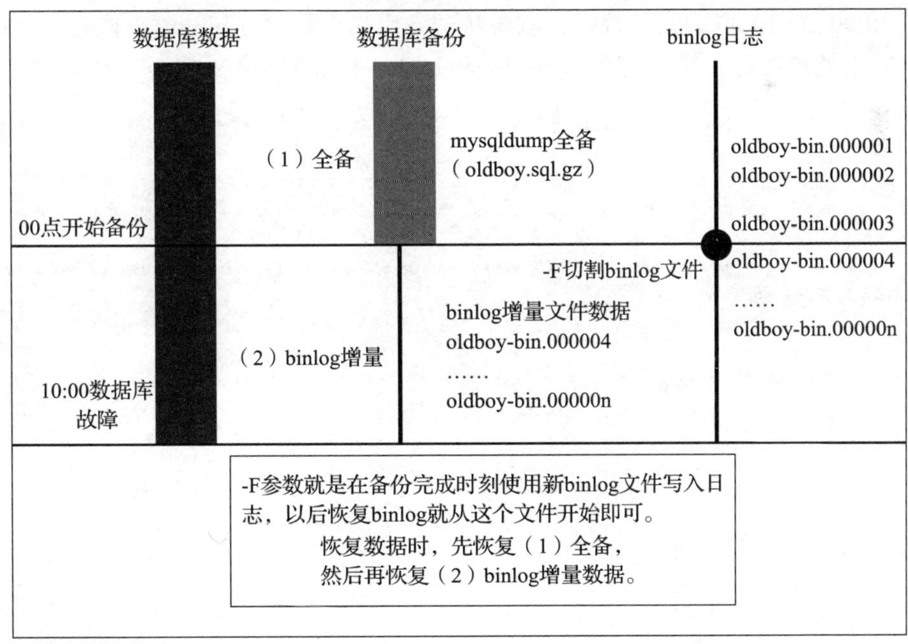

图 7-1　使用 -F 刷新日志的原理图

（4）如何开启 binlog 功能？

binlog 文件生效需要一个参数：log_bin，编辑配置文件增加 log_bin 参数即可，注意，MySQL 5.6 版本变成了下划线连接的格式（MySQL 5.6 以前是中杠）。

```
[root@oldboy ~]# grep log_bin /etc/my.cnf
log_bin #<== 默认 binlog 文件名前缀为“主机名 -bin”，也可以自定义名字，例如 log_bin = 
             mysql-bin。
[root@oldboy ~]# /etc/init.d/mysqld restart
Shutting down MySQL.. SUCCESS!
Starting MySQL. SUCCESS!
[root@oldboy ~]# ls -lrt /application/mysql/data/oldboy-bin*
-rw-rw----. 1 mysql mysql 143 Mar  3 05:50 /application/mysql/data/oldboy-
bin.000001 #<== 日志文件。
-rw-rw----. 1 mysql mysql  40 Mar  3 05:50 /application/mysql/data/oldboy-
bin.index  #<== 索引文件。
```

binlog 日志切割就是确定全备和 binlog 增量备份的临界点，当然，后文还有类似的参数，如“--master-data”。

（5）使用 -F 刷新 binlog 日志

使用 -F 将会从备份后的时刻起重新记录 binlog 日志文件，将来增量恢复从新的 binlog 日志文件开始即可。

例如，早晨 10 点丢失数据需要恢复数据，则数据恢复步骤具体如下。

1）将 0:00 点时刻备份的全备数据还原到数据库，这个时候数据就恢复到了当日 00 点。

2）0:00 点 -10:00 丢失的数据，就要从全备后当天的所有 binlog 里恢复，而使用 -F 切割日志，就是找到 0:00 点这个时刻全备和 binlog 接缝的起始 binlog 文件。

```
[root@oldboy ~]# mysqldump -F -B oldboy|gzip >/opt/bak_$(date +%F).sql.gz 
#<== 带 -F 备份。
[root@oldboy ~]# ls -lrt /application/mysql/data/oldboy-bin*
-rw-rw----. 1 mysql mysql 143 Mar  3 05:50 /application/mysql/data/oldboy-
bin.000001
-rw-rw----. 1 mysql mysql 168 Mar  3 05:57 /application/mysql/data/oldboy-
bin.000002 #<== 新 binlog。
-rw-rw----. 1 mysql mysql  60 Mar  3 05:57 /application/mysql/data/oldboy-
bin.index
[root@oldboy ~]# mysqldump -F -B oldboy|gzip >/opt/bak_$(date +%F).sql.gz
[root@oldboy ~]# ls -lrt /application/mysql/data/oldboy-bin*
-rw-rw----. 1 mysql mysql 143 Mar  3 05:50 /application/mysql/data/oldboy-
bin.000001
-rw-rw----. 1 mysql mysql 168 Mar  3 05:57 /application/mysql/data/oldboy-
bin.000002
-rw-rw----. 1 mysql mysql 168 Mar  3 05:57 /application/mysql/data/oldboy-
bin.000003 #<== 新 binlog。
-rw-rw----. 1 mysql mysql  80 Mar  3 05:57 /application/mysql/data/oldboy-
bin.index
提示：可以看到，使用 -F 参数后，每备份一次，都会重新生成新的 binlog 记录数据。
```

13. 记录 binlog 位置的特殊参数（--master-data）

mysqldump 里提供了一个参数，使得管理员不用刷新 binlog，也可以找到全量和增量的临界点，这就是“--master-data”参数。使用这个参数备份后，在备份的文件对应的 SQL 语句里会添加 CHANGE MASTER 语句及 binlog 文件及位置点信息。

当“--master-data=1”时，备份结果为可执行的“CHANGE MASTER...”语句；当“--master-data=2”时，备份结果为注释的“--CHANGE MASTER...”语句，“--”在 SQL 语句里为注释的意思。“--master-data”参数除了确定增量恢复和全备之间的临界点之外，进行主从复制时的作用更大，详情见后文。

操作示例如下：

```
[root@oldboy ~]# mysqldump --master-data=1 oldboy --compact|head -1
#<==--master-data=1 的结果。
CHANGE MASTER TO MASTER_LOG_FILE='oldboy-bin.000004', MASTER_LOG_POS=120;
[root@oldboy ~]# mysqldump --master-data=2 oldboy --compact|head -1
#<==--master-data=2 的结果。
-- CHANGE MASTER TO MASTER_LOG_FILE='oldboy-bin.000004', MASTER_LOG_POS=120;
```

14. 锁定所有表备份（-x 参数）

默认情况下，在使用 mysqldump 命令备份期间，数据库依然是可以写入数据的，此时，备份的数据就不是某一个时刻的一致性备份了，因此也会在恢复时造成困扰。例如备份时使用 -x 锁表备份就会取得 0 点时刻的完整备份，即在 0 点时刻停止所有写入操作，然后导出备份数据，备份完毕，放开写入，备份时刻停止写入的情况如图 7-2 所示。

如果不锁表进行备份，就会无法得到某一个时刻的完整备份，由于是一边备份数据一边写入数据，因此最后备份的数据很可能就是一个时间段的数据，而非某一个时刻的一致性全备（如图 7-3 所示）。

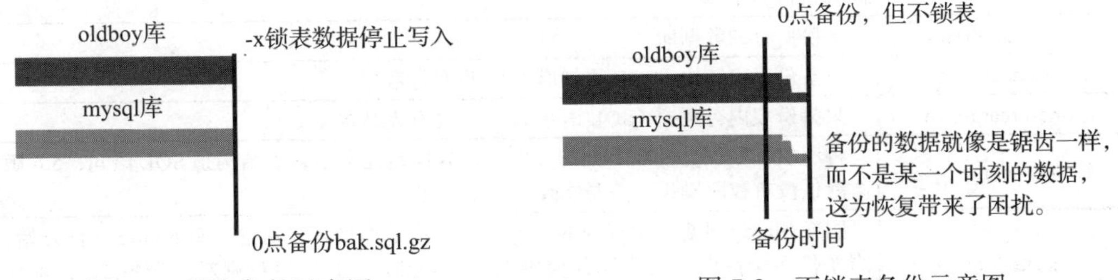

图 7-2　锁表备份示意图　　　　图 7-3　不锁表备份示意图

15. innodb 表特有的备份参数（--single-transaction）

当使用 mysqldump 的“--single-transaction”对 innodb 表进行备份时，会开启一个事务，并将整个备份过程放到一个事务里，以确保执行本次 dump 会话时，不会看到其他连接会话已经提交了的数据，即备份开始时刻的数据是什么样，备份出来就是什么样子（如图 7-4 所示）。这也相当于是锁表之后备份的数据，但是这个参数是允许在备份期间写入数据的，而不是在使用“-x”参数锁表之后，备份期间无法写入任何数据。操作例子如下：

```
mysqldump -B --master-data=2 --single-transaction oldboy|gzip >/opt/all.sql.gz
```

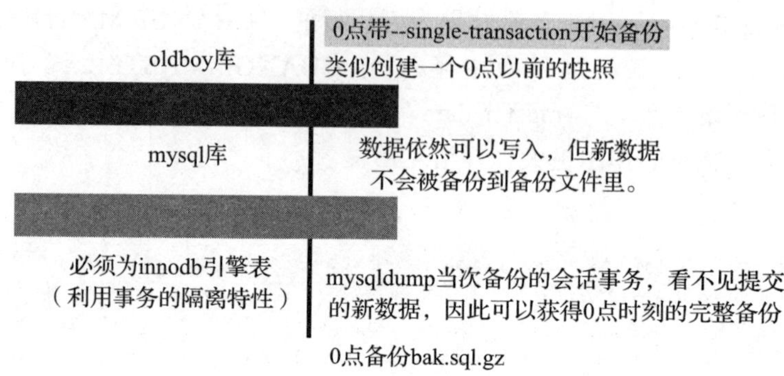

图 7-4　--single-transaction 备份原理示意图

这就是为什么要强调“--single-transaction”是 innodb 表的特有备份参数了，只有事务型引擎，才能支持这样的备份功能。

7.1.3　mysqldump 重要关键参数说明

mysqldump 的参数很多，下面就把企业工作中常见的参数列举出来，如表 7-1 所示。

表 7-1　mysqldump 重要参数说明

mysqldump 重要参数	参数说明
-B, --databases	会在备份的数据中增加建库（create）及“use 库”的语句，可以直接接多个库名，同时备份多个库 *
-A, --all-databases	备份所有的数据库 *
-d, --no-data	只备份库表结构（SQL 语句形式），没有行数据
-t, --no-create-info	只备份表内行数据（SQL 语句形式），没有表结构
-T, --tab=name	将库表和数据分离成不同的文件，行数据是纯文本，表结构是 SQL 语句，5.6 版本默认没有权限操作，需要修改 my.cnf 参数
-F, --flush-logs	刷新 binlog 日志，生成新 binlog 文件，将来增量恢复从这个新 binlog 文件开始，当备份多个库时，每个库都会刷新一次 binlog，如果想只刷新一次 binlog，可加“--lock-all-tables”或“--master-data”参数 *
--master-data={1|2}	在备份结果中增加 binlog 日志文件名及对应的 binlog 位置点（即 CHANGE MASTER... 语句）。值为 1 时是不注释状态，值为 2 时是注释状态，该参数执行时会打开“--lock-all-tables”功能，除非有“--single-transaction”存在，使用该参数时会关闭“--lock-tables”功能 *
-x, --lock-all-tables	备份时对所有数据库的表执行全局读锁，期间同时禁止“--single-transaction”和“--lock-tables”参数功能 *

（续）

mysqldump 重要参数	参数说明
-l, --lock-tables	锁定所有的表为只读
--single-transaction	在备份 InnoDB 引擎数据表时，通常会启用该选项来获取一个一致性的数据快照备份，它的工作原理是设定本次备份会话的隔离级别为 REPEATABLE READ，并将整个备份放在一个事务里，以确保执行本次 dump 会话时，不会看到其他连接会话已经提交了的数据，即备份开始时刻的数据是什么样，备份出来就是什么样子！也就相当于锁表备份数据，但是这个参数是允许在备份期间写入数据的，而不是 -x 锁表后的备份期间无法写入任何数据，启用该参数会关闭“--lock-tables” *
-R, --routines	备份存储过程和函数数据
--triggers	备份触发器数据
--compact	只显示很少的有用输出，适合学习和测试环境调试用

标 * 的参数为工作中比较重要的参数。如果想了解更多的参数请执行“ mysqldump -help”。

7.1.4 生产场景下，不同引擎的 mysqldump 备份命令

innodb 引擎的备份命令如下：

```
mysqldump -A -B --master-data=2 --single-transaction |gzip >/opt/all.sql.gz
```

“ --single-transaction ”是 innodb 引擎专有的备份参数，优势就是备份期间数据依然可以执行写操作。“--master-data”的作用具体如下。

适合多引擎混合（例如，myisam 与 innodb 混合）的备份命令如下：

```
mysqldump -A -B --master-data=2 |gzip >/opt/alL_$(date +%F).sql.gz
```

这个备份的特点是会锁表，在备份期间会影响数据写入，使用“ --master-data”会自动开启 -x 锁表参数功能。

说明： 如果数据库用到了存储过程和函数特殊功能，就加上“ -R”备份，如果用到了触发器功能则加上“ --triggers”备份；如果考虑切割 binlog 日志也可以加“ -F”；如果不想备份所有库，也可以取消“ -A”，独立指定多个库名备份。

7.1.5 利用 SQL 语句方式对表进行导入导出

1. 导出表

（1）导出表 SQL 语句语法

工作中有时候可能会遇到一些特殊的需求，例如想把表的数据导出到 excel 里，

而不是 SQL 语句的形式，这时就可能会用到下面的导出表的方法，当然，前文的 mysqldump 的 -T 备份结果也可以导入到 excel 里。

语法如下：

```
SELECT * FROM 表名 INTO OUTFILE 'file_name' export_options
```

其中，export_options 包括如下内容说明。

表 7-2　export_options 内容说明

Export options	说明
character set utf8	导出时设置字符集为 utf8，默认和库字符集一致
fields terminated by '-'	导出时设置不同的域之间的分隔符为“-”，默认是 tab
fields enclosed by "";	导出时设置对字段内容的引用符号，这里设置为“”，默认为空
lines starting by '='	导出时每行行首设置等号，默认为空
lines terminated by '='	导出时每行行尾的结束符设置为“=”，默认是回车符

（2）导出表实践

准备数据：

```
mysql> use oldboy
Database changed
mysql> select * from test;
+----+--------+
| id | name   |
+----+--------+
|  1 | full01 |
|  2 | full02 |
|  3 | full03 |
|  4 | full04 |
|  5 | full05 |
+----+--------+
5 rows in set (0.00 sec)
```

将 oldboy 库里的 test 表数据导出为纯文本：

```
mysql> select * from test into outfile "/tmp/oldboy_test1.txt";
Query OK, 9 rows affected (0.00 sec)
mysql> system cat /tmp/oldboy_test.txt
1  full01
2  full02
3  full03
4  full04
5  full05
# 提示：默认情况下导出的数据不同域之间用 tab 键分隔。
```

导出时设置字符集：

```
select * from test into outfile "/tmp/oldboy_test2.txt" character set utf8;
```

以指定的分隔符导出，这里指定“-”为不同域之间的分隔符：

```
mysql> select * from test into outfile "/tmp/oldboy_test3.txt" fields terminated by '-';
Query OK, 5 rows affected, 1 warning (0.01 sec)
mysql> system cat /tmp/oldboy_test3.txt
1-full01
2-full02
3-full03
4-full04
5-full05
```

导出时设置对字段内容进行引用，使用双引号：

```
mysql> select * from test into outfile "/tmp/oldboy_test4.txt" fields enclosed by '"';
Query OK, 5 rows affected (0.01 sec)
mysql> system cat /tmp/oldboy_test4.txt
"1"        "full01"
"2"        "full02"
"3"        "full03"
"4"        "full04"
"5"        "full05"
#提示不同域的内容已经加上了双引号。
```

更多参数功能，读者可以自行测试，其实本节内容在工作中用的都不多，读者了解即可。

2. 导入表

（1）导入表命令语法

使用上述 select 语句以及用 mysqldump 导出的纯文本数据，都可以使用如下“load data”方法进行导入，除此之外，还有 mysqlimport 也可以实现相同的效果，本文以 load data 语句为例。

语法如下：

```
LOAD DATA INFILE 'file_name' INTO TABLE tbl_name import option
```

其中，import options 也包括和前文导入类似的选项，内容说明如表 7-3 所示。

表 7-3　import_options 内容说明

import options	说明
character set utf8	导入时设置字符集为 utf8，默认和库字符集一致
fields terminated by '-'	不同域之间的分隔符导入，这里是“-”，默认是 tab
fields enclosed by '"';	根据字段内容的引用符号导入，这里是引号，默认为空
lines starting by '='	导入时在每行行首设置等号，默认为空
lines terminated by '='	导入时将每行行尾的结束符设置为“=”，默认是回车符
ignore number lines	不导入文件的前 N 行

（2）导入表数据实践

准备数据，清空 test 表：

```
mysql> delete from test;
Query OK, 9 rows affected (0.00 sec)
```

将前文 oldboy_test1.txt 格式的数据导入数据库（即默认导出格式）：

```
mysql> system cat /tmp/oldboy_test1.txt
1  full01
2  full02
3  full03
4  full04
5  full05
mysql> load data infile '/tmp/oldboy_test1.txt' into table test;
Query OK, 5 rows affected (0.00 sec)
Records: 5  Deleted: 0  Skipped: 0  Warnings: 0
mysql> select * from test;
+----+--------+
| id | name   |
+----+--------+
|  1 | full01 |
|  2 | full02 |
|  3 | full03 |
|  4 | full04 |
|  5 | full05 |
+----+--------+
5 rows in set (0.00 sec)
```

将前文 oldboy_test3.txt 格式的数据导入数据库（指定“-”分隔符导出的格式）：

```
mysql> system cat /tmp/oldboy_test3.txt
1-full01
2-full02
3-full03
4-full04
5-full05
mysql> load data infile '/tmp/oldboy_test3.txt' into table test fields terminated
by '-';
Query OK, 5 rows affected (0.00 sec)
Records: 5  Deleted: 0  Skipped: 0  Warnings: 0
mysql> select * from test;
+----+--------+
| id | name   |
+----+--------+
|  1 | full01 |
|  2 | full02 |
|  3 | full03 |
|  4 | full04 |
|  5 | full05 |
```

```
+----+--------+
5 rows in set (0.00 sec)
mysql> load data infile '/tmp/oldboy_test1.txt' into table test fields terminated
by '-';
ERROR 1265 (01000): Data truncated for column 'id' at row 1
#提示：数据格式不对就无法导入。
```

将前文 oldboy_test4.txt 格式的数据导入数据库（使用双引号引用的数据）：

```
mysql> delete from test;
Query OK, 5 rows affected (0.00 sec)
mysql> system cat /tmp/oldboy_test4.txt
"1"       "full01"
"2"       "full02"
"3"       "full03"
"4"       "full04"
"5"       "full05"
mysql> load data infile '/tmp/oldboy_test4.txt' into table test fields enclosed
by '"';
Query OK, 5 rows affected (0.00 sec)
Records: 5  Deleted: 0  Skipped: 0  Warnings: 0
mysql> select * from test;
+----+--------+
| id | name   |
+----+--------+
|  1 | full01 |
|  2 | full02 |
|  3 | full03 |
|  4 | full04 |
|  5 | full05 |
+----+--------+
5 rows in set (0.00 sec)
```

更多功能，读者可以自行测试。

7.2　恢复数据库实践

7.2.1　数据库恢复基本事项

mysql 命令以及 source 命令恢复数据库的原理就是在数据库里重新执行文件的 SQL 语句的过程。数据恢复和字符集的关联很大，如果字符集不正确则会导致恢复的数据乱码，有关字符集的知识详见后文。

7.2.2　利用 source 命令恢复数据库

1. 使用 source 命令恢复数据库的说明

进入 mysql 数据库控制台后，切换到想恢复数据的数据库。

```
mysql>use 数据库
```

接着，使用 source 命令进行恢复，后面接 .sql 文件，即上文使用 mysqldump 备份的文件或者人工编辑的 SQL 语句文件：

```
mysql>source oldboy_db.sql
```

这个 oldboy_db.sql 文件是系统的相对路径，默认是登录 MySQL 前的系统路径，也可以使用完整的路径。

2. 恢复演示

先执行一次正式的备份：

```
[root@oldboy ~]# mysqldump -B --master-data=2 --single-transaction oldboy|
gzip >/opt/oldboy.sql.gz
[root@oldboy ~]# ls -l /opt/oldboy.sql.gz
-rw-r--r--. 1 root root 867 Mar  3 08:34 /opt/oldboy.sql.gz
```

恢复前解压为 SQL 文件：

```
[root@oldboy ~]# gzip -d /opt/oldboy.sql.gz
[root@oldboy ~]# ll /opt/
total 4
-rw-r--r--. 1 root root 2204 Mar  3 08:34 oldboy.sql
```

登录数据库删除 oldboy 数据库，然后准备用 source 恢复：

```
mysql> drop database oldboy;                #<== 删除数据库 oldboy。
Query OK, 1 row affected (0.03 sec)
mysql> select * from oldboy.test;           #<== 查询数据看是否还有？
ERROR 1146 (42S02): Table 'oldboy.test' doesn't exist #<== 报错了。
mysql> source /opt/oldboy.sql               #<== 执行恢复命令。
Query OK, 0 rows affected (0.00 sec)
..省略若干...
Query OK, 0 rows affected (0.00 sec)
mysql> select * from oldboy.test;           #<== 查询数据看是否还有？显然有了。
+----+---------+
| id | name    |
+----+---------+
|  1 | oldboy  |
|  2 | oldgirl |
|  3 | inca    |
|  4 | zuma    |
|  5 | kaka    |
+----+---------+
5 rows in set (0.00 sec)
```

如果是 utf8 数据库，人工编辑的 SQL 文件，则建议使用“UTF8 没有签名”格式。

7.2.3 利用 mysql 命令恢复（标准）

1. 使用 mysql 命令恢复基本实践

mysql 命令是 MySQL 数据库自带的重要命令之一，除了日常登录数据库之外，还可以通过 mysqldump 备份的文件或者人工编辑的 SQL 语句文件对数据库进行数据恢复：

```
mysql> drop database oldboy;
Query OK, 1 row affected (0.01 sec)
mysql> quit
Bye
[root@oldboy ~]# mysql </opt/oldboy.sql          #<== 这就是恢复命令，简单吧。
[root@oldboy ~]# mysql -e "select * from oldboy.test;"  #<== 使用 -e 参数，可在
命令行查 MySQL 数据。
+----+---------+
| id | name    |
+----+---------+
|  1 | oldboy  |
|  2 | oldgirl |
|  3 | inca    |
|  4 | zuma    |
|  5 | kaka    |
+----+---------+
```

2. 使用开发人员提交的 SQL 语句恢复文件

假定开发人员让运维人员或 DBA 插入数据到数据库（可能是通过邮件发送的，内容可能是字符串或者 SQL 文件）。

此时的 SQL 文件里很可能没有 use db 这样的字样，此时如果使用 mysql 命令导入就要指定数据库名了，即：

```
[root@oldboy ~]# mysql oldboy </opt/oldboy.sql
```

指定库名 oldboy 的作用就相当于是在数据库里执行 use oldboy，因此如果使用 mysqldump 备份时不使用 -B 参数，那么在恢复时不但可能会提示没有数据库，还可能会提示没有选择数据库。

并且在 SQL 语句文件里尽可能地加入字符集设置，以防止乱码。假设开发人员提交了 N 行插入语句，则需要插入到数据库（这里以一行来代替）：

```
insert into test(name) values('小陶');
```

放入文件里执行（也可以直接在数据库命令行执行）：

```
[root@oldboy ~]# cat /opt/insert.sql
set names utf8;
insert into test(name) values('小陶');
```

如果是 utf8 数据库，人工编辑的 SQL 文件，建议使用“UTF8 没有签名”的格式。

此时恢复数据到数据库，命令如下：

```
[root@oldboy ~]# mysql </opt/insert.sql
ERROR 1046 (3D000) at line 2: No database selected  #<== 提示没有数据库可选。
[root@oldboy ~]# mysql oldboy</opt/insert.sql        #<== 这里 oldboy 的作用就相当于是在库里执行 use oldboy 一样。
[root@oldboy ~]# mysql -e "select * from oldboy.test;"
+----+---------+
| id | name    |
+----+---------+
|  1 | oldboy  |
|  2 | oldgirl |
|  3 | inca    |
|  4 | zuma    |
|  5 | kaka    |
|  6 | 小陶    | #<== 数据已经正常插入。
+----+---------+
```

看到了吧，mysql 不仅可以恢复 mysqldump 的备份文件，只要是 sql 语句，都可以通过 mysql 命令执行到数据库中。

如果在使用 mysqldump 备份时指定了 -B 参数，那么恢复时就无须指定库名恢复了，为什么？

因为使用 -B 参数以后，备份结果中会带 use oldboy 和“ create database oldboy”；语句，而恢复时在 mysql 命令后指定库名就相当于是执行 use oldboy。

所以，如果 mysqldump 备份时指定了 -B 参数，则恢复时可以用如下方法：

```
mysql </opt/oldboy.sql
```

否则只能用如下方法，而且条件是 oldboy 库必须事先存在，否则需要提前创建：

```
mysql oldboy</opt/insert.sql   #<== 条件是 oldboy 库必须事先存在，否则需要提前创建。
```

此处的 oldboy 库相当于 use oldboy。

因此建议使用 mysqldump 备份库时指定 -B 参数，效果会更好。

3. 针对压缩的备份数据进行恢复

方法 1：使用 gzip 解压（会删除压缩文件）。

```
gzip -d /opt/oldboy.sql.gz
mysql </opt/oldboy.sql
```

方法 2：使用 gzip 解压（不会删除压缩文件）。

```
[root@oldboy ~]# !mysqldump              #<== 调用最近的 mysqldump 命令，重复执行备份。
mysqldump -B --master-data=2 --single-transaction oldboy|gzip >/opt/oldboy.sql.gz
```

```
[root@oldboy ~]# gzip -cd /opt/oldboy.sql.gz >/opt/oldboy1.sql #<== 特殊解压方法。
[root@oldboy ~]# mysql </opt/oldboy1.sql
```

方法 3：使用 gunzip 解压（不会删除压缩文件）。

```
[root@oldboy ~]# gunzip -cd /opt/oldboy.sql.gz >/opt/oldboy.sql
[root@oldboy ~]# mysql </opt/oldboy2.sql
```

或者：

```
[root@oldboy ~]# gunzip</opt/oldboy.sql.gz|mysql
```

方法 4：使用 zcat 读取压缩包数据。

```
[root@oldboy ~]# zcat /opt/oldboy.sql.gz >/opt/oldboy3.sql
[root@oldboy ~]# mysql </opt/oldboy3.sql
```

7.2.4　利用 mysql -e 参数查看 mysql 数据

mysql 命令提供了一个功能，可以让使用者无须登录数据库，在 Linux 命令行就可以执行 SQL 语句。

1. 查看数据库 oldboy 库 test 表数据

在 Linux 命令行可通过如下命令实现上述功能：

```
[root@oldboy ~]# mysql -e "use oldboy;select * from test;"
+----+---------+
| id | name    |
+----+---------+
|  1 | oldboy  |
|  2 | oldgirl |
|  3 | inca    |
|  4 | zuma    |
|  5 | kaka    |
|  6 | 小陶    |
+----+---------+
```

2. 利用 mysql -e 参数查看 SQL 线程执行状态

在 Linux 命令行可通过如下命令查看 SQL 线程执行状态：

```
[root@oldboy ~]# mysql -e "show processlist;"
+----+------+-----------+------+---------+------+-------+------------------+
| Id | User | Host      | db   | Command | Time | State | Info             |
+----+------+-----------+------+---------+------+-------+------------------+
| 21 | root | localhost | NULL | Query   |    0 | init  | show processlist |
+----+------+-----------+------+---------+------+-------+------------------+
```

以下命令用于查看完整的线程状态，此命令在查看大量慢查询语句时非常有用：

```
[root@oldboy ~]# mysql -e "show full processlist;"
+----+------+-----------+------+---------+------+-------+-----------------------+
| Id | User | Host      | db   | Command | Time | State | Info                  |
+----+------+-----------+------+---------+------+-------+-----------------------+
| 22 | root | localhost | NULL | Query   |    0 | init  | show full processlist |
+----+------+-----------+------+---------+------+-------+-----------------------+
```

来看一个企业故障案例，故障原因是 mysql 系统的 sleep 线程过多，有大量的慢查询语句，导致数据库无法接受正常的请求。

```
mysql>show full processlist;
```

结果分别如图 7-5 和图 7-6 所示。

```
+-----------+------+-----------+-----------+---------+------+--------------+
| Id        | User | Host      | db        | Command | Time | State        |
+-----------+------+-----------+-----------+---------+------+--------------+
| 212542838 | root | localhost | advertise | Query   |    0 | NULL         |
| 212555221 | root | localhost | advertise | Query   |    0 | Locked       |
| 212555222 | root | localhost | advertise | Query   |    0 | cleaning up  |
| 212555223 | root | localhost | advertise | Query   |    0 | cleaning up  |
| 212555225 | root | localhost | advertise | Query   |    0 | cleaning up  |
| 212555226 | root | localhost | advertise | Query   |    0 | Locked       |
| 212555227 | root | localhost | advertise | Query   |    0 | Locked       |
| 212555228 | root | localhost | advertise | Query   |    0 | Sending data |
| 212555229 | root | localhost | advertise | Query   |    0 | Sending data |
| 212555230 | root | localhost | advertise | Sleep   |    0 | NULL         |
| 212555231 | root | localhost | advertise | Query   |    0 | Sending data |
| 212555232 | root | localhost | advertise | Query   |    0 | Sending data |
| 212555234 | root | localhost | advertise | Query   |    0 | init         |
| 212555235 | root | localhost | advertise | Query   |    0 | Sending data |
| 212555236 | root | localhost | advertise | Query   |    0 | Locked       |
```

图 7-5 数据库里正在执行的 SQL 语句的列属性

```
+--------------------------------------------------------------------------------+
| Info                                                                           |
+--------------------------------------------------------------------------------+
| show processlist                                                               |
| update ad_oldboy_detail set views=views+1 where id=24496
| select id from ad_oldboy_detail where ader='ms_dev_flash' and dateline='2008-12-22' and pos='homepage_banne
| select id from ad_oldboy_detail where ader='ms_dev_flash' and dateline='2008-12-22' and pos='bbs_banner'
| select id from ad_oldboy_detail where ader='ms_dev_flash' and dateline='2008-12-22' and pos='homepage_banne
| update ad_oldboy_detail set views=views+1 where id=24498
| update ad_oldboy_detail set views=views+1 where id=24513
| select id from ad_oldboy_detail where ader='ibm_mui_vedio' and dateline='2008-12-22' and pos='tech_pip'
| select id from ad_oldboy_detail where ader='ms_sql_flash' and dateline='2008-12-22' and pos='tech_banner'
| NULL                                                                           |
| select id from ad_oldboy_detail where ader='ms_flash' and dateline='2008-12-22' and pos='server_pip'
| select id from ad_oldboy_detail where ader='ms_flash' and dateline='2008-12-22' and pos='news_banner'
| select id from ad_oldboy_detail where ader='ms_flash' and dateline='2008-12-22' and pos='server_pip'
| select id from ad_oldboy_detail where ader='ms_dev_flash' and dateline='2008-12-22' and pos='.net_banner'
```

图 7-6 数据库里正在执行的 SQL 语句的信息

图 7-5 和图 7-6 实际上是一张图，为了显示的清晰分为两张图片展示给读者。

```
mysql> kill 212555221;
```

在“mysql> kill 212555221;”语句中，84 是 ID，若使用 kill（insert, update）命令则可能会丢失数据。

解决办法

先调整 MySQL 的如下两个超时参数配置：

```
mysql> show variables like '%_timeout%';
+----------------------------+----------+
| Variable_name              | Value    |
+----------------------------+----------+
| connect_timeout            | 10       |
| interactive_timeout        | 28800    |
| wait_timeout               | 28800    |
+----------------------------+----------+
10 rows in set (0.00 sec)
set global wait_timeout = 60;
set global interactive_timeout = 60;
```

然后在配置文件里修改：

```
[mysqld]
interactive_timeout = 120  #<== 此参数设置后 wait_timeout 自动生效。
wait_timeout = 120
```

其他补充方法具体如下。

1）在 PHP 程序中，不使用持久链接，即使用 mysql_connect 而不是 pconnect。

2）PHP 程序执行完毕，应该显式调用 mysql_close。

3）Java 程序调整连接池（C3P0）或者调整 JAVA 服务（Tomcat 有关连接池参数）。

4）逐步分析 MySQL 的 SQL 查询及慢查询日志，找到查询过慢的 SQL，优化之。

3. 利用 mysql -e 参数查看 mysql 变量及性能状态

通过以下命令查看 mysql 的所有参数配置：

```
[root@oldboy ~]# mysql -e "show variables;"
Variable_name     Value
auto_increment_increment 1
auto_increment_offset    1
autocommit ON
automatic_sp_privileges  ON
...省略上百行...
```

可通过以下命令查看 my.cnf 配置文件的配置有没有在数据库中生效：

```
[root@oldboy ~]# mysql -e "show variables like 'log_bin';"
+---------------+-------+
| Variable_name | Value |
```

```
+---------------+--------+
| log_bin       | ON     |
+---------------+--------+
```

查看 mysql 数据库运行状态的命令如下：

```
[root@oldboy ~]# mysql -e "show global status;"|head -5
Variable_name              Value
Aborted_clients            0
Aborted_connects           0
Binlog_cache_disk_use      0
Binlog_cache_use           7
```

高级管理员可以对这个状态信息和配置文件参数进行比较，从而找出优化数据库配置的方法，案例可以参考老男孩学员的文章，地址为：http://www.xuliangwei.com/xubusi/213.html。

4. 利用 mysql -e 参数不重启数据库修改数据库参数

不重启数据库修改数据库参数还能生效的示例如下：

```
[root@oldboy ~]# mysql -e "show variables;"|grep key_buffer
key_buffer_size  8388608
[root@oldboy ~]# mysql -e "set global key_buffer_size = 1024*1024*16;"
[root@oldboy ~]# mysql -e "show variables;"|grep key_buffer
key_buffer_size  16777216
```

从上面的示例可以得知，实现不重启数据库更改数据库参数的命令为：

```
set global key_buffer_size = 1024*1024*16;  #<== 及时生效，重启 mysql 失效。
```

在该过程中，配置文件也要增加或修改，编辑 /etc/my.cnf，修改 key_buffer_size = 16M。

5. 利用 mysql -e 参数引出的重要命令

下面将给出利用 mysql -e 参数引出的重要命令，这些命令虽然没有详细讲解，但是，在工作中还是很重要的，请读者牢记：

```
show processlist;     #<== 查看数据库里正在执行的 SQL 语句，可能无法看全完整的 SQL 语句。
show full processlist  #<== 查看正在执行的完整 SQL 语句，完整显示。
set global key_buffer_size = 1024*1024*16 #<== 不重启数据库调整数据库参数，直接生效，
                                              重启后失效。
show variables;         #<== 查看数据库的配置参数信息，例如，my.cnf 里参数的生效情况。
show variables like '%log_bin%';"
kill ID                 #<== 杀掉 SQL 线程的命令，ID 为线程号。
show session status;    #<== 查看当前会话的数据库状态信息。
show global status;     #<== 查看整个数据库运行的状态信息，很重要，要分析并要做好监控。
show engine innodb status; #<== 显示 innodb 引擎的性能状态（早期版本 show innodb status）。
```

6. mysqladmin 命令常用参数

mysqladmin 命令也有很多查看数据库信息的命令，具体如下：

```
mysqladmin 的相关命令:
mysqladmin password oldboy123                          #<== 设置密码，前文用过的。
mysqladmin -uroot -poldboy123 password oldboy          #<== 修改密码，前文用过的。
mysqladmin -uroot -poldboy123 status                   #<== 查看状态，相当于 show status。
mysqladmin -uroot -poldboy123 -i 1 status              #<== 每秒查看一次状态。
mysqladmin -uroot -poldboy123 extended-status          #<== 等同于 "show global status;"。
mysqladmin -uroot -poldboy123 flush-logs               #<== 切割日志。
mysqladmin -uroot -poldboy123 processlist              #<== 查看执行的 SQL 语句信息。
mysqladmin -uroot -poldboy123 processlist -i 1         #<== 每秒查看一次执行的 SQL 语句。
mysqladmin -uroot -p'oldboy123' shutdown               #<== 关闭 mysql 服务，前文用过的。
mysqladmin -uroot -p'oldboy123' variables              #<== 相当于 show variables。
```

7. mysql 命令常用参数

表 7-4 针对 mysql 命令的常用基础参数进行了说明。

表 7-4　mysql 命令常用参数总结

mysql 命令常用参数	说明
-u	指定数据库用户
-p	指定数据库密码
-S	指定数据库 socket 文件
-h	指定数据库主机，默认 localhost
-P	指定数据库端口，默认 3306
-e	不登录数据库执行数据库命令
--default-character-set=name	指定字符集登录数据库或备份。

更多命令信息，可执行“mysql -help”查看。

7.3　mysqlbinlog 增量恢复工具

mysqlbinlog 工具的作用是解析 mysql 的二进制 binlog 的日志内容，把二进制日志解析成可以在 MySQL 数据库里执行的 SQL 语句。

7.3.1　mysql 的 binlog 日志是什么

mysql 数据目录下的如下文件就是 mysql 的 binlog 日志：

```
oldboy-bin.000001
oldboy-bin.000002
oldboy-bin.000003
……
```

提示：必须要打开 log_bin 功能才能生成上述文件。

7.3.2 mysql 的 binlog 日志的作用

mysql 的 binlog 日志用于记录 MySQL 内部的增删改等操作，也就是对 MySQL 数据库更新内容的记录（对数据库的改动），对数据库进行查询的语句（如以 show、select 开头的语句），不会被 binlog 日志记录。binlog 日志的主要作用是数据库的主从复制以及数据灾难后的增量恢复。

7.3.3 mysql 的 binlog 日志功能如何开启

在 mysql 的配置文件 my.cnf 中，增加 log_bin 参数即可开启 binlog 日志，也可以通过赋值来指定 binlog 日志的文件名，示例如下：

```
[root@oldboy ~]# grep log_bin /etc/my.cnf
log_bin
```

提示： 也可以按照“log_bin = /application/mysql/logs/oldboy-bin”命名，目录要存在。

7.3.4 mysqlbinlog 工具解析 binlog 日志实践

默认情况下，binlog 日志是二进制格式的，不能使用查看文本工具的命令（比如，cat、vi 等）查看：

```
[root@oldboy ~]# cd /application/mysql/data/
[root@oldboy data]# ls -l oldboy-bin*
-rw-rw----. 1 mysql mysql  143 Mar  3 05:50 oldboy-bin.000001
-rw-rw----. 1 mysql mysql  168 Mar  3 05:57 oldboy-bin.000002
-rw-rw----. 1 mysql mysql  168 Mar  3 05:57 oldboy-bin.000003
-rw-rw----. 1 mysql mysql 6967 Mar  3 09:44 oldboy-bin.000004
#<== 找一个内容大的文件做测试。
-rw-rw----. 1 mysql mysql   80 Mar  3 05:57 oldboy-bin.index
[root@oldboy data]# file oldboy-bin.000004
oldboy-bin.000004: MySQL replication log            #<== 复制 log 文件。
[root@oldboy data]# tail -2 oldboy-bin.000004       #<== 使用 tail 查看内容，很混乱，
                                                         确定其是非纯文本文件。
) ENGINE=InnoDB AUTO_INCREMENT=7 DEFAULT CHARSET=utf8TNF¹Xy#
                                                      std!!!
                                                           oldboyoldboy/*!40000
ALTER TABLE `test` DISABLE KEYS */#ЪF¹X#
        std!!!
              oldboyoldboyBEGIN8A
               oldboyoldboyINSERT INTO `test` VALUES (1,'oldboy'),(2,'oldgirl'),
(3,'inca'),(4,'zuma'),(5,'kaka'),(6,'小陶')ᴗ~F¹X¿¤哥¹Xx7
              td!!!
                   oldboyoldboy/*!40000 ALTER TABLE `test` ENABLE KEYS */z4
```

1. 解析指定库的 binlog 日志

利用“mysqlbinlog -d”参数解析指定库的 binlog 日志：

```
[root@oldboy data]# mysqlbinlog -d oldboy oldboy-bin.000004 -r bin.sql
#<==-d 指定库，-r 指定生成的文件。
[root@oldboy data]# grep -i insert bin.sql #<== 过滤内容，看到了曾经恢复的 SQL 语句。
/*!40019 SET @@session.max_insert_delayed_threads=0*/;
INSERT INTO `test` VALUES (1,'oldboy'),(2,'oldgirl'),(3,'inca'),(4,'zuma'),
(5,'kaka')
INSERT INTO `test` VALUES (1,'oldboy'),(2,'oldgirl'),(3,'inca'),(4,'zuma'),
(5,'kaka')
SET INSERT_ID=6/*!*/;
insert into test(name) values('小陶')
INSERT INTO `test` VALUES (1,'oldboy'),(2,'oldgirl'),(3,'inca'),(4,'zuma'),
(5,'kaka'),(6,'小陶')
INSERT INTO `test` VALUES (1,'oldboy'),(2,'oldgirl'),(3,'inca'),(4,'zuma'),
(5,'kaka'),(6,'小陶')
INSERT INTO `test` VALUES (1,'oldboy'),(2,'oldgirl'),(3,'inca'),(4,'zuma'),
(5,'kaka'),(6,'小陶')
INSERT INTO `test` VALUES (1,'oldboy'),(2,'oldgirl'),(3,'inca'),(4,'zuma'),
(5,'kaka'),(6,'小陶')
```

结论：mysqlbinlog 可以指定 -d 实现分库导出 binlog，如果使用 -d 参数，那么在更新数据时，必须要有 use 库名，才能分出指定库的 binlog，例如，写入数据库的语句必须采用如下写法：

```
use oldboy;
insert into test values(1,'oldboy')
```

下面的这种写法就不行：

```
insert into oldboy.test values(2,'oldgirl')
```

2. 按照位置截取 binlog 内容

按照位置截取 binlog 内容的优点是精确，但是要花费时间寻找位置，例如，要截取 oldboy-bin.000009 文件从位置 365 到位置 456 的日志，命令如下。

```
mysqlbinlog oldboy-bin.000009 --start-position=365 --stop-position=456 -r pos.sql
```

> **提示**：开始位置点必须存在于 binlog 里，结尾位置点可以不存在。

若指定了开始位置，而不指定结束位置，那么请问结束位置是？可通过如下命令查看：

```
mysqlbinlog oldboy-bin.000009 --start-position=365 -r pos.sql
```

若指定了结束位置，而不指定开始位置，那么请问开始位置是？可通过如下命令查看：

```
mysqlbinlog oldboy-bin.000009 --stop-position=456 -r pos.sql
```

所谓的位置点，就是 mysqlbinlog 解析文件里的不同行行首的“# at 数字”标识的数据。

3. 按照时间截取 binlog 内容

按照时间截取 binlog 内容的缺点是模糊、不准确，截取的内容会丢失部分数据，精确到秒，1 秒也可能会有多条语句。

下面语句标识截取的是 oldboy-bin.000009 文件中从‘2014-10-16 17:14:15’时间到‘2014-10-16 17:15:15’时间的数据：

```
mysqlbinlog oldboy-bin.000009 --start-datetime='2014-10-16 17:14:15' --stop
-datetime='2014-10-16 17:15:15' -r time.sql
```

若指定了开始时间，而不指定结束时间，那么请问结束时间是？可通过如下命令查看：

```
mysqlbinlog oldboy-bin.000009 --start-datetime='2014-10-16 17:14:15'  -r time.sql
```

若指定了结束时间，而不指定开始时间，那么请问开始时间是？可通过如下命令查看：

```
mysqlbinlog oldboy-bin.000009  --stop-datetime='2014-10-16 17:15:15' -r time.sql
提示：所谓的时间点就是mysqlbinlog解析文件里的不同行行首的“#170303  9:44:22”标识的数据。
```

后文的增量恢复案例中会有 mysqlbinlog 命令的实战应用。

7.3.5 mysqlbinlog 命令常用参数

表 7-5 为 mysqlbinlog 命令常用参数说明。

表 7-5 mysqlbinlog 命令常用参数说明

mysqlbinlog 命令常用参数	参数说明
-d, --database=name	根据指定库拆分 binlog（拆分单表 binlog 可通过 SQL 关键字过滤）
-r, --result-file=name	指定解析 binlog 输出 SQL 语句的文件
-R, --read-from-remote-server	从 MySQL 服务器读取 binlog 日志，是下面参数的别名 read-from-remote-master=BINLOG-DUMP-NON-GTIDS
-j, --start-position=#	读取 binlog 的起始位置点，# 号是具体的位置点
--stop-position=#	读取 binlog 的停止位置点，# 号是具体的位置点
--start-datetime=name	读取 binlog 的起始位置点，name 是具体的时间，格式为：2004-12-25 11:25:56
--stop-datetime=name	读取 binlog 的停止位置点，name 是具体的时间，格式为：2004-12-25 11:25:56
--base64-output=decode-rows	解析 ROW 级别 binlog 日志的方法，例如，mysqlbinlog --base64-output=decode-rows -v oldboy-bin.000016，此参数实践在第 10 章 binlog 模式章节

7.4　本章重点

1）备份的意义？

2）mysqldump 备份的原理？

3）mysqldump 常用备份参数说明及实践。

4）mysql 恢复命令 source 实践。

5）mysql 恢复命令 mysql 常用参数说明及实践。

6）利用 select 导出和导入数据参数说明及实践。

7）mysql 的连接及状态常见管理命令说明。

8）mysqladmin 常用命令说明。

9）mysqlbinlog 常用参数说明及实践。

第8章

MySQL 企业级备份应用知识与实践

8.1 数据库备份的最高层次思想

数据库备份的最高层次，就是永远都用不上备份。

——老男孩

这就像我们日常购买大病保险一样，任何人购买大病保险都肯定不是希望得大病，我们做数据库备份也是一样，备份策略无论做得多么完备，我们还是不希望故障发生。因此，除了具备高超的备份策略和精湛的恢复能力之外，还要在未雨绸缪上多下功夫以达到防患于未然的目的。

8.2 数据库管理员的两大工作核心

1. 能够让数据安全得到保护

所谓的数据安全，最容易被人误以为是只有数据丢失，其实还包含数据被脱库、泄密等方面，本章主要讲解对数据的备份和恢复，以防止企业数据丢失，后面的文章还会讲解更高级的安全防范措施。

2. 能 7×24 小时提供服务

数据库具备 7×24 小时提供服务的能力，是数据库管理员的重要职责，后文会为大家讲解 MySQL 各种优化策略、主从复制集群、MySQL MHA+Keepalived 集群、读写分离等综合保障数据库具备 7×24 的服务能力的措施。

8.3　全量备份与增量备份

8.3.1　全量备份的概念

全量数据就是数据库中所有的数据（或某一个库的全部数据）；全量备份就是把数据库中所有的数据进行备份。

下面就以 InnoDB 引擎数据库为例进行讲解。

备份数据库中所有库的所有数据的命令为：

```
mysqldump -B --master-data=2 --single-transaction -A |gzip >/opt/all.sql.gz
```

备份 oldboy 一个库中所有数据的命令为：

```
mysqldump -B --master-data=2 --single-transaction oldboy|gzip >/opt/oldboy.sql.gz
```

8.3.2　增量备份的概念

增量数据就是指上一次全量备份数据之后到下一次全量备份之前数据库所更新的数据。在使用 mysqldump 命令做全备时，增量数据就是 MySQL 的 binlog 日志，因此，对 binlog 日志的备份在此处就可以称为增量备份，当然，有些工具本身就可以实现全量以及增量数据备份，例如 Xtrabackup 工具，此知识点会在后文的第 9 章讲解。

8.3.3　全量与增量如何结合备份

下面以 mysqldump 命令和 binlog 日志增量数据为例讲解企业中按天全备和按周全备的方法，具体见表 8-1 和表 8-2。

表 8-1　按天全备与增量备份数据示例

周一 00 点全量备份	周二 00 点全量备份	周三 00 点全量备份	……
01.sql.gz	02.sql.gz	03.sql.gz	……
周一增量数据	周二增量数据	周三增量数据	……
oldboy-bin.000024 oldboy-bin.000025 oldboy-bin.000026 …… oldboy-bin.index	oldboy-bin.000037 oldboy-bin.000038 oldboy-bin.000039 …… oldboy-bin.index	oldboy-bin.000045 oldboy-bin.000046 oldboy-bin.000047 …… oldboy-bin.index	…… …… …… ……

按天全备的特点如下。

- ❑ 优点：恢复数据时需要的数据文件数量少，恢复时间短，维护成本低。
- ❑ 缺点：每天一个全备，占用空间多，占用系统资源多，经常备份会影响用户体验。

中小企业用得最多的策略就是按天全备，然后根据空间情况保留全备份数，例如仅保留 7 天内的备份数据，如果企业数据很重要，则可以使用磁带机等设备留存 1 年以上的备份数据。

binlog 增量的清理可以通过在 my.cnf 中配置“过期清理天数”的相关参数（expire_logs_days = 7）来实现，例如保留 7 天内的 binlog 日志，理论上如果每天进行全备，那么 binlog 只要保留 1 天的就够了。

表 8-2 按周全备与增量备份数据示例

每周一 00 全量备份			
01.sql.gz			
周一增量数据	**周二增量数据**	**周三增量数据**	**一直到下周日增量数据**
oldboy-bin.000024 oldboy-bin.000025 oldboy-bin.000026 …… oldboy-bin.index	oldboy-bin.000037 oldboy-bin.000038 oldboy-bin.000039 …… oldboy-bin.index	oldboy-bin.000045 oldboy-bin.000046 oldboy-bin.000047 …… oldboy-bin.index	…… …… …… …… oldboy-bin.index

按周全备的特点如下。

- 优点：每周仅有一个完整备份，因此占用磁盘总空间小，占用系统资源少，备份次数少，用户体验好一些。
- 缺点：恢复时数据文件多，导致恢复麻烦，维护成本高，恢复时间长。

大型企业由于数据量特别大，每天全备时间太长，因此有可能会采用周备的策略，这样不仅有利于节省数据存储空间而且不会影响用户访问数据库的体验。

8.4 MySQL 常用的备份方式

MySQL 备份的常用方式有逻辑备份和物理备份。

8.4.1 逻辑备份方式

1. 逻辑备份

MySQL 的逻辑备份其实就是使用 MySQL 自带的 mysqldump 命令或其他相关工具，把 MySQL 数据以 SQL 语句的形式导出或备份成文件。在恢复的时候则通过执行 mysql 恢复命令（或 source 等）将存储的 SQL 语句文件数据还原到 MySQL 数据库中。

实现逻辑备份的常用工具为 MySQL 自带的 mysqldump 命令，备份所有库的命令为：

```
mysqldump -A -B --master-data=2 --single-transaction |gzip >/opt/all.sql.gz
```

恢复数据库的方法之一为：

```
zcat opt/all.sql.gz|mysql
```

使用此种逻辑备份方式进行全量备份后的增量数据就是数据库记录的 binlog 日志文件，那么，如何增量恢复 binlog 日志呢？ mysqlbinlog 工具可以把 binlog 日志转换成 SQL 语句，然后通过 mysql 恢复命令（或 source 等）将 SQL 语句还原到 MySQL 数据库中。

恢复增量数据的命令方法为：

```
mysqlbinlog oldboy-bin.000008 oldboy-bin.000009 >bin.sql
#<== 将 binlog 文件解析为 SQL 语句。
mysql <bin.sql                    #<== 恢复到数据库。
```

2. 逻辑备份的特点

逻辑备份的优点为操作简单、方便、可靠，并且备份的数据可以跨平台、跨版本、甚至跨软件、跨操作系统，还可以实现分库分表备份；逻辑备份也有一定的缺点，例如，备份速度比物理备份慢、恢复的效率也不是特别高等。

3. 逻辑备份的常用工具

mysqldump 是 MySQL 官方自带的最常用的逻辑备份工具，还能实现分表分库备份，也是本章重点讲解的备份工具。除此之外，还有一个 mydumper 工具，它是一个在 GPL 许可下发布的高性能 MySQL 备份和恢复工具集，有兴趣的读者也可以研究下。

4. 逻辑备份的企业应用场景

适用于数据量不是特别大的场景，例如，老男孩所给的参考值为打包前不大于 30GB 的数据库数据，30GB 的值主要是考虑备份效率的问题，以及管理员使用复杂度的平衡。

不过，在跨版本、跨软件升级或迁移数据的时候，此时物理备份一般就不能使用了。

8.4.2 物理备份方式

1. 物理备份

（1）冷备方法

MySQL 的物理备份方法之一是使用 cp、rsync、tar、scp 等复制工具把 MySQL 数据文件复制成多份，由于在备份期间数据仍然有写入操作，所以，直接复制的备份方式会引起数据丢失。另外在恢复数据库时，对新数据库的路径、配置也有要求，一般要和原库的配置保持一致（版本、路径、配置尽可能一样）。

为了确保备份期间数据的一致性，可以选择人工停库或者锁库后再进行物理复制，而这在生产环境中一般是不允许的，除非是可以申请停机或锁表时间，所以使用传统 Linux 命令复制工具还是比较粗的冷备份方式，应避免使用，后文还会提及根据 MySQL 主从复制利用从库进行冷备份的策略。

一般在进行大规模数据库迁移时，先停库，然后物理迁移，这样做是很有效率的方案。

（2）热备方法

除了在 Linux 命令行通过命令直接复制 MySQL 数据文件之外，还有一些其他的第三方的开源或商业物理热备份工具，如 Xtrabackup。使用这个工具可以实现物理全备及增量备份。

2. 物理备份的特点

物理备份的优缺点正好与逻辑备份相反，因此在企业里应根据需求，互补使用。

- 优点：速度快，效率高。
- 缺点：不容易跨平台、跨版本、跨软件、跨操作系统，可以实现分库分表备份，但恢复时会麻烦很多，软件的使用也比较复杂一些。

3. 物理备份的常用工具或方法

Linux 下冷备份工具为 cp、tar，备份时需要锁表或者停库以确保数据的一致性；开源的热备份（基于 InnoDB）工具则是 Xtrabackup。

4. 物理备份的企业应用场景

- 数据库总数据量超过 30GB 的，可使用 Xtrabackup 热备工具进行备份，以提升效率。
- 可以选择在数据库的从库上进行备份，备份时停止 SQL 线程应用数据到数据库，然后通过 cp 或 tar 打包备份，这也是一种不错的冷备方案，不会影响数据库的服务。

8.4.3 物理备份与逻辑备份的区别

表 8-3 给出了逻辑备份与物理备份在各方面的对比。

表 8-3 物理备份与逻辑备份的对比

	逻辑备份	物理备份
备份原理	以 SQL 语句的形式存储	直接复制磁盘物理文件或其他非 SQL 语句方式的备份
相关命令	Mysqldump、mysql、mysqlbinlog	cp、rsync、tar、scp、Xtrabackup（热备）
备份要求	需要锁表但不需要停库。锁表会影响数据库更新，InnoDB 引擎可以不锁表，而采用事务备份方案	冷备需要锁表或停机，热备不需要锁表（仅事务引擎，例如 InnoDB）或停机
配置特点	恢复时与系统版本、库的配置甚至版本无关	物理复制需要系统、配置、版本尽可能的一致
性能特点	速度慢	速度快
方便性考虑	安全、易掌握、容易控制，一般不会丢失数据	冷备简单，但应用场景少，热备工具操作复杂一些，较难掌握

那么实际工作中使用的到底是逻辑备份还是物理备份呢？生产场景下又是如何具体应用的呢？且看下文详细讲解。

8.5　逻辑备份的企业级应用实战

8.5.1　中小企业的 MySQL 备份实战

1. 中小企业全备备份策略与实践

中小企业一般会采用逻辑备份，常用的工具就是前文提到的 mysqldump 命令，备份的策略一般是每日进行全量备份，备份会选择在数据库业务流量低谷时执行，备份时可以锁表或者采用事务方式备份，其中一个简单的实战备份脚本案例为：

```
[root@oldboy scripts]# cat bak.sh
#!/bin/bash
#Author: oldboy
export PATH=/application/mysql/bin:/usr/local/bin:/sbin:/bin:/usr/sbin:/usr/bin
bak_path=/server/bakup
[ ! -d $bak_path ] && mkdir -p $bak_path    #<== 若备份路径不存在则创建。
mysqldump -B -A --master-data=2 |gzip >$bak_path/${file_name}.sql.gz
#<== 如果仅为 innodb 引擎，则可以再加上 --single-transaction 参数。

#rsync all data to backup server              #<== 备份完成后立刻推送至备份服务器，
                                                    需要提前部署 rsync 服务。
rsync -az $bak_path/ rsync_backup@172.16.1.31::mysql/ --password-file=/etc/
rsync.password
#del expiries file          #<== 删除本地的 7 天备份，如果空间紧张那么保留三天也可以。
find $bak_path/ -type -f -name "*.sql.gz" -mtime +7|xargs rm -f
```

稍微复杂点的备份脚本如下：

```
[root@oldboy scripts]# cat bak.sh
#!/bin/bash
#Author: oldboy
export PATH=/application/mysql/bin:/usr/local/bin:/sbin:/bin:/usr/sbin:/usr/bin
bak_path=/server/bakup
[ ! -d $bak_path ] && mkdir -p $bak_path
#if week is 6 then bak other file name.
if [ $(date +%w) -eq 6 ]                  #<== 如果时间为周六，则，
  then
      file_name=bak_$(date +%w_%F)    #<== 将备份文件名改为周和日期，目的是在备份
                                            服务器上保留每周六的数据。
else
      file_name=bak_$(date +%F)       #<== 否则，备份文件名为日期。
fi
mysqldump -B -A --master-data=2 |gzip >$bak_path/${file_name}.sql.gz
md5sum $bak_path/${file_name}.sql.gz >$bak_path/${file_name}.flag
#<== 做 md5 指纹的目的是用于未来检查备份及传输结果是否正常。
#rsync all data to backup server      #<== 备份完成后立刻推送至备份服务器，需要提前
                                            部署 rsync 服务。
rsync -az $bak_path/ rsync_backup@172.16.1.31::mysql/ --password-file=/etc/
rsync.password
```

```
    #del expiries file          #<== 删除本地的 7 天备份，如果空间紧张那么保留三天也可以。
    find $bak_path/ -type -f -name "*.sql.gz" -mtime +7|xargs rm -f
    #send mail to self or administrator  #<== 还可以将备份结果发送邮件给管理员，不过最
佳策略是在备份服务器上检查备份结果统一发管理员。
```

上述两个脚本是相对较简单的企业级实战数据库备份脚本，在实际工作中，可能在判断及逻辑上会更复杂一些。

最后配置定时任务，使其每日 0 点执行上述脚本：

```
    [root@oldboy scripts]# crontab -l|tail -2
    #bak mysql for oldboy at 20170318
    00 00 * * * /bin/sh /server/scripts/bak.sh &>/dev/null
```

最终的数据库本地（备份服务器相同）备份结果示例如下：

```
    [root@oldboy scripts]# ll /server/bakup/
    total 360
    -rw-r--r--. 1 root root     70 Mar 19  2017 bak_2017-03-19.flag
    #<== 普通备份对应的指纹文件。
    -rw-r--r--. 1 root root 178891 Mar 19  2017 bak_2017-03-19.sql.gz
    #<== 普通的备份文件。
    -rw-r--r--. 1 root root     72 Mar 18 00:00 bak_6_2017-03-18.flag
    #<== 周六备份对应的指纹文件。
    -rw-r--r--. 1 root root 178892 Mar 18 00:00 bak_6_2017-03-18.sql.gz
    #<== 周六的备份文件。
    [root@oldboy scripts]# cat /server/bakup/bak_6_2017-03-18.flag
    50ae9d28d0719682b89f6c929d02dfa4  /server/bakup/bak_6_2017-03-18.sql.gz
```

将来在备份服务器上可以检查备份是否成功，以及数据在备份过程中是否被改变等：

```
    [root@oldboy bakup]# md5sum -c bak_6_2017-03-18.flag
    #<== 检测备份文件是否正常以及在传输过程中是否有损坏或被篡改。
    /server/bakup/bak_6_2017-03-18.sql.gz: OK  #<==OK 表示一切正常。
```

一般会在备份服务器上保留最近 7 天的所有备份，同时保留每周六的全部备份命令：

```
    [root@oldboy bakup]# find /server/bakup/ -type f -name "bak_*" -mtime +7 !
-name "bak_6*"
    /server/bakup/bak_2017-03-19.flag
    /server/bakup/bak_2017-03-19.sql.gz
    [root@oldboy bakup]# find /server/bakup/ -type f -name "bak_*" -mtime +7 !
-name "bak_6*"|xargs rm -f
```

提示：上述备份保留策略是让备份的内容尽量多，但又要尽可能地减少重复。

有关服务器数据备份，老男孩曾经讲过一个很完备的备份和检查并发邮件的方案，请参考：http://edu.51cto.com/course/course_id-8198.html。

2. 全备的数据什么时候可以派上用场

使用 mysqldump 全备的数据什么时候可以派上用场呢？

- ❑ 迁移或者升级数据库时。
- ❑ 增加从库的时候。
- ❑ 人为执行 DDL、DML 语句破坏数据库数据时（此时若使用主从库就会无法防止数据丢失，因为所有库都会执行破坏的语句）。
- ❑ 跨机房灾备时，此时需要将全备份复制到异地。

若是因为硬件或删除物理文件导致数据库故障，就不需要用备份数据恢复了，可以直接把主库关闭，在从库上配置好 VIP 等配置后，启动从库提供服务即可。

3. 中小企业增量备份策略与实践

中小企业增量备份就是备份 binlog 文件，在 MySQL 没有主从复制功能或主从复制功能不完善的时候，我们就曾采取定时或实时推 binlog 文件的方法。例如每分钟推一次 binlog 到备份服务器上，或者通过 mysqlbinlog 参数 read-from-remote-server，在其他服务器上远程读取 binlog。

但是这类方法都不是最佳的，因为有可能会丢失数据。比较好的 binlog 增量备份或 MySQL 备份方法就是为 MySQL 数据库配置异机主从复制功能（实时复制功能），即 binlog 会被实时地发送到从服务器上，这样效果才是最好的。当然，也要相应地在主从复制的从库上实现全备。

4. 备份 binlog 增量文件何时可以派上用场

当需要完整恢复数据库数据的时候，就会需要 binlog 增量恢复。

5. 企业里 MySQL 备份策略选择

大多数中小企业的数据库环境都为一主多从，因此，可采取在一个从库服务器上专门做全量以及增量备份（需要开启从库记录 binlog 日志功能），至于备份方法，采用 mysqldump、Xtrabackup 均可。

8.5.2 中小企业 MySQL 增量恢复案例实战

前文讲解了需要利用备份进行恢复的一些场景，本节将为大家讲解的案例是较为复杂的恢复场景，比如，内部管理人员通过 SQL 语句误删除数据。

首先，思考一下，具备什么条件才能完整恢复数据库数据？

- ❑ 具备全量备份（mysqldump）。
- ❑ 除全量备份以外，还有全量备份之后产生的的所有 binlog 增量日志。

假设当前数据库内的数据如下：

```
[root@oldboy ~]# mysql  -e "select * from oldboy.test;"
+----+---------+
| id | name    |
```

```
+----+---------+
|  1 | oldboy  |
|  2 | oldgirl |
|  3 | inca    |
|  4 | zuma    |
|  5 | kaka    |
+----+---------+
```

模拟 0 点开始对数据库 oldboy 数据进行全备，命令如下：

```
[root@oldboy ~]# mkdir /data/backup -p
[root@oldboy ~]# date -s "2017/03/19"
Sun Mar 19 00:00:00 EDT 2017
[root@oldboy ~]# mysqldump -B --master-data=2 --single-transaction oldboy|
gzip>/data/backup/oldboy_$(date +%F).sql.gz
[root@oldboy ~]# ls -l /data/backup/
total 4
-rw-r--r--. 1 root root 867 Mar 19 00:00 oldboy_2017-03-19.sql.gz
```

模拟 0 点全备后用户继续写入数据，示例如下：

```
[root@oldboy ~]# mysql -e "use oldboy;insert into test values(6,'bingbing');"
[root@oldboy ~]# mysql -e "use oldboy;insert into test values(7,'xiaoting');"
[root@oldboy ~]# mysql -e "select * from oldboy.test;"
+----+----------+
| id | name     |
+----+----------+
|  1 | oldboy   |
|  2 | oldgirl  |
|  3 | inca     |
|  4 | zuma     |
|  5 | kaka     |
|  6 | bingbing |       #<== 全备后写入的数据，实际工作中会写入很多条。
|  7 | xiaoting |
+----+----------+
```

模拟上午 10:00 点管理人员删除 oldboy 数据库，示例如下：

```
[root@oldboy ~]# date -s "2017/03/19 10:00"
Sun Mar 19 10:00:00 EDT 2017
[root@oldboy ~]# mysql  -e "drop database oldboy;show databases;"
+--------------------+
| Database           |
+--------------------+
| information_schema |
| mysql              |
| oldboy_utf8        |
| performance_schema |
+--------------------+
```

再假设数据库出问题 10 分钟后，公司的网站运营人员报网站故障，联系运维人员 DBA 解决。此时，DBA 或开发人员会查看网站报错（或者查看后台日志），可以看到连不上 oldboy 数据库的提示，登录数据库排查，发现数据库 oldboy 库已经不存在了，突然想起来早晨管理员说要处理下数据库，于是询问管理员是如何处理的，管理员答曰，10 点左右刚刚清除了一个“没有用的”数据库……问题的原因终于找到了。事实上，登录系统分析系统审计日志，以及分析数据库 binlog 也可以发现库丢失的原因；若是开发人员，通过程序日志判断应该也可以查出来。

> **提示：** 数据库的权限管理流程制度很重要，如果能未雨绸缪，就不会这么麻烦地恢复数据了。俗话说得病容易去病难，数据库的恢复也是同样的道理。

找到原因后，就可以开始准备恢复了。恢复前要做如下准备。移走所有 binlog 增量文件，防止被二次破坏，并确认是否有全备：

```
[root@oldboy ~]# cp -a /application/mysql/data/oldboy-bin.* /data/backup/
[root@oldboy ~]# ls -l /data/backup/
total 28
-rw-r--r--. 1 root  root   867 Mar 19 00:00 oldboy_2017-03-19.sql.gz
#<== 全备在这里。
-rw-rw----. 1 mysql mysql  143 Mar  3 05:50 oldboy-bin.000001
-rw-rw----. 1 mysql mysql  168 Mar  3 05:57 oldboy-bin.000002
-rw-rw----. 1 mysql mysql  168 Mar  3 05:57 oldboy-bin.000003
-rw-rw----. 1 mysql mysql 7737 Mar 19 10:00 oldboy-bin.000004
-rw-rw----. 1 mysql mysql   80 Mar  3 05:57 oldboy-bin.index
```

下面开始恢复实战。

1）停止数据库对外访问。因为是通过 drop 命令删除数据库的，后面不会有写入操作，因此，可以不用额外停止写入。但如果是因为 update 导致的数据破坏，最好是停库处理或对外停止写入。这里采用 iptables 防火墙屏蔽所有应用程序的写入：

```
[root@oldboy ~]# iptables -I INPUT -p tcp --dport 3306 ! -s 172.16.1.51 -j DROP
#<== 非 172.16.1.51 禁止访问数据库 3306 端口。
```

2）解压全备的数据，命令如下：

```
[root@oldboy ~]# cd /data/backup/
[root@oldboy backup]# gzip -cd oldboy_2017-03-19.sql.gz >oldboy.sql
[root@oldboy backup]# ls -lrt oldboy.sql
-rw-r--r--. 1 root root 2205 Mar 19 10:29 oldboy.sql
```

3）解析 binlog 文件增量数据。

那么应该从哪个 binlog 文件的哪个位置开始呢？

我们在全备时增加了 --master-data=2 参数，还记得这个参数的作用吗？

这个参数就是帮我们记录全备后的 binlog 文件名以及 binlog 文件对应的恢复位置点的。这里就可以用到这个参数的作用了：

```
[root@oldboy backup]# sed -n '22p' oldboy.sql
-- CHANGE MASTER TO MASTER_LOG_FILE='oldboy-bin.000004', MASTER_LOG_POS=7181;
```

从上面的代码可以看到，要从 oldboy-bin.000004 文件的 7181 位置点开始恢复增量数据：

```
[root@oldboy backup]# mysqlbinlog -d oldboy oldboy-bin.000004 --start-position= 7181 -r bin.sql
```

工作中除了 oldboy-bin.000004 文件之外，还可能生成 oldboy-bin.000005、oldboy-bin.000006……多个 binlog 文件，现在可以继续恢复后面的所有 binlog 文件：

```
[root@oldboy backup]# mysqlbinlog -d oldboy oldboy-bin.000005 oldboy-bin.000006 -r bin1.sql
```

提示： 本节恢复就只有一个 binlog 文件，即 oldboy-bin.000004，因此此条命令就不要再执行了。

4）说到这里，需要剔除误删数据库的 drop 语句，否则，直接恢复就又进入了删库故障的坑：

```
[root@oldboy backup]# grep -w drop  bin.sql #<== 过滤 drop 单词的行。
drop database oldboy
[root@oldboy backup]# sed -i '/drop database oldboy/d' bin.sql
#<== 删除 drop 数据库 oldboy 的语句。
[root@oldboy backup]# grep -w drop  bin.sql
```

现在，准备彻底完成，开始正式恢复。

先恢复 0 点以前的全备数据：

```
[root@oldboy backup]# mysql </data/backup/oldboy.sql  #<== 先恢复全备，即 0 点
                                                         以前的备份。
[root@oldboy backup]# mysql -e "select * from oldboy.test;"
+----+---------+
| id | name    |
+----+---------+
|  1 | oldboy  |
|  2 | oldgirl |
|  3 | inca    |
|  4 | zuma    |
|  5 | kaka    |
+----+---------+
```

看到了吧，0 点以前的数据已恢复了，但是 0 点到出故障时间的增量还没有。

再恢复增量数据，即从 binlog 中解析出清理了 drop 语句的 bin.sql 文件：

```
[root@oldboy backup]# mysql oldboy</data/backup/bin.sql    #<== 恢复增量文件。
[root@oldboy backup]# mysql -e "select * from oldboy.test;"
+----+----------+
| id | name     |
+----+----------+
|  1 | oldboy   |
|  2 | oldgirl  |
|  3 | inca     |
|  4 | zuma     |
|  5 | kaka     |
|  6 | bingbing | #<== 增量的数据回来了。
|  7 | xiaoting | #<== 增量的数据回来了。
+----+----------+
```

到此，利用 MySQL 的全量备份以及 MySQL 的 binlog 增量进行恢复的案例就结束了。

8.6　分库分表的生产备份策略

8.6.1　为什么要分库分表备份

下面的全备命令把 2 个库备份成了一个备份文件：

```
mysqldump -B --master-data=2 --single-transaction oldboy mysql|gzip>/data/
backup/all.sql.gz
```

但在还原时，很多时候只需要还原一个库或者多个库的一个表，这个时候，整个备份文件就会很难拆分，给恢复也会带来麻烦，关于这点，前面也曾讲解过。对于这种情况，最好是分库分表备份。

8.6.2　如何进行分库备份

最佳的方法就是从数据库中取出所有库名，然后对每个数据库执行一次备份。

分库备份的脚本如下：

```
[root@oldboy scripts]# cat fenku.sh
#!/bin/bash
#Author: oldboy
export PATH=/application/mysql/bin:/usr/local/bin:/sbin:/bin:/usr/sbin:/usr/bin
bak_path=/server/bakup/$(date +%F)
[ ! -d $bak_path ] && mkdir -p $bak_path
for dbname in `mysql -e "show databases"|sed '1,2d'|grep -v _schema`
#<== 取库名轮询备份。
do
```

```
    mysqldump -B --master-data=2 |gzip >$bak_path/${dbname}_$(date +%F).sql.gz
    #<== 注意备份的名字。
done
```

提示：有关 Shell 脚本的实战知识，请参考老男孩已出版的新书《跟老男孩学 Linux 运维：Shell 编程实战》一书。

下面就来执行分库脚本并查看备份结果：

```
[root@oldboy scripts]# sh fenku.sh
[root@oldboy scripts]# ll /server/bakup/2017-03-19/
total 12
-rw-r--r--. 1 root root 130 Mar 19 11:10 mysql_2017-03-19.sql.gz
-rw-r--r--. 1 root root 130 Mar 19 11:10 oldboy_2017-03-19.sql.gz
-rw-r--r--. 1 root root 130 Mar 19 11:10 oldboy_utf8_2017-03-19.sql.gz
```

8.6.3 如何进行分表备份

分表备份比分库更细，实际上就是先取一个库名，然后循环读取该库里的表进行备份，备份完之后，再取下一个库名，继续循环库里的所有表进行备份，直到所有库里的所有表都备份完毕。

实际脚本如下：

```
[root@oldboy scripts]# cat fenbiao.sh
#!/bin/bash
#Author: oldboy
export PATH=/application/mysql/bin:/usr/local/bin:/sbin:/bin:/usr/sbin:/usr/bin
bak_path=/server/bakup/$(date +%F)
[ ! -d $bak_path ] && mkdir -p $bak_path
for dbname in `mysql -e "show databases"|sed '1,2d'|grep -v _schema`
do
    for tablename in `mysql -e "show tables from $dbname;"|sed '1d'`
    do
        mysqldump -B --master-data=2 |gzip >$bak_path/${dbname}_${tablename}
_$(date +%F).sql.gz
    done
done
```

下面执行分表脚本并查看备份结果：

```
[root@oldboy scripts]# sh fenbiao.sh
[root@oldboy scripts]# ll -lt /server/bakup/2017-03-19/
total 116
-rw-r--r--. 1 root root 130 Mar 19 11:28 oldboy_test_2017-03-19.sql.gz
#<==oldboy 库只有 test 表。
-rw-r--r--. 1 root root 130 Mar 19 11:28 mysql_user_2017-03-19.sql.gz
```

```
    -rw-r--r--. 1 root root 130 Mar 19 11:28 mysql_time_zone_transition_type_2017-
03-19.sql.gz
    -rw-r--r--. 1 root root 130 Mar 19 11:28 mysql_time_zone_transition_2017-03-19.
sql.gz
    -rw-r--r--. 1 root root 130 Mar 19 11:28 mysql_time_zone_name_2017-03-19.sql.gz
    -rw-r--r--. 1 root root 130 Mar 19 11:28 mysql_time_zone_leap_second_2017-03-19.
sql.gz
    -rw-r--r--. 1 root root 130 Mar 19 11:28 mysql_time_zone_2017-03-19.sql.gz
    -rw-r--r--. 1 root root 130 Mar 19 11:28 mysql_tables_priv_2017-03-19.sql.gz
    -rw-r--r--. 1 root root 130 Mar 19 11:28 mysql_slow_log_2017-03-19.sql.gz
```

分表分库虽然对恢复单个库表来说比较方便，但是如果要完整恢复又该怎么呢？

事实上，分库分表的数据尽量不要用于完整恢复，因为 binlog 有可能会有写入操作，用于单库单表的恢复，如果非要用来做完整恢复，那就通过写脚本来实现吧！

8.7 MySQL 生产常用备份架构方案

在中小公司一般比较常用的做法是，每日 0 点执行全备任务，先把数据按照日期备份到数据库本地，然后推送到数据库备份服务器，由于本地空间有限，因此本地仅保留 3 ～ 7 日的全备。

如果有备用的服务器资源可用，那么最好通过主从同步的方式进行备份，这样即使物理机损坏了也可以很快地切换到新服务器（还可以 HA 自动切换），但是主从复制的缺点是不能解决错误执行 SQL 语句的问题，例如，执行“drop database oldboy”命令之后，所有的从库都会傻傻地执行同样的删除动作（这个问题可以通过在从库上实现延迟复制来缓解）。

因此，我们一般会在某一台不对外提供业务的从库上使用上述的 mysqldump 或 Xtrabackup 来进行定时备份。这里有个需要特别注意的地方，用于备份从库的二进制日志记录功能必须打开，关于这点具体会在主从复制章节讲解。

8.8 本章重点

1）数据库管理员两大工作核心。

2）全量备份与增量备份的概念。

3）了解逻辑备份的特点、常用工具和应用场景。

4）了解物理备份的特点、常用工具和应用场景。

5）物理备份和逻辑备份区别对比。

6）中小企业的 MySQL 增量备份及恢复实战过程。

7）如何进行分库分表备份？

第9章

MySQL 物理备份工具 Xtrabackup 应用实践

9.1 Xtrabackup 介绍

Xtrabackup 是 Percona 公司专门针对 MySQL 数据库开发的一款开源免费的物理备份（热备）工具，可以对 InnoDB 和 XtraDB 等事务引擎的数据库实现非阻塞（即不锁表）方式的备份，也可以针对 MyISAM 等非事务引擎实现锁表方式备份。

Xtrabackup 的主要特点具有如下。

- 直接复制物理文件，备份和恢复数据的速度非常快，安全可靠。
- 在备份期间执行的事务不会间断，备份 InnoDB 数据不会影响业务。
- 备份期间不会增加太多数据库的性能压力。
- 支持对备份的数据进行自动校验。
- 支持全量、增量、压缩备份及流备份。
- 支持在线迁移表以及快速创建新的从库。
- 支持几乎所有版本的 MySQL 和 MariaDB。

9.2 Xtrabackup 备份涉及的数据库名词

1. MySQL 数据文件扩展名知识说明

想要很好地理解本章的内容，首先要做一些数据库相关知识的功课才行，老男孩以表格的形式列出了 Xtrabackup 备份中涉及的一些数据库专业信息知识，如表 9-1 所示。

表 9-1　Xtrabackup 备份中涉及的一些数据库专业信息知识

文件扩展名	文件作用说明
.idb 文件	以独立表空间存储的 InnoDB 引擎类型的数据文件扩展名
.ibdata 文件	以共享表空间存储的 InnoDB 引擎类型的数据文件扩展名
.frm 文件	存放与表相关的元数据（meta）信息以及表结构的定义信息
.MYD 文件	存放 MyISAM 引擎表的数据文件扩展名
.MYI 文件	存放 MyISAM 引擎表的索引信息文件扩展名

2. 事务型引擎的 ACID 特性

在 MySQL 中，InnoDB 和 MariaDB 中的 XtraDB 都是事务型引擎，事务型引擎的共同特征是具备事务的 4 个特性，这 4 个特性分别是：原子性（atomicity）、一致性（consistency）、隔离性（isolation）、持久性（durability），又称为 ACID 特性。表 9-2 针对这些特性给出了进一步说明。

表 9-2　ACID 特性说明

ACID 特性	说明
原子性	事务的所有 SQL 语句操作，要么全部成功，要么全部失败
一致性	事务开始之前和结束之后，数据库应保证数据的完整性不被破坏
隔离性	当多个事务并发访问同一个数据源时，数据库能够保持每个访问的事务之间是隔离的，互不影响的
持久性	事务处理完成之后，事务所做的更改都会是持久化存储，不会丢失数据

3. InnoDB 引擎内部知识概念

有部分读者对 InnoDB 的知识知之甚少，但这些知识又非常重要，因此这里列举了一些本章会涉及的 InnoDB 基础概念知识，以供读者参考，具体见表 9-3。

表 9-3　InnoDB 基础概念知识

概念名称	说明
表空间（tablespaces）	表空间是一个逻辑的概念，表空间里存放的是表的数据和索引，这些表的数据和索引又有不同的存储方式，表空间最终体现的是磁盘上数据库的各种物理数据文件
独立表空间（independent tablespaces）	在开启 InnoDB 的 innodb_file_per_table=On 这个参数（5.6 版本以后默认开启）之后，对于每一个新建的 InnoDB 表，数据库目录下都会多出来一个对应的存放该表数据的 .ibd 文件（老表不会）
共享表空间（shared tablespaces）	5.6 版本以前，MySQL 的默认配置就是共享表空间模式，即所有表的数据都会在一个或几个大数据文件中存放
页（page）	MySQL 的每个表空间都是由若干个页组成的，且每个实例里的每个表空间内都有相同的页大小，默认值是 16KB，可以通过 innodb_page_size 调整页大小，每个页中都包含了表的数据。组成表空间数据的最小单位是页
区段（extent）	在表空间中，系统会把每若干个页进行分组管理，这个组就叫作区段，默认一个区段的大小是 64 个页
段（segments）	段是由多个不同的区段组成的更大的分组。当一个段增加的时候，InnoDB 第一次分配 32 个页给这个段，此后，InnoDB 开始分配整个区段给这个段，InnoDB 可以一次性添加 4 个区段给一个大的段，从而确保数据存储时能有一个良好的顺序性

4. InnoDB 引擎内部知识结构图及说明

简单地说，InnoDB 的表空间分为共享表空间和独立表空间（推荐）两种，表空间里存放数据的最小单位是页，每个页的默认值为 16KB；多个连续的页（默认是 64 个）组成一个区段；而多个区段和页构成一个段。初始时，InnoDB 首先会为每个段分配 32 个页，之后根据实际需要再将区段分配给段，InnoDB 可以一次性添加 4 个区给一个大的段，从而确保数据存储时能有一个良好的顺序性。

有关上述知识的简单逻辑图如图 9-1 所示。

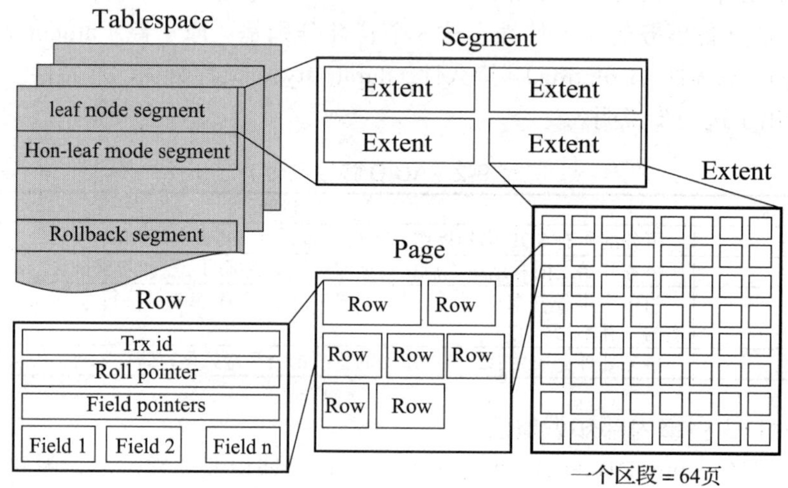

图 9-1 InnoDB 引擎内部知识结构

5. InnoDB 备份相关名词

下面将介绍 InnoDB 日志及 Xtrabackup 备份原理所涉及的词汇知识，见表 9-4。

表 9-4 InnoDB 日志及 Xtrabackup 备份原理词汇

相关名词	说明
redo 日志	Redo 日志，也称为事务日志，是 InnoDB 引擎的重要组成部分，作用是记录 InnoDB 引擎中每一个数据发生的变化信息。主要用于保证 InnoDB 数据的完整性，以及丢失数据后的恢复，同时还可以有效提升数据库的 IO 等性能。Redo 日志对应的配置参数为 innodb_log_file_size 和 innodb_log_files_in_group
undo 日志	Undo 日志是记录事务的逆向逻辑操作或者逆向物理操作对应的数据变化的内容，Undo 日志默认存放在共享表空间中（ibdata* 文件），与 Redo 日志功能不同的是 Undo 日志主要用于回滚数据库崩溃前未完整提交的事务数据，确保数据恢复前后是一致的
LSN	LSN（Log Sequence Number）是指日志序列号，是一个 64 位的整型数字。LSN 的作用是记录 Redo 日志时，使用 LSN 唯一标识一条变化的数据
checkpoint	用来标识数据库崩溃后，应恢复的 Redo 日志的起始点

9.3 Xtrabackup 备份的工作原理流程

1. Xtrabackup 恢复的工作原理

Percona Xtrabackup 软件是基于 InnoDB 等事务引擎自带的 redo 日志和 undo 日志功能来保持备份和恢复前后数据一致性的，从而确保数据库的数据安全可靠。在 InnoDB 引擎中存在一个 redo 日志（事务日志）功能。redo 日志文件会存储每一个 InnoDB 表中的数据修改记录。当 InnoDB 数据库启动时，会检查数据文件和 redo 日志文件，将已经提交到事务日志（redo 日志文件）中的信息应用（提交）到数据文件并保存，然后根据 undo 日志信息将修改过但没有提交的数据记录进行回滚（不提交到数据文件）。

2. Xtrabackup 执行全备份的原理过程说明

当执行 Xtrabackup 程序开始备份时，Xtrabackup 首先会记录当前 redo 日志的位置（即对应的 LSN 号），同时还会在后台启动一个进程持续监视 redo 日志文件的变化，并将变化的信息都记录到 xtrabackup_logfile 中，之后就会针对所有的 InnoDB 数据文件进行备份（复制），待 InnoDB 数据文件备份完成之后，再执行“flush tables with read lock”命令对整个数据库锁表，然后备份（复制)MyISAM 等非事务引擎的数据文件。待数据文件全部（包括 InnoDB、MyISAM 数据文件和 redo 日志数据记录）都备份完毕之后，获取 binlog 二进制日志位置点信息，最后执行 unlock tables 解锁命令，恢复整个数据库的可读写状态。

整个备份过程的原理如图 9-2 所示。

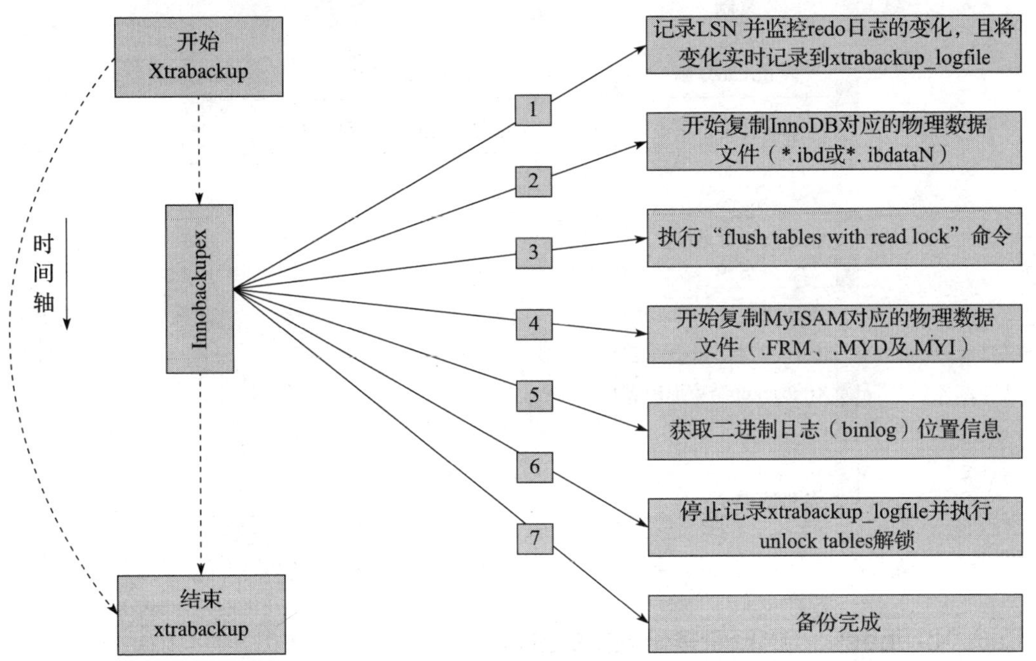

图 9-2　Innobackupex 全备份的原理流程

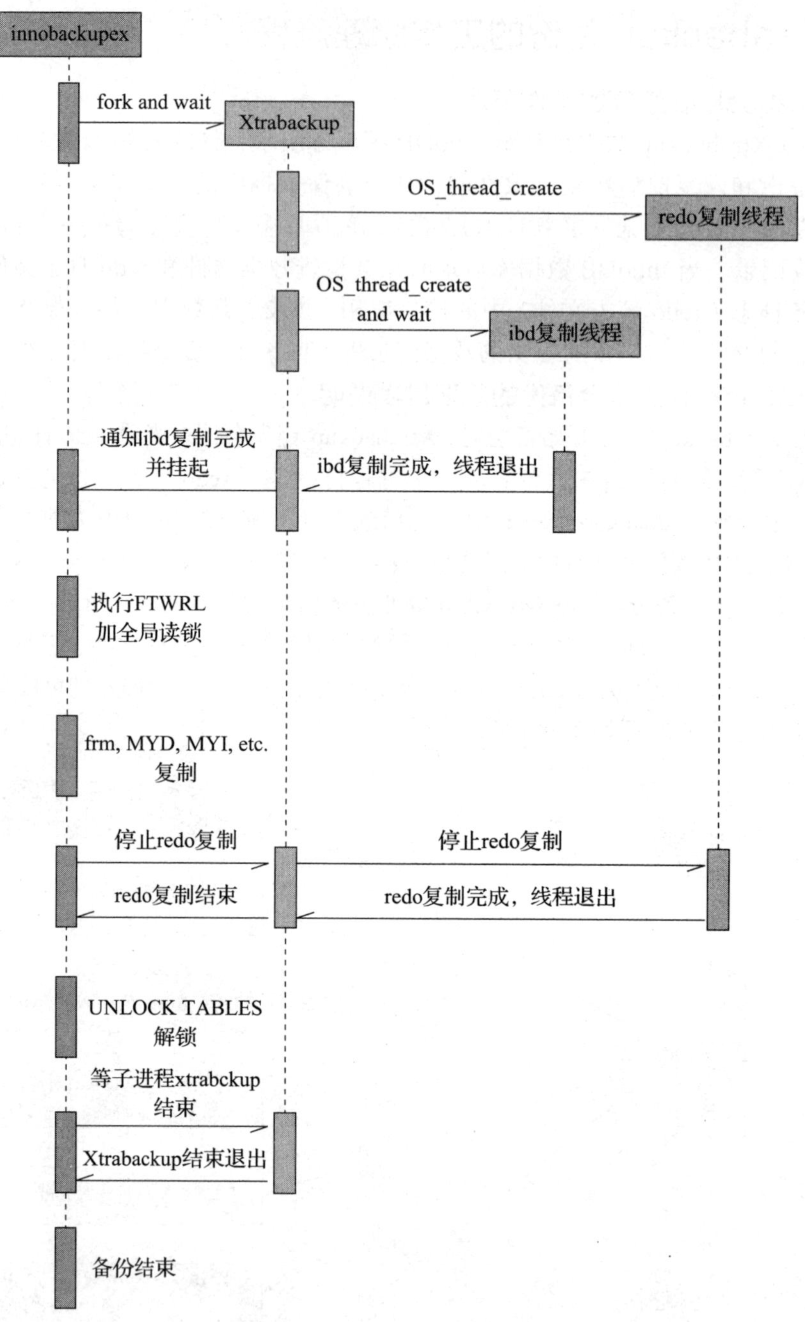

图 9-2 （续）

3. Xtrabackup 执行全备份恢复的过程

当执行 Xtrabackup 工具恢复数据时，要经过准备恢复（prepare）和实际恢复（restore）

两个步骤。在准备恢复过程结束后，InnoDB 表的数据（即备份的物理文件）就恢复到了复制 InnoDB 文件结束时的时间点，这个时间点也是全库锁表复制 MyISAM 引擎数据时的起点，所以最终恢复的数据和数据库的数据是一致的。全备的数据有两部分，一部分是全备的物理文件，一部分是 Xtrabackup log 日志文件，整个恢复过程如图 9-3 所示。

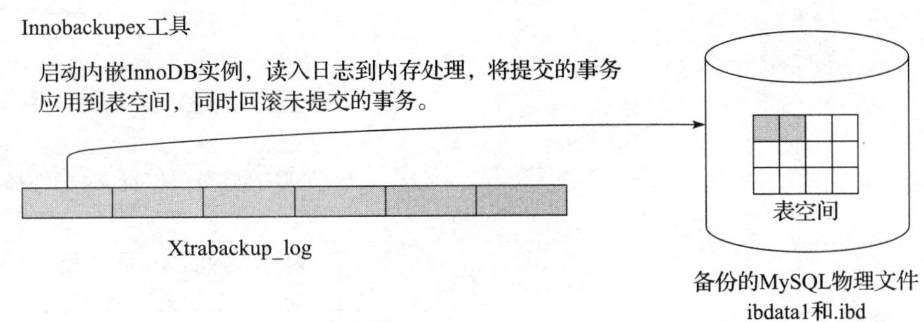

图 9-3　准备恢复的基本过程图

4. Xtrabackup 执行增量备份的过程

Innobackupex 增量备份的（仅对 InnoDB 引擎有效）核心就是复制全备之后的 InnoDB 中变更的“页”数据，复制时会以全备中 xtrabackup_checkpoints 文件对应的 LSN 号为依据，将大于给定的 LSN 号的页数据（就是增量数据）进行备份，因为要比对全备的 LSN 号，所以第一次增量备份是基于全备的，以后实施的每一次增量备份都要基于上一次的增量备份，最终实现备份的数据是连续的、无缺失的，针对 MyISAM 引擎的备份依然是锁表备份。

增量备份的过程具体如下。

首先在全备的 xtrabackup_checkpoints logfile 中找到并记录最后一个 checkpoint（last checkpint LSN），然后从该 LSN 的位置开始复制 InnoDB 的 redo 日志到 xtrabackup_logfile，然后开始复制全部的数据文件 .ibd，待全部数据复制结束后，就停止复制 logfile，增量备份的过程与全备份基本类似，区别就是第二步，仅复制 InnoDB 中变化的页数据，而非所有物理文件。

5. Xtrabackup 执行增量恢复的过程

增量数据的恢复过程与全量备份的恢复过程类似，所不同的是增量恢复是以全备份数据为基础的，增量恢复的数据主要涉及全备的数据、增量的数据、Xtrabackup_log 日志文件。恢复过程是先将增量备份中变化的页数据应用到全备数据中，然后，读取 Xtrabackup_log 应用 redo 数据到全备数据中，同时回滚未提交的事务，整个过程如图 9-5 所示。

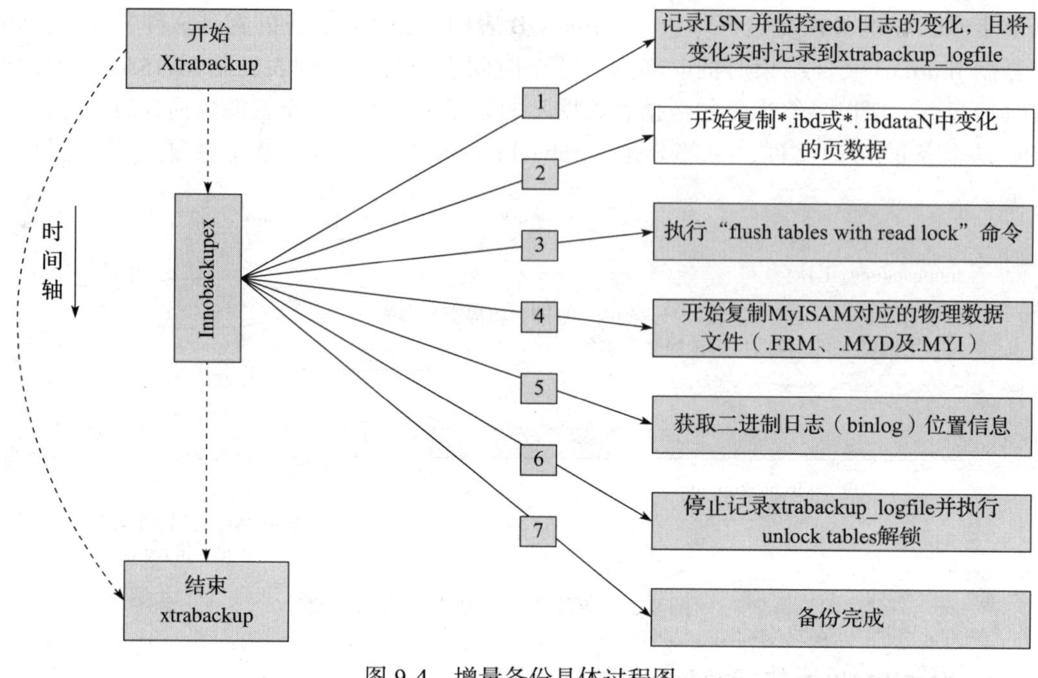

图 9-4 增量备份具体过程图

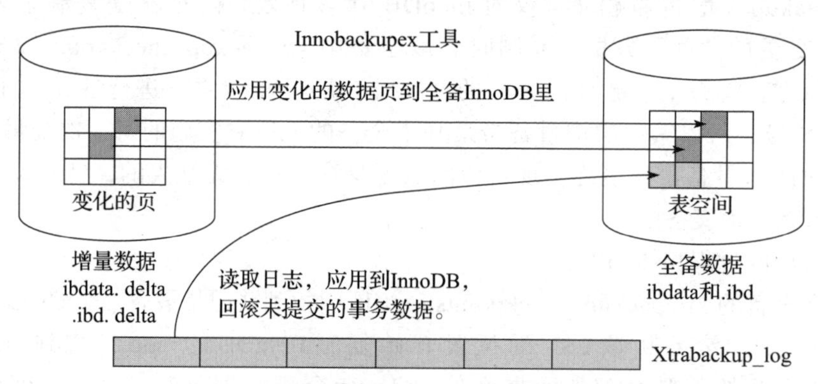

图 9-5 Xtrabackup 执行增量恢复过程图解

如果读者至此对备份和恢复过程还不是很理解的话，先别惊慌，请继续阅读实践部分，实践完了再回来看这些流程就很简单了。

9.4 Xtrabackup 工具安装

9.4.1 系统环境说明

本文采用的是 CentOS Linux 系统，其他系统与此大同小异，具体环境为：

```
[root@oldboy ~]# cat /etc/redhat-release
CentOS release 6.9 (Final)
[root@oldboy ~]# uname -r
2.6.32-696.el6.x86_64
[root@oldboy ~]# uname -m
x86_64
```

9.4.2　安装 Xtrabackup

默认情况下系统中并没有安装 Xtrabackup 程序，因此，可以执行如下命令进行安装（前提是要确保服务器可以联网）。

1）配置 epel 源，命令如下：

```
[root@oldboy ~]# wget -O /etc/yum.repos.d/epel.repo  http://mirrors.aliyun.com/repo/epel-6.repo
```

2）安装 Xtrabackup 软件需要的基础环境包：

```
[root@oldboy ~]# yum -y install perl perl-devel libaio libaio-devel perl-Time-HiRes perl-DBD-MySQL
```

3）下载 Xtrabackup 软件并安装：

```
[root@oldboy ~]# wget https://www.percona.com/downloads/XtraBackup/Percona-XtraBackup-2.4.4/binary/redhat/6/x86_64/percona-xtrabackup-24-2.4.4-1.el6.x86_64.rpm #<== 如果地址无效，请到官方网站寻找合适的版本。
[root@oldboy ~]# ls -l percona-xtrabackup-24-2.4.4-1.el6.x86_64.rpm
-rw-r--r--. 1 root root 8534624 Jul 21  2016 percona-xtrabackup-24-2.4.4-1.el6.x86_64.rpm
[root@oldboy ~]# yum -y install percona-xtrabackup-24-2.4.4-1.el6.x86_64.rpm
#<== 自动解决依赖包。
```

4）最后，查看安装后的结果：

```
[root@oldboy ~]# ls -l `which xtrabackup innobackupex`
lrwxrwxrwx. 1 root root   10 Mar 20 06:04 /usr/bin/innobackupex -> xtrabackup
#<== 软链接了。
-rwxr-xr-x. 1 root root 22136096 Jul 21  2016 /usr/bin/xtrabackup
```

到此为止，Xtrabackup 软件就安装完成了。

9.5　Xtrabackup 应用实践

9.5.1　用于 Xtrabackup 数据备份的用户

用于 Xtrabackup 数据备份的用户也是需要一定权限的，具体配置如下（backup 用户）：

```
mysql> CREATE USER 'backup'@'localhost' IDENTIFIED BY 'backup123';
mysql> GRANT RELOAD, LOCK TABLES, PROCESS, REPLICATION CLIENT ON *.* TO 'backup'
@'localhost';
mysql> FLUSH PRIVILEGES;
```

此外，用于操作备份的 Linux 系统用户有读取和写入相关目录的权限，一般情况下，还是建议读者使用 root 管理员权限进行备份，不管是 MySQL 还是 Linux 系统，特别是在学习期间，简单方便是最重要的，本文也都采用 root 权限（生产中也是采用 root 权限居多）来演示。

9.5.2 用于恢复的 MySQL 配置文件

先创建存放 MySQL 日志文件的目录，将 MySQL 日志和数据文件分离到不同的目录中，以便于 Xtrabackup 恢复正式数据：

```
[root@oldboy mysql]# mkdir /application/mysql/logs -p
[root@oldboy mysql]# chown -R mysql.mysql /application/mysql/logs
```

然后，修改 MySQL 的配置文件，把二进制日志、错误日志、慢查询日志从 MySQL 数据文件目录中迁移出来，并增加数据文件对应的目录。

```
[root@oldboy mysql]# egrep -v "#|^$" /etc/my.cnf
[client]
user=root
password=oldboy123
[mysqld]
basedir = /application/mysql/                    #<== 增加 MySQL 根目录。
datadir = /application/mysql/data/               #<== MySQL 数据目录，Xtrabackup
                                                      恢复数据时需要这个目录。
###########binlog############
log_bin = /application/mysql/logs/oldboy-bin     #<== 二进制日志路径调整，尽可能在
                                                      装数据库前就调整好。
expire_logs_days = 7
###########slow log###########
slow-query-log = ON
long_query_time = 2
log_queries_not_using_indexes = ON
slow-query-log-file = /application/mysql/logs/slow.log  #<== 慢查询日志路径调整。
min_examined_row_limit = 800
[mysqld_safe]
log-error = /application/mysql/logs/oldboy.err          #<== 慢查询日志路径调整。
sql_mode=NO_ENGINE_SUBSTITUTION,STRICT_TRANS_TABLES
```

提示：上面注释过的行就是增加或更改的参数，其他参数和前面章节使用的一致。

调整完配置文件，别忘了重启 MySQL：

```
[root@oldboy ~]# /etc/init.d/mysqld restart
Shutting down MySQL.. SUCCESS!
Starting MySQL. SUCCESS!
```

需要特别强调的是，其实本节实现 MySQL 配置文件的调整，就是为了后文直接使用 Xtrabackup（--copy-back）将数据文件还原到数据文件的目录中，如果使用 mv 等命令移动还原数据文件，则可以不调整本节的参数。

9.5.3　Xtrabackup 软件附带的备份工具说明

Xtrabackup 软件主要包含两个常用的工具。

（1）Xtrabackup 命令

Xtrabackup 命令是专门用于对 InnoDB 和 XtraDB 等事务引擎的数据库热备份的工具，不能用于备份 MyISAM 等其他类型的引擎数据，其主要特点是备份数据时完全不用锁表。

（2）Innobackupex 命令

Innobackupex 命令是将上述 Xtrabackup 命令使用 perl 脚本进行二次封装的工具，除了可以用于 InnoDB 和 XtraDB 等引擎之外，还可以备份 MyISAM 及多种引擎混合使用的场景，该命令的主要特点是备份事务引擎数据而不用锁表，可以备份非事务引擎数据，但要锁表。

鉴于国内运维人员和 DBA 在企业里通常使用功能更多的 Innobackupex 命令来进行备份和恢复，因此本章也以此命令为例来讲解 Xtrabackup 软件的原理及备份恢复应用实践。

9.5.4　Innobackupex 工具语法介绍

Innobackupex 工具语法如下：

```
    innobackupex [--user=name] [--host=name] [--password=WORD] [--port=PORT]
[--socket=SOCKET] [--defaults-file=MY.CNF] PATH
```

相关参数说明见表 9-5。

表 9-5　Innobackupex 工具参数说明

参数	说明
--user=USER	用于备份数据的用户
--password=PASSWD	用于备份数据的用户对应的密码
--port=PORT	数据库端口
--host=HOST	备份的主机，主机可以是远程数据库的服务器

（续）

参数	说明
--defaults-file	指定 MySQL 的配置文件备份
--defaults-group=GROUP-NAME	在多实例的时候使用
--databases	指定需要备份的数据库，多个数据库之间以空格分开
--incremental	增量备份，后面跟要增量备份的路径
--incremental-basedir=DIRECTORY	增量备份使用，上一次（全备）增量备份所在的目录
--incremental-dir=DIRECTORY	增量备份还原的时候用来合并增量备份到全备份，指定增量备份的路径
--no-timestamp	生成的备份文件不以时间戳为目录
--slave-info	会记录主库 binlog 的位置点，并保存到 xtrabackup_slave_info 文件里，用于主从复制
--safe-slave-backup	该参数的作用是暂停 SLAVE 库的 SQL 线程，待备份结束后又会启动 SQL 线程，目的是保证备份前后数据的一致性，类似锁表停止写入数据到数据库
--stream=tar	备份结果以 tar 的文件流方式输出
--include=oldboy	备份包含的库表
--throttle=500	I/O 较多的话，可以限定 I/O 操作
--apply-log	回滚未提交的事务数据，应用 redo 日志数据
--use-memory	恢复时使用内存大小选项（需要和 --apply-log 一起使用）
--copy-back	将备份数据复制回原始位置（也可以用 mv 直接复制）
--redo-only	用于合并多份增量备份，只应用 redo 日志数据，而不应用 undo 日志回滚数据，执行最后一次增量合并应忽略该参数
--rsync	加快本地文件传输，适用于 non-InnoDB 数据库引擎
--parallel=N	当数据库比较大的时候，增加多线程备份，N 为数字

9.5.5 全备与恢复全备实践

1. 数据准备

本次实践使用第 8 章的数据，如下：

```
mysql> use oldboy
Database changed
mysql> select * from test;
+----+----------+
| id | name     |
+----+----------+
|  1 | oldboy   |
|  2 | oldgirl  |
|  3 | inca     |
|  4 | zuma     |
|  5 | kaka     |
```

```
|  6 | bingbing |
|  7 | xiaoting |
+----+----------+
7 rows in set (0.00 sec)
```

2. 开始全备

1）先创建一个规范的备份目录：

```
[root@oldboy ~]# mkdir /server/backup -p
[root@oldboy ~]# innobackupex --defaults-file=/etc/my.cnf --user=root --password=
oldboy123 --socket=/application/mysql-5.6. 40/tmp/mysql.sock --no-timestamp /server/
backup/full
```

提示： 有关参数的说明，请参照表 9-5，注意 socket 的路径为编译时指定的路径。

执行备份时，屏幕会有非常多的输出信息，其实就是备份的工作流程细节，请读者仔细看，全备份与增量备份每当命令操作成功时，都会在日志的结尾处打印“completed ok!”作为标识：

```
[root@oldboy ~]# innobackupex --defaults-file=/etc/my.cnf --user=root --password=
oldboy123 --socket=/application/mysql-5.6.40/tmp/mysql.sock --no-timestamp /server/
backup/full
...省略若干行提醒信息及读取数据库的 innodb 参数配置等 ...
180320 11:31:38 >> log scanned up to (1955436)     #<== 开始记录并监控 redo 日志。
180320 11:31:38 [01] Copying ./ibdata1 to /server/backup/full/ibdata1
#<== 开始复制 innodb 文件。
180320 11:31:39 [01]        ...done
...省略若干行 ...
180320 11:31:39 [01] Copying ./oldboy/test.ibd to /server/backup/full/oldboy/
test.ibd
180320 11:31:39 [01]        ...done
180320 11:31:39 >> log scanned up to (1955436)
180320 11:31:39 Executing FLUSH NO_WRITE_TO_BINLOG TABLES...
180320 11:31:39 Executing FLUSH TABLES WITH READ LOCK...  #<== 开始锁表备份非
                                                              事务引擎表。
180320 11:31:39 Starting to backup non-InnoDB tables and files
180320 11:31:39 [01] Copying ./performance_schema/events_statements_summary_
by_thread_by_event_name.frm to /server/backup/full/performance_schema/events_
statements_summary_by_thread_by_event_name.frm
180320 11:31:39 [01]        ...done
...省略若干复制 MyISAM 表的数据文件行 ...
180320 11:31:40 Finished backing up non-InnoDB tables and files
#<== 备份非事务引擎表完成。
180320 11:31:40 [00] Writing xtrabackup_binlog_info   #<== 记录 binlog 位置。
180320 11:31:40 [00]        ...done
180320 11:31:40 Executing FLUSH NO_WRITE_TO_BINLOG ENGINE LOGS...
```

```
xtrabackup: The latest check point (for incremental): '1955436'
#<== 记录最新的 checkpoint。
xtrabackup: Stopping log copying thread.    #<== 停止日志监控进程。
.180320 11:31:40 >> log scanned up to (1955436)
180320 11:31:41 Executing UNLOCK TABLES     #<== 停止锁表。
180320 11:31:41 All tables unlocked
... 省略备份结果信息提示 ...
180320 11:31:41 completed OK!               #<== 备份成功标识。
```

最终的备份结果如下：

```
[root@oldboy ~]# ll /server/backup/full/
total 77860
-rw-r-----. 1 root root      418 Mar 20 07:35 backup-my.cnf
#<== 配置文件备份。
-rw-r-----. 1 root root 79691876 Mar 20 07:35 ibdata1
#<== 共享表空间备份。
drwxr-x---. 2 root root     4096 Mar 20 07:35 mysql
#<== mysql 库的备份。
drwxr-x---. 2 root root     4096 Mar 20 07:35 oldboy
#<== 3 行 oldboy 等库的备份。
drwxr-x---. 2 root root     4096 Mar 20 07:35 oldboy_utf8
drwxr-x---. 2 root root     4096 Mar 20 07:35 performance_schema
-rw-r-----. 1 root root       22 Mar 20 07:35 xtrabackup_binlog_info
#<== binlog 位置信息。
-rw-r-----. 1 root root      113 Mar 20 07:35 xtrabackup_checkpoints
#<== checkpoints 信息。
-rw-r-----. 1 root root      569 Mar 20 07:35 xtrabackup_info
#<== xtrabackup 信息。
-rw-r-----. 1 root root     2560 Mar 20 07:35 xtrabackup_logfile
#<== xtrabackup 日志文件。
[root@oldboy ~]# cd /server/backup/full/
[root@oldboy full]# cat xtrabackup_binlog_info
oldboy-bin.000004 120    #<==binlog 位置信息。
[root@oldboy full]# cat xtrabackup_checkpoints #<== 存放备份的起始位置和结束位置。
backup_type = full-backuped     #<== 备份类型
from_lsn = 0                    #<==checkpoints 起始点。
to_lsn = 1955065                #<==checkpoints 结束点。
last_lsn = 1955065
compact = 0
recover_binlog_info = 0
```

3. 利用全备恢复数据

使用 Innobackupex 备份的数据有可能会处于不一致的状态，因此在恢复数据之前，首先要将数据调成一致性的状态，即需要应用备份过程中记录变化的日志（xtrabackup_logfile），同时回滚未提交的事务日志数据，具体命令如下：

```
[root@oldboy full]# innobackupex --apply-log --use-memory=32M /server/backup/full/
```

提示：

1）“--apply-log”用于记录变化的日志，并回滚未提交的事务日志数据。

2）“--use-memory=32M”是分配的使用内存大小。

该命令同样会有大量的输出，若提示“180320 07:57:33 completed OK!”，则表示操作成功。

执行完此命令之后，备份的数据就可以用来恢复了。

使用 Xtrabackup 备份的本质就是复制物理数据文件，因此，在进行最终恢复时，需要临时关闭数据库，把物理文件复制回去进行恢复，整个恢复过程如下：

```
[root@oldboy ~]# /etc/init.d/mysqld stop  #<== 停库。
Shutting down MySQL.. SUCCESS!
[root@oldboy ~]# ss -lnt|grep 3306          #<== 检查端口。
[root@oldboy ~]# mv /application/mysql/data /application/mysql/data_ori
#<== 模拟删除数据文件。
[root@oldboy ~]# mkdir -p /application/mysql/data  #<== 创建原始数据目录，
                                                      目录要为空。
[root@oldboy ~]# mv /server/backup/full/* /application/mysql/data/
#<== 使用 mv 直接复制会更舒服一些。
#<== 也可以使用下面的命令复制还原数据，和 mv 命令的功能是一样的，读者 2 选 1 即可，如下命令
     的缺点是要根据 MySQL 配置文件的路径进行回拷贝，因此配置文件没有指定数据文件路径、数据
     文件目录不为空等，都会导致无法回拷贝的问题。具体命令为 innobackupex --defaults-
     file=/etc/my.cnf --copy-back --rsync /server/backup/full/
[root@oldboy ~]# chown -R mysql.mysql /application/mysql/data
#<== 如果权限不对，那么启动数据库可能报“Starting MySQL. ERROR! The server quit
     without updating PID file”错误。
[root@oldboy ~]# /etc/init.d/mysqld start
Starting MySQL. SUCCESS!
[root@oldboy ~]# mysql -e "select * from oldboy.test;"
+----+----------+
| id | name     |
+----+----------+
|  1 | oldboy   |
|  2 | oldgirl  |
|  3 | inca     |
|  4 | zuma     |
|  5 | kaka     |
|  6 | bingbing |
|  7 | xiaoting |
+----+----------+
```

恢复成功。

9.5.6　增量备份与恢复增量数据实践

使用 Xtrabackup 程序做增量备份之前，首先要进行一次全备份，第一次增量备份是

基于全备进行的，之后的每一次增量备份都会基于上一次增量备份的数据来实现，操作过程如下。

（1）创建基础全备份

该命令与 9.5.5 节介绍全备时使用的命令一模一样：

```
[root@oldboy ~]# innobackupex --defaults-file=/etc/my.cnf --user=root --password=oldboy123 --socket=/application/mysql-5.6. 40/tmp/mysql.sock --no-timestamp /server/backup/base_full
```

提示：注意全备的路径，后面增量备份时要用到。

（2）模拟增加数据，然后做增量备份

增加如下数据：

```
mysql> use oldboy
Database changed
2 rows in set (0.00 sec)
mysql> insert into test values(8,'outman');
Query OK, 1 row affected (0.00 sec)
mysql> insert into test values(9,'outgirl');
Query OK, 1 row affected (0.00 sec)
mysql> select * from test;
+----+----------+
| id | name     |
+----+----------+
|  1 | oldboy   |
|  2 | oldgirl  |
|  3 | inca     |
|  4 | zuma     |
|  5 | kaka     |
|  6 | bingbing |
|  7 | xiaoting |
|  8 | outman   |  #<== 全备以后的模拟增加了如下两行数据。
|  9 | outgirl  |
+----+----------+
9 rows in set (0.00 sec)
```

开始做第一次增量备份：

```
[root@oldboy ~]# innobackupex --defaults-file=/etc/my.cnf --user=root --password=oldboy123 --socket=/application/mysql-5.6.40/tmp/mysql.sock --no-timestamp --incremental-basedir=/server/backup/base_full --incremental /server/backup/one_inc
```

注意，这里指定的全备路径是 --incremental-basedir=/server/backup/base_full。

增量备份的结果在 /server/backup/one_inc 下，感兴趣的读者可以认真看看，其实就是从全备信息里最后的 LSN 开始读取 redo 日志，对改变的数据进行增量备份，所以，我们刚刚增加的增量数据很少，InnoDB 数据文件备份得也很少，增量备份的 InnoDB 数据备份的关键输出如下：

```
    xtrabackup: using the full scan for incremental backup
    180320 12:37:41 [01] Copying ./ibdata1 to /server/backup/one_inc/ibdata1.delta
    180320 12:37:41 [01]        ...done
    180320 12:37:41 [01] Copying ./mysql/innodb_table_stats.ibd to /server/backup/
one_inc/mysql/innodb_table_stats.ibd.delta
    180320 12:37:41 [01]        ...done
    180320 12:37:41 [01] Copying ./mysql/innodb_index_stats.ibd to /server/backup/
one_inc/mysql/innodb_index_stats.ibd.delta
    180320 12:37:41 [01]        ...done
    180320 12:37:41 >> log scanned up to (1959061)
    ...省略无用行...
    180320 12:37:41 [01] Copying ./oldboy/test.ibd to /server/backup/one_inc/oldboy/
test.ibd.delta
    180320 12:37:41 [01]        ...done
```

根据输出，我们也大概了解了插入数据到数据库时，对数据库会有什么影响，而对于非事务引擎的备份，则仍是锁表进行全备。

（3）再模拟增加的数据，然后做第二次增量备份

增加如下数据：

```
    mysql> use oldboy
    mysql> insert into test values(10,'two_inc1');
    Query OK, 1 row affected (0.00 sec)
    mysql> insert into test values(11,'two_inc2');
    Query OK, 1 row affected (0.00 sec)
```

开始做第二次增量备份，注意，这里要用到第一次增量备份的目录，而不是全备目录：

```
    [root@oldboy ~]# innobackupex --defaults-file=/etc/my.cnf --user=root
--password=oldboy123 --socket=/application/mysql-5.6. 40/tmp/mysql.sock
--no-timestamp --parallel=3 --incremental-basedir=/server/backup/one_inc/
--incremental /server/backup/two_inc
```

到此为止，我们就完成了 1 次全备，以及全备之后的两次增量数据备份。

（4）开始做增量数据恢复

增量恢复的步骤为先恢复全备（base_full 目录）数据，然后再恢复第一次增量（one_inc）的数据，以及第二次增量（two_inc）的数据，如果有更多次增量备份就以此类推。

1）应用 redo 日志恢复全备数据：

```
    [root@oldboy ~]# innobackupex --apply-log --use-memory=32M --redo-only /
server/backup/base_full/
```

特别强调：非最后一次合并增量数据一定要加 --redo-only 参数，即只应用 redo 日志恢复数据，而不执行 undo 回滚未提交的数据，等到最后一次增量备份合并完成后再进行 undo 日志回滚数据。

2）合并第一次的增量数据到全备数据目录：

```
[root@oldboy ~]# innobackupex --apply-log --use-memory=32M --redo-only --incremental-dir=/server/backup/one_inc /server/backup/base_full/
```

提示：这里最关键的就是增量备份的参数和路径了。

3）合并第二次的增量数据到全备数据目录：

```
[root@oldboy ~]# innobackupex --apply-log --use-memory=32M --incremental-dir=/server/backup/two_inc /server/backup/base_full/
```

需要强调的是，最后一次合并增量数据到全备时，取消了“--redo-only”参数。

4）对最终的全量数据做 redo 日志应用，并执行 undo 回滚数据：

```
[root@oldboy ~]# innobackupex --apply-log --use-memory=32M /server/backup/base_full/
```

提示：本命令取消了“--redo-only”参数，目的是应用 undo 日志回滚数据，为最终的恢复数据做准备。

5）开始正式恢复数据：

```
[root@oldboy ~]# /etc/init.d/mysqld stop
Shutting down MySQL.. SUCCESS!
[root@oldboy ~]# ss -lnt|grep 3306
[root@oldboy ~]# mv /application/mysql/data /tmp/data_ori1
[root@oldboy ~]# mkdir -p /application/mysql/data   #<== 原始数据目录 /application/mysql/data 要为空。
[root@oldboy ~]# innobackupex --defaults-file=/etc/my.cnf --copy-back --rsync /server/backup/base_full/  #<== 用 innobackupex 看看效果和 mv 是不是一样的，注意 MySQL 的配置文件要正确。
[root@oldboy ~]# chown -R mysql.mysql /application/mysql/data
#<== 如果权限不对，那么启动数据库可能会报“Starting MySQL. ERROR! The server quit
     without updating PID file”错误。
[root@oldboy ~]# /etc/init.d/mysqld start
Starting MySQL. SUCCESS!
[root@oldboy ~]# mysql -e "select * from oldboy.test;"
+----+----------+
```

```
| id | name     |
+----+----------+
|  1 | oldboy   |
|  2 | oldgirl  |
|  3 | inca     |
|  4 | zuma     |
|  5 | kaka     |
|  6 | bingbing |
|  7 | xiaoting |
|  8 | outman   |
|  9 | outgirl  |
| 10 | two_inc1 |
| 11 | two_inc2 |
+----+----------+
```

到此为止，全量和后增加的增量数据就都回来了，但上述恢复还未涉及 binlog 恢复的情况，因此，在实际生产中仅仅用上述方法来恢复数据，得到的数据将是不完整的，还需要进行 binlog 文件的恢复才行，对此前面已经用 mysqldump 逻辑备份加 binlog 增量的方式为大家演示过案例了。

9.5.7 中小企业 MySQL Xtrabackup 物理增量恢复案例实战

前文讲解的 Xtrabackup 增量恢复是不完善的，本节将讲解较为复杂的恢复方法，即内部管理人员通过 SQL 语句将数据误删除后，所采用的完善恢复方案会涉及为 Xtrabackup 进行全量与增量备份，以及 binlog 日志的恢复知识。

在讲解案例之前，思考一下具备什么样的条件才能完整地物理恢复数据库数据。

答案具体如下。

- 具备全量备份（Xtrabckup 备份的全备）。
- 具备全量之后的所有增量备份（Xtrabckup 备份的增量）。
- 具备最后一次增量备份以后的所有 MySQL 的 binlog 增量日志。

现在，准备模拟数据。假设当前数据库内的数据如下：

```
mysql> use oldboy
Database changed
mysql> truncate table test;
Query OK, 0 rows affected (0.02 sec)
mysql> insert into test values(1,'full01');
Query OK, 1 row affected (0.00 sec)
mysql> insert into test values(2,'full02');
Query OK, 1 row affected (0.01 sec)
mysql> insert into test values(3,'full03');
Query OK, 1 row affected (0.00 sec)
mysql> insert into test values(4,'full04');
Query OK, 1 row affected (0.00 sec)
mysql> insert into test values(5,'full05');
```

```
Query OK, 1 row affected (0.00 sec)
mysql> select * from test;
+----+--------+
| id | name   |
+----+--------+
|  1 | full01 |
|  2 | full02 |
|  3 | full03 |
|  4 | full04 |
|  5 | full05 |
+----+--------+
5 rows in set (0.00 sec)
```

先模拟 3 月 21 日 0 点开始对数据库 oldboy 数据进行全备：

```
[root@oldboy ~]# date -s "2018/03/21"
Sun Mar 21 00:00:00 EDT 2018
[root@oldboy ~]# innobackupex --defaults-file=/etc/my.cnf --user=root --password=oldboy123 --socket=/application/mysql-5.6.34/tmp/mysql.sock --no-timestamp /server/backup/new_base_full
```

然后模拟 3 月 21 日 0 点全备之后（0:00-24:00 点）用户继续写入数据：

```
[root@oldboy ~]# mysql -e "use oldboy;insert into test values(6,'new_inc_one_1');"
[root@oldboy ~]# mysql -e "use oldboy;insert into test values(7,'new_inc_one_2');"
[root@oldboy ~]# mysql -e "select * from oldboy.test;"
+----+---------------+
| id | name          |
+----+---------------+
|  1 | full01        |
|  2 | full02        |
|  3 | full03        |
|  4 | full04        |
|  5 | full05        |
|  6 | new_inc_one_1 |
|  7 | new_inc_one_2 |
+----+---------------+
```

之后，在 3 月 22 日 0 点做增量备份（没做全备）：

```
[root@oldboy ~]# date -s "2018/03/22"
Wed Mar 22 00:00:00 EDT 2018
[root@oldboy ~]# innobackupex --defaults-file=/etc/my.cnf --user=root --password=oldboy123 --socket=/application/mysql-5.6.34/tmp/mysql.sock --no-timestamp --incremental-basedir=/server/backup/new_base_full --incremental /server/backup/new_one_inc
```

提示： 可以按周每天一直增量备份到下一次全备之前，这里就以备份一次增量为例，减少篇幅。

在 3 月 22 日 0 点增备之后（0:00-24:00）用户继续写入数据：

```
[root@oldboy ~]# mysql -e "use oldboy;insert into test values(8,'binlog_data_1');"
[root@oldboy ~]# mysql -e "use oldboy;insert into test values(9,'binlog_data_2');"
[root@oldboy ~]# mysql -e "select * from oldboy.test;"
+----+---------------+
| id | name          |
+----+---------------+
|  1 | full01        |
|  2 | full02        |
|  3 | full03        |
|  4 | full04        |
|  5 | full05        |
|  6 | new_inc_one_1 |
|  7 | new_inc_one_2 |
|  8 | binlog_data_1 |
|  9 | binlog_data_2 |
+----+---------------+
```

假设 3 月 22 日上午 10:00 点管理人员误删除了 oldboy 数据库：

```
[root@oldboy ~]# date -s "2018/03/22 10:00"
Tue Mar 22 10:00:00 EDT 2018
[root@oldboy ~]# mysql  -e "drop database oldboy;show databases;"
+--------------------+
| Database           |
+--------------------+
| information_schema |
| mysql              |
| oldboy_utf8        |
| performance_schema |
+--------------------+
```

数据库出问题 10 分钟后，公司的网站运营人员报网站故障，联系运维人员、DBA 解决。此时，DBA 或开发人员会查看网站报错（或者查看后台日志），可以看到连不上 oldboy 数据库的提示，然后登录数据库排查，发现数据库 oldboy 库已经不存在了，经过询问才知道是管理员 10 点左右刚刚清除了一个“没有用的”数据库……问题的原因终于找到了。事实上，登录系统分析系统审计日志，以及分析数据库 binlog 也可以发现库丢失的原因；开发人员通过程序日志判断应该也可以查出来原因。

找到了原因，就可以开始进行恢复前的准备。

1）移走所有 binlog 增量文件，防止被二次破坏。

```
[root@oldboy ~]# cp -a /application/mysql/logs /server/backup/binlog
```

2）开始恢复数据前的增量备份和全备合并。

先合并全备数据到新全备目录，即恢复第一天 0 点前的所有数据：

```
[root@oldboy ~]# innobackupex --apply-log --use-memory=32M --redo-only /server/backup/new_base_full/
```

再合并增量数据到新全备目录，即恢复第二天 0 点前的所有数据：

```
[root@oldboy ~]# innobackupex --apply-log --use-memory=32M --incremental-dir=/server/backup/new_one_inc /server/backup/new_base_full/
```

最后应用所有 redo 日志，并回滚未提交的数据：

```
[root@oldboy ~]# innobackupex --apply-log --use-memory=32M /server/backup/new_base_full/
```

3）开始恢复 binlog 日志数据。

由于 3 月 22 日 0 ～ 10 点之前的所有数据并不在全备里，也不在增量里，而是在 MySQL 的 binlog 日志里，因此还要进行如下操作来完成恢复。

首先查看 3 月 22 日 0 点最后一次增量的 binlog 位置信息：

```
[root@oldboy ~]# cat /server/backup/new_one_inc/xtrabackup_binlog_info
oldboy-bin.000006 588
```

这个位置信息以后的 binlog 才是我们需要的，以前的数据在 Xtrabackup 的全量和增量里已经有了，然后查看问题出现后第一时间备份的 binlog 文件信息：

```
[root@oldboy ~]# ll /server/backup/binlog/oldboy-bin*
-rw-rw----. 1 mysql mysql  143 Mar 20 11:29 /server/backup/binlog/oldboy-bin.000001
-rw-rw----. 1 mysql mysql  143 Mar 20 12:14 /server/backup/binlog/oldboy-bin.000002
-rw-rw----. 1 mysql mysql 1058 Mar 20 13:52 /server/backup/binlog/oldboy-bin.000003
-rw-rw----. 1 mysql mysql  120 Mar 20 13:56 /server/backup/binlog/oldboy-bin.000004
-rw-rw----. 1 mysql mysql 1941 Mar 21 10:06 /server/backup/binlog/oldboy-bin.000005
-rw-rw----. 1 mysql mysql  709 Mar 22 10:12 /server/backup/binlog/oldboy-bin.000006
-rw-rw----. 1 mysql mysql  588 Mar 22 10:18 /server/backup/binlog/oldboy-bin.000007
-rw-rw----. 1 mysql mysql  294 Mar 22 10:14 /server/backup/binlog/oldboy-bin.index
```

从上面的信息可知，需要使用的两个 binlog 文件分别为 oldboy-bin.000006 和 oldboy-bin.000007。

现在从 oldboy-bin.000006 文件的 588 位置点开始恢复增量数据：

```
[root@oldboy ~]# cd /server/backup/binlog
[root@oldboy binlog]# mysqlbinlog -d oldboy oldboy-bin.000006 oldboy-bin.000007 --start-position=588 -r bin.sql
```

这里要剔除误删数据库的 drop 语句，否则，直接恢复就又进入了删库故障的坑：

```
[root@oldboy binlog]# grep -w drop  bin.sql #<== 过滤 drop 单词的行。
drop database oldboy
[root@oldboy binlog]# sed -i '/drop database oldboy/d' bin.sql
#<== 删除 drop 数据库 oldboy 的语句。
[root@oldboy binlog]# grep -w drop  bin.sql
```

需要特别强调的是，本案例是删除数据库了，因此 binlog 日志就不再增长了，所以可以利用上文第一时间备份的 binlog 恢复，如果是 update 操作误改了数据又没有停库，那么，此时最好是在数据库服务器上用 Iptables 控制应用程序连接数据库之后，再从上述 binlog 位置点开始读取正式日志目录下的所有 binlog 日志，一直将 Iptables 限制访问时的所有 binlog 日志恢复完。

下面开始正式恢复数据库数据的实战。

1）停止数据库对外访问。因为是使用 drop 命令删除库，而且后面不会有写入了，所以可以不用额外停止写入，但如果是 update 导致的数据破坏，那么最好是在发现问题的第一时间就进行停库处理或对外停止写入。这里采用 Iptables 防火墙屏蔽所有应用程序的写入。

```
[root@oldboy ~]# iptables -I INPUT -p tcp --dport 3306 ! -s 172.16.1.51 -j DROP
#<== 非 172.16.1.51 禁止访问数据库 3306 端口。
```

2）恢复处理好的 Xtrabackup 备份的全量及增量数据：

```
[root@oldboy ~]# /etc/init.d/mysqld stop                    #<== 恢复时要停库。
Shutting down MySQL.. SUCCESS!
[root@oldboy ~]# ss -lnt|grep 3306
[root@oldboy ~]# mv /application/mysql/data /tmp/data3  #<== 移走旧的数据。
[root@oldboy ~]# mkdir -p /application/mysql/data
#<== 原始数据目录 /application/mysql/data 要为空。
[root@oldboy ~]# mv /server/backup/new_base_full/* /application/mysql/data/
#<== 采用 mv，而不是 xtrabackup 的 --copy-back 参数还原，使用 mv 的时候，前文的 MySQL
     配置就可以采用了。
[root@oldboy ~]# chown -R mysql.mysql /application/mysql/data/
#<== 别忘了重新授权。
[root@oldboy ~]# /etc/init.d/mysqld start               #<== 恢复完毕，启动数据库。
Starting MySQL. SUCCESS!
[root@oldboy ~]# mysql -e "select * from oldboy.test;"
+----+---------------+
| id | name          |
+----+---------------+
|  1 | full01        |
|  2 | full02        |
|  3 | full03        |
|  4 | full04        |
|  5 | full05        |
|  6 | new_inc_one_1 |
|  7 | new_inc_one_2 |
+----+---------------+
```

到此，使用 Xtrabackup 备份的到 3 月 21 日的全备数据和 3 月 22 日 0 点之前增量备份的数据都回来了。

接下来开始恢复 3 月 22 日 0 点到 10 点的数据库数据。

这时需要恢复 binlog 数据，即从 binlog 解析出数据并且清理了 drop 语句的 bin.sql 文件：

```
[root@oldboy ~]# cd /server/backup/binlog
[root@oldboy binlog]# mysql oldboy<bin.sql #<== 恢复 binlog 数据。
[root@oldboy binlog]# mysql -e "select * from oldboy.test;"
+----+---------------+
| id | name          |
+----+---------------+
|  1 | full01        |
|  2 | full02        |
|  3 | full03        |
|  4 | full04        |
|  5 | full05        |
|  6 | new_inc_one_1 |
|  7 | new_inc_one_2 |
|  8 | binlog_data_1 |  #<==binlog 里记录的数据回来了。
|  9 | binlog_data_2 |
+----+---------------+
```

到此，就实现了利用 Xtrabackup 程序进行全备和增量备份的恢复，并且使用 binlog 进行了完整的数据恢复。

9.5.8 使用 Xtrabackup 物理分库分表备份

使用 Xtrabackup 物理分库分表备份的前提是开启独立表空间模式，即设置 innodb_file_per_table=On，MySQL 5.6 版本默认已经开启了此模式。

1）备份单个库 oldboy：

```
[root@oldboy ~]# innobackupex --defaults-file=/etc/my.cnf --user=root --password
=oldboy123 --socket=/application/mysql-5.6.40/tmp/mysql.sock --no-timestamp --databases=
"oldboy" /server/backup/oldboy_full
[root@oldboy ~]# ls -l /server/backup/oldboy_full/
total 77848
-rw-r-----. 1 root root      418 Mar 22 12:27 backup-my.cnf
-rw-r-----. 1 root root 79691876 Mar 22 12:27 ibdata1
drwxr-x---. 2 root root     4096 Mar 22 12:27 oldboy
-rw-r-----. 1 root root       22 Mar 22 12:27 xtrabackup_binlog_info
-rw-r-----. 1 root root      113 Mar 22 12:27 xtrabackup_checkpoints
-rw-r-----. 1 root root      595 Mar 22 12:27 xtrabackup_info
-rw-r-----. 1 root root     2560 Mar 22 12:27 xtrabackup_logfile
```

2）备份多个库：

```
[root@oldboy ~]# innobackupex --defaults-file=/etc/my.cnf --user=root --password=
oldboy123 --socket=/application/mysql-5.6.40/tmp/mysql.sock --no-timestamp --databases=
"oldboy oldgirl" /server/backup/oldboy_oldgirl
[root@oldboy ~]# ls -l /server/backup/oldboy_oldgirl/
```

```
total 77852
-rw-r-----. 1 root root      418 Mar 22 12:30 backup-my.cnf
-rw-r-----. 1 root root 79691876 Mar 22 12:30 ibdata1
drwxr-x---. 2 root root     4096 Mar 22 12:30 oldboy
drwxr-x---. 2 root root     4096 Mar 22 12:30 oldgirl
-rw-r-----. 1 root root       22 Mar 22 12:30 xtrabackup_binlog_info
-rw-r-----. 1 root root      113 Mar 22 12:30 xtrabackup_checkpoints
-rw-r-----. 1 root root      606 Mar 22 12:30 xtrabackup_info
-rw-r-----. 1 root root     2560 Mar 22 12:30 xtrabackup_logfile
```

3）备份单个表：

```
[root@oldboy ~]# innobackupex --defaults-file=/etc/my.cnf --user=root --password=
oldboy123 --socket=/application/mysql-5.6.40/tmp/mysql.sock --no-timestamp --databases=
"oldboy.test" /server/backup/oldboy_test
```

4）备份多个库的多个表：

```
[root@oldboy ~]# innobackupex --defaults-file=/etc/my.cnf --user=root --password=
oldboy123 --socket=/application/mysql-5.6.40/tmp/mysql.sock --no-timestamp --databases=
"oldboy.test oldboy.student" /server/backup/oldboy_test_student
[root@oldboy ~]# innobackupex --defaults-file=/etc/my.cnf --user=root --password=
oldboy123 --socket=/application/mysql-5.6.40/tmp/mysql.sock --no-timestamp --databases=
"oldboy.test oldboy.student mysql.user" /server/backup/all
```

其他用法还有“--tables-file”、“—include”等参数，读者可以参考官方说明进行尝试。

9.5.9　使用 Xtrabackup 物理分库分表备份的恢复

在实施使用 Xtrabackup 物理分库分表备份的恢复时，需要使用“--export”来做恢复准备，最终恢复时，不能使用常规的“--copy-back”选项，而是要初始化一个带有 mysql 库（“mysql_install_db --user=mysql”）的干净的数据文件目录。

1）恢复准备（请选择一个单独的测试环境来执行）：

```
[root@oldboy ~]# innobackupex --apply-log --export /server/backup/oldboy_
test/ #<== 恢复 oldboy 的 test 表。
```

2）初始化数据库（选择一个单独的测试环境来执行）。

这里为了方便，在当前库演示：

```
[root@oldboy ~]# /etc/init.d/mysqld stop                    #<== 停库。
Shutting down MySQL.. SUCCESS!
[root@oldboy ~]# mv /application/mysql/data /tmp/data.ori #<== 备份前面的数据。
[root@oldboy ~]# mkdir /application/mysql/data
[root@oldboy ~]# /application/mysql/scripts/mysql_install_db --basedir=/
application/mysql/ --datadir=/application/mysql/data --user=mysql
#<== 初始化新的 mysql 数据文件。
```

```
[root@oldboy ~]# cp /server/backup/oldboy_test/* /application/mysql/data/
#<== 将 oldboy.test 数据回拷贝。
[root@oldboy ~]# chown -R mysql.mysql /application/mysql/data #<== 别忘了授权。
[root@oldboy ~]# /etc/init.d/mysqld start
Starting MySQL. SUCCESS!
```

通过以下命令可登录数据库查看还原的数据：

```
mysql> select * from oldboy.test;
+----+---------------+
| id | name          |
+----+---------------+
|  1 | full01        |
|  2 | full02        |
|  3 | full03        |
|  4 | full04        |
|  5 | full05        |
|  6 | new_inc_one_1 |
|  7 | new_inc_one_2 |
|  8 | binlog_data_1 |
|  9 | binlog_data_2 |
+----+---------------+
9 rows in set (0.01 sec)
```

如果有需要，可以通过 mysqldump 导出后恢复到正式库。

最后别忘了将当前的环境恢复回来：

```
[root@oldboy ~]# /etc/init.d/mysqld stop                       #<== 停止数据库。
Shutting down MySQL.. SUCCESS!
[root@oldboy ~]# mv /application/mysql/data /opt/data.new  #<== 移动旧的数据备份。
[root@oldboy ~]# mv /tmp/data.ori /application/mysql/data  #<== 将备份的数据还原。
[root@oldboy ~]# chown -R mysql.mysql /application/mysql/data  #<== 授权。
[root@oldboy ~]# /etc/init.d/mysqld start                      #<== 启动数据库。
Starting MySQL. SUCCESS!
```

第10章

MySQL 数据库日志知识与企业应用实践

10.1 MySQL 常用日志文件知识

MySQL 日志种类

为了帮助管理员快速发现数据库的相关运行信息，MySQL 为用户提供了几种日志种类，具体见表 10-1。

表 10-1　MySQL 常用日志种类

MySQL 日志类型	解释说明
错误日志（error log）	当数据库启动、运行、停止时产生该日志
普通查询日志（general query log）	客户端连接数据库执行语句时产生该日志
二进制日志（binary log）	当数据库内容发生改变时产生该日志，也被用来实现主从复制功能
中继日志（relay log）	从库上收到主库的数据更新时产生该日志
慢查询日志（slow query log）	SQL 语句在数据库查询超过指定时间时产生该日志
DDL 日志（metadata log）	执行 DDL 语句操作元数据时产生该日志

默认情况下，以上所有的日志都处于非激活状态（Linux 环境）。当激活日志时，所有的日志都默认配置在数据文件的目录下。管理员也可以对上述日志进行轮询切割，实现该功能常见的命令是 mysqladmin flush-logs、mysqldump 的“-F”或“--master-data”参数等，下面就分别介绍这几种日志知识。

10.2 错误日志的介绍与配置

1. 错误日志的介绍

MySQL 的错误日志用于记录 MySQL 服务进程 mysqld 在启动 / 关闭或运行过程中遇到的错误信息。

2. 错误日志的记录配置

MySQL 的错误日志通常由 mysqld 或 mysqld_safe 程序产生，前文已经讲解过 MySQL 的启动原理，因此，可利用如下方法配置记录 MySQL 错误日志。

方法 1：在 my.cnf 配置文件中调整，注意，是在 [mysqld_safe] 模块的下面进行配置。命令如下：

```
[mysqld_safe]
log-error = /application/mysql-5.6.40/data/oldboy.err
```

方法 2：在启动 MySQL 服务的命令里加入记录错误日志的参数。

示例如下：

```
mysqld_safe --log-error=/application/mysql-5.6.40/data/oldboy.err &
```

查看到的最终结果为：

```
mysql> show variables like 'log_error%';
+---------------+------------------------------------------+
| Variable_name | Value                                    |
+---------------+------------------------------------------+
| log_error     | /application/mysql-5.6.40/data/oldboy.err |
+---------------+------------------------------------------+
1 row in set (0.00 sec)
[root@oldboy ~]# tail -4 /application/mysql/data/oldboy.err
2018-03-03 05:50:09 68261 [Note] InnoDB: 128 rollback segment(s) are active.
2018-03-03 05:50:09 68261 [Note] InnoDB: Waiting for purge to start
2018-03-03 05:50:09 68261 [Note] InnoDB: 5.6.40 started; log sequence number 1854308
2018-03-03 05:50:09 68261 [Note] Server hostname (bind-address): '*'; port: 3306
```

提示：默认的日志文件名部分和系统主机名一致，扩展名为“.err”。

3. 错误日志轮询

管理员可以使用命令轮询错误日志，例如可以按天轮询，具体方法如下：

```
[root@oldboy ~]# cd  /application/mysql/data/            #<== 切换到日志目录下。
[root@oldboy data]# mv oldboy.err oldboy_$(date +%F).err  #<== 将错误日志按天
                                                               移动改名。
[root@oldboy data]# mysqladmin flush-logs                 #<== 执行刷新日志命令。
[root@oldboy data]# ls -l oldboy.err
```

```
-rw-rw----. 1 mysql mysql 0 Mar 19 19:34 oldboy.err    #<== 新的错误日志诞生了。
```

4. 数据库故障排查案例分析

新手安装数据库时，遇到数据库无法启动时的排查方法具体如下。

1）先清空错误日志文件，然后重新启动 MySQL 服务，再查看日志文件报什么错误，并根据错误日志进行处理。

2）如果无法解决，则删除数据文件，重新初始化数据库。

假设在排查故障时，得到的错误日志提示为：

```
180321 17:36:26 InnoDB: Completed initialization of buffer pool
180321 17:36:26  InnoDB: Operating system error number 13 in a file operation.
InnoDB: The error means mysqld does not have the access rights to
InnoDB: the directory.
InnoDB: File name ./ibdata1
```

根据提示可知，该错误是权限问题导致的问题，可对数据目录递归执行权限，然后再重启数据库。命令如下：

```
[root@oldboy data]# chown -R mysql.mysql /application/mysql/data/
```

10.3　普通查询日志的介绍与配置

1. 普通查询日志的介绍

普通查询日志的作用是记录客户端连接信息，以及执行的 SQL 语句信息。

2. 普通查询日志的功能配置

可能官方考虑到普通查询日志的重要性比较低，因此默认情况下普通查询日志是关闭状态，如下所示：

```
mysql> show variables like 'general_log%';
+------------------+-----------------------------------------+
| Variable_name    | Value                                   |
+------------------+-----------------------------------------+
| general_log      | OFF                                     |
| general_log_file | /application/mysql-5.6.40/data/oldboy.log |
+------------------+-----------------------------------------+
2 rows in set (0.00 sec)
```

可以执行在线修改的命令使其临时生效：

```
mysql> set global general_log = on;
Query OK, 0 rows affected (0.00 sec)
mysql> show variables like 'general_log%';
+------------------+-----------------------------------------+
| Variable_name    | Value                                   |
```

```
+------------------+--------------------------------------------+
| general_log      | ON                                         |
| general_log_file | /application/mysql-5.6.40/data/oldboy.log |
+------------------+--------------------------------------------+
2 rows in set (0.00 sec)
```

如果希望永久生效，则可以把参数写入 my.cnf 的配置文件里的 [mysqld] 模块下：

```
general_log = on
general_log_file = /application/mysql-5.6.40/data/oldboy.log
```

3. 普通查询日志示例

可在执行几个操作后，观察查询日志文件的变化：

```
[root@oldboy data]# tail oldboy.log
/application/mysql-5.6.40/bin/mysqld, Version: 5.6.40-log (Source distribution).
started with:
Tcp port: 3306  Unix socket: /application/mysql-5.6.40/tmp/mysql.sock
Time                 Id Command    Argument
180319 19:53:47      67 Query     show variables like 'general_log%'
180319 19:55:45      67 Query     show variables like 'log_error%'
180319 19:55:52      67 Query     select * from oldboy.test
180319 19:55:57      67 Quit
```

4. 普通查询日志的生产使用建议

在高并发数据库的场景下，普通查询日志应该是关闭状态的（默认也是关闭的），主要是因为查询日志的信息量很大，容易导致磁盘 I/O 性能问题。当访问量不是很大，而企业又有审计执行的 SQL 语句的需求时，可以考虑开启该功能。

10.4 二进制日志的介绍与配置

1. 二进制日志的介绍

二进制日志的作用是记录数据库里的数据被修改的 SQL 语句，一般为 DDL 和 DML 语句，例如含有 insert、update、delete、create、drop、alter 等关键字的语句。

2. 二进制日志的作用

二进制日志最重要的作用有 2 个，具体如下。

第一个是记录 MySQL 数据的增量数据，用来做增量数据库恢复，没有二进制日志功能，MySQL 的备份将无法完整还原数据。

第二个是实现主从复制功能，具体见 MySQL 主从复制的相关内容。

3. 二进制日志的配置

二进制日志的调整，前文已经讲解并实际操作过了，查验如下：

```
[root@oldboy data]# grep log_bin /etc/my.cnf
```

```
log_bin    #<== 默认情况下记录日志前缀为“主机名 -bin”。
mysql> show variables like 'log_bin';
+---------------+-------+
| Variable_name | Value |
+---------------+-------+
| log_bin       | ON    | #<== 记录 binlog 开关。
+---------------+-------+
1 row in set (0.00 sec)

mysql> show variables like '%log_bin';
+---------------+-------+
| Variable_name | Value |
+---------------+-------+
| log_bin       | ON    | #<== 记录 binlog 开关。
| sql_log_bin   | ON    | #<== 临时不记录 binlog 开关。
+---------------+-------+
2 rows in set (0.00 sec)
```

有个参数可以实现在开启 binlog 功能的前提下，临时不记录 binlog，示例如下：

```
mysql> set session sql_log_bin = OFF; #<== 临时停止记录 binlog，注意是 session
                                          级别，不影响其他会话。
Query OK, 0 rows affected (0.00 sec)
mysql> show variables like '%log_bin';
+---------------+-------+
| Variable_name | Value |
+---------------+-------+
| log_bin       | ON    |
| sql_log_bin   | OFF   | #<== 已关闭。
+---------------+-------+
2 rows in set (0.00 sec)
mysql> create database oldgirl; #<== 建库测试。
Query OK, 1 row affected (0.00 sec)

mysql> show binary logs; #<== 查看 binlog 文件列表及位置点。
+-------------------+-----------+
| Log_name          | File_size |
+-------------------+-----------+
| oldboy-bin.000001 |       143 |
| oldboy-bin.000002 |       168 |
| oldboy-bin.000003 |       168 |
| oldboy-bin.000004 |      9299 |
| oldboy-bin.000005 |       211 | #<== 最新的 binlog 文件及位置点，也可以通过
                                    “show master status;”来确定。
+-------------------+-----------+
5 rows in set (0.00 sec)
mysql> system mysqlbinlog oldboy-bin.000005|grep "oldgirl"
#<== 过滤 binlog 文件，没有记录 binlog。
mysql> set session sql_log_bin = On; #<== 开启开关。
```

```
Query OK, 0 rows affected (0.00 sec)
mysql> drop database oldgirl;          #<== 删除数据库。
Query OK, 0 rows affected (0.00 sec)
mysql> system mysqlbinlog oldboy-bin.000005|grep "oldgirl"
#<== 继续过滤，发现记录了 binlog。
drop database oldgirl
```

到这里，读者应该知道 sql_log_bin 的功能了吧，这个功能通常用于在用户使用 mysql 恢复数据时不希望恢复的数据 SQL 记录到 binlog 里的情况。当然，还有其他的应用场景。

4. 二进制日志文件的刷新条件

1）数据库重启会自动刷新 binlog 为新文件。

2）执行“mysqldump -F”或“mysqladmin flush-logs”会将 binlog 刷新为新文件。

3）binlog 文件达到 1GB 左右时，会自动刷新 binlog 为新文件。

4）人为配置切割及调整。

binlog 最大值控制参数及默认大小查看方法如下：

```
mysql> show variables like 'max_binlog_size';
+-----------------+------------+
| Variable_name   | Value      |
+-----------------+------------+
| max_binlog_size | 1073741824 |
+-----------------+------------+
1 row in set (0.00 sec)
```

5. 二进制日志索引文件

除了很多按序列生成的 binlog 文件列表之外，还有一个索引文件，例如下文里的 oldboy-bin.index：

```
[root@oldboy data]# pwd
/application/mysql/data
[root@oldboy data]# ls -l oldboy-bin.*
-rw-rw----. 1 mysql mysql  143 Mar  3 05:50 oldboy-bin.000001
-rw-rw----. 1 mysql mysql  168 Mar  3 05:57 oldboy-bin.000002
-rw-rw----. 1 mysql mysql  168 Mar  3 05:57 oldboy-bin.000003
-rw-rw----. 1 mysql mysql 9299 Mar 19 19:34 oldboy-bin.000004
-rw-rw----. 1 mysql mysql  211 Mar 19 20:15 oldboy-bin.000005
-rw-rw----. 1 mysql mysql  100 Mar 19 19:34 oldboy-bin.index
```

索引文件的文件名和 binlog 文件一样，只是扩展名为 index，查看索引文件内容的命令如下：

```
[root@oldboy data]# cat oldboy-bin.index
./oldboy-bin.000001
./oldboy-bin.000002
```

```
./oldboy-bin.000003
./oldboy-bin.000004
./oldboy-bin.000005
```

binlog 索引文件的控制参数为：

```
mysql> show variables like 'log_bin_index';
+---------------+-------------------------------------------------+
| Variable_name | Value                                           |
+---------------+-------------------------------------------------+
| log_bin_index | /application/mysql-5.6.40/data/oldboy-bin.index |
+---------------+-------------------------------------------------+
1 row in set (0.00 sec)
```

6. 删除二进制日志的方法

binlog 日志很重要，不能随意清除，有些读者看到所维护的服务器空间满了，竟然会直接删除 binlog 物理文件，这样的操作是错误的，应避免。那么如何正确删除 binlog 文件呢？

首先，要确定什么时候可以删除 binlog。

理论上每天的数据库全备时刻以前的 binlog 都是无用的，但是工作中我们会根据需要保留 3 ～ 7 天的本地 binlog 文件。

下面来看看具体的删除方式。

（1）设置参数自动删除 binlog

设置参数自动删除 binlog 是每个管理员都应该做的，参数设置示例如下。

假设参数为：

```
expire_logs_days = 7   #<== 删除 7 天前的日志
```

该参数默认是没有配置的，生产中可以同时实现在线更改以及永久更改配置文件：

```
mysql> show variables like 'expire_logs_days';
+------------------+-------+
| Variable_name    | Value |
+------------------+-------+
| expire_logs_days | 0     |
+------------------+-------+
1 row in set (0.00 sec)

mysql> set global expire_logs_days = 7;
Query OK, 0 rows affected (0.00 sec)

mysql> show variables like 'expire_logs_days';
+------------------+-------+
| Variable_name    | Value |
+------------------+-------+
```

```
| expire_logs_days | 7     |
+------------------+-------+
1 row in set (0.00 sec)

[root@oldboy data]# grep expir /etc/my.cnf
expire_logs_days = 7
```

（2）从最开始一直删除到指定的文件位置（不含指定文件）

这种方法一般用于处理临时的需求，操作如下：

```
[root@oldboy data]# cp oldboy-bin.* /tmp
```

登录数据库时执行如下命令：

```
mysql> show binary logs;
+------------------+-----------+
| Log_name         | File_size |
+------------------+-----------+
| oldboy-bin.000001 |       143 |
| oldboy-bin.000002 |       168 |
| oldboy-bin.000003 |       168 |
| oldboy-bin.000004 |      9299 |
| oldboy-bin.000005 |       211 |
+------------------+-----------+
4 rows in set (0.00 sec)
mysql> purge binary logs to 'oldboy-bin.000002';
Query OK, 0 rows affected (0.00 sec)
mysql> show binary logs;
+------------------+-----------+
| Log_name         | File_size |
+------------------+-----------+
| oldboy-bin.000002 |       168 | #<== 序列 000002 以前的就没了。
| oldboy-bin.000003 |       168 |
| oldboy-bin.000004 |      9299 |
| oldboy-bin.000005 |       211 |
+------------------+-----------+
4 rows in set (0.00 sec)
```

（3）按照时间删除 binlog 日志

这种方法也是用于处理临时的需求，操作如下：

```
[root@oldboy data]# ls -l --time-style=long-iso oldboy-bin*
-rw-rw----. 1 mysql mysql  168 2018-03-03 05:57 oldboy-bin.000002
-rw-rw----. 1 mysql mysql  168 2018-03-03 05:57 oldboy-bin.000003
-rw-rw----. 1 mysql mysql 9299 2018-03-19 19:34 oldboy-bin.000004
-rw-rw----. 1 mysql mysql  211 2018-03-19 20:15 oldboy-bin.000005
-rw-rw----. 1 mysql mysql   80 2018-03-19 21:15 oldboy-bin.index
```

下面删除“2018-03-19 19:34”以前的 binlog 文件：

```
mysql> PURGE MASTER LOGS BEFORE '2018-03-19 19:34';
Query OK, 0 rows affected (0.00 sec)
mysql> system ls -l --time-style=long-iso oldboy-bin*
-rw-rw----. 1 mysql mysql 9299 2018-03-19 19:34 oldboy-bin.000004
-rw-rw----. 1 mysql mysql  211 2018-03-19 20:15 oldboy-bin.000005
-rw-rw----. 1 mysql mysql   40 2018-03-19 21:20 oldboy-bin.index
```

（4）清除所有的 binlog，并从 000001 开始重新记录

reset master 指令可以清除数据库所有的 binlog 文件，并从 000001 开始重新记录：

```
mysql> reset master;
Query OK, 0 rows affected (0.01 sec)
mysql> system ls -l --time-style=long-iso oldboy-bin*
-rw-rw----. 1 mysql mysql 120 2018-03-19 21:22 oldboy-bin.000001
-rw-rw----. 1 mysql mysql  20 2018-03-19 21:22 oldboy-bin.index
```

下面是 binlog 相关参数的设置和优化思路。

使用如下命令可以查看 binlog 相关的参数：

```
mysql> show variables like 'binlog_%';
mysql> show variables like '%log_bin%';
```

这里只给大家讲解工作中比较常用的参数。

（1）binlog_cache_size

二进制日志缓存是数据库为每一个客户连接分配的内存空间。对于事务引擎来说，适当调整该参数会获得更好的性能，该参数的默认值为：

```
mysql> show variables like '%binlog_cache%';
+-----------------------+----------------------+
| Variable_name         | Value                |
+-----------------------+----------------------+
| binlog_cache_size     | 32768                |
| max_binlog_cache_size | 18446744073709547520 |
+-----------------------+----------------------+
2 rows in set (0.00 sec)
```

（2）max_binlog_size

该参数用于设置 binlog 日志的最大大小，默认为 1GB，但是该值并不能严格控制 binlog 的大小。若 binlog 大小接近 1GB，而此时又在执行一个较大的事务，那么为了保证事务的完整性，数据库不会做日志刷新动作，而是直到该事务的日志全部记录进入当前 binlog 日志后才会进行刷新。该参数的默认值查询结果为：

```
mysql> show variables like '%max_binlog_size%';
+-----------------+------------+
| Variable_name   | Value      |
+-----------------+------------+
```

```
| max_binlog_size | 1073741824 |
+-----------------+------------+
1 row in set (0.00 sec)
```

（3）sync_binlog

这个参数的作用是控制 binlog 什么时候同步到磁盘。对数据库来说，这是很重要的参数，它不仅会影响数据库的性能，还会影响数据库数据的完整性。

对于“sync_binlog”参数的说明具体如下。

- “sync_binlog=0”表示在事务提交之后，数据库不会将 binlog_cache 中的数据刷新到磁盘，而是让文件系统自行决定什么时候来做刷新或者在缓存满了之后才刷新到磁盘。
- “sync_binlog=n”表示每进行 n 次事务提交之后，数据库都会进行一次将缓存数据强制刷新到磁盘的操作。

该参数默认的设置是 0，示例如下：

```
mysql> show variables like '%sync_binlog%';
+---------------+-------+
| Variable_name | Value |
+---------------+-------+
| sync_binlog   | 0     |
+---------------+-------+
1 row in set (0.00 sec)
```

设置为 0 时数据库的性能是最好的，但数据风险也是最大的，对于数据安全性要求较高的数据库，应该调整该参数将其改为 1，值得注意的是，即使参数设置为 1，仍然有 binlog 记录的内容与数据库的实际内容不一致的风险。

7. 记录二进制日志的三种模式

MySQL 使用不同的模式记录二进制日志信息，常见的有三种模式。

（1）语句模式

语句（statement-based）模式是 MySQL5.6 版本默认的模式，简单地说，就是每一条被修改的数据的 SQL 语句都会记录到 master 的 binlog 中。在复制 slave 库的时候，SQL 进程会解析成与原来 master 端执行过的相同的 SQL 来再次执行。

该模式的优点是不需要记录细到每一行数据的更改变化，因此，可减少 binlog 日志量，实际上是减少了很多，节约了磁盘 I/O，提高了系统性能。

但该模式同样有一些缺点，由于语句模式记录的是执行的 SQL 语句，所以，对于某些具有特殊功能的 SQL 语句来说，就可能会导致无法在从库上正确执行，从而导致主从库数据不一致的问题。

例如，当特殊的函数被执行时，当触发器、存储过程等特殊功能被执行时，而 row level 模式是基于每一行来记录变化的，所以不会出现类似的问题（更多详情请参考混合模式）。

（2）行级模式

简单地说，行级（row-based）模式就是将数据被修改的每一行的情况记录为一条语句。

优点：在行级模式下，binlog 中可以不记录执行的 SQL 语句的上下文相关信息，仅仅记录哪一条记录被修改了，修改成什么样了即可，所以 row level 的日志内容会非常清楚地记录下每一行数据修改的细节，非常容易理解。而且不会出现某些特定情况下的存储过程或 function 以及 trigger 的调用和触发无法被正确复制的问题。

缺点：行级模式下，所有的执行语句都将根据修改的行来记录，而这就可能会产生大量的日志内容，例如一条语句修改了 100 万行，语句模式就用一条语句即可搞定，而行级模式执行之后，日志中记录的就是 100 万行的修改记录，binlog 日志的量可能会大得惊人。

（3）混合模式

混合（mixed-based）模式默认采用语句模式记录日志，在一些特定的情况下会将记录模式切换为行级模式记录，这些特殊情况包含但不限于以下情况。

- 当函数中包含 UUID() 时。
- 当表中有自增列（AUTO_INCREMENT）被更新时。
- 当执行触发器（trigger）或者存储过程（stored function）等特殊功能时。
- 当 FOUND_ROWS()、ROW_COUNT()、USER()、CURRENT_USER()、CURRENT_USER 等执行时。

8. 企业中如何选择二进制日志模式

在互联网公司中，使用 MySQL 的特殊功能比较少（存储过程、触发器、函数），此时可以选择默认的语句模式。

如果公司较多用到 MySQL 的特殊功能，如存储过程、触发器、函数等，并且需要做主从复制请首选行级模式，次选 mixed 模式。

9. 二进制日志的模式配置调整

临时调整命令如下：

```
mysql> SET GLOBAL binlog_format = 'STATEMENT';
mysql> SET GLOBAL binlog_format = 'ROW';
mysql> SET GLOBAL binlog_format = 'MIXED';
```

永久调整可以将“binlog_format='模式名'”写入到 my.cnf 配置文件中，并重启服务。

10. 二进制日志的读取和增量恢复

此部分请参考本书的第 7 章 7.3 节，此处不再赘述。

11. 行级模式二进制日志实际读取示例

当在数据库中执行如下语句：

```
mysql> SET GLOBAL binlog_format = 'ROW';
```

或者在 my.cnf 中加入 binlog_format = 'ROW' 配置生效后，此时如果更新或者删除多行数据就会发现 binlog 日志记录的内容有所不同，具体命令如下：

```
[root@oldboy 3306]# mysqlbinlog --base64-output=decode-rows -v oldboy-bin.000001
#<==--base64-output=decode-rows -v 以行级模式解析 binlog 日志。
/*!50530 SET @@SESSION.PSEUDO_SLAVE_MODE=1*/;
# at 233
#180306  6:26:27 server id 1  end_log_pos 233   Table_map: `oldboy`.`student` mapped to number 64
#180306  6:26:27 server id 1  end_log_pos 500   Update_rows: table id 64 flags: STMT_END_F
### UPDATE `oldboy`.`student`
### WHERE
###   @1=1
###   @2='oldboy1'
### SET
###   @1=1
###   @2='test'
### UPDATE `oldboy`.`student`
### WHERE
###   @1=3
###   @2='oldboy2'
### SET
###   @1=3
###   @2='test'
### UPDATE `oldboy`.`student`
### WHERE
###   @1=5
###   @2='oldboy3'
### SET
###   @1=5
###   @2='test'
### UPDATE `oldboy`.`student`
### WHERE
###   @1=6
###   @2='oldgirl1'
### SET
###   @1=6
###   @2='test'
# at 500
```

10.5 慢查询日志

1. 慢查询日志介绍

简单地理解，慢查询日志（slow query log）就是记录执行时间超出指定值（long_query_time）或其他指定条件（例如，没有使用到索引，结果集大于 1000 行）的 SQL 语句。

2. 慢查询日志相关参数说明

慢查询的参数，对于数据库 SQL 的优化非常重要，是 SQL 优化的前提，因此，这里以表的形式进行说明，具体见表 10-2。

表 10-2　慢查询的参数及说明

慢查询的参数	解释说明
slow_query_log	慢查询开启开关，默认值是 OFF*
slow-query-log-file	记录慢查询语句的文件，文件名形如“主机名 -slow.log”*
long_query_time	记录大于指定 N 秒的 SQL 语句，默认是 10 秒，也可以使用微秒单位 *
log_queries_not_using_indexes	记录没有使用到索引的 SQL 语句，默认值是 OFF*
min_examined_row_limit	记录结果集大于 N 行的 SQL 语句，默认是 0 行 *
log_slow_admin_statements	记录管理的慢 SQL 语句，例如 ALTER TABLE、ANALYZE TABLE、CHECK TABLE、CREATE INDEX、DROP INDEX、OPTIMIZE TABLE、REPAIR TABLE
log_throttle_queries_not_using_indexes	限制每分钟写入记录的慢 SQL 语句的数量，默认值为 0，表示没有限制

3. 慢查询日志重要参数配置

企业中常见的配置慢查询的参数为：

```
slow-query-log = ON                                    #<== 慢查询开启开关
long_query_time = 2                                    #<== 记录大于 2 秒的 SQL 语句。
log_queries_not_using_indexes = ON                     #<== 没有使用到索引的 SQL 语句。
slow-query-log-file = /application/mysql/slow.log  #<== 记录 SQL 语句的文件。
min_examined_row_limit = 800                           #<== 记录结果集大于 800 行的 SQL 语句。
```

注意： MySQL 5.6 与以前的版本略微有变化，主要变化就是中杠“-”和下划线“_”。

可将上述参数配置到 my.cnf 里，配置完毕重启 MySQL 服务，并进行检查：

```
mysql> show variables like 'slow_query%';
+---------------------+-----------------------------+
| Variable_name       | Value                       |
+---------------------+-----------------------------+
| slow_query_log      | ON                          | #<== 开关已打开。
| slow_query_log_file | /application/mysql/slow.log | #<== 文件路径已生效。
+---------------------+-----------------------------+
2 rows in set (0.00 sec)
mysql> show variables like '%long_query%';
+-----------------+----------+
| Variable_name   | Value    |
+-----------------+----------+
```

```
| long_query_time | 2.000000 | #<== 记录大于 2 秒的查询已生效。
+-----------------+----------+
1 row in set (0.01 sec)
mysql> show variables like '%log_queries_not%';
+-------------------------------+-------+
| Variable_name                 | Value |
+-------------------------------+-------+
| log_queries_not_using_indexes | ON    | #<== 记录没有使用索引的查询已生效。
+-------------------------------+-------+
1 row in set (0.00 sec)

mysql> show variables like '%min_examined_row_limit%';
+------------------------+-------+
| Variable_name          | Value |
+------------------------+-------+
| min_examined_row_limit | 800   | #<== 记录查询结果集大于 800 行的 SQL 已生效。
+------------------------+-------+
1 row in set (0.00 sec)
```

到此，就已经设定好记录慢查询 SQL 语句的条件了，那么，对于每天所产生的大量慢查询，又该如何处理和分析呢？

4. 慢查询日志的刷新方法

在工作中，可以利用定时任务按天对慢查询日志进行切割，然后再分析。

示例切割脚本如下：

```
[root@oldboy data]# mkdir /server/scripts/ -p
[root@oldboy data]# cat /server/scripts/cut_slow_log.sh
#!/bin/bash
# Author: oldboy
# Organization: www.oldboyedu.com
# Created Time : 2018-03-19 23:47:21
export PATH=/application/mysql/bin:/sbin:/bin:/usr/sbin:/usr/bin
cd /application/mysql &&\
mv slow.log slow.log.$(date +%F)&&\
mysqladmin flush-log
```

将上述脚本放入定时任务，每天 0 点执行切割任务，配置结果如下：

```
[root@oldboy data]# tail -2 /var/spool/cron/root
#cut mysql slow log by oldboy at 20180324
00 00 * * * /bin/sh /server/scripts/cut_slow_log.sh >/dev/null 2>&1
```

5. 使用工具分析慢查询日志案例

实际工作中，慢查询的日志可能非常多，给运维人员的优化工作带来了一定的困难，MySQL 官方提供了慢查询的分析工具 mysqldumpslow，有兴趣的读者可以参考官方手册的 4.6.9 节 “mysqldumpslow” 了解该工具的用法。

下面为大家介绍一款很不错的第三方分析工具 mysqlsla（需要单独安装该工具）。

（1）安装 mysqlsla

请提前下载好 mysqlsla-2.03.tar.gz 到指定目录下，然后执行如下命令安装：

```
yum install  perl-devel perl-DBI perl-DBD-MySQL -y
rpm -qa perl-devel perl-DBI perl-DBD-MySQL
tar xf mysqlsla-2.03.tar.gz
cd mysqlsla-2.03
perl Makefile.PL
make
make install
```

（2）利用 mysqlsla 工具分析慢查询

mysqlsla 命令的默认路径为：/usr/local/bin/mysqlsla。

简单语法如下：

```
mysqlsla -lt slow [SlowLogFilePath] > [ResultFilePath]
```

在实际工作中，老男孩通常使用脚本调用 mysqlsla 工具进行分析，然后每天早晨 8 点，把分析结果发给企业的核心人员（DBA、运维总监、CTO、研发总监、核心开发），最后由 DBA 配合核心开发共同优化这些棘手的 SQL 慢查询。

简单的案例脚本如下，注意切割日志和分析合并为一个脚本了：

```
[root@oldboy mysqlsla-2.03]# cat  /server/scripts/slow_log_analyze.sh
#!/bin/bash
#Author: oldboy
#Organization: www.oldboyedu.com
#Created Time : 2018-03-19 23:47:21
export PATH=/application/mysql/bin:/sbin:/bin:/usr/sbin:/usr/bin
Date=`date +%F -d -1day`

#cut slow log
cd /application/mysql &&\
mv slow.log slow.log_$Date &&\
mysqladmin flush-log

#analyze slow log
Time=`date +%F`
Path=/usr/local/bin/mysqlsla
cd /application/mysql &&\
$Path/mysqlsla -lt slow slow.log_$Date >analyzed_slow_$Date.log 2>&1

#rsync analyzed_slow to backup server 省略了此步。
#send analyzed slow log to adminstrator on backup server by mail. 省略了此步。
```

将上述脚本放入定时任务，每天 0 点执行切割任务，配置结果如下：

```
[root@oldboy data]# tail -2 /var/spool/cron/root
#analyzed mysql slow log by oldboy at 20180324
```

```
00 00 * * * /bin/sh /server/scripts/slow_log_analyze.sh >/dev/null 2>&1
```

（3）分析前后的日志结果对比

比如原始慢日志中有一堆语句如下：

```
# Time: 110417  0:00:09
# User@Host: oldboy[oldboy] @  [172.16.1.51]
# Query_time: 3  Lock_time: 0  Rows_sent: 1  Rows_examined: 17600
select min(BBS_HI_ID) AS BBS_HI_ID from t_******** where BBS_HI_ISTEAMMATE=1
and BBS_HI_EDITOR_USER_ID_ENCRYPT='asdfEWERADFS';
# User@Host: oldboy[oldboy] @  [172.16.1.51]
# Query_time: 4  Lock_time: 0  Rows_sent: 1  Rows_examined: 17600
select min(BBS_HI_ID) AS BBS_HI_ID from t_******** where BBS_HI_ISTEAMMATE=1
and BBS_HI_EDITOR_USER_ID_ENCRYPT='asdfEWERADFS';
# User@Host: bbs[oldboy] @  [172.16.1.52]
# Query_time: 4  Lock_time: 0  Rows_sent: 1  Rows_examined: 17600
select min(BBS_HI_ID) AS BBS_HI_ID from t_******** where BBS_HI_ISTEAMMATE=1
and BBS_HI_EDITOR_USER_ID_ENCRYPT='NFCDebkasdf';
# User@Host: oldboy[oldboy] @  [172.16.1.51]
# Query_time: 3  Lock_time: 0  Rows_sent: 1  Rows_examined: 17600
select min(BBS_HI_ID) AS BBS_HI_ID from t_******** where BBS_HI_ISTEAMMATE=1
and BBS_HI_EDITOR_USER_ID_ENCRYPT='NFCDebkasdf';
# User@Host: bbs[oldboy] @  [172.16.1.52]
# Query_time: 5  Lock_time: 0  Rows_sent: 1  Rows_examined: 17600
select min(BBS_HI_ID) AS BBS_HI_ID from t_******** where BBS_HI_ISTEAMMATE=1
and BBS_HI_EDITOR_USER_ID_ENCRYPT='nfEACwQEW5MICAN2';
....................
....................
```

使用 mysqlsla 处理后，结果呈现为：

```
Count         : 23  (8.52%)
Time          : 102 s total, 4.434783 s avg, 3 s to 7 s max  (6.79%)
  95% of Time : 88 s total, 4.190476 s avg, 3 s to 6 s max
Lock Time (s) : 0 total, 0 avg, 0 to 0 max  (0.00%)
  95% of Lock : 0 total, 0 avg, 0 to 0 max
Rows sent     : 1 avg, 1 to 1 max  (0.02%)
Rows examined : 11.53k avg, 5.70k to 17.60k max  (1.07%)
Database      : bbsdb
Users         :
        oldboy@ 172.16.1.51 : 86.96% (20) of query, 11.11% (30) of all users
        bbs@ 172.16.1.52 : 13.04% (3) of query, 2.96% (8) of all users
Query abstract:
SELECT MIN(BBS_HI_id) AS BBS_HI_id FROM t_******** WHERE BBS_HI_isteammate=N
AND BBS_HI_editor_user_id_encrypt='S';
Query sample:
select min(BBS_HI_ID) AS BBS_HI_ID from t_******** where BBS_HI_ISTEAMMATE=1
and BBS_HI_EDITOR_USER_ID_ENCRYPT='asdfEWERADFS';
```

在上述结果中，语句的执行情况（执行次数、对象信息、查询记录量、时间开销、来源统计）等信息一目了然，更方便运维人员以及 DBA 做进一步分析。

除了 mysqlsla 和 mysqldumpslow 慢查询分析工具之外，还有一些第三方分析工具，如 pt-query-diges、myprofi、mysql-explain-slow-log、mysqllogfilter 等，读者若感兴趣可以深入研究。

当然还可以把日志收集到数据库中或使用 ELK 等流行工具收集慢查询日志，最后分析后可视化展现，具体情况如图 10-1 所示。

SQL				查询时间				锁等待时间		
抽象语句 展开所有	数据库	用户	最近时间	次数	平均	最小	最大	总计	最小	最大
+select distinct freight_entrust.ord:	stic	devops	2017-01-11 22:49:54	84158	4.103	2.006	86.95	63.548	0	0.03758
+select order_id, consignor, departu:	stic	devops	2017-01-11 22:42:32	67691	2.237	1.523	29.46	13.485	0	0.00457
+select distinct freighttot?_.id as :	stic	devops	2017-01-11 22:20:52	3152	3.714	2.009	97.45	0.8253	0	0.01191
+select freightent?_.order_id as ord:	stic	devops	2017-01-11 22:15:58	2973	2.363	1.683	16.57	0.8474	0	0.01817
+select freightent?_.order_id as ord:	stic	devops	2017-01-11 22:15:55	2941	2.354	1.689	18.22	0.9219	0	0.00945
+select sum(if(size like ?,?,?)) as :	stic	devops	2017-01-11 20:40:13	178845	6.560	1.332	136.5	69.603	0	0.03892
+insert into report_jion_tb select ?:	stic	devops	2017-01-11 20:15:43	947	17.39	2.001	177.2	0.5827	0	0.02656
+select sum(if(size like ?,?,?)) as :	stic	mycat	2017-01-11 19:47:27	680	11.24	1.247	159.0	0.2376	0.00021	0.00126
+select sum(if(size like ?,?,?)) as :	stic	devops	2017-01-11 19:40:10	6504	4.000	2.000	180.1	2.2420	0	0.01698
+select distinct freight_entrust.ord:	stic	devops	2017-01-11 19:17:25	17817	2.504	2.005	34.76	11.976	0	0.00641
+select distinct freight_entrust.ord:	stic	devops	2017-01-11 19:15:20	9072	3.551	2.013	49.30	8.0093	0	0.25901
+select count(?) from (select disti:	stic	devops	2017-01-11 18:22:45	13942	6.119	1.230	56.50	5.5065	0	0.05140
+select distinct freight_entrust.ord:	stic	devops	2017-01-11 18:11:11	5182	2.868	2.350	85.47	3.5382	0	0.00203

图 10-1　企业中的慢查询可视化展示图

10.6　本章重点

1）MySQL 的日志种类有哪些？

2）MySQL 普通查询日志的特点和配置方法？

3）MySQL 二进制日志的作用特点与配置？

4）如何正确删除 MySQL 二进制日志？

5）MySQL 二进制日志的三种模式及特点？

6）企业中如何选择 MySQL 二进制日志模式？

7）MySQL 二进制日志的模式配置调整？

8）如何记录及分析 MySQL 慢查询日志？

10.7　参考资料

MySQL 5.6 官方手册第 5 章“MySQL Server Logs”。

第11章

MySQL 数据库字符集

11.1　MySQL 数据库字符集知识

11.1.1　什么是字符集

大家都知道，计算机只能识别 0 和 1 这样的二进制数字，无论是处理计算机程序，还是进行科学运算，最终都要转换为二进制数据来完成操作；例如，我们输入一个数字“8”，计算机会将其识别成二进制数字“1000”。

但是，计算机要处理的数据不仅仅是数字，还会有字母，为了处理字母，就产生了 ASCII 码系统。英文字母共有 26 种变化，算上大小写也才 52 种变化，即使加上特殊的英文标点符号、特殊字符，变化也不多，而用 8 位二进制数字可以表达 256 种字符，也就是说，8 位二进制数字就足以胜任英文字符的处理工作了。

但是，各个国家的语言文字大多不同，不仅仅是数字、字母以及特殊字符。例如中国的汉字数量就有数万之多，常用的有几千个。这时，使用 ASCII 编码就会无法满足需求，于是就有了 GBK、BIG5、GB2312 这类的字符编码，采用 16 位二进制数可以表达 65535 个汉字，这对于常用的汉字使用来说就足够用了。

现在，在简体中文环境下，常用的编码除了 GB2312 和 GB18030 之外，还会用到 UTF-8。GBK 是专门用作中文的字符编码规范，UTF 是通用转换格式的缩写，又可称为万国码，理论上来说，UTF 可以表达各种文字的编码格式。

那么我们现在就应该明白了，字符编码其实就是将人类使用的汉字（或其他语言）、英文字母、特殊符号等信息，通过预先设定的转换规则，将其转换为计算机可以识别的二进制数字的一种编码方式。

11.1.2　MySQL 数据库字符集

通过上文对字符集的描述，我们可以得出字符集的简单知识，字符集其实就是一套文字符号及编码，对应的文字及编码，可以将人类可以识别的内容与计算机可以识别的信息进行互相转换。

假设我们有一个字母表使用了四个字母：A、B、a、b。我们为每个字母赋予一个数值：A=0，B=1，a=2，b=3。字母 A 是一个符号，数字 0 是 A 的编码，这四个字母和它们的编码组合在一起就可以称为一个字符集。

MySQL 数据库的字符集不仅包括字符集（CHARACTER），还包括校对规则（COLLATION）。其中，校对规则的作用是定义比较字符串的方式。

假设我们希望比较两个字符串的值：A 和 B。最简单的方法是查找编码：A 为 0，B 为 1。因为 0 小于 1，所以可以说 A 小于 B。我们所做的仅仅是在我们的字符集上应用了一个校对规则。可见，校对规则是一套规则，作用是对编码进行比较。

11.1.3　常用字符集介绍与选择建议

1. 常用字符集介绍

在操作系统以及各类软件中都有字符集，MySQL 也不例外，下面通过表 11-1 介绍一下 MySQL 常用的字符集。

表 11-1　常用字符集知识

常用字符集	最大长度	说　明
GB2312	2 字节	早期制定的标准，不推荐使用
GB18030	4 字节	受一些系统支持，数据库支持的不多，不推荐使用
GBK	2 字节	不是国际标准，对中文环境支持的很好，不推荐使用
UTF8	3 字节	中英文混合的环境，建议使用此字符集，目前使用的比较多，互联网场景的 Linux/UNIX 及 MySQL 都支持 UTF8，重点推荐。
latin1	1 字节	MySQL 系统的默认字符集，不推荐使用
utf8mb4	4 字节	utf8mb4 字符集主要从 5.5 开始被支持，兼容 UTF8，且比 UTF8 能表示更多的字符，正在成为未来趋势字符集，重点推荐

2. MySQL 如何选择合适的字符集

- 如果存储的是各种各样的语言文字，则可以选择 UTF8，这是目前国内应用最为广泛的字符集，没有之一。
- 如果只需要支持中文，并且数据量很大，此外，还包含了大量的运算，则可以选择 GBK，理论上其可以获得更高的性能，但不推荐使用。

- 对于新型的互联网以及移动互联网的混合业务，推荐使用 utf8mb4 字符集替代 UTF8 字符集。总之，如果没有极特别的需求，请选择 UTF8 或 utf8mb4 作为数据库的字符集。
- 如果使用开源程序，则可以根据上述说明进行选择，如果是公司开发人员自己开发产品，那么选择权就在开发人员手里，DBA 只能提供建议。

3. 查看 MySQL 数据库字符集和校对规则

查看当前 MySQL 系统支持的字符集

MySQL 数据库支持的字符集有很多种，通过以下命令可以查看当前 MySQL 支持的字符集：

```
mysql> show character set;
+----------+-----------------------------+---------------------+--------+
| Charset  | Description                 | Default collation   | Maxlen |
+----------+-----------------------------+---------------------+--------+
| big5     | Big5 Traditional Chinese    | big5_chinese_ci     |      2 |
...省略若干...
| latin1   | cp1252 West European        | latin1_swedish_ci   |      1 |
...省略若干...
| gb2312   | GB2312 Simplified Chinese   | gb2312_chinese_ci   |      2 |
| greek    | ISO 8859-7 Greek            | greek_general_ci    |      1 |
| cp1250   | Windows Central European    | cp1250_general_ci   |      1 |
| gbk      | GBK Simplified Chinese      | gbk_chinese_ci      |      2 |
| latin5   | ISO 8859-9 Turkish          | latin5_turkish_ci   |      1 |
| armscii8 | ARMSCII-8 Armenian          | armscii8_general_ci |      1 |
| utf8     | UTF-8 Unicode               | utf8_general_ci     |      3 |
...省略若干...
| utf8mb4  | UTF-8 Unicode               | utf8mb4_general_ci  |      4 |
| cp1251   | Windows Cyrillic            | cp1251_general_ci   |      1 |
| utf16    | UTF-16 Unicode              | utf16_general_ci    |      4 |
...省略若干...
+----------+-----------------------------+---------------------+--------+
40 rows in set (0.00 sec)
```

可以看到，前面提到的最常用的字符集也在其中：

```
+----------+-----------------------------+---------------------+--------+
| Charset  | Description                 | Default collation   | Maxlen |
+----------+-----------------------------+---------------------+--------+
| latin1   | cp1252 West European        | latin1_swedish_ci   |      1 |
| gb2312   | GB2312 Simplified Chinese   | gb2312_chinese_ci   |      2 |
| gbk      | GBK Simplified Chinese      | gbk_chinese_ci      |      2 |
| utf8     | UTF-8 Unicode               | utf8_general_ci     |      3 |
| utf8mb4  | UTF-8 Unicode               | utf8mb4_general_ci  |      4 |
+----------+-----------------------------+---------------------+--------+
```

注意：每个字符集至少会有一个校对规则，也可能会有好几个校对规则，查看字符集对应校对规则的命令为："mysql> SHOW COLLATION LIKE 'utf8%';"。

11.2 MySQL 数据库字符集配置

设置 MySQL 的字符集需要考虑到很多个层次，老男孩将这些需要考虑的层次大概分为以下 7 个级别。

- 操作系统级别。
- 操作系统客户端级别（SSH）。
- MySQL 实例级别。
- 数据库中的库级别。
- 表级别（含字段级别）。
- MySQL 客户端级别（连接及返回结果）。
- 程序代码级别。

下面以 Linux 系统及 UTF8 字符集为例进行讲解。

1. Linux 系统服务端字符集设置

很多读者在使用 MySQL 时经常会被中文乱码所困扰，其中 Linux 系统和连接 Linux 系统客户端的字符集设置可能就是问题之一，对此，要尽量将系统的字符集和系统中软件的字符集进行统一，设置和生效的方法具体如下：

```
[root@oldboy ~]# cat /etc/sysconfig/i18n     #<== 配置到配置文件里可以永久生效。
LANG="zh_CN.UTF-8"                          #<==LANG 为系统字符集环境变量，设置为中文 UTF8。
SYSFONT="latarcyrheb-sun16"
[root@oldboy ~]# source /etc/sysconfig/i18n #<== 使得修改生效。
[root@oldboy ~]# echo $LANG                 #<== 检查生效情况。
zh_CN.UTF-8
```

如果在 Linux 服务器里使用 MySQL 登录到数据库，则请注意系统字符集的使用。

2. Linux 系统客户端字符集设置

常见的连接 Linux 系统的客户端为 SecureCRT、XShell，下面我们就来了解一下如何设置字符集的配置。

SecureCRT 的配置如图 11-1 所示。

XShell 的配置如图 11-2 所示。

3. MySQL 服务端数据库实例字符集设置

设置服务器的字符集有很多种方法，下面介绍其中常用的三种。

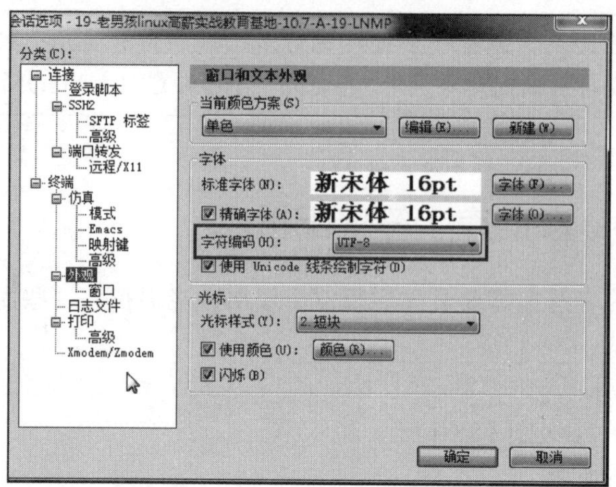

图 11-1　SecureCRT 的字符集配置

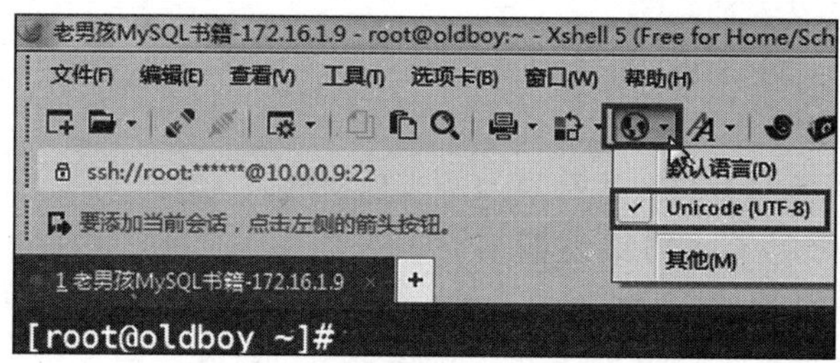

图 11-2　XShell 的字符集配置

方法 1：前文在编译安装 MySQL 的时候就曾指定过如下的服务器端字符集。

```
cmake .
-DDEFAULT_CHARSET=utf8 \
-DDEFAULT_COLLATION=utf8_general_ci \
-DWITH_EXTRA_CHARSETS=all \
```

方法 2：如果编译时没指定字符集，或者指定了不合适的字符集，那么还可以在安装后修改配置文件。

可按如下要求更改 my.cnf 参数：

```
[mysqld]
character-set-server=utf8 #<== 适合 5.5 及以后的版本，5.1 及以前版本的参数为 default-
                                character-set。
```

方法 3：还可以在启动数据库时，增加选项指定的字符集。

```
mysqld --character-set-server=utf8 #<== 不推荐使用此法。
```

以上三种方法对数据库的影响具体体现在输出结果中有注释的参数行上，具体如下：

```
mysql> show variables like 'character_set%';
+--------------------------+------------------------------------------+
| Variable_name            | Value                                    |
+--------------------------+------------------------------------------+
| character_set_client     | utf8                                     |
| character_set_connection | utf8                                     |
| character_set_database   | utf8   #<==MySQL 中库的字符集。          |
| character_set_filesystem | binary                                   |
| character_set_results    | utf8                                     |
| character_set_server     | utf8    #<==MySQL 服务器实例字符集。     |
| character_set_system     | utf8                                     |
| character_sets_dir       | /application/mysql-5.6.40/share/charsets/ |
+--------------------------+------------------------------------------+
8 rows in set (0.00 sec)
```

4. MySQL 数据库中的库的字符集设置

在 MySQL 中，库的字符集设置一般是在建库的时候指定的，如果在建库的时候未指定，则库的字符集与 MySQL 数据库实例的字符集一致。可通过如下命令查看当前实例的字符集：

```
mysql> show variables like 'character_set_database%';
+------------------------+-------+
| Variable_name          | Value |
+------------------------+-------+
| character_set_database | utf8  |
+------------------------+-------+
1 row in set (0.00 sec)

mysql> show variables like 'collation_database%';
+--------------------+-----------------+
| Variable_name      | Value           |
+--------------------+-----------------+
| collation_database | utf8_general_ci |
+--------------------+-----------------+
1 row in set (0.00 sec)
```

下面创建数据库 test，并查看建库的字符集：

```
mysql> create database tingting;
Query OK, 1 row affected (0.00 sec)
mysql> show create database tingting\G
*************************** 1. row ***************************
       Database: tingting
Create Database: CREATE DATABASE `tingting` /*!40100 DEFAULT CHARACTER SET utf8 */
1 row in set (0.00 sec)
```

在编译 MySQL 时，若指定了正确的字符集或者修改配置文件调整过的服务器的字符集，那么，在以后建库的时候就可以直接执行简化的命令“create database tinting;”。

也可以在建库的时候指定字符集和校对规则来建库，命令如下：

```
    create database oldboy DEFAULT CHARACTER SET UTF8 DEFAULT COLLATE = utf8_
general_ci;
```

上面的语句为查看已建立的 oldboy 库的语句，其中，“CHARACTER SET UTF8”即为数据库字符集，而“utf8_general_ci”则为校对规则。

注意： 采用二进制方式安装 MySQL 时，若没有指定字符集，则此时字符集默认为 latin1，此时需要建立设置 UTF8 字符集的库，即需要指定 UTF8 字符集建库，否则就必须要提前修改配置文件，将服务器字符集调整为所需要的字符集。

5. MySQL 数据库表的字符集设置

默认情况下，建表的字符集与库的字符集应一致，设置表字符集的命令具体如下：

```
mysql> use tingting
Database changed
mysql> create table test(id int(4));
Query OK, 0 rows affected (0.03 sec)

mysql> show create table test\G
*************************** 1. row ***************************
       Table: test
Create Table: CREATE TABLE `test` (
  `id` int(4) DEFAULT NULL
) ENGINE=InnoDB DEFAULT CHARSET=utf8  #<== 就是这里，如果在建表时需要调整字符集，
                                          则必须指定字符集。
1 row in set (0.00 sec)
```

6. MySQL 数据库客户端字符集设置

对 MySQL 数据库客户端字符集进行设置，对于防止 MySQL 更新时，出现中文乱码有极大的影响，设置方法也有几种，具体如下。

方法 1：临时生效单条命令法。

```
mysql> set names utf8;
Query OK, 0 rows affected (0.00 sec)
```

其中，“set names utf8”也可以用下面三个命令来替代。

```
SET character_set_client = utf8;
SET character_set_results = utf8;
SET character_set_connection = utf8;
```

方法 2：登录数据库时指定字符集。

```
mysql --default-character-set=utf8;
```

方法 3：通过修改 my.cnf 实现修改 MySQL 客户端的字符集，配置方法如下。

```
[client]
default-character-set=utf8
```

注意： 多实例 MySQL 场景下，这里的字符集修改要统一修改 /etc/my.cnf。

以上几种方法对数据库的影响具体体现在输出结果中有注释的参数行上，具体如下：

```
mysql> show variables like 'character_set%';
+--------------------------+------------------------------------------+
| Variable_name            | Value                                    |
+--------------------------+------------------------------------------+
| character_set_client     | utf8   #<==MySQL 客户端字符集。            |
| character_set_connection | utf8   #<==MySQL 连接的字符集。            |
| character_set_database   | utf8                |
| character_set_filesystem | binary                                   |
| character_set_results    | utf8   #<==MySQL 返回结果的字符集。         |
| character_set_server     | utf8           |
| character_set_system     | utf8                                     |
| character_sets_dir       | /application/mysql-5.6.40/share/charsets/ |
+--------------------------+------------------------------------------+
8 rows in set (0.00 sec)
```

人工登录数据库执行“ set names UTF8”，以及使用 MySQL 命令指定字符集登录操作，或者更改 my.cnf 配置文件客户端模块的参数，来实现更改客户端字符集，都是改变了 MySQL 客户端的 client、connection、results 3 个参数的字符集。

7. 程序代码字符集

很多开源软件都会给出多种字符集的软件代码，例如，bbs 软件就是如此。Discuz! X3.2 在继承和完善 Discuz! X3.1 的基础上，针对社区移动端进行了新的尝试，比如，推出微信登录、微社区等功能。它作为安全稳定的程序可为站长提供更加可靠的保障。

以下是 Discuz! X3.2 的下载地址。简体中文 GBK 的下载地址为：

http://download.comsenz.com/DiscuzX/3.2/Discuz_X3.2_SC_GBK.zip

简体 UTF8 的下载地址为：

http://download.comsenz.com/DiscuzX/3.2/Discuz_X3.2_SC_UTF8.zip

如果是公司自己开发的产品，则需要咨询开发人员如何搭建符合程序的字符集环境。

11.3　如何防止数据库的中文显示乱码

管理员在配置 MySQL 数据库字符集时，需要尽可能地确保 11.2 节开头提到的 7 大项字符集统一，对于管理员来说，查看数据库字符集的基本方法具体如下：

```
mysql> show variables like 'character_set%';
Variable_name            | Value
-------------------------+----------------------------------------------
character_set_client     | utf8     # 客户端字符集；
character_set_connection | utf8     # 客户端连接字符集；
character_set_database   | utf8     # 数据库字符集，配置文件时指定或建库建表时指定；
character_set_filesystem | binary   # 文件系统字符集；
character_set_results    | utf8     # 客户端返回结果字符集；
character_set_server     | utf8     # 服务器字符集，配置文件时指定或建库建表时指定；
character_set_system     | utf8     # 系统字符集。
character_sets_dir       | /application/mysql-5.5.32/share/charsets/ |
```

更改 Linux 系统字符集变量之后，可以查看 MySQL 中字符集的变化。

彻底防止 MySQL 数据库内的数据中文乱码方法

切记，字符集的不一致是数据库乱码的罪魁祸首，要想避免 MySQL 数据库内的数据中文乱码方法，就要遵循前文所说的 7 大项字符集设置规则，即 Linux 系统服务端与 Linux 系统客户端字符集、MySQL 服务端数据库实例与 MySQL 数据库客户端字符集、MySQL 数据库中的库和表的字符集、程序代码的字符集要一致。如果是利用文件还原数据，还要注意文件的编码问题。

下面是一个不按要求来操作，导致出现乱码的范例：

```
mysql> set names gbk;                              #<== 修改 MySQL 客户端字符集为 GBK。
Query OK, 0 rows affected (0.00 sec)

mysql> use tingting
Database changed

mysql> create table t1(id int(4),name varchar(16));  #<== 默认建表。
Query OK, 0 rows affected (0.01 sec)

mysql> insert into t1 values(1,'老男');               #<== 插入中文。
Query OK, 1 row affected (0.00 sec)
mysql> select * from t1;
+------+--------+
| id   | name   |
+------+--------+
|    1 | 老男   |  #<== 正常。
+------+--------+
1 row in set (0.00 sec)

mysql> set names utf8; #<== 修改 MySQL 客户端字符集为 UTF8。
Query OK, 0 rows affected (0.00 sec)
```

```
mysql> select * from t1;
+------+-----------+
| id   | name      |
+------+-----------+
|    1 | 鑰佺敺    | #<== 发现数据乱码了，这就是客户端字符集和服务端不一致时插入数据而
                              导致的乱码问题。
+------+-----------+
1 row in set (0.00 sec)
```

11.4　如何更改 MySQL 数据库库表的字符集

11.4.1　更改库的字符集

管理员可以使用 alter 命令对数据库的字符集进行更改，命令如下：

```
mysql> show create database oldboy\G
*************************** 1. row ***************************
       Database: oldboy
Create Database: CREATE DATABASE `oldboy` /*!40100 DEFAULT CHARACTER SET utf8 */
1 row in set (0.00 sec)

mysql> alter database oldboy CHARACTER SET latin1 COLLATE = latin1_swedish_ci;
Query OK, 1 row affected (0.00 sec)

mysql> show create database oldboy\G
*************************** 1. row ***************************
       Database: oldboy
Create Database: CREATE DATABASE `oldboy` /*!40100 DEFAULT CHARACTER SET latin1 */
1 row in set (0.00 sec)

mysql> alter database oldboy CHARACTER SET utf8 collate utf8_general_ci;
Query OK, 1 row affected (0.00 sec)

mysql> show create database oldboy\G
*************************** 1. row ***************************
       Database: oldboy
Create Database: CREATE DATABASE `oldboy` /*!40100 DEFAULT CHARACTER SET utf8 */
1 row in set (0.00 sec)
```

11.4.2　更改表的字符集

管理员也可以使用 alter 命令对数据库的表的字符集进行更改，命令如下：

```
mysql> use tingting
Database changed
mysql> show create table t1\G
*************************** 1. row ***************************
```

```
       Table: t1
Create Table: CREATE TABLE `t1` (
  `id` int(4) DEFAULT NULL,
  `name` varchar(32) DEFAULT NULL
) ENGINE=InnoDB DEFAULT CHARSET=utf8
1 row in set (0.00 sec)

mysql> alter table t1 CHARACTER SET latin1;
Query OK, 0 rows affected (0.01 sec)
Records: 0  Duplicates: 0  Warnings: 0

mysql> show create table t1\G
*************************** 1. row ***************************
       Table: t1
Create Table: CREATE TABLE `t1` (
  `id` int(4) DEFAULT NULL,
  `name` varchar(32) CHARACTER SET utf8 DEFAULT NULL
) ENGINE=InnoDB DEFAULT CHARSET=latin1
1 row in set (0.00 sec)
```

上面仅仅是修改字符集的基本操作，若是对于已经上线的数据库，并且已经包含了很多数据，就无法使用这个方法了，使用“ alter database dbname character set *”修改库的字符集，或者使用“ alter table tablename character set *”更改表的字符集，只对新创建的表或者更新的数据生效。

那么如何对已经包含了数据的库表的字符集进行调整呢？见下文。

11.4.3 生产环境更改数据库（含数据）字符集的方法

对于已经包含了数据的库表，若要对字符集进行调整，就需要将数据先导出，然后更改数据库环境，更改建库和表的字符集之后，重新导入数据，这样才能实现相应的调整。整个过程具体如下。

1）确保数据库不要更新，然后导出所有数据为 SQL 的文件。

2）针对导出的数据进行字符集替换（替换表和库），例如把 GBK 改为 UTF8。

3）修改 my.cnf 配置文件，更改 MySQL 客户端及服务端的字符集，重启生效。

4）导入更改过新字符集的库表的数据，包括表结构语句，然后提供服务。

5）将操作系统、SSH 客户端，以及程序更改为对应的新字符集。

另外，更改字符集时，要将小的字符集集合更改为大的字符集集合，不然可能会丢失数据。整个操作步骤比较简单，这里就不演示给读者了。

11.5 本章重点

1）什么是字符集？

2）MySQL 如何选择合适的字符集？
3）如何更改 MySQL 服务端数据库实例字符集设置？
4）如何指定 MySQL 数据库中库的字符集进行建库？
5）如何指定 MySQL 数据库表的字符集建表？
6）如何设置 MySQL 数据库客户端字符集？
7）如何防止数据库的中文显示乱码？
8）如何更改 MySQL 数据库库表的字符集？
9）生产环境下更改数据库（含数据）字符集的方法？

第12章

MySQL 数据库存储引擎知识

12.1 MySQL 引擎概述

12.1.1 什么是存储引擎?

在讲解什么是存储引擎之前，我们先来个比喻，我们都知道录制的视频文件，可以转换成不同的格式，如 mp4、avi、wmv 等，而存储在电脑的磁盘上也会存在于不同类型的文件系统中，如 Windows 里常见的 ntfs、fat32，存在于 Linux 里常见的 ext3、ext4、xfs 等，但是，用户看到的实际视频内容都是一样的。它们之间的直观区别是占用系统的空间大小与清晰程度可能不一样。

数据库表里的数据存储在数据库里及磁盘上，与上述的视频格式及存储磁盘文件系统格式的特征类似，也有很多种存储方式。

但是，对于用户和应用程序来说，同样一张表的数据，无论采用什么引擎来存储，用户看到的数据都是一样的。对于不同的引擎存取，引擎功能、占用的空间大小、读取性能等可能都有区别。

通过上面的说明，我们给出存储引擎的官方解释，存储引擎是 MySQL 数据库用来处理不同表类型的 SQL 操作的组件。

MySQL 早期最常用的存储引擎为：MyISAM 和 InnoDB。目前，InnoDB 是最常用的存储引擎，也是 MySQL5.6 默认的存储引擎。

12.1.2　MySQL 存储引擎的架构

MySQL 的存储引擎是 MySQL 数据库的重要组成部分。MySQL 的每种存储引擎在 MySQL 里都是通过插件的方式使用的，可以轻易地从 MySQL 中进行加载和卸载，MySQL 中可以同时支持多种存储引擎。图 12-1 是 MySQL 存储引擎体系结构的简图。

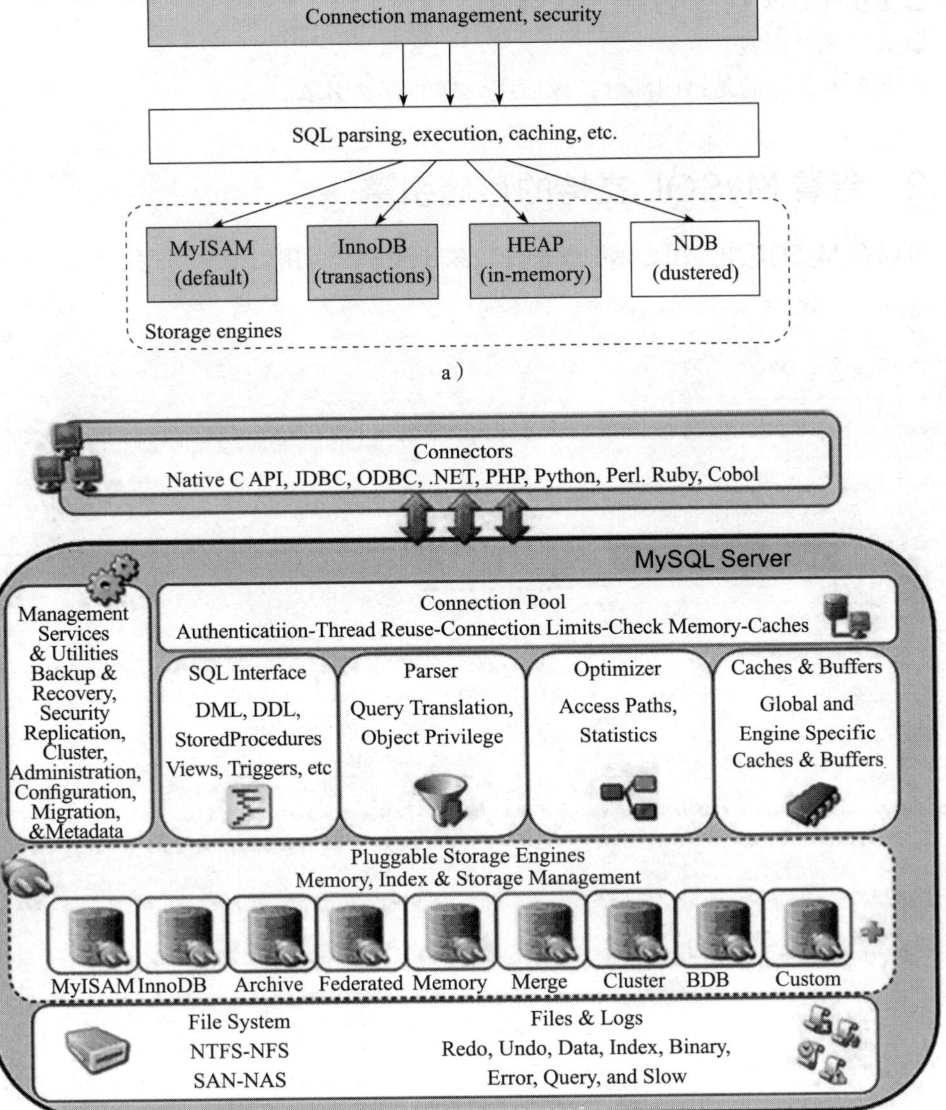

图 12-1　MySQL 存储引擎体系结构图

从图 12-1b 中，我们可以清晰地看见 MySQL 体系结构的组成部分，具体如下。

- 连接池部分。
- 数据库管理部分。
- SQL 接口、查询分析器、优化器、缓存缓冲。
- 存储引擎部分（像插座的部分）。
- 数据库数据文件和各种日志文件。
- 文件系统磁盘。

本书主要关注的是第四部分，像插座一样的存储引擎。

12.2 查看 MySQL 支持的存储引擎

可以在 MySQL 中使用显示引擎的命令来得到一个可用引擎的列表：

```
mysql> select version();
+------------+
| version()  |
+------------+
| 5.6.34-log |
+------------+
1 row in set (0.00 sec)
mysql> show engines;
+--------------------+---------+----------------------------------------+
| Engine             | Support | Comment
           | Transactions | XA   | Savepoints |
+--------------------+---------+----------------------------------------+
| MRG_MYISAM         | YES     | Collection of identical MyISAM tables
           | NO           | NO   | NO         |
| CSV                | YES     | CSV storage engine
           | NO           | NO   | NO         |
| MEMORY             | YES     | Hash based, stored in memory, useful for
temporary tables   | NO           | NO   | NO         |
| BLACKHOLE          | YES     | /dev/null storage engine (anything you write
to it disappears)  | NO           | NO   | NO         |
| MyISAM             | YES     | MyISAM storage engine
           | NO           | NO   | NO         |
| PERFORMANCE_SCHEMA | YES     | Performance Schema
           | NO           | NO   | NO         |
| ARCHIVE            | YES     | Archive storage engine
           | NO           | NO   | NO         |
| InnoDB             | DEFAULT | Supports transactions, row-level locking,
and foreign keys     | YES          | YES  | YES        |
| FEDERATED          | NO      | Federated MySQL storage engine
           | NULL         | NULL | NULL       |
+--------------------+---------+----------------------------------------+
9 rows in set (0.00 sec)
```

以上命令的结果显示了数据库可用引擎的全部名单，以及在当前的数据库中是否支持这些引擎，其中前四列比较重要，第一列是引擎名字，第二列是当前数据库是否支持，第三列是描述，第四列表示是否支持事务。

12.3 MySQL 5.6 支持的存储引擎

下面将 MySQL 5.6 支持的存储引擎用表格的方式进行说明，具体见表 12-1。

表 12-1 MySQL5.6 支持的存储引擎

存储引擎	说明（带 * 的为重点）
InnoDB	InnoDB 是 MySQL5.6 默认的存储引擎，InnoDB 支持事务，具有提交、回滚的功能，并且可以通过崩溃恢复能力来保护用户的数据，读写数据是行级锁定，可提升多用户并发访问的能力，InnoDB 以集群的索引方式存储用户数据，基于主键方式查询可提高 I/O 性能，InnoDB 也支持外键，使得数据更完整、更安全，更多的说明请参考 InnoDB 引擎章节的说明 *
MyISAM	MyISAM 是 MySQL5.5.5 以前默认的存储引擎，曾经用的很多，现在用的少了，MyISAM 仅支持表级锁，读写性能都很有限。可用于只读或者绝大多数以读为主的业务场景
Memory	Memory 以内存的方式存储所有数据，访问速度很快，不过其使用场景也是越来越少了。InnoDB 的 Buffer pool 内存也可以缓存绝大多数的数据了
CSV	CSV 这个引擎所对应的数据表格实际上是带有逗号分隔值的文本文件。CSV 表格允许您以 CSV 格式导入或者转储数据，以便于读取和写入相同格式的脚本，与应用程序进行数据交换。由于 CSV 表是没有索引的，因此通常应在正常操作期间将数据保存在 InnoDB 表中，并且只能在导入或导出阶段使用 CSV 表
Archive	这些紧凑、无索引的引擎表旨在存储和检索大量参考的历史、归档或安全审核信息
Blackhole	Blackhole 存储引擎接受但不存储数据，类似于 Unix / dev / null 设备。查询总是会返回一个空集。这些表可用于将 DML 语句发送到从属服务器的复制配置，但是主服务器不保留其自己的数据副本
Merge	使 MySQL DBA 或开发人员能够对一系列相同的 MyISAM 表进行逻辑分组，并将其作为一个对象引用。Merge 适用于数据仓库等 VLDB 环境
Federated	Federated 可通过链接单独的 MySQL 服务器以从许多物理服务器创建一个逻辑数据库。其非常适合于分布式或数据集环境。
Example	该引擎作为 MySQL 源代码中的一个例子，说明了如何开始编写新的存储引擎。这主要是开发商感兴趣的。存储引擎是一个什么都不做的 “ stub”。您可以使用此引擎创建表，但不能存储数据或从中检索数据。

读者只需要知道前三个，掌握第一个 InnoDB，了解第二个 MyISAM 和第三个 Memory 即可，本章也将着重介绍这三个引擎。

12.4 MySQL 常用存储引擎特性对比

MySQL 的存储引擎有很多，不同引擎之间的区别具体有哪些呢？请参考表 12-2 MySQL 常用存储引擎特性对比。

表 12-2 MySQL 常用存储引擎特性对比

特性	MyISAM	Memory	InnoDB	Archive	NDB
存储限制	256TB	RAM	64TB	None	384EB
事务	No	No	Yes	No	Yes
锁粒度	Table	Table	Row	Row	Row
B-tree 索引	Yes	Yes	Yes	No	No
T-tree 索引	No	No	No	No	Yes
Hash 索引	No	Yes	No	No	Yes
Full-text search 索引	Yes	No	Yes	No	No
Clustered 索引	No	No	Yes	No	No
数据缓存	No	N/A	Yes	No	Yes
索引缓存	Yes	N/A	Yes	No	Yes
压缩数据	Yes	No	Yes	Yes	No
加密数据	Yes	Yes	Yes	Yes	Yes
集群数据库支持	No	No	No	No	Yes
主从复制支持	Yes	Yes	Yes	Yes	Yes
外键支持	No	No	Yes	No	No

提示：NDB 引擎是 MySQL 集群软件支持的，5.6 社区版不支持 NDB 引擎。

12.5 设置与更改 MySQL 的引擎

1. 设置表的引擎

如果建表的时候不指定引擎，那么表的引擎就会和数据库的默认配置一致。下面就来讲解下如何指定表的引擎建立表，例如建立一个学生表，代码如下：

```
CREATE TABLE `student` (
  `Sno` int(10) NOT NULL COMMENT '学号',
  `Sname` varchar(16) NOT NULL COMMENT '姓名',
  `Ssex` char(2) NOT NULL COMMENT '性别',
  `Sage` varchar(16) default NULL,
  `Sdept` varchar(16) default NULL COMMENT '学生所在系别',
  KEY `ind_sage` (`Sage`),
  KEY `ind_sno` (`Sno`)
) ENGINE=MyISAM DEFAULT CHARSET=utf8 #<== 最后一行括号外，指定引擎。
```

2. 更改表的引擎

一般来说，更改 MySQL 引擎的需求并不多见，但偶尔也会有，下面就向大家介绍几种修改方法。

方法 1：利用 SQL 命令语句修改引擎，具体命令如下。

```
ALTER TABLE oldboy ENGINE = INNODB;
ALTER TABLE oldboy ENGINE = MyISAM;
```

更改引擎实例：

```
mysql> show create table test\G
*************************** 1. row ***************************
       Table: test
Create Table: CREATE TABLE `test` (
  `id` int(4) NOT NULL AUTO_INCREMENT,
  `name` char(20) NOT NULL,
  PRIMARY KEY (`id`),
  KEY `ind_name` (`name`(8))
) ENGINE=InnoDB AUTO_INCREMENT=10 DEFAULT CHARSET=utf8 #<== 默认是 InnoDB。
1 row in set (0.00 sec)

mysql> ALTER TABLE test ENGINE=MyISAM;        #<== 将 test 表的引擎更改为 MyISAM。
Query OK, 5 rows affected (0.02 sec)
Records: 5  Duplicates: 0  Warnings: 0

mysql> show create table test\G
*************************** 1. row ***************************
       Table: test
Create Table: CREATE TABLE `test` (
  `id` int(4) NOT NULL AUTO_INCREMENT,
  `name` char(20) NOT NULL,
  PRIMARY KEY (`id`),
  KEY `ind_name` (`name`(8))
) ENGINE=MyISAM AUTO_INCREMENT=10 DEFAULT CHARSET=utf8 #<== 已改为 MyISAM。
1 row in set (0.00 sec)
特别提示：更改 MySQL 引擎之后也需要相关配置参数的支持，否则，效果可能不佳。
```

使用此方法若要批量修改，则需要通过开发脚本实现，与分表分库脚本差不多。

方法 2：使用 sed 对备份的 SQL 文件进行批量转换。

使用 sed 对备份内容进行引擎转换：

```
nohup sed -e 's/MyISAM/InnoDB/g' oldboy.sql > oldboy_1.sql &
```

方法 3：mysql_convert table format 命令修改。

```
mysql_convert_table_format  --user=root --password=oldboy123 --socket=/
data/3306/mysql.sock --engine=MyISAM oldboy test
```

提示：该命令需要一些依赖包，安装方法为：

```
yum -y install perl-DBI perl-DBD-MySQL perl-Time-HiRes。
```

12.6 MyISAM 引擎

12.6.1 什么是 MyISAM 引擎?

MyISAM 引擎是 MySQL 关系型数据库管理系统的默认存储引擎（MySQL 5.5.5 以前）。这种 MySQL 表存储结构可从旧的 ISAM 代码中扩展出许多有用的功能。在新版本的 MySQL 中，InnoDB 引擎由于支持事务、外键等，有利于数据的一致性，以及其能支持更高的多用户并发性等优点，InnoDB 已经取代了曾经常用的 MyISAM 引擎，不过由于数据库中的 MySQL 库的大部分表主要用于读取，因此，MyISAM 引擎依然在使用。

12.6.2 MyISAM 引擎的存储方式

每一个 MyISAM 引擎的表都对应于硬盘上的三个文件。这三个文件虽然具有一样的文件名，但是其不同的扩展名指示了其不同的类型用途："．frm"文件用于保存表的定义，该文件并不是 MyISAM 引擎的一部分，而是服务器的一部分；"．MYD"用于保存表的数据；"．MYI"则是表的索引文件。"．MYD"和．MYI 是 MyISAM 的关键点。示例代码如下：

```
[root@oldboy ~]# cd /application/mysql/data
[root@oldboy data]# ls -l mysql/|head -10
总用量 1688
-rw-r-----. 1 mysql mysql  8820 3月 22 10:01 columns_priv.frm #<== 存放表的定义。
-rw-r-----. 1 mysql mysql     0 3月 22 10:01 columns_priv.MYD #<== 存放表的数据。
-rw-r-----. 1 mysql mysql  4096 3月 22 10:01 columns_priv.MYI #<== 存放表的索引。
-rw-r-----. 1 mysql mysql  9582 3月 22 10:01 db.frm
-rw-r-----. 1 mysql mysql  1760 3月 22 10:01 db.MYD
-rw-r-----. 1 mysql mysql  5120 3月 22 10:01 db.MYI
-rw-r-----. 1 mysql mysql 10223 3月 22 10:01 event.frm
-rw-r-----. 1 mysql mysql     0 3月 22 10:01 event.MYD
-rw-r-----. 1 mysql mysql  2048 3月 22 10:01 event.MYI
```

MySQL 数据库系统的表大多数都使用 MyISAM 引擎。

这里先向读者抛出两个小疑问，请读者带着疑问看看下面的知识。

1）为什么 MySQL5.5.5 以前默认是 MyISAM 引擎，而 MySQL5.5.5 以后默认是 InnoDB？

2）为什么 MySQL 库里的表仍然默认为 MyISAM 引擎？

12.6.3 MyISAM 引擎的主要特点

MyISAM 引擎的主要特点一直以来都是面试官设置的考点，读者需要重点掌握，MyISAM 引擎的特点具体请参考表 12-3。

表 12-3 MyISAM 引擎的主要特点

特性	支持情况	说 明
存储限制	256TB	
事务支持	No	
锁表粒度	Table	即数据更新时锁定整个表：其锁定机制是表级锁定，这虽然可以让锁定的实现成本很小，但是同时也大大降低了其并发性能
全文索引	Yes	
数据缓存	No	不会缓存数据
索引缓存	Yes	MyISAM 可以通过 key_buffer_size 缓存索引，以大大提高访问性能，减少磁盘 IO，但是这个缓存区只会缓存索引，而不会缓存数据
外键支持	No	不支持外键
资源占用	少	因为功能不多，且管理粒度较粗，因此，MyISAM 消耗系统资源比 InnoDB 少很多
读写是否阻塞	Yes	不仅会在写入的时候阻塞读取，MyISAM 还会在读取的时候阻塞写入，但读本身并不会阻塞另外的读
是否默认	No	MyISAM 是 MySQL5.5.5 之前默认的存储引擎，因为性能问题，在 MySQL 后期版本中被取代

12.6.4 MyISAM 引擎适用的生产业务场景

下面为大家介绍下，MyISAM 引擎可以适用的生产业务场景。

1）不需要事务支持并且对数据一致性要求不高的业务（例如转账就不行）。

2）一般适用于读请求较多的应用，**读写都频繁的场景不适合**。

3）读写并发访问相对较低的业务。

4）数据修改相对较少的业务（阻塞问题）。

5）硬件资源比较差的服务器。

6）使用读写分离的 MySQL 从库可以使用 MyISAM（早期有人这么玩过）。

注意： 当下 99% 的企业业务场景，都不需要使用 MyISAM 了，而是选择更有优势的 InnoDB。

12.7 InnoDB 引擎

12.7.1 什么是 InnoDB 引擎？

InnoDB 引擎是当下 MySQL 数据库最重要的存储引擎，其正在成为目前 MySQL

AB 所发行新版的标准，被包含在所有的安装包里。与其他的存储引擎相比，InnoDB 引擎的优点是更新数据行级锁定、支持 ACID 的事务、支持外键，它的设计目标是面向在线事务处理的应用，目前绝大多数互联网公司都在使用 InnoDB 引擎，该引擎替代了其他的引擎。MySQL 5.6 版本的默认引擎已变为 InnoDB 引擎。

12.7.2　InnoDB 引擎的存储方式

InnoDB 存储引擎将数据存放在一个像黑盒一样的逻辑表空间中，这个表空间分为共享表空间和独立表空间，从 MySQL 5.6 开始，即默认支持将 InnoDB 引擎的表数据单独存放到各自独立的 ibd 文件中（独立表空间）。

范例 12-1：创建表并查看表空间情况

```
mysql> select version();
+------------+
| version()  |
+------------+
| 5.6.34-log |
+------------+
1 row in set (0.00 sec)
mysql> use oldboy
Database changed
mysql> create table test1(id int);
Query OK, 0 rows affected (0.04 sec)
mysql> show create table test1\G
*************************** 1. row ***************************
       Table: test1
Create Table: CREATE TABLE `test1` (
  `id` int(11) DEFAULT NULL
) ENGINE=InnoDB DEFAULT CHARSET=utf8
1 row in set (0.00 sec)
```

提示：由输出结果可以看到，只有 test1.frm，没有 MyISAM 对应的数据文件和索引文件了，这是为什么呢？

```
[root@oldboy ~]# cd /application/mysql/data
[root@oldboy data]# ls -l
总用量 196660
-rw-r-----. 1 mysql mysql 79691776 3月  26 05:01 ibdata1
#<== 这里是共享表空间存放 InnoDB 数据的文件，MySQL 5.6 以前默认情况下所有的 InnoDB 数据
     都存放在这个文件里。
-rw-r-----. 1 mysql mysql 50331648 3月  26 05:01 ib_logfile0
-rw-r-----. 1 mysql mysql 50331648 3月  22 10:01 ib_logfile1
-rw-r-----. 1 mysql mysql 12582912 3月  22 10:26 ibtmp1
drwxr-x---. 2 mysql mysql     4096 3月  22 10:01 mysql
```

```
drwxr-x---. 2 mysql mysql     4096 3月  26 05:01 oldboy
-rw-rw----. 1 mysql mysql        6 3月  22 13:10 oldboy.pid
drwxr-x---. 2 mysql mysql     4096 3月  22 10:01 oldboy_utf8
drwx------. 2 mysql mysql     4096 3月  22 12:30 oldgirl
drwxr-x---. 2 mysql mysql     4096 3月  22 10:01 performance_schema
drwx------. 2 mysql mysql     4096 3月  24 04:02 tingting
[root@oldboy data]# ls -l oldboy #<== 查看oldboy数据库里表的情况。
总用量 256
-rw-r-----. 1 mysql mysql    61 3月  24 04:00 db.opt
-rw-rw----. 1 mysql mysql  8644 3月  24 21:21 student.frm
-rw-rw----. 1 mysql mysql     0 3月  24 21:21 student.MYD
-rw-rw----. 1 mysql mysql  1024 3月  24 21:21 student.MYI
-rw-rw----. 1 mysql mysql  8556 3月  26 05:01 test1.frm
#<== 存放InnoDB引擎test1.表的定义。
-rw-rw----. 1 mysql mysql 98304 3月  26 05:01 test1.ibd
#<== 这里是独立表空间，test1表数据文件。
-rw-rw----. 1 mysql mysql  8586 3月  24 21:22 test.frm
#<== 这里存放的是MyISAM引擎test表的定义。
-rw-rw----. 1 mysql mysql   325 3月  24 21:22 test.MYD
#<== 这里存放的是MyISAM引擎test表的数据。
-rw-rw----. 1 mysql mysql  3072 3月  24 21:22 test.MYI
#<== 这里存放的是MyISAM引擎test表的索引。
-rw-rw----. 1 mysql mysql  8556 3月  22 11:30 t.frm
-rw-rw----. 1 mysql mysql 98304 3月  22 11:31 t.ibd
```

控制 InnoDB 存储引擎数据文件的参数具体如下：

```
mysql> show variables like 'innodb%';
+------------------------------+------------------------+
| Variable_name                | Value                  |
+------------------------------+------------------------+
| innodb_autoextend_increment  | 64                     | #<== 数据文件自增参数。
| innodb_data_file_path        | ibdata1:12M:autoextend | #<== 数据文件路径。
| innodb_data_home_dir         |                        | #<== 数据家目录。
| innodb_file_per_table        | ON                     | #<== 独立表空间开关。
...省略若干...
+------------------------------+------------------------+
120 rows in set (0.00 sec) #<==InnoDB相关参数共120个。
```

说明： 默认情况下数据库会初始化一个 12MB 的 ibdata1 共享表空间文件，并且以 64MB 为单位自动增长，innodb_file_per_table 控制是否开启独立表空间格式，开启之后，所有的表的数据都会以单独的数据文件形式存在。

12.7.3 InnoDB 引擎特点

一直以来，InnoDB 引擎都是数据库的重中之重，它的主要特点一直以来更是面试官设置的考点，读者需要重点掌握，InnoDB 引擎的主要特点具体如表 12-4。

表 12-4 InnoDB 引擎的主要特点

特性	支持情况	说 明
存储限制	64TB	存储限制有些小，但是也足够了
事务	Yes	支持 4 个事务隔离级别，支持多版本读
锁粒度	Row	更新数据仅锁定行
B-tree 索引	Yes	
T-tree 索引	No	
Hash 索引	No	
Full-text search 索引	Yes	从 5.5 开始支持全文索引
Clustered 索引	Yes	数据和主键以 Cluster 方式进行存储，组成一颗平衡树
数据缓存	Yes	高效缓存特性：能缓存索引，也能缓存数据
索引缓存	Yes	高效缓存特性：能缓存索引，也能缓存数据
压缩数据	Yes	可以压缩数据
加密数据	Yes	可以加密数据
集群数据库支持	No	不支持 MySQL 集群，NDB 是集群的引擎
主从复制支持	Yes	支持主从复制集群
资源占用	高	由于其功能和粒度都更强，因此对硬件的要求很高
分区支持	Yes	支持分区，可以提升扩展性和性能
表空间支持	Yes	支持共享和独立表空间，有利于管理和提升性能

12.7.4 InnoDB 引擎适用的生产业务场景

1）需要事务支持的业务（具有很好的事务特性）。

2）行级锁定对高并发有很好的适应能力，但需要确保查询是通过索引来完成的。

3）数据读写及更新都较为频繁的场景，如 BBS、SNS、微博、微信等。

4）数据一致性要求较高的业务，例如：充值转账、银行卡转账等。

5）硬件设备资源较好，特别是内存要大，可以利用 InnoDB 较好的缓存能力来提高内存利用率，尽可能减少磁盘 IO。

12.7.5 InnoDB 引擎相关参数介绍

从前面的说明可以看到，InnoDB 引擎相关参数多达 120 个，但是在实际工作中，我们需要修改的参数却是非常少的，下面就为大家介绍下 InnoDB 引擎的重要参数，更多内容读者可以参考官方手册学习或者通过“ mysql> show variables like 'innodb%';”查看。

表 12-5　InnoDB 引擎的重要参数

InnoDB 引擎的重要参数	说　明
innodb_buffer_pool_size = 2048M	InnoDB 使用一个缓冲池来保存索引和原始数据，缓冲池设置的越大，理论上在存取表里面的数据时所需要的磁盘 I/O 就越少。官方建议将 InnoDB 的 Buffer Pool 值配置为物理内存的 50% ～ 80%，实际配置大小应根据具体环境而定
innodb_data_file_path = ibdata1:12M:autoextend	InnoDB 数据文件的路径，默认为 12MB 大小 ibdata1 的单独文件，默认以 64MB 为单位自增（autoextend）
innodb_additional_mem_pool_size = 16M	该参数用来设置 InnoDB 存储的数据目录信息和其他内部数据结构的内存池大小。应用程序里的表越多，就需要在其中分配越多的内存。对于一个相对稳定的应用来说，这个参数的大小也是相对稳定的，没有必要预留非常大的值。如果 InnoDB 用光了这个池内的内存，那么 InnoDB 将开始从操作系统分配内存，并且向 MySQL 错误日志中记录警告信息。默认为 1MB，当发现错误日志中已经有相关的警告信息时，就应该适当地增加该参数的大小
innodb_file_io_threads = 4	InnoDB 中的文件 I/O 线程。通常设置为 4，如果是 Windows 则可以设置更大的值以提高磁盘 I/O
innodb_thread_concurrency = 8	你的服务器中有几个 CPU 就设置为几，建议使用默认设置，一般设置为 8
innodb_flush_log_at_trx_commit = 2	若设置为 0，就相当于 innodb_log_buffer_size 队列满后再统一存储，默认值为 1，该值也是最安全的设置
innodb_log_buffer_size = 16M	默认为 1MB，通常设置为 8 ～ 16MB 就足够了
innodb_log_file_size = 128M	确定日志文件的大小，更大的设置可以提高性能，但也会增加数据库恢复的时间
innodb_log_files_in_group = 3	为提高性能，MySQL 可以以循环的方式将日志文件写到多个文件。推荐设置为 3
innodb_max_dirty_pages_pct = 90	InnoDB 主线程刷新缓存池中的数据
innodb_lock_wait_timeout = 120	InnoDB 事务被回滚之前可以等待一个锁定的超时秒数。InnoDB 在它自己的锁定表中自动检测事务死锁并且回滚事务。默认值是 50 秒
innodb_file_per_table = 1	InnoDB 为独立表空间模式，每个数据库的每个表都会生成一个数据空间。值为 0 表示关闭，值为 1 表示开启
innodb_data_home_dir = /data/xxx	InnoDB 数据的存放路径
innodb_log_group_home_dir=/data/xxx	日志分组的目录路径

12.7.6　InnoDB 引擎调优的基本方法

1）主键应尽可能小，以避免对 Secondary index 带来过大的空间负担。

2）建立有效索引避免全表扫描，因为会使用表锁。

3）尽可能缓存所有的索引和数据，提高响应速度，减少磁盘 IO 消耗。

4）在进行大批量小插入的时候，应尽量自己控制事务而不要使用 autocommit 自动提交。若有开关则可以控制提交方式。

5）合理设置 innodb_flush_log_at_trx_commit 参数值，不要过度追求安全性。

6）应避免主键更新，因为这会带来大量的数据移动。

12.8 Memory 存储引擎

Memory 就是内存的意思，因此 Memory 存储引擎（又称为 heap 引擎）的数据存储是放在内存（注意：由 max_heap_table_size 参数控制内存占用大小，默认为 16MB。）中的，因此存取速度特别快，但是如果数据库宕机或重启，那么所有的数据就都会丢失，因此它比较适合用于存放临时表的数据，例如，discuz 论坛数据库中的统计在线人数的 session 表采用的就是 Memory 引擎。Memory 存储引擎默认采用的是 Hash 索引，而不像其他引擎（MyISAM 和 InnoDB）默认的是 B-tree 索引。

Memory 存储引擎在使用上也有一些限制，例如，仅支持表锁，不支持 TEXT 和 BlOB 数据类型，还有当存储变长字段（varchar）时是按照定长字段（char）来进行的，这也会浪费一些内存空间。Memory 存储引擎在企业工作中应用的不是很多，读者作为知识点了解一下即可。

12.9 ARCHIVE 存储引擎

ARCHIVE 的中文意思是归档，因此 ARCHIVE 适用于存放大量归档历史数据（可查询但不能删除）的保存。

ARCHIVE 引擎仅支持 select、insert 操作；MySQL 5.1 以后开始支持索引等操作。

ARCHIVE 引擎使用 zlib 无损数据压缩算法，压缩比可达 10:1，可大量节省磁盘空间，设计 ARCHIVE 引擎的目标是提供高速的插入和压缩等功能。

如下范例所示，建立两个不同存储引擎的表，测试 ARCHIVE 存储引擎的表其占用空间的情况 .

首先建立一个 MyISAM 存储引擎的表，插入数据：

```
mysql> create table t1 engine=myisam as select * from information_schema.columns;
Query OK, 1683 rows affected (0.05 sec)
Records: 1683  Duplicates: 0  Warnings: 0
mysql> show table status like 't1'\G
*************************** 1. row ***************************
           Name: t1
         Engine: MyISAM
        Version: 10
     Row_format: Dynamic
```

```
          Rows: 1683
 Avg_row_length: 148
    Data_length: 250716   #<== 总长度 250716。
Max_data_length: 281474976710655
...省略若干...
1 row in set (0.00 sec)
```

再建立一个 ARCHIVE 引擎表，插入数据：

```
mysql> create table t2 engine=archive as select * from information_schema.columns;
Query OK, 1703 rows affected (0.03 sec)
Records: 1703  Duplicates: 0  Warnings: 0

mysql> show table status like 't2'\G
*************************** 1. row ***************************
           Name: t2
         Engine: ARCHIVE
        Version: 10
     Row_format: Compressed #<== 压缩了。
           Rows: 1703
 Avg_row_length: 21
    Data_length: 36679       #<== 总长度 36679。
...省略若干...
1 row in set (0.01 sec)
```

数据文件形式如下：

```
[root@oldboy data]# ll /application/mysql/data/oldboy/t2*
-rw-rw----. 1 mysql mysql 36679 3月  26 06:58 /application/mysql/data/oldboy/
t2.ARZ
-rw-rw----. 1 mysql mysql 13658 3月  26 06:58 /application/mysql/data/oldboy/
t2.frm
提示：.ARZ 是数据压缩文件，.frm 是表结构定义文件
```

其他种类引擎的说明请读者回看 12.3 节“MySQL 5.6 支持的存储引擎”中表 12-1 的说明。

实际工作中使用最多的就是 InnoDB 引擎，其次是 MyISAM 和 NDB 存储引擎，其他的例如 Memory、Merge、CSV、Federate 等存储引擎的使用场景都相对较少，本章也不进行过多讲解。

12.10　NDB 存储引擎

NDB 存储引擎是一个集群存储引擎，类似于 Oracle 的 RAC 集群，但它是 Share Nothing 的架构，因此 NDB 能够提供更高级别的高可用性和可扩展性。NDB 的特点是数据全部存放在内存中，因此，通过主键进行查找的速度非常快。

关于 NDB，有一个问题需要注意，它的连接（join）操作是在 MySQL 数据库层完成的，而不是在存储引擎层完成的，这就意味着，复杂的 join 操作需要巨大的网络开销，查询速度会很慢，在中小型企业中，NDB 引擎的使用频率极少，读者可以直接忽略，重点关注 InnoDB 引擎知识即可。

12.11 有关 MySQL 引擎常见的企业面试题

1）MySQL 有哪些存储引擎，各自有什么特点和区别？

2）生产环境中应如何选用 MySQL 的存储引擎？

3）不同的引擎应如何备份？混合引擎应如何备份？

第13章 MySQL 引擎之 InnoDB

13.1 InnoDB 存储引擎介绍

MySQL 从 5.5 版本开始即将 InnoDB 作为默认存储引擎，该存储引擎是第一个完整支持事务 ACID 特性的存储引擎，且支持数据行锁、多版本并发控制（MVCC）、外键，以及一致性非锁定读。

InnoDB 作为 MySQL 的默认存储引擎，这就意味着默认创建的表都会使用此存储引擎，除非使用“ENGINE= 参数”指定创建其他存储引擎的表。

InnoDB 的关键属性具体如下。

1）ACID 事务特性支持，包括 commit、rollback 以及 crash 恢复的能力。

2）行级别锁以及多版本并发控制。

3）利用主键的聚簇索引（clustered index）在底层存储数据，以提升对主键查询的 IO 性能。

4）支持外键功能，管理数据的完整性。

在 MySQL 实例中执行“show engines”命令查看存储引擎的情况。

“Support=YES”代表当前支持的存储引擎，“DEFAULT”代表默认的存储引擎，具体如下：

```
mysql> show engines;
+--------------------+---------+----------------------------------------+
| Engine             | Support | Comment
| Transactions | XA   | Savepoints |
```

```
+--------------------+---------+----------------------------------------+
| MyISAM             | YES     | MyISAM storage engine
| NO           | NO   | NO          |
| CSV                | YES     | CSV storage engine
| NO           | NO   | NO          |
| PERFORMANCE_SCHEMA | YES     | Performance Schema
| NO           | NO   | NO          |
| BLACKHOLE          | YES     | /dev/null storage engine (anything you
write to it disappears) | NO           | NO   | NO          |
| MRG_MYISAM         | YES     | Collection of identical MyISAM tables
| NO           | NO   | NO          |
| InnoDB             | DEFAULT | Supports transactions, row-level locking,
and foreign keys      | YES          | YES  | YES         |
| ARCHIVE            | YES     | Archive storage engine
| NO           | NO   | NO          |
| MEMORY             | YES     | Hash based, stored in memory, useful for
temporary tables       | NO           | NO   | NO          |
| FEDERATED          | NO      | Federated MySQL storage engine
| NULL         | NULL | NULL        |
+--------------------+---------+----------------------------------------+
```

13.2　InnoDB 和 ACID 模型

事务（Transaction）是数据库区别于文件系统的重要特性之一，事务可由一条非常简单的 SQL 语句组成，也可以由一组复杂的 SQL 语句组成。事务中的操作，要么都做修改，要么都不做，这就是事务的基本目的。理论上说，事务有着极其严格的定义，它必须同时满足四个特性，即通常所说的事务的 ACID 特性。

ACID 模型是关系型数据库普遍支持的事务模型，用于保证数据的一致性，其中的 ACID 所代表的具体含义分别如下。

1）A：atomicity 原子性。事务是一个不可再分割的工作单位，事务中的操作要么都发生，要么都不发生。

2）C：consistency 一致性。事务开始之前和事务结束以后，数据库的完整性约束没有被破坏。也就是说，数据库事务不能破坏关系数据的完整性以及业务逻辑上的一致性。

3）I：isolation 独立性。多个事务并发访问时，事务之间是隔离的，一个事务不应该影响其他事务的运行效果。

4）D：durability 持续性。在事务完成以后，该事务对数据库所做的更改便持久地保存在数据库之中，并不会被回滚。

举例来说，比如银行的汇款 1000 元的操作，简单来说，可以拆分成 A 账户的余

额 -1000，B 账户的余额 +1000，还要分别在 A 和 B 的账户流水上记录余额变更日志，这四个操作必须放在一个事务中完成，否则丢失其中的任何一条记录对整个系统来说都是不完整的。

对于上述例子来说，原子性体现在要么四条操作每条都成功，这就意味着汇款成功；要么其中某一个操作失败，则整个事务中的四条操作都回滚，即汇款失败。一致性表示当汇款结束时，A 账户和 B 账户里的余额变化和操作日志记录是可以对应起来的。独立性表示在汇款操作过程中，如果有 C 账户也在往 B 账户里汇款的话，那么两个事务之间相互不会影响，即“ A->B”有四个独立操作，“ C->B”也有四个独立操作。持久性表示当汇款成功时，A 和 B 的余额就变更了，不管是数据库重启还是别的什么原因，该数据已经写入到磁盘中作为永久存储，不会再发生变化，除非有新的事务发生。

其中事务的隔离性是通过 MySQL 锁机制来实现的，原子性、一致性、持久性则是通过 MySQL 的 redo 和 undo 日志记录来完成的

显式事务启动 | 结束

1）以 start transaction/begin 开始事务。

2）以 commit/rollback transaction 结束事务。

隐形事务提交

主要是 DDL、DCL 会引发事务隐形提交，比如 create、alter 语句以及 grant、revoke 等语句。

13.3　InnoDB 多版本控制 MVCC

我们知道对较为繁忙的 MySQL 系统来说，任何时刻都很少会出现只有一个活跃的数据库链接在操作数据库，通常都是多个并行活跃的数据库链接在同时执行操作，而且也极有可能会出现在对某个表或某些行进行并行读写操作，那么为了保证操作能够并行执行且支持对事务的回滚操作，InnoDB 会将修改前的数据存放在回滚段中。

多版本控制在 InnoDB 的默认隔离级别下，是指当有事务正在修改一些数据而未提交时，并行的读操作依然能够读到这部分数据而不需要等待事务提交，而读到的数据则是写事务开始之前的数据。InnoDB 数据存储结构如图 13-1 所示。

如图 13-2 所示，InnoDB 会在数据库的每一行上额外增加三个字段以实现多版本控制，第一个字段是 DB_TRX_ID，用来存放针对该行最后一次执行 insert、update 操作的事务 ID，而 delete 操作也会被认为是 update，只是会有额外的一位来代表事务为删除操作；第二个字段是 DB_ROLL_PTR 指针，其指向回滚段里对应的 undo 日志记录；第三个字段是 DB_ROW_ID，代表每一行的行 ID。

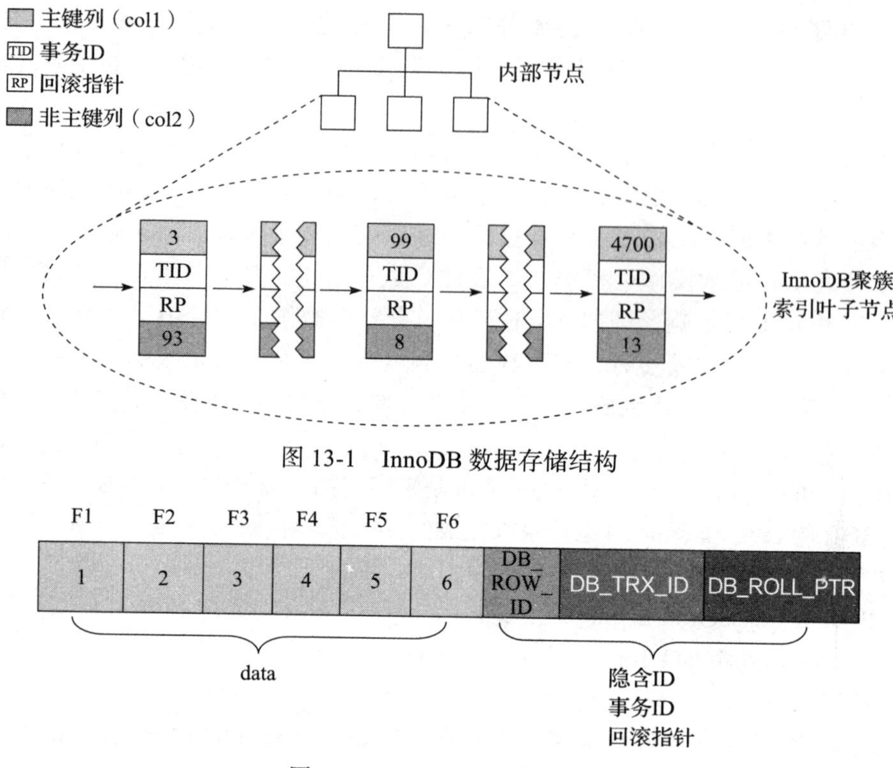

图 13-1　InnoDB 数据存储结构

图 13-2　InnoDB 行数据结构

1）初始数据行的情况，六个字段的值分别是 1、2、3、4、5、6。

2）事务 1 修改该数据行，将 6 个字段的值分别 *10，并生成回滚日志记录，如图 13-3 所示。

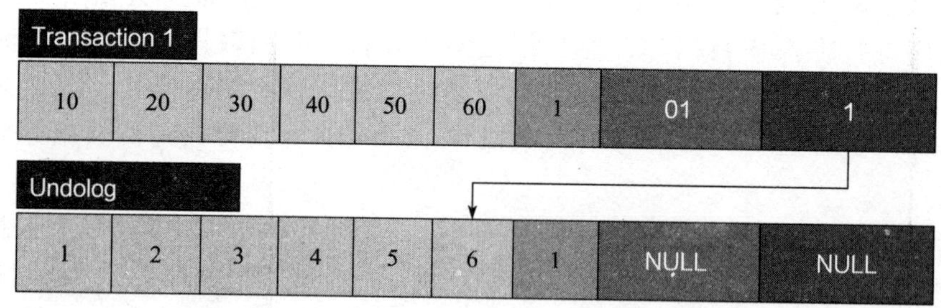

图 13-3　InnoDB 行数据与回滚段关系

3）事务 2 读取该数据行。

事务 2 按照自己的事务 ID 与行数据中的事务 ID 做对比，并按照事务隔离级别选取事务 1 修改前的回滚段中的数据进行返回。

在两个数据库链接下实验默认隔离级别下的多版本控制

```
链接 1: mysql> start transaction;
链接 2: mysql> start transaction;
链接 1: mysql> update score set score=88 where sid=1;
链接 2: mysql> select * from score where sid=1;      ### 链接 1 锁数据未释放，链接 2 也能访问修改前的数据
+------+-----------+-------+
| sid  | course_id | score |
+------+-----------+-------+
|    1 |         1 |    90 |
|    1 |         2 |    90 |
|    1 |         3 |    90 |
|    1 |         4 |    90 |
链接 1: mysql>commit;
链接 2: mysql> select * from score where sid=1;      ### 链接 1 锁释放，但链接 2 访问到的数据依然是之前的数据（这是由 InnoDB 的默认事务隔离级别决定的，可重复读的特性）
+------+-----------+-------+
| sid  | course_id | score |
+------+-----------+-------+
|    1 |         1 |    90 |
|    1 |         2 |    90 |
|    1 |         3 |    90 |
|    1 |         4 |    90 |
链接 2: mysql> commit;
链接 2: mysql> select * from score where sid=1;      ### 链接 2 提交之后，再访问到的数据就是修改后的数据了
+------+-----------+-------+
| sid  | course_id | score |
+------+-----------+-------+
|    1 |         1 |    88 |
|    1 |         2 |    88 |
|    1 |         3 |    88 |
|    1 |         4 |    88 |
```

回滚段中的 undo 日志记录分为插入 undo 日志和 update 日志，且只有在事务 commit 提交之后才会被丢弃，为避免回滚段越来越大，需要注意应及时执行 commit 命令。

13.4 InnoDB 体系结构

InnoDB 存储引擎的体系架构如图 13-4 所示。

InnoDB 存储引擎作为 MySQL 体系中的核心部件，其是由三部分组成的，包括各种缓存池、后台线程和底层的数据文件，其中的各种缓存池的作用具体如下。

1）维护所有后台线程需要访问的内部数据结构。

2）缓存磁盘上的数据，方便快速读取，同时在对磁盘文件进行数据修改之前也在这里缓存。

3）重做日志缓存，等等。

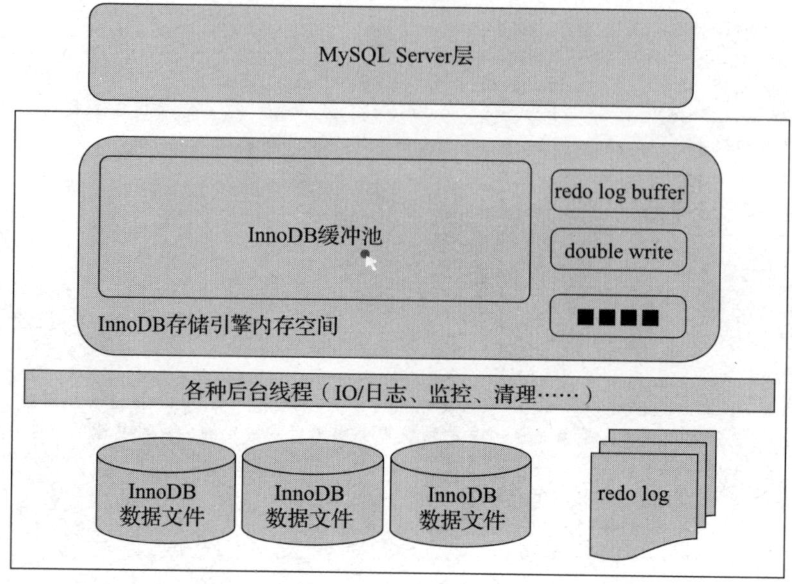

图 13-4　InnoDB 存储引擎体系结构

下面我们就来一一讲解。

13.4.1　缓存池（buffer pool）

buffer pool（缓存池）是 InnoDB 在内存中开辟的用来缓存表数据和索引数据的区域，一般可以设置为 50% ～ 80% 的内存大小，通过将经常访问的数据放置到内存当中来加快访问速度。InnoDB buffer pool 的组成如图 13-5 所示。

InnoDB 数据的读写都需要经过缓存（缓存在 buffer pool 即内存中），数据以整页（16KB）为单位读取到缓存中。缓存中的数据以 LRU 策略换出（最少使用策略），IO 效率高、性能好。如图 13-6 所示的是 InnoDB buffer pool 的作用示意图。

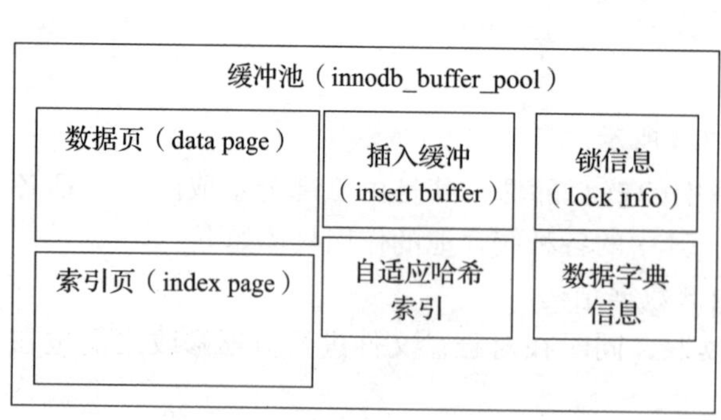

图 13-5　InnoDB buffer pool 组成

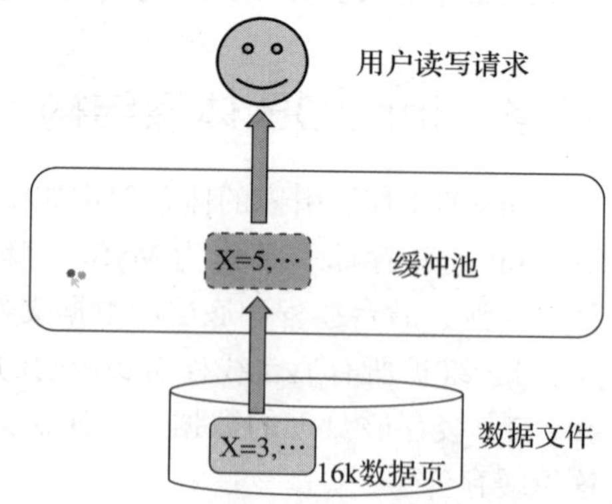

图 13-6　InnoDB buffer pool 作用示意图

buffer pool 是内存中用来缓存数据和索引的存储区域，也是 MySQL 性能调优的重要一环。

理想情况下，设置的 size 越大，则缓存到内存中的数据越多，InnoDB 就越像是内存数据库。

buffer pool 的底层是一个列表，通过 LRU 算法进行数据页的换进换出操作。当空间原因导致新页的加入需要换出一页时，InnoDB 取出最近最少使用的页并将这个新的数据页加入到列表的中央。从方向上看，列表的头部是最常使用的数据页，而在尾部则是最少使用的数据页。

buffer pool 中 3/8 的部分是用于保存最少使用的数据页，而中央部分其实是经常使用和最少使用的结合点。当在最少使用中保存的数据页被访问时，数据页就会被移动到列表的头部变成最常使用的。

1. 配置大小

InnoDB buffer pool 的大小既可以在启动时配置，也可以在启动之后配置。

增加和减少 buffer pool 的大小都是以大块的方式，块的大小由参数 innodb_buffer_pool_chunk_size 决定，默认为 128MB。

Innodb_buffer_pool_size 的大小可以自行设定，但必须是 innodb_buffer_pool_chunk_size*innodb_buffer_pool_instances 的整数倍，如果不是，则 buffer pool 会被调整成大于设定值且最接近的一个值，如下示例代码中，虽然 buffer pool 被设置为 9GB，但实际生效的依然是 10GB：

```
shell> mysqld --innodb_buffer_pool_size=9G --innodb_buffer_pool_instances=16

mysql> SELECT @@innodb_buffer_pool_size/1024/1024/1024;
+------------------------------------------+
| @@innodb_buffer_pool_size/1024/1024/1024 |
+------------------------------------------+
|                         10.000000000000 |
+------------------------------------------+
```

Innodb_buffer_pool_chunk_size 可以自行设定，且增加和减少都要以 MB 为单位，并且只能在启动前修改，修改后的值 *innodb_buffer_pool_instances 不能大于 buffer pool 的大小，否则修改无效：

```
[mysqld]
innodb_buffer_pool_chunk_size=134217728
```

可以动态修改 buffer pool 的大小，用 set 语句直接修改，当语句发起时，会一直等到当前所有的事务都结束后才执行，而且一旦执行，则执行过程中的其他事务如果要访问 buffer pool，就必须等待语句执行完毕：

```
mysql> SET GLOBAL innodb_buffer_pool_size=402653184;
```

当执行online的调整大小时，可以通过error log或者innodb_buffer_pool_resize_status查看进度：

```
mysql> SHOW STATUS WHERE Variable_name='InnoDB_buffer_pool_resize_status';
+----------------------------------+----------------------------------+
| Variable_name                    | Value                            |
+----------------------------------+----------------------------------+
| Innodb_buffer_pool_resize_status | Resizing also other hash tables. |
+----------------------------------+----------------------------------+
```

2. 配置多个buffer pool实例

当buffer pool的大小是GB级别时，将一个buffer pool分割成几个独立的实例能够降低多个线程同时读写缓存页的竞争性而提高并发性。设置innodb_buffer_pool_instances的参数可以调整实例个数。如果有多个实例，则缓存的数据页会随机放置到任意的实例中，且每个实例都有独立的buffer pool所有的特性。

Innodb_buffer_pool_instances的默认值是1，最大可以调整成64。

3. buffer pool内数据页控制

新读取的数据页插入到buffer pool的LRU列表的中间位置，默认位置是从尾部开始算起的3/8的位置。当放入到buffer pool的页被第一次访问时其就开始往列表的前方移动，这样，列表的后部就是不经常访问的页甚至是从不访问的页。

通过参数innodb_old_blocks_pct可以控制列表中“old”数据页所占的百分比，默认是37%，等同于3/8，取值范围是5～95。

Innodb_old_blocks_time参数默认是1000毫秒，指定了页面读取到buffer pool后，但没有移动到经常受访问列表位置的时间窗口。

4. InnoDB buffer pool预存取

read ahead是异步预先获取多个数据页到buffer pool的IO操作，这些数据页都是假定随后会被用到的。InnoDB可通过如下两种read-ahead算法提高IO性能。

1）线性read ahead：预测哪些页会被顺序访问。通过innodb_read_ahead_threshold参数调整顺序数据页的数量。当从一个区中顺序读取的页数量大于等于innodb_read_ahead_threshold时，InnoDB会触发异步read ahead操作将整个区都读到buffer pool中。该参数的默认值是56，取值范围是0～64。

2）随机read ahead：通过已经在buffer pool中的数据页来预测哪些页会被随后访问到。如果13个连续的处于相同区的页存在于buffer pool中，则InnoDB会把同一个区的其他页都读取进来。可通过设置innodb_random_read_ahead=ON来开启此方式。

可通过执行show engine innodb status命令显示的三个参数判断read-ahead算法的有效性，三个参数具体如下。

- ❑ Innodb_buffer_pool_read_ahead
- ❑ Innodb_buffer_pool_read_ahead_evicted

- Innodb_buffer_pool_read_ahead_rnd

5. InnoDB buffer pool 磁盘持久化

InnoDB 会在后台将 buffer pool 中的脏页（已经修改但没有写到数据文件）flush 掉。当 buffer pool 中的脏页所占百分比达到 innodb_max_dirty_pages_pct_lvm 时会触发 flush 操作，当所占比例达到 innodb_max_dirty_pages_pct 时，InnoDB 会"强烈"地 flush。

针对数据修改操作频繁的系统，flush 可能会严重滞后，从而导致大量的 buffer pool 内存占用，有一些参数专门针对修改繁忙的系统可以进行调整，具体如下。

- Innodb_adaptive_flushing_lwm：为防止 redo log 被填满，此参数设置了一个阈值，如果 redo log 的容量超过此阈值，则执行 adaptive flush 操作。
- Innodb_max_drity_pages_pct_lwm
- Innodb_io_capacity_max
- Innodb_flushing_avg_loops

6. 重置 buffer pool 状态

InnoDB 可以通过配置 innodb_buffer_pool_dump_at_shutdown 参数来确保在服务器重启时部分经常使用的数据页能够直接加载到 buffer pool 中，通过批量加载的方式，来节省重启服务器所导致的 warmup 时间（原先在 buffer pool 中的数据页要从磁盘中再次加载到内存中）。

buffer pool 的状态可以在任意时刻被保存，而重置状态也可以恢复任意保存的副本。

在数据库运行期间，动态配置 buffer pool 数据页保留占比的方式如下：

```
SET GLOBAL innodb_buffer_pool_dump_pct=40;
```

而在配置文件中的配置方法为：

```
[mysqld]
innodb_buffer_pool_dump_pct=40
```

当服务器关闭时，配置保存 buffer pool 的当前状态的方法如下：

```
SET GLOBAL innodb_buffer_pool_dump_at_shutdown=ON;
```

当服务器开启时，重新加载 buffer pool 的方法如下：

```
mysqld --innodb_buffer_pool_load_at_startup=ON;
```

默认情况下 innodb_buffer_pool_dump_at_shutdown 和 innodb_buffer_pool_load_at_startup 两个配置均是开启状态。

数据库运行期间保存和重新加载 buffer pool 的方法如下：

```
SET GLOBAL innodb_buffer_pool_dump_now=ON;
SET GLOBAL innodb_buffer_pool_load_now=ON;
```

查看 buffer pool 保存和重新加载的进度的方法如下：

```
SHOW STATUS LIKE 'Innodb_buffer_pool_dump_status';
SHOW STATUS LIKE 'Innodb_buffer_pool_load_status';
```

7. 监控 buffer pool 的状态情况

通过 show engine innodb status 命令可以查看 buffer pool 的运行情况，代码如下：

```
----------------------
BUFFER POOL AND MEMORY
----------------------
Total large memory allocated 2198863872
Dictionary memory allocated 776332
Buffer pool size   131072
Free buffers       124908
Database pages     5720
Old database pages 2071
Modified db pages  910
Pending reads 0
Pending writes: LRU 0, flush list 0, single page 0
Pages made young 4, not young 0
0.10 youngs/s, 0.00 non-youngs/s
Pages read 197, created 5523, written 5060
0.00 reads/s, 190.89 creates/s, 244.94 writes/s
Buffer pool hit rate 1000 / 1000, young-making rate 0 / 1000 not
0 / 1000
Pages read ahead 0.00/s, evicted without access 0.00/s, Random read
ahead 0.00/s
LRU len: 5720, unzip_LRU len: 0
I/O sum[0]:cur[0], unzip sum[0]:cur[0]
```

表 13-1 InnoDB buffer pool 运行状态重点参数解释

名　称	描　述
Total memory allocated	总分配内存大小（字节数）
Dictionary memory allocated	为数据字典分配的总内存大小（字节数）
Buffer pool size	总分配内存大小（数据页数）
Free buffers	可用空闲内存大小（数据页数）

13.4.2 change pool 缓存池

change buffering 是 MySQL5.5 中加入的新特性，change buffering 是 insert buffer 的加强。insert buffer 只针对 insert 有效，由于对非聚簇索引叶子节点的插入往往不像主键插入一样是按顺序的，而是随机读写的，从而导致了插入操作性能的下降，所以为了提高性能，InnoDB 存储引擎对非聚簇索引的插入或更新操作并不是每次都直接插入到索引页，而是先判断插入的索引页是否在缓冲池中，如果在则直接插入，如果不在则先将插入信息放到 change buffer 中，然后再以一定的频率和情况对 buffer 和索引叶子节点进行合并操作，这时通常能将多个插入合并到一个操作中，这也就大大提高了插入的性能

change buffering 对 insert、delete、update(delete+insert)、purge 都有效。同样的，当修改一个索引块（secondary index）的数据时，索引块在 buffter pool 中不存在，修改信息就会被 cache 在 change buffer 中，当通过索引扫描把需要的索引块读取到 buffer pool 中时，其会与 change buffer 中的修改信息合并，再择机写回 disk。

Innodb_change_buffering 参数缓存所对应的操作（update 会被认为是 delete+insert）具体如下。

- all：默认值，缓存 insert、delete、purges 操作。
- none：不缓存。
- inserts：缓存 insert 操作。
- deletes：缓存 delete 操作。
- changes：缓存 insert 和 delete 操作。
- purges：缓存后台执行的物理删除操作。

一般情况下，当辅助索引页被读取到缓冲池中时，例如在执行正常的 select 查询操作时，这时就会确认索引页是否在 change buffer 的 B+ 树中，若有，则将结构中的记录和缓冲池中的索引页进行合并操作。

可以通过 show engine innodb status 命令查看 change buffer 的操作信息：

```
-------------------------------------
INSERT BUFFER AND ADAPTIVE HASH INDEX
-------------------------------------
Ibuf: size 1, free list len 0, seg size 2, 0 merges
merged operations:
 insert 0, delete mark 0, delete 0
```

其中，merged operations 代表了辅助索引页与 change buffer 的合并操作次数，insert 代表 insert buffer，delete mark 代表 delete buffer，delete 代表 purge buffer。

innodb_change_buffer_max_size 参数用于配置 change buffer 在 buffer pool 中所占的最大百分比，默认是 25%，最大可以设置为 50%。当 MySQL 实例中有大量的修改操作时，需要考虑增大 innodb_change_buffer_max_size 的值。

13.4.3　自适应哈希索引（AHI）

AHI（Adaptive Hash index）属性使得 InnoDB 更像是内存数据库。该属性通过 innodb_adapitve_hash_index 开启，也可以通过“—skip-innodb_adaptive_hash_index”参数关闭。

哈希（hash）是一种非常快的等值查找方法，一般情况下，这种查找的时间复杂度为 O(1)，即一般仅需要一次查找就能定位数据。而 B+ 树的查找次数，则取决于 B+ 树

的高度，在生产环境中，B+ 树的高度一般为 3 ～ 4 层，故需要 3 ～ 4 次的查询。

InnoDB 会监控对表上个索引页的查询。如果观察到建立哈希索引可以带来速度提升，则自动建立哈希索引，称为自适应哈希索引（Adaptive Hash Index，AHI）。

AHI 是 MySQL 数据库 InnoDB 存储引擎中用于加速索引查找的一个结构。InnoDB 本身不支持 hash 索引，所有的索引检索都通过 B 树查询。AHI 可以认为是“索引的索引”。当对一个页面的访问次数满足一定的条件之后，存储引擎会自动建立哈希索引，维护 InnoDB 叶子页记录的索引键值（或键值前缀）到叶子节点记录的 Hash 映射关系。这样就能够根据索引键值（或前缀）定位到记录的地址。这样就可以不用再搜索 B+ 树从 root 到叶子页的路径定位过程。

AHI 有一个要求，那就是对这个页的连续访问模式必须是一样的。

例如，对于（a, b）访问模式情况：

where a = xxx

where a = xxx and b = xxx

根据 MySQL 官网的文档显示，AHI 启动后，读写速度提高 2 倍时，辅助索引的连接操作性能可以提高 5 倍。

另外，AHI 是数据库自动优化的，DBA 只需要指导开发人员去尽量使用符合 AHI 条件的查询即可，以提高效率。

13.4.4 doublewrite 缓存

如果说 change buffer 带给 InnoDB 存储引擎的是性能上的提升，那么 doublewrite 带给 InnoDB 存储引擎的则是数据页的可靠性。

doublewrite（两次写）缓存是位于系统表空间的存储区域，用来缓存 InnoDB 的数据页从 InnoDB 缓存池中 flush 之后并写入到数据文件之前。所以当操作系统或者数据库进程在数据页写磁盘的过程中崩溃时，InnoDB 可以在 doublewrite 缓存中找到数据页的备份而用来执行 crash 恢复。

数据页写入到 doublewrite 缓存的动作所需要的 IO 消耗要小于写入到数据文件的消耗，因为此写入操作会以一次大的连续块的方式写入。

在应用（apply）重做日志之前，用户需要一个页的副本，当写入失效发生时，先通过页的副本来还原该页，再进行重做，这就是 doublewrite。

doublewrite 缓存示意图如图 13-7 所示，doublewrite 的组成具体如下。

内存中的 doublewrite buffer，大小为 2MB。

物理磁盘上共享表空间中连续的 128 个页，即 2 个区（extend），大小同样为 2MB。

对缓冲池的脏页进行刷新时，并不是直接写磁盘，而是通过 memcpy() 函数将脏页先复制到内存中的 doublewrite buffer 中，之后通过 doublewrite 再分两次，每次 1MB，顺序地写入共享表空间的物理磁盘上，在这个过程中，因为 doublewrite 页是连续的，因此这个过程是顺序写的，开销并不是很大。在完成 doublewrite 页的写入后，再将 doublewrite buffer 中的页写入各个表空间文件中，此时的写入就是离散的。如果操作系统在将页写入磁盘的过程中发生了崩溃，那么在恢复过程中，InnoDB 可以从共享表空间中的 doublewrite 中找到该页的一个副本，然后将其复制到表空间文件，再应用重做日志。

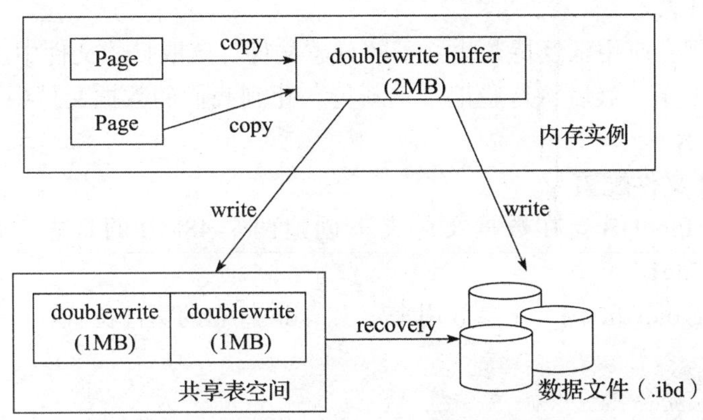

图 13-7　doublewrite 缓存示意图

13.4.5　重做日志缓存（redo log buffer）

redo log buffer 是一块用来存放写入 redo log 文件内容的内存区域，内存的大小由 innodb_log_buffer_size 参数确定。该 buffer 的内容会定期刷新到磁盘的 redo log 文件中。

参数 innodb_flush_log_at_trx_commit 决定了 buffer 刷新到文件的方式，参数 innodb_flush_log_at_timeout 决定了 buffer 刷新的频率。

innodb_flush_log_at_trx_commit 的参数取值及说明如下。

- 0：每秒写入并持久化一次（不安全，但性能高，无论是 MySQL 还是服务器宕机，都会丢数据，丢失最多 1 秒的数据）。
- 1：每次 commit 都持久化（安全，但性能低，IO 负担重）。
- 2：每次 commit 都写入内存的缓存中，每秒再刷新到磁盘（安全，性能折中，若中 MySQL 宕机则数据不会丢失，若是服务器宕机则会丢失最多 1 秒的数据）。

innodb_flush_log_at_timeout 参数决定最多丢失多少秒的数据，默认是 1 秒。

redo log buffer 的示意图如图 13-8 所示。

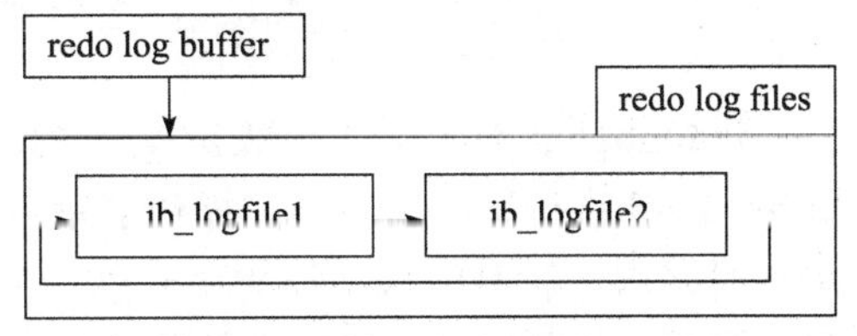

图 13-8　redo log buffer 示意图

13.4.6　重做日志（redo log）

redo 日志是存在于磁盘上的文件，默认情况下包括 ib_logfile0 和 ib_logfile1 两个文件，常用于在 crash（恢复）发生时将还没来得及写入到数据文件中但已经完成提交的事务在数据库初始化时重新执行一遍。

关于 redo log buffer 写入到 redo log 文件的方式，InnoDB 提供了组提交（group commit）的方式，这就意味着针对一次写磁盘操作可以包含多个事务数据，用此方法可以提高性能。

为了提高 IO 效率，数据库修改的文件都是在内存缓存中完成的；那么，我们知道一旦断电，内存中的数据都将消失，而数据库又是如何保证数据的完整性的？答案是数据持久化与事务日志。

如果宕机了则会应用已经持久化好了的日志文件，读取日志文件中没有被持久化到数据文件里面的记录，然后将这些记录重新持久化到我们的数据文件中。redo log 的示意图如图 13-9 所示。

1. redo log 文件配置

默认情况下 InnoDB 会在数据文件夹下创建两个 48MB 的日志文件，分别是 ib_logfile0 和 ib_logfile1。

Innodb_log_group_home_dir 参数用来定义 redo 日志的文件位置：

```
[mysqld]
innodb_log_group_home_dir = /dr3/iblogs
```

innodb_log_files_in_group 参数用来定义日志文件的个数，默认和推荐值都是 2，在日志组中每个重做日志文件的大小均一致，并以循环写入的方式运行。例如，如果是默认配置，则 InnoDB 存储引擎先写重做日志文件 1，当达到文件的最后时，会切换到重做日志文件 2，再当重做日志文件 2 也被写满时，再切换到重做日志文件 1。

如果是拥有三个重做日志文件，则运行方式如图 13-10 所示。

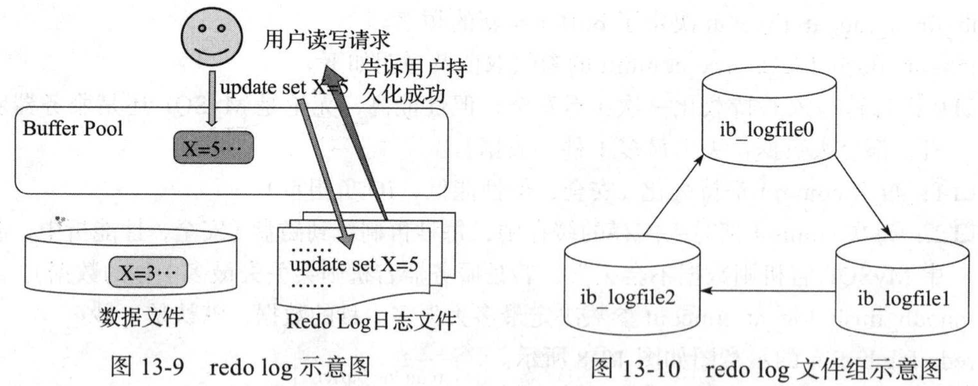

图 13-9　redo log 示意图　　　图 13-10　redo log 文件组示意图

innodb_log_file_size 参数定义了每个日志文件的大小，日志文件越大则意味着 buffer pool 进行文件间切换的操作就越少，从而减少 IO，一般至少要保证在高峰期的 1 个小时之内，所有的日志都能存放在一个日志文件里而不发生切换，当然文件大小也有最大限制，也就是所有日志文件的总大小不能超过 512G。

2. 重置 InnoDB redo log 文件大小

更改 redo log 文件大小的方法具体如下。

1）关闭 MySQL。

2）通过 innodb_log_file_size 更改文件大小，通过 innodb_log_files_in_group 更改文件数量。

3）启动 MySQL。

13.4.7　系统（共享）表空间

InnoDB 的系统表空间可用来存放表和索引数据，同时也是 doublewriter 缓存、change 缓存和回滚日志的存储空间，系统表空间是被多个表共享的表空间。

默认情况下，系统表空间只有一个系统数据文件，名为 ibdata1。系统数据文件的位置和个数均由参数 innodb_data_file_path 来决定。InnoDB 表与表空间文件依赖如图 13-11 所示。

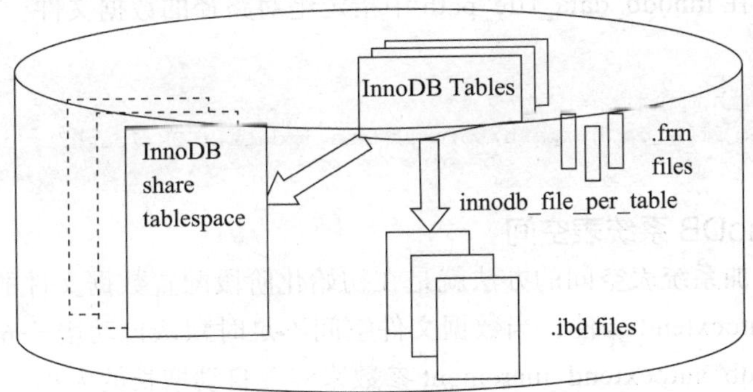

图 13-11　InnoDB 表与表空间文件依赖

1. 系统表空间数据文件配置

可以通过 innodb_data_file_path 和 innodb_data_home_dir 来配置系统表空间数据文件。

Innodb_data_file_path 可以包含一个或多个数据文件，中间用“;”分开：

```
innodb_data_file_path=datafile_spec1[;datafile_spec2]...
datafile_spec1 = file_name:file_size[:autoextend[:max:max_file_size]]
```

其中 autoextend 和 max 选项只能用作最后的这个数据文件。Autoextend 在默认情况下是一次增加 64MB，如果要修改此值，可通过 innodb_autoextend_increment 参数。Max 用来指定可扩展数据文件的最大容量以避免数据文件大小超过可用磁盘空间的大小。

举例如下：

```
[mysqld]
```

```
innodb_data_file_path=ibdata1:50M;ibdata2:50M:autoextend
```

上述语句表示指定 ibdata1 和 ibdata2 两个数据文件，其中 ibdata1 文件为固定的 50MB 大小，而 ibdata2 文件则是初始化为 50MB 并可自动扩展容量。

```
[mysqld]
innodb_data_file_path=ibdata1:12M:autoextend:max:500M
```

上述语句表示指定 ibdata1 一个数据文件，ibdata 文件初始化为 12MB，并可自动扩展容量到 500MB。

innodb_data_home_dir 参数用于显示指定数据文件的存储目录，默认是 MySQL 安装后的数据文件目录，举例如下：

```
[mysqld]
innodb_data_home_dir = /path/to/myibdata/
innodb_data_file_path=ibdata1:50M;ibdata2:50M:autoextend
```

当然也可以在 innodb_data_file_path 中指定绝对路径的数据文件：

```
[mysqld]
innodb_data_home_dir =
innodb_data_file_path=/path/to/myibdata/ibdata1:50M;/path/to/myibdata/ibdata2:
50M:autoextend
```

2. 重置 InnoDB 系统表空间

最简单的增加系统表空间的办法就是在初始化阶段配置数据文件的自增长，配置最后一个文件的 autoextend 属性，当数据文件空间不足时默认自动增长 64MB 大小。也可以通过修改 innodb_autoextend_increment 参数来修改自动增长的大小。

还可以通过增加另一个数据文件方法来扩展表空间，具体步骤如下。

1）关闭 MySQL。

2）检查配置的最后一个数据文件是否为 autoextend，如果是则根据当前数据文件的大小去掉自动扩展属性，改成当前大小。

3）在配置文件的 innodb_data_file_path 参数里增加一个新的数据文件，选择是否自动扩展。

4）启动 MySQL。

代码如下：

```
innodb_data_home_dir =
innodb_data_file_path = /ibdata/ibdata1:10M:autoextend
#### 改成
innodb_data_home_dir =
innodb_data_file_path = /ibdata/ibdata1:988M;/disk2/ibdata2:50M:autoextend
```

减小系统表空间大小的方法具体如下。

1）MySQL dump 出所有的 InnoDB 表，包括 MySQL 系统数据库下的五个表，代码如下：

```
mysql> select table_name from information_schema.tables where table_schema=
'mysql' and engine='InnoDB';
+----------------------+
| table_name           |
+----------------------+
| innodb_index_stats   |
| innodb_table_stats   |
| slave_master_info    |
| slave_relay_log_info |
| slave_worker_info    |
+----------------------+
```

2）关闭 MySQL。

3）删除 InnoDB 的所有数据文件和日志文件，包括“*.ibd”和 ib_log 文件，还有在 MySQL 库文件夹下的“*.ibd”文件。

4）删除所有“.frm”的 InnoDB 表文件。

5）在配置文件里配置新的表空间文件。

6）启动 MySQL。

7）导入备份出的 dump 文件。

13.4.8　File-per-table 独立表空间设置

通过设置 File-per-table 表空间，使得 InnoDB 的数据表不是共享一个系统表空间，而是每个表一个独立的表空间。可以通过设置 innodb_file_per_table 来开启此属性。开启之后每个表数据和索引数据都会默认单独存放在数据文件夹下的“.ibd”数据文件中。

```
mysql> show variables like '%per_table%';
+-----------------------+-------+
| Variable_name         | Value |
+-----------------------+-------+
| innodb_file_per_table | ON    |
+-----------------------+-------+
```

配置单表数据文件表空间

InnoDB 的单表数据文件表空间代表每个 InnoDB 表的数据和索引数据都存放在单独的“.ibd”数据文件中，每个“.ibd”数据文件均代表独立的表空间。此属性可通过 innodb_file_per_table 配置。

此配置的主要优势具体如下。

1）当删除表或者 truncate 表的时候，意味着对磁盘空间可以回收。而共享表空间时，若删除一个表则空间不会释放而只是文件里有空闲空间。

2）truncate table 命令比共享表空间要快。

3）通过定义“ create table …data directory=”绝对路径，可以将特定的表放在特定的磁盘或者存储空间中。

4）可以将单独的表物理复制到另外的 MySQL 实例中。

此配置的劣势具体如下。

每个表都有未使用的空间，这就意味着磁盘空间有些浪费。

启动单独表空间的方式如下：

```
[mysqld]
innodb_file_per_table=1
```

当设置 innodb_file_per_table=0 时，所有创建的新表都会放置到共享表空间里，除非在 create table 命令里显式地使用 tablespace 选项。

将已经存在于共享表空间的表修改为独立表空间的方法如下：

```
SET GLOBAL innodb_file_per_table=1;
ALTER TABLE table_name ENGINE=InnoDB;
```

通过命令“ create table … data directory= 绝对路径”可以将单表数据文件创建在另外的目录里。在指定的绝对路径下，会创建与数据库名相同的文件夹，里面含有此表的“.ibd”文件，同时在 MySQL 的数据库名文件夹下会创建 table_name.isl 文件，文件内容包含了此表的真实路径，相当于 link 文件。

```
mysql> USE test;
Database changed

mysql> SHOW VARIABLES LIKE 'innodb_file_per_table';
+-----------------------+-------+
| Variable_name         | Value |
+-----------------------+-------+
| innodb_file_per_table | ON    |
+-----------------------+-------+
1 row in set (0.00 sec)

mysql> CREATE TABLE t1 (c1 INT PRIMARY KEY) DATA DIRECTORY = '/alternative/
directory';
Query OK, 0 rows affected (0.03 sec)

# MySQL creates a .ibd file for the new table in a subdirectory that corresponding
# to the database name

db_user@ubuntu:~/alternative/directory/test$ ls
t1.ibd

# MySQL creates a .isl file containing the path name for the table in a directory
```

```
# beneath the MySQL data directory

db_user@ubuntu:~/mysql/data/test$ ls
db.opt  t1.frm  t1.isl
```

当没有开启 innodb_file_per_table 时，可以将 tablespace 和 data directory 两个参数配合使用：

```
CREATE TABLE t2 (c1 INT PRIMARY KEY) TABLESPACE = innodb_file_per_table
  DATA DIRECTORY = '/alternative/directory';
```

不管是出于备份复制还是别的什么原因，若要将单表复制到另外的数据库实例下，可以使用传输表空间的方法。

1）在原实例下创建表，代码如下：

```
mysql> use test;
mysql> CREATE TABLE t(c1 INT) engine=InnoDB;
```

2）在目标实例下创建表，代码如下：

```
mysql> use test;
mysql> CREATE TABLE t(c1 INT) engine=InnoDB;
```

3）在目标实例下去除表的表空间属性，代码如下：

```
mysql> ALTER TABLE t DISCARD TABLESPACE;
```

此命令不支持有外键的表，必须首先执行 foreign_key_checks=0

4）在原实例下表加锁仅允许读操作，并生成“.cfg”元文件：

```
mysql> use test;
mysql> FLUSH TABLES t FOR EXPORT;
```

5）将“.ibd”和“.cfg”文件复制到目标实例的指定目录下：

```
shell> scp /path/to/datadir/test/t.{ibd,cfg} destination-server:/path/to/
datadir/test
```

6）在原实例下释放锁：

```
mysql> use test;
mysql> UNLOCK TABLES;
```

7）在目标实例下执行导入表空间操作：

```
mysql> use test;
mysql> ALTER TABLE t IMPORT TABLESPACE;
```

13.4.9 undo 日志

undo 日志是由一系列事务的 undo 日志记录组成的，每一条 undo 日志记录均包含了事务数据回滚的相关原始信息，所以当其他的事务需要查看修改前的原始数据时，会从此 undo 日志记录中获取。undo 日志存放在回滚段中的 undo 日志段中。默认情况下，回滚段是作为系统表空间的一部分的，但也可以通过设置 innodb_undo_tablespaces 和 innodb_undo_directory 两个参数而拥有自己独立的 undo 表空间。

InnoDB 支持最大 128 个回滚段，其中的 32 个用于服务临时表的相关事务操作，剩下的 96 个用于服务非临时表，每个回滚段都可以同时支持 1023 个数据修改事务，也就是总共 96K 个数据修改事务。

Innodb_undo_logs 参数可用来设置回滚段的个数。

undo log 的原理很简单，为了满足事务的原子性，在操作任何数据之前，首先将数据备份到一个地方（这个存储数据备份的地方称为 undo log)。然后进行数据的修改。如果出现了错误，或者用户执行了 ROLLBACK 语句，那么系统可以利用 undo log 中的备份将数据恢复到事务开始之前的状态。

1. undo 表空间配置

默认情况下，undo 日志是存放在系统表空间里的，但也可以选择在独立的一个或多个 undo 表空间中存放 undo 日志。

- ❑ Innodb_undo_directory 参数决定了独立的 undo 表空间存放目录。
- ❑ Innodb_undo_logs 参数决定了回滚段的个数，该变量可以动态调整。
- ❑ Innodb_undo_tablespaces 参数决定了独立的 undo 表空间的个数，比如将该参数设置为 16 时，则会在 undo 表空间的存放目录下创建 16 个 undo 文件，默认为 10MB。

示例代码如下：

```
mysql> show variables like '%innodb_undo%';
+-------------------------+-------+
| Variable_name           | Value |
+-------------------------+-------+
| innodb_undo_directory   | ./    |
| innodb_undo_log_truncate | OFF  |
| innodb_undo_logs        | 128   |
| innodb_undo_tablespaces | 0     |
```

2. 设置 undo log 独立表空间

默认情况下，undo log 是存储在系统表空间里的，我们也可以将其存放在一个或多个独立表空间下。

- ❑ Innodb_undo_tablespaces 参数定义了有多少个 undo 表空间，此参数只能在建立 MySQL 实例时被配置。

- innodb_undo_directory 参数定义了 undo 表空间的存放路径。
- innodb_undo_logs 参数定义了回滚段的数量。

3. 清空 undo 表空间的内容

MySQL 实例最少会有两个 undo 表空间，在清空一个 undo 表空间的同时需要保证至少有一个 undo 表空间是可用的：

```
mysql> SELECT @@innodb_undo_tablespaces;
+---------------------------+
| @@innodb_undo_tablespaces |
+---------------------------+
|                         2 |
+---------------------------+
```

Innodb_undo_logs 参数决定了回滚段的数量，取值范围是 35 ～ 128，默认是 128，其中的前 33 个分布在系统表空间和临时表空间里，剩余的则在表空间之间通过 round-robin 方式依次分布：

```
mysql> SELECT @@innodb_undo_logs;
+--------------------+
| @@innodb_undo_logs |
+--------------------+
|                128 |
+--------------------+
1 row in set (0.00 sec)
```

Innodb_undo_log_truncate 参数决定是否开启 undo 表空间清空：

```
mysql> SET GLOBAL innodb_undo_log_truncate=ON;
```

当将此参数设置为 ON 后，则代表将 undo 文件大小超过 innodb_max_undo_log_size（默认值是 128MB）的都标记为清空：

```
mysql> SELECT @@innodb_max_undo_log_size;
+----------------------------+
| @@innodb_max_undo_log_size |
+----------------------------+
|                 1073741824 |

mysql> SET GLOBAL innodb_max_undo_log_size=2147483648;
Query OK, 0 rows affected (0.00 sec)
```

当标记为清空后，若回滚段标记为非激活状态则表示不接收新的事务，而已存在的事务会等到完成；然后通过 purge 操作释放回滚段空间；当 undo 表空间的所有回滚段都释放后，表空间就会清空成初始大小 10MB；然后回滚段重新变成激活状态以接收新的事务。

13.4.10 临时表空间

临时表空间（temporary）用于存放临时表，默认情况下，是在数据文件夹下的 ibtmp1 数据文件，此数据文件被设置为每次自动增长 12MB 大小，当然也可以设置 innodb_temp_data_file_path 来指定临时表空间文件的存放位置。

临时表空间文件在正常的 shutdown 之后会自动清除，如果发现临时表空间数据文件比较大，那么可以考虑重启 MySQL 来释放空间大小，如图 13-12 所示。

```
[root@vmware1 data]# ls
auto.cnf        ibdata1      ib_logfile1  mysql            performance_schema  test   vmware1.err
ib_buffer_pool  ib_logfile0  ibtmp1       mysqld_safe.pid  sys                 test3  vmware1.pid
[root@vmware1 data]# /etc/init.d/mysql.server stop
Shutting down MySQL.... SUCCESS!
[root@vmware1 data]# ls
auto.cnf  ib_buffer_pool  ibdata1  ib_logfile0  ib_logfile1  mysql  performance_schema  sys  test  test3  vmware1.err
[root@vmware1 data]#
```

图 13-12　重启 MySQL

但在 crash 发生时不会清除，这就需要 DBA 手动删除表空间文件或重启服务器。

查看临时表空间文件的方法如下：

```
mysql> show variables like '%innodb_temp%';
+----------------------------+-----------------------+
| Variable_name              | Value                 |
+----------------------------+-----------------------+
| innodb_temp_data_file_path | ibtmp1:12M:autoextend |
```

13.4.11 InnoDB 后台线程

1. InnoDB 主线程

InnoDB 的主线程在后台承担了诸多任务，绝大多数是与 IO 操作相关的，比如将 buffer pool 中修改后的数据异步刷新到磁盘文件中，保证数据的一致性，包括脏页的刷新、合并 change buffer、undo 回滚页的回收等。

从 MySQL 5.6 开始，master 线程的工作已经被大大减轻，类似 purge、page clean 都分配给独立的后台线程来进行。

Innodb_io_capacity 参数设置了 InnoDB 的整体 IO 能力。该参数应该被设置为等同于操作系统每秒的 IO 操作数量。该参数可以设置为 100 及以上的任意数值，默认值是 200。其中设置为 100 时相当于 7200RPM 的磁盘性能。

2. InnoDB 后台 IO 线程

在 InnoDB 存储引擎中可大量使用 AIO（Async IO）来处理 IO 请求，这样可以提高数据库的性能，而 IO 线程的主要工作是负责这些 IO 请求的回调处理。

通过配置 innodb_read_io_threads 和 innodb_write_io_threads 参数来指定后台读和写数据页的线程的个数，默认值是 4，容许的取值范围是 1-64。

可以通过 show engine innodb status 命令来查看 InnoDB 中 IO 的线程情况：

```
mysql> show engine innodb status\G
FILE I/O
--------
I/O thread 0 state: waiting for completed aio requests (insert buffer thread)
I/O thread 1 state: waiting for completed aio requests (log thread)
I/O thread 2 state: waiting for completed aio requests (read thread)
I/O thread 3 state: waiting for completed aio requests (read thread)
I/O thread 4 state: waiting for completed aio requests (read thread)
I/O thread 5 state: waiting for completed aio requests (read thread)
I/O thread 6 state: waiting for completed aio requests (write thread)
I/O thread 7 state: waiting for completed aio requests (write thread)
I/O thread 8 state: waiting for completed aio requests (write thread)
I/O thread 9 state: waiting for completed aio requests (write thread)
```

3. InnoDB purge 线程

事务被提交之后，可能会不再需要其所使用的 undo log，因此需要 purge 线程来回收已经使用并分配的 undo 页。

InnoDB 的 purge 操作是一种垃圾回收操作，是由一个或多个独立的线程自动执行的。可通过 innodb_purge_threads 参数设置 purge 线程的数量，如果 DML 操作比较复杂且会涉及多个表时，则可以考虑增加此值，最大可以设置为 32。

```
[mysqld]
innodb-purge_threads=1
```

4. InnoDB 脏页刷新线程

对磁盘数据页的更新都是先缓存在内存缓冲池中，那些已经被后台线程修改但还没有刷新到磁盘的数据页称为脏页，由于脏页的存在，为保证数据的持久化，需要有一个线程来承担定期刷新的任务。在早期的版本中，主要是由主线程来承担刷新任务；在后续的 InnoDB 版本中，脏页的刷新被单独分成一个线程处理，即脏页刷新线程。

5. InnoDB 线程并发度配置

InnoDB 利用操作系统的线程技术可达到多线程实现。

- Innodb_thread_concurrency 参数用于限制同时执行的线程数目。默认值是 0，代表没有限制。
- Innodb_thread_sleep_delay 参数确定。

13.5 InnoDB 其他相关配置

13.5.1 启动配置

InnoDB 合理的规划方法是在创建数据库实例之前就定义好数据文件、日志文件和数据页大小等相关属性。

13.5.2 指定配置文件位置

MySQL 实例启动需要依赖 my.cnf 配置文件，而配置文件可以存在于多个操作系统目录下。my.cnf 文件的默认查找路径，从上到下找到的文件先读，但优先级是逐级提升的。MySQL 配置文件的位置如图 13-13 所示。

文件名	用途
/etc/my.cnf	Global options
/etc/mysql/my.cnf	Global options
SYSCONFDIR/my.cnf	Global options
SMYSQL_HOME/my.cnf	Server-specific options(server only)
defaults-extra-file	The file specified with --defaults-extra-file, if any
~/.my.cnf	User-specific options
~/.mylogin.cnf	User-specific login path options(clients only)

图 13-13 MySQL 配置文件的位置

比如在 /etc/my.cnf 中指定了端口是 3307，而在用户根目录下的“.my.cnf”中同时指定了端口是 3308，则 MySQL 启动之后的侦听端口是 3308。因为对相同的参数来说，根目录下的配置文件优先级更高。而如果在两个文件中仅在 /etc/my.cnf 中指定了端口，则会以该指定的端口开启 MySQL。

为了确保使用的是指定的配置文件，可以使用“--defaults-file”参数指定启动文件的位置：

```
mysqld --defaults-file=path_to_configuration_file
```

13.5.3 数据页配置

Innodb_page_size 参数用来指定所有 InnoDB 表空间的数据页大小。默认是 16KB 大小，也可以设置为 64KB、32KB、8KB 和 4KB。一般设置为与存储磁盘的 block size 接近的大小。

13.5.4 InnoDB 只读设置

InnoDB 可以通过“—innodb-read-only”参数设置数据表只能读取：

```
[mysqld]
innodb-read-only=1

mysql> update temp set id2=100;
 ERROR 1015 (HY000): Can't lock file (errno: 165 - Table is read only)
```

13.5.5 InnoDB 优化器统计信息配置

InnoDB 表的优化器统计信息分为永久和非永久两种。

对于永久的优化器统计信息，即使是服务器重启的情况下也会存在，其用于选出更优的执行计划以便提供更好的查询性能。

配置 innodb_stats_auto_recalc 参数可用来控制统计信息在表发生了巨大变化（超过 10% 的行）之后是否自动更新，但是由于自动更新统计信息本身是异步的，所以有时未必能马上更新，这时可以执行 analysis table 语句来同步更新统计信息。

create table 和 alter table 语句中的 stats_persistent、stats_auto_recalc、stats_sample_pages 子句可用来配置单个表的优化器统计信息规则，具体如下。

1）stats_persistent 用来指定是否对此表开启永久统计资料，1 代表开启，0 代表不开启。当开启之后，可以执行 analyze table 命令收集统计资料。

2）stats_auto_recalc 表示是否对表的永久统计资料自动进行重新计算，默认值与全局参数 innodb_stats_auto_recalc 一致。1 代表当表中 10% 以上的数据更新时需要重新计算，0 代表不自动更新，而是通过 analyze table 命令重新计算。

3）stats_sample_pages 表示计算索引列的统计资料是需要的索引页的样本数量。

代码如下：

```
CREATE TABLE `t1` (
`id` int(8) NOT NULL auto_increment,
`data` varchar(255),
`date` datetime,
PRIMARY KEY  (`id`),
INDEX `DATE_IX` (`date`)
) ENGINE=InnoDB,
  STATS_PERSISTENT=1,
  STATS_AUTO_RECALC=1,
STATS_SAMPLE_PAGES=25;
```

优化器统计资料数据存储在系统表 mysql.innodb_table_stats 和 mysql.innodb_index_stats 表中，这两个表中有一个字段 last_update 可以用来判断统计信息最后更改的时间。这两个表的数据也可以通过手工更改。当手工更改完数据之后，要执行“flush table 表名”命令来重新 load 此表的统计资料。innodb_table_stats 表中的每个目标表示一行记录，而 innodb_index_stats 表中的每个索引都会有多条记录。

Innodb_table_stats 表结构如表 13-2 所示。

表 13-2 Innodb_table_stats 表结构

列名	说明
database_name	数据库名
table_name	表名或者分区表名

（续）

列名	说明
last_update	记录上次对这行记录修改的时间戳
n_rows	表中的数据行数
clustered_index_size	主键的数据页数
sum_of_other_index_sizes	非主键索引所占的数据页数

Innodb_table_stats 表结构代码如下：

```
mysql> select * from mysql.innodb_table_stats where table_name='students'\G
*************************** 1. row ***************************
           database_name: test
              table_name: students
             last_update: 2017-04-21 17:12:07
                  n_rows: 5
    clustered_index_size: 1
sum_of_other_index_sizes: 2
```

Innodb_index_stats 表结构如表 13-3 所示。

表 13-3　Innodb_index_stats 表结构

列名	说明
database_name	数据库名
table_name	表名或者分区表名
index_name	索引名
last_update	该行记录最后修改的时间戳
stat_name	索引统计资料的名称
stat_value	该统计资料的值
sample_size	获取统计资料使用的样本大小
stat_description	该统计资料项的详细描述

Innodb_index_stats 表结构代码如下：

```
mysql> select * from mysql.innodb_index_stats where table_name='students';
+---------------+------------+------------+---------------------+--------------+
| database_name | table_name | index_name | last_update         | stat_name    |
stat_value | sample_size | stat_description                  |
+---------------+------------+------------+---------------------+--------------+
| test          | students   | PRIMARY    | 2017-04-21 17:12:07 | n_diff_pfx01 |
5 |           1 | sid                               |
| test          | students   | PRIMARY    | 2017-04-21 17:12:07 | n_leaf_pages |
1 |        NULL | Number of leaf pages in the index |
| test          | students   | PRIMARY    | 2017-04-21 17:12:07 | size         |
1 |        NULL | Number of pages in the index      |
```

```
| test          | students   | idx_st_sid   | 2017-04-21 17:12:07 | n_diff_pfx01 |
5 |          1 | sid                         |
| test          | students   | idx_st_sid   | 2017-04-21 17:12:07 | n_leaf_pages |
1 |       NULL | Number of leaf pages in the index |
| test          | students   | idx_st_sid   | 2017-04-21 17:12:07 | size         |
1 |       NULL | Number of pages in the index      |
```

“Stat_name=n_diff_pfxNN”参数：当参数是 n_diff_pfx01 时，stat_value 列表示索引第一列上的区别值有几个；当参数是 n_diff_pfx02 时，stat_value 列表示索引第一、二列上的区别值有几个，以此类推。而 stat_description 列显示了对应的逗号隔开的索引列值。

默认情况下，永久优化器统计信息的属性是开启的，即 innodb_stats_persistent=ON。

非永久优化器统计信息会在每次进行服务器重启或者其他一些操作时被清理。

设置“innodb_stats_persistent=ON”参数（默认），可将优化器统计信息存储在磁盘上。

MySQL 的查询优化器会基于评估好的统计资料选择合适的索引参与到执行计划中，而类似于 analyze table 的语句则会从索引中随机选取数据页参与到每个索引的基数评估中。而参数 innodb_stats_persistent_sample_pages 则决定了参与评估的数据页的数量，默认值是 20。当语句执行的执行计划不是最优选择时，可考虑增加此参数，以便获得正确的统计资料。

当设置参数 innodb_stats_persistent=OFF 或者对单个表设置 stats_persistent=0 时，对应的统计资料就仅存在于内存中而非磁盘上，当服务器重启之后统计资料丢失，代码如下：

```
mysql> alter table students stats_persistent=0;
Query OK, 0 rows affected (0.00 sec)
Records: 0  Duplicates: 0  Warnings: 0
mysql> truncate table students;
mysql> analyze table students;
+-----------------+---------+----------+----------+
| Table           | Op      | Msg_type | Msg_text |
+-----------------+---------+----------+----------+
| course.students | analyze | status   | OK       |
mysql> select * from mysql.innodb_index_stats where table_name= 'students';
## 最新统计信息在表中不更新
+---------------+------------+------------+---------------------+--------------+
| database_name | table_name | index_name | last_update         | stat_name    |
stat_value | sample_size | stat_description
+---------------+------------+------------+---------------------+--------------+
| course        | students   | PRIMARY    | 2017-05-18 09:14:21 | n_diff_pfx01 |
97344 |         20 | sid                         |
```

```
    | course          | students    | PRIMARY     | 2017-05-18 09:14:21 | n_leaf_pages |
234 |         NULL | Number of leaf pages in the index |
    | course          | students    | PRIMARY     | 2017-05-18 09:14:21 | size         |
289 |         NULL | Number of pages in the index      |
    | course          | students    | idx_1       | 2017-05-18 09:15:30 | n_diff_pfx01 |
0 |           2 | gender                            |
    | course          | students    | idx_1       | 2017-05-18 09:15:30 | n_diff_pfx02 |
100710 |          20 | gender,sid                    |
    | course          | students    | idx_1       | 2017-05-18 09:15:30 | n_leaf_pages |
90 |         NULL | Number of leaf pages in the index |
    | course          | students    | idx_1       | 2017-05-18 09:15:30 | size         |
161 |         NULL | Number of pages in the index

    mysql> alter table students stats_persistent=1;
    mysql> analyze table students;
    +-----------------+---------+----------+----------+
    | Table           | Op      | Msg_type | Msg_text |
    +-----------------+---------+----------+----------+
    | course.students | analyze | status   | OK       |
    +-----------------+---------+----------+----------+
    1 row in set (0.01 sec)
    mysql> select * from mysql.innodb_index_stats where table_name='students';
    +---------------+------------+------------+---------------------+--------------+
    | database_name | table_name | index_name | last_update         | stat_name    |
stat_value | sample_size | stat_description                |
    +---------------+------------+------------+---------------------+--------------+
    | course          | students    | PRIMARY     | 2017-05-18 09:33:39 | n_diff_pfx01 |
0 |           1 | sid                               |
    | course          | students    | PRIMARY     | 2017-05-18 09:33:39 | n_leaf_pages |
1 |         NULL | Number of leaf pages in the index |
    | course          | students    | PRIMARY     | 2017-05-18 09:33:39 | size         |
1 |         NULL | Number of pages in the index      |
    | course          | students    | idx_1       | 2017-05-18 09:33:39 | n_diff_pfx01 |
0 |           1 | gender                            |
    | course          | students    | idx_1       | 2017-05-18 09:33:39 | n_diff_pfx02 |
0 |           1 | gender,sid                        |
    | course          | students    | idx_1       | 2017-05-18 09:33:39 | n_leaf_pages |
1 |         NULL | Number of leaf pages in the index |
    | course          | students    | idx_1       | 2017-05-18 09:33:39 | size         |
1 |         NULL | Number of pages in the index      |
```

比如执行 analyze table 语句手动刷新统计资料，或者在 innodb_stats_on_metadata 选项打开之后执行 show table status/show index，或者查询 information_schema.tables/statistics 表时，非永久统计资料都会自动更新，当 InnoDB 检测到 1/16 的表数据被修改时也会更新。

13.5.6　索引页之间合并阈值

当索引页的数据由于删除操作或者修改操作低于阈值时，InnoDB 可以通过配置 merge_threshold 来确保其会将此索引页和邻近的索引页合并。merge-threshold 的默认值是 50，取值范围是 1 到 50。

merge_threshold 参数可以定义在表上，也可以定义在一个独立的索引上。

```
CREATE TABLE t1 (
   id INT,
  KEY id_index (id)
) COMMENT='MERGE_THRESHOLD=45';
CREATE TABLE t1 (
   id INT,
  KEY id_index (id)
);

ALTER TABLE t1 COMMENT='MERGE_THRESHOLD=40';
CREATE TABLE t1 (
   id INT,
  KEY id_index (id) COMMENT 'MERGE_THRESHOLD=40'
);
CREATE TABLE t1 (id INT);
CREATE INDEX id_index ON t1 (id) COMMENT 'MERGE_THRESHOLD=40';
```

评估 merge_threshold 参数的合理方法是查看 innodb_metrics 表里的相关参数，确保发生了较少的索引页合并，且合并请求和成功合并的数量相当：

```
mysql> SELECT NAME, COMMENT FROM INFORMATION_SCHEMA.INNODB_METRICS
WHERE NAME like '%index_page_merge%';
+-----------------------------+----------------------------------------+
| NAME                        | COMMENT                                |
+-----------------------------+----------------------------------------+
| index_page_merge_attempts   | Number of index page merge attempts    |
| index_page_merge_successful | Number of successful index page merges |
+-----------------------------+----------------------------------------+
```

13.6　InnoDB 普通表空间

InnoDB 除了上文中讲述的系统表额空间和独立表空间之外，也可以创建普通表空间，可以将多个表指定放在此表空间上，以便与系统表空间文件区别对待。

利用 create tablespace 命令可以创建一个共享的 InnoDB 表空间，与系统表空间一样，多个表可以在此表空间上存储数据，此表空间的数据文件可以放置在任意的文件夹下：

```
CREATE TABLESPACE tablespace_name
    ADD DATAFILE 'file_name'
```

```
        [FILE_BLOCK_SIZE = value]
            [ENGINE [=] engine_name]

    mysql> CREATE TABLESPACE `ts1` ADD DATAFILE 'ts1.ibd' Engine=InnoDB;
    ## 创建在 MySQL 数据目录下
    mysql> CREATE TABLESPACE `ts1` ADD DATAFILE '/my/tablespace/directory/ts1.
ibd' Engine=InnoDB;
```

创建完表空间之后，就可以通过“create table …tablespace”或者“alter table …tablespace”命令将表增加到此表空间上：

```
mysql> CREATE TABLE t1 (c1 INT PRIMARY KEY) TABLESPACE ts1 ROW_FORMAT=COMPACT;
mysql> ALTER TABLE t2 TABLESPACE ts1;
```

alter table 命令可以使得 InnoDB 表在系统表空间、独立表空间和普通表空间之间互相转化：

```
ALTER TABLE tbl_name TABLESPACE [=] tablespace_name
## 从系统表空间或者独立表空间上转移到普通表空间
ALTER TABLE tbl_name ... TABLESPACE [=] innodb_system
## 从普通表空间或者独立表空间上转移到系统表空间
ALTER TABLE tbl_name ... TABLESPACE [=] innodb_file_per_table
## 从系统表空间或者普通表空间上转移到独立表空间
```

“Alter table … tablespace”语句的执行都会导致此表重建，即使表空间的属性和之前的是一样的。

当删除一个普通表空间时，首先需要保证此表空间上的所有表都已被删除，否则会报错。删除表空间是通过 drop tablespace 语句来执行的。Drop database 的动作会删除所有的表，但创建的 tablespace 不会被自动删除，必须通过 drop tablespace 显式执行。

```
mysql> drop tablespace ts1;
ERROR 1529 (HY000): Failed to drop TABLESPACE ts1
mysql> drop table temp123;
Query OK, 0 rows affected (0.00 sec)
mysql> drop tablespace ts1;
Query OK, 0 rows affected (0.01 sec)
```

普通表空间不支持临时表，而且也不支持“alter table … discard tablespace”和“alter table …import tablespace”命令。

13.7 InnoDB 表

13.7.1 InnoDB 表存储结构

在 InnoDB 存储引擎中，表都是按照主键的顺序组织存放的，表的这种存储方式称为索引组织表。在 InnoDB 存储引擎中，每张表都有一个主键，如果没有自定义的主键和唯一索引，则存储引擎会自动创建一个 6 个字节大小的指针作为表的主键。

图 13-14 展示了 InnoDB 表中的数据存储格式，可以看到在主键或者说聚簇索引的叶子节点上就存储了主键列的值，同时也存储了非主键列的值，所以说 InnoDB 表的表数据都存放在聚簇索引上。

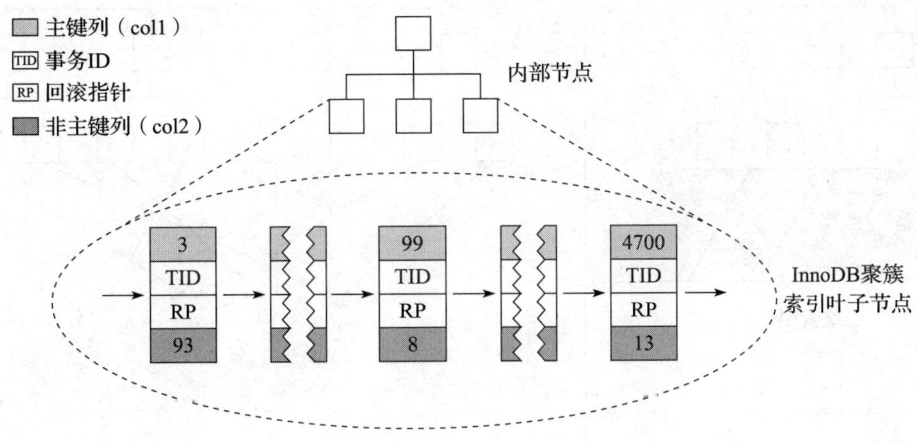

图 13-14 InnoDB 表结构

图 13-15 展示了 InnoDB 的主键索引、二级索引和 MyISAM 存储引擎的区别：对 InnoDB 的二级索引来说，虽然也是 B+ 树结构，但叶子节点仅需要存放索引的键值与主键值的对应关系即可，因为完全可以通过此对应关系上的主键值找到主键索引上的其他列值；而 MyISAM 存储引擎则更像是其他关系型数据库，在所有索引的叶子节点上都存放了对应表数据行的物理存放路径指针。

13.7.2 创建 InnoDB 表

如下所示的代码是通过 create table 语句创建 InnoDB 表，因为默认存储引擎就是 InnoDB，所以不需要在创建表的语句的最后指定 engine=innodb：

```
CREATE TABLE `students` (
  `sid` int(11) DEFAULT NULL,
  `sname` varchar(10) DEFAULT NULL,
  `gender` int(11) DEFAULT NULL,
  `dept_id` int(11) DEFAULT NULL
)
```

InnoDB 的表数据和索引数据默认都是存储在系统表空间中的，但可以通过开启 innodb_file_per_table 选项将表数据和索引数据存放在独立的表空间中。表创建完之后，会在表所在的数据库文件夹里创建“.frm”文件用来存储表的结构，系统表空间对应的

“.ibdata”文件存储数据文件，而当开启独立表空间时，则会在表所在的数据库文件夹里创建“.ibd”用来存储表数据和索引数据。

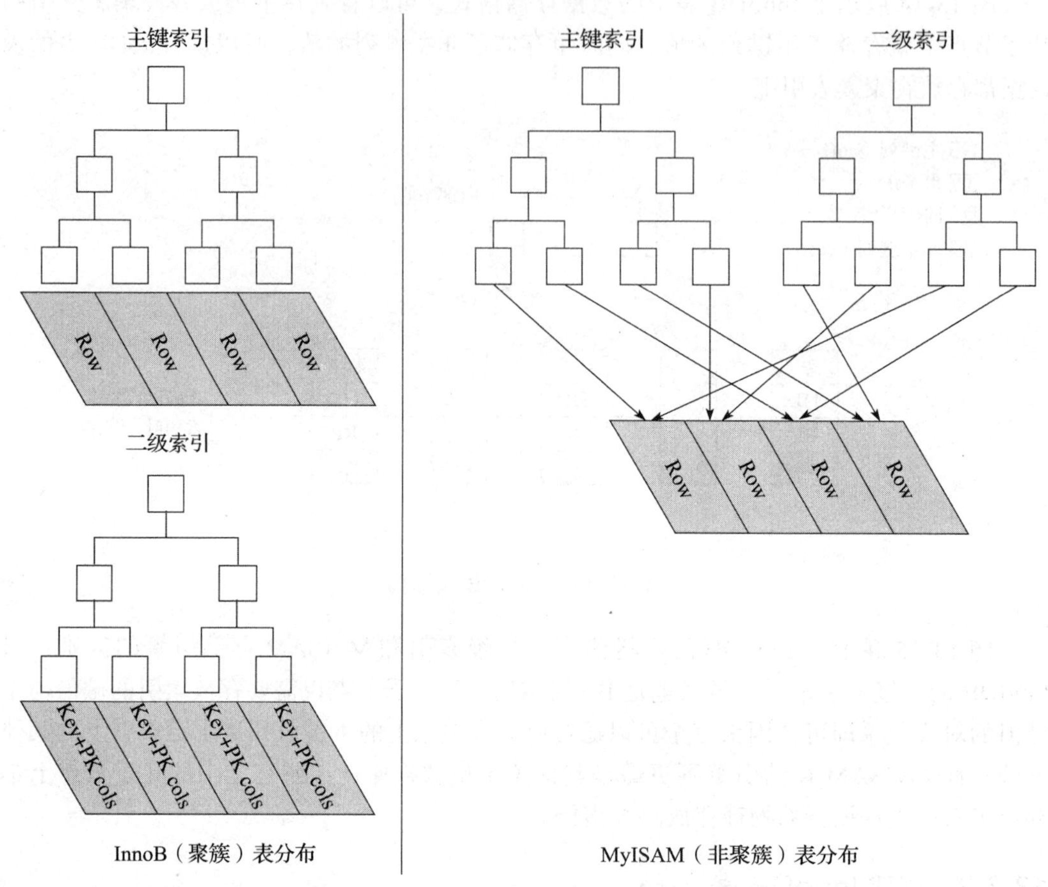

图 13-15　InnoDB 和 MyISAM 表结构对比

通过 show table status 语句可以查看 InnoDB 的表属性：

```
mysql> show table status like 'students'\G
*************************** 1. row ***************************
           Name: students
         Engine: InnoDB
        Version: 10
     Row_format: Dynamic
           Rows: 8
 Avg_row_length: 2048
    Data_length: 16384
Max_data_length: 0
   Index_length: 0
      Data_free: 0
```

```
  Auto_increment: NULL
     Create_time: 2017-05-05 23:10:11
     Update_time: 2017-05-05 23:25:29
      Check_time: NULL
       Collation: latin1_swedish_ci
        Checksum: NULL
  Create_options:
         Comment:
1 row in set (0.00 sec)
```

13.7.3 修改表的存储引擎

alter table 语句可以修改已有表的存储引擎：

```
ALTER TABLE table_name ENGINE=InnoDB;
```

13.7.4 自增长字段设置

当对 InnoDB 表设置了自增长字段之后，表会在内存中保存一个自增长计数器。

默认情况下，自增长字段的初始值是 1，但也可以通过配置 auto_increment_offset 参数将所有的自增长字段的初始值设置为另外的值，若要向表中插入数值，则 InnoDB 会求出当前表中该列的最大值，然后在此基础上加 1 作为插入的数据。默认是以 +1 为增长的进度，但也可以通过 auto_increment_increment 配置所有自增长字段的自定义增长进度。

13.7.5 InnoDB 表主要的限制

- InnoDB 表目前只支持最多 1017 个列。
- InnoDB 表目前支持最大 64 个二级索引。
- 多列索引目前支持最大 16 个列。
- 如果表中不存在 text 或者 blob 类型字段，则行数据整体的最大长度是 65535 个字节：

```
mysql> CREATE TABLE t (a VARCHAR(8000), b VARCHAR(10000),
    -> c VARCHAR(10000), d VARCHAR(10000), e VARCHAR(10000),
    -> f VARCHAR(10000), g VARCHAR(10000)) ENGINE=InnoDB;
ERROR 1118 (42000): Row size too large. The maximum row size for the
used table type, not counting BLOBs, is 65535. You have to change some
columns to TEXT or BLOBs
```

第14章

MySQL 主从复制知识与应用实践

14.1 MySQL 主从复制

MySQL 数据库的主从复制技术与使用 scp/rsync 等命令进行的异机文件级别复制类似，都是数据的远程传输，只不过 MySQL 的主从复制技术是其软件自身携带的功能，无须借助第三方工具，而且，MySQL 的主从复制并不是直接复制数据库磁盘上的文件，而是将逻辑的记录数据库更新的 binlog 日志发送到需要同步的数据库服务器本地，然后再由本地的数据库线程读取日志中的 SQL 语句并重新应用到 MySQL 数据库中，从而即可实现数据库的主从复制。

14.1.1 MySQL 主从复制介绍

MySQL 数据库支持单向、双向、链式级联、环状等不同业务场景的主从复制。在复制过程中，一台服务器（严格来讲是实例）作为主数据库（Master），接收来自用户的、对其内容的更新，而一个或多个其他的服务器则作为从服务器（Slave），接收来自主服务器 binlog 文件的日志内容，然后将该日志内容解析出的 SQL 语句重新应用到其他从服务器中，使得主从服务器数据达到一致。

如果设置了链式级联复制，那么，从服务器本身除了作为从服务器之外，也会同时作为其下面从服务器的主数据库服务器。链式级联复制形式类似于 A==>B==>C。

图 14-1 和图 14-2 均为单向主从复制架构逻辑图，此架构只能在 Master 服务器端进行数据写入。

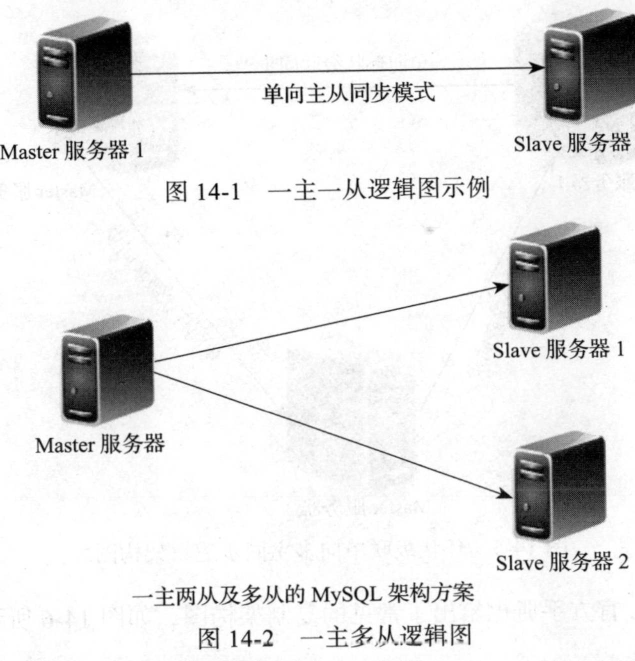

图 14-1　一主一从逻辑图示例

图 14-2　一主多从逻辑图

图 14-3 为双向主主复制逻辑架构图，此架构可以在 Master 服务器 1 端或 Master 服务器 2 端进行数据写入，或者在两端同时写入数据（需要经过特殊设置）。

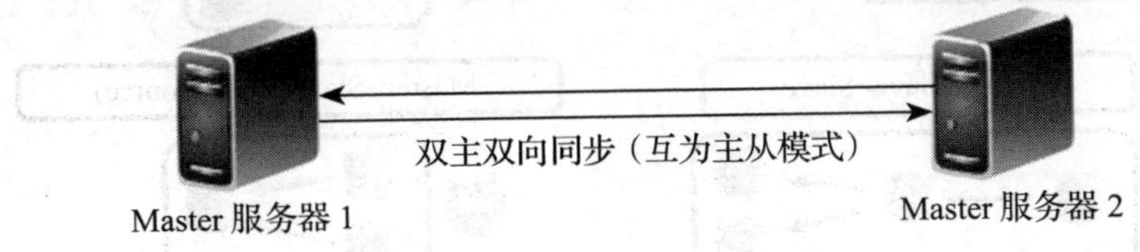

图 14-3　双向主主复制逻辑图

图 14-4 为线性级联单向双主复制逻辑架构图，此架构只能在 Master 服务器 1 端进行数据写入，工作场景 Master 服务器 1 和 Master 服务器 2 作为主主互备，Slave 服务器 1 作为从库，中间的 Master 服务器 2 需要进行特殊的设置。

图 14-4　线性级联单向双主复制逻辑图

图 14-5 为环状级联单向多主同步逻辑架构图，任意一个点都可以写入数据，此架构比较复杂，属于极端环境下的“作品”，一般场景应慎用。

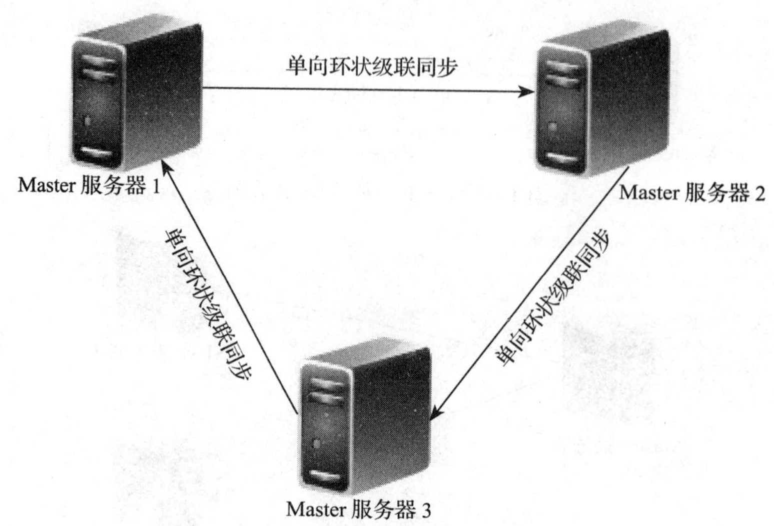

图 14-5　环状级联单向多主同步逻辑架构图

此外，MySQL 官方手册也给出了常见的复制架构图，如图 14-6 所示。

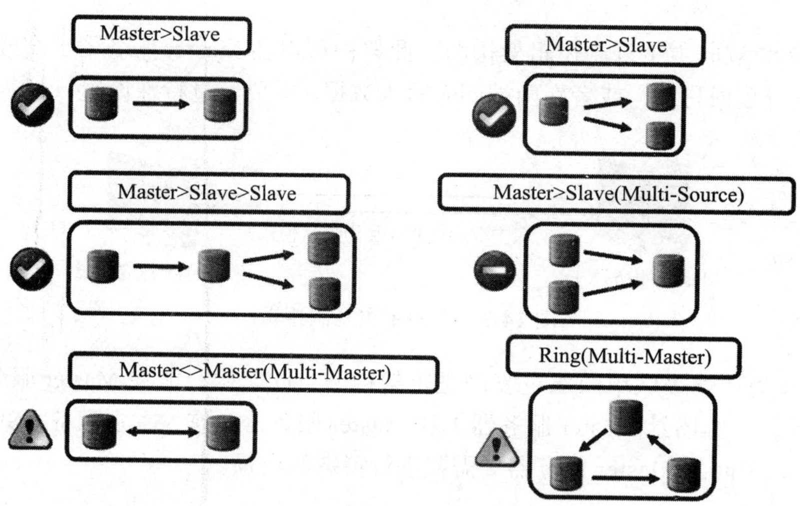

图 14-6　MySQL 官方的常见复制架构图

在当前的生产工作环境中，MySQL 主从复制默认都是异步的复制方式，即不是严格实时的数据同步，但是在正常情况下带给用户的体验几乎都是实时的（延迟的情况见后文讲解）。

14.1.2　MySQL 主从复制企业级应用场景

MySQL 主从复制集群技术使得 MySQL 数据库支持大规模高并发的读写操作成为

可能，同时又能有效地解决物理服务器宕机场景的数据备份和进行快速业务切换的问题。对于企业生产环境来说，MySQL 主从复制主要有以下几个重要的应用场景。

1. 从服务器作为主服务器的实时数据备份

主从服务器架构的设计，可以大大加强 MySQL 数据库架构的健壮性。例如，当主服务器出现问题时，我们可以人工切换或设置成自动切换到从服务器继续提供服务，此时从服务器的数据和宕机时的主数据库几乎是一致的。

这有些类似于 NFS 存储数据通过 inotify+rsync 将数据同步到备份的 NFS 服务器，只不过 MySQL 的复制方案是其自带的工具，实现的方式是逻辑的复制，而非文件层级的复制。

利用 MySQL 的主从复制技术进行数据备份，在硬件故障、软件故障、人为在数据库外误操作的场景下，该数据备份是有效的；但对于人为地在数据库中执行 drop、delete 等语句删除数据的情况，从库的备份功能就没有用了，因为从服务器也会执行删除的语句。

2. 主从服务器实现读写分离，从服务器实现负载均衡

MySQL 主从服务器架构可通过程序（PHP、Java 等）或代理软件（maxscale、atlas）实现对用户（客户端）的请求按读和写进行分离访问，即让从服务器仅仅处理用户的 select（查询）请求，以降低用户查询的响应时间及同时在主服务器上读写所带来的访问压力。对于更新的数据（例如 update、insert、delete 语句）仍然会交给主服务器处理，以确保主服务器和从服务器保持实时同步。

百度、淘宝、新浪等绝大多数的网站都是用户浏览的页面多于用户发布内容的页面，因此通过在从服务器上接收只读请求，就可以很好地减轻主库的读压力，且从服务器可以很容易地扩展为多台，使用 LVS 进行负载均衡（读写分离软件自身大多也有负载均衡的功能），效果就非常棒了，这就是传说中的数据库读写分离架构。上述架构的逻辑图如图 14-7 所示。

3. 根据业务重要性对多个从服务器进行拆分访问

根据公司的业务，可以对几个不同的从服务器进行拆分。例如，有为外部用户提供浏览查询服务的从服务器，有内部 DBA 用来进行数据备份的从服务器，还有为公司内部人员提供访问的后台、脚本、财务统计、日志分析及供开发人员查询使用的从服务器。这样的拆分除了能够减轻主服务器的压力之外，还可以使得数据库对外部用户浏览、内部用户业务处理及 DBA 的备份操作等互不影响。具体如何对从服务器进行拆分可以用图 14-8 所示的简单架构来说明。

14.1.3　MySQL 主从读写分离实现方案

（1）通过程序实现读写分离（需要程序支持）

PHP 和 Java 程序都可以通过设置多个连接文件轻松地实现对数据库的读写分离，即当语句关键字为 select 时，就去连接读库的连接文件，若为 update、insert、delete 时，则连接写库的连接文件。

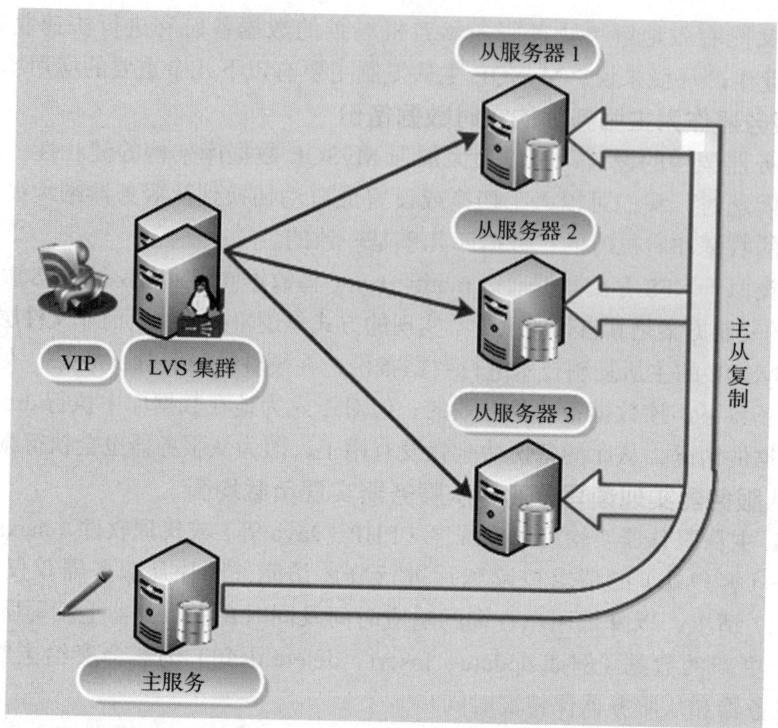

图 14-7　一主多从读写分离及从库负载均衡架构逻辑图

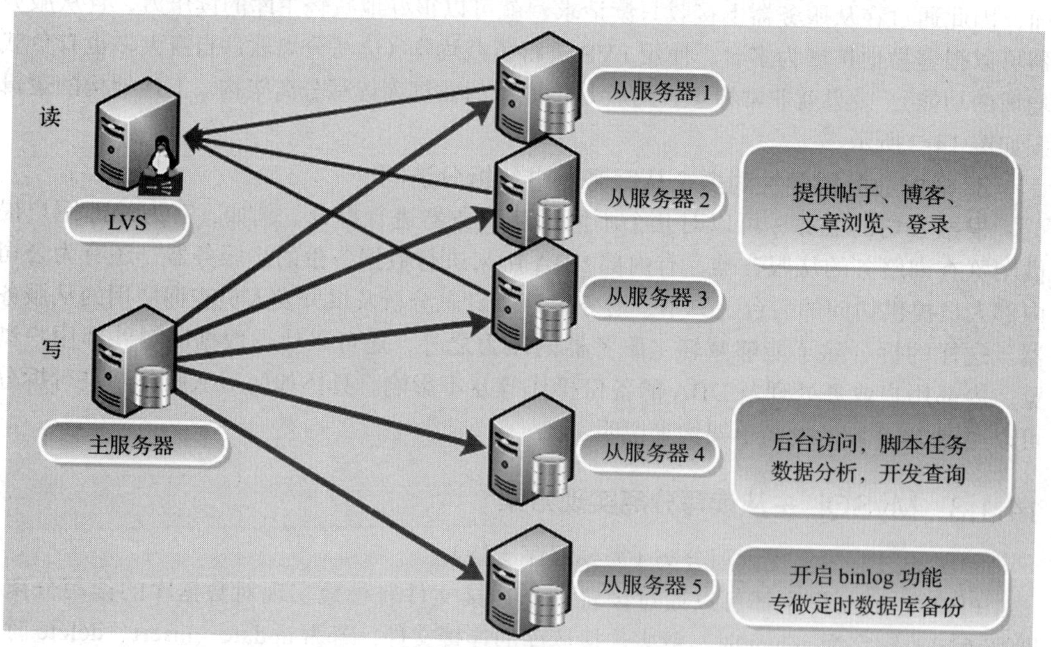

图 14-8　MySQL 主从复制根据业务的重要性拆分从库的方案

通过程序实现读写分离的缺点就是需要开发人员对程序进行改造，程序本身无法直接支持读写分离。

（2）通过开源的软件实现读写分离

Maxscale、Atlas、Mycat 等代理软件也可以实现读写分离的功能，并且无须对应用程序做任何修改，而且它们还支持负载均衡等功能；缺点是又引入了单点服务，并且稳定性不如程序实现好。

（3）大型门户独立开发 DAL 层综合软件

百度、阿里等大型门户都有开发牛人，会花大力气开发适合自己业务的读写分离、负载均衡、监控报警、自动扩容、自动收缩等一系列功能的 DAL 层软件，此部分可以参考老男孩架构师分布式数据库集群的课程内容。

MySQL 读写分离的基本逻辑图如图 14-9 所示。

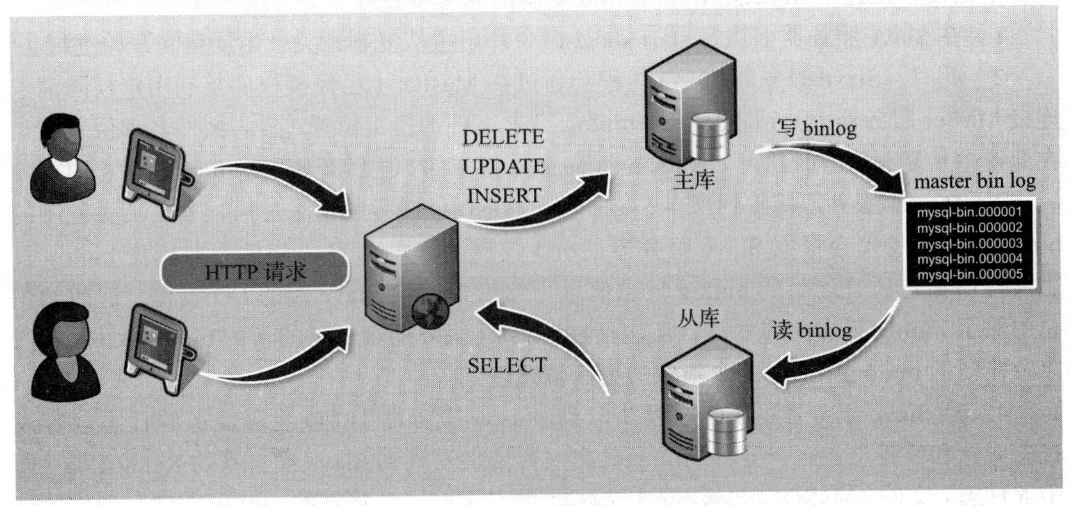

图 14-9　MySQL 读写分离的基本逻辑图

14.1.4　MySQL 主从复制原理

MySQL 的主从复制是一个异步的复制过程（虽然一般情况下感觉是实时的），数据将从一个 MySQL 数据库（我们称之为 Master）复制到另一个 MySQL 数据库（我们称之为 Slave），在 Master 与 Slave 之间实现整个主从复制的过程是由三个线程参与完成的。其中有两个线程（SQL 线程和 IO 线程）在 Slave 端，另外一个线程（binlog dump 线程）在 Master 端（MySQL 5 及以前是 3 个线程完成复制，从 MySQL 6 起 SQL 线程可以是多个）。

要实现 MySQL 的主从复制功能，首先必须打开 Master 端的 binlog 日志功能。因为整个复制过程实际上就是 Slave 从 Master 端获取 binlog 日志，然后再在 Slave 上以相同的顺序执行获取的 binlog 日志中所记录的各种 SQL 操作，从而实现主从数据一致的功能。

可以通过 MySQL 的配置文件 my.cnf 中的 mysqld 模块（[mysqld] 标识后的参数部分）增加“log_bin”参数选项来实现打开 MySQL 的 binlog 记录功能，具体信息如下：

```
[mysqld]
log_bin = /application/mysql/logs/oldboy-bin
#<== 路径 /application/mysql/logs/ 要提前创建，路径非必须，oldboy-bin 是 binlog 日志
    的前缀。
```

提示： 有同学因为将 log_bin 放在了配置文件的结尾（其他模块标识的下面），而不是 [mysqld] 标识之后，从而导致配置复制不成功。

14.1.5 MySQL 主从复制原理及过程详细描述

下面简单描述下 MySQL Replication 复制的原理及过程。

1）在 Slave 服务器上执行 start slave 命令开启主从复制开关，主从复制开始进行。

2）此时，Slave 服务器的 I/O 线程会通过在 Master 上已经授权的复制用户权限请求连接 Master 服务器，并请求从指定 binlog 日志文件的指定位置（日志文件名和位置就是在配置主从复制服务时执行 change master 命令指定的）之后开始发送 binlog 日志内容。

3）Master 服务器接收到来自 Slave 服务器的 I/O 线程的请求之后，其上负责复制的 binlog dump 线程会根据 Slave 服务器的 I/O 线程请求的信息，分批读取指定 binlog 日志文件所指定位置之后的 binlog 日志信息，然后返回给 Slave 端的 I/O 线程。返回的信息中除了 binlog 日志内容之外，还包括在 Master 服务器端记录的新的 binlog 文件名称，以及在新的 binlog 中的下一个指定的更新位置。

4）当 Slave 服务器的 I/O 线程获取到 Master 服务器上 I/O 线程发送的日志内容及日志文件和位置点之后，会将 binlog 日志内容依次写入到 Slave 端自身的 Relay Log（即中继日志）文件（MySQL-relay-bin.xxxxxx）的最末端，并将新的 binlog 文件名和位置记录到 master-info 文件中，以便下一次读取 Master 端新 binlog 日志时，能够告诉 Master 服务器需要从新 binlog 日志的指定文件及位置开始请求新的 binlog 日志内容。

5）Slave 服务器端的 SQL 线程会实时地检测本地 Relay Log 中 I/O 线程新增加的日志内容，然后及时地把 Relay Log 文件中的内容解析成 SQL 语句，并在自身 Slave 服务器上按解析 SQL 语句的位置顺序执行和应用这些 SQL 语句，并将当前应用中继日志的文件名及位置点记录在 relay-log.info 中。

经过了上面的过程，就可以确保在 Master 端和 Slave 端执行了同样的 SQL 语句。在复制状态正常的情况下，Master 端和 Slave 端的数据是完全一样的。当然，MySQL 的复制机制也包含一些特殊的情况，具体请参考官方的说明，大多数情况下，大家是不用担心的。

图 14-10 为 MySQL Replication 的复制原理逻辑图。

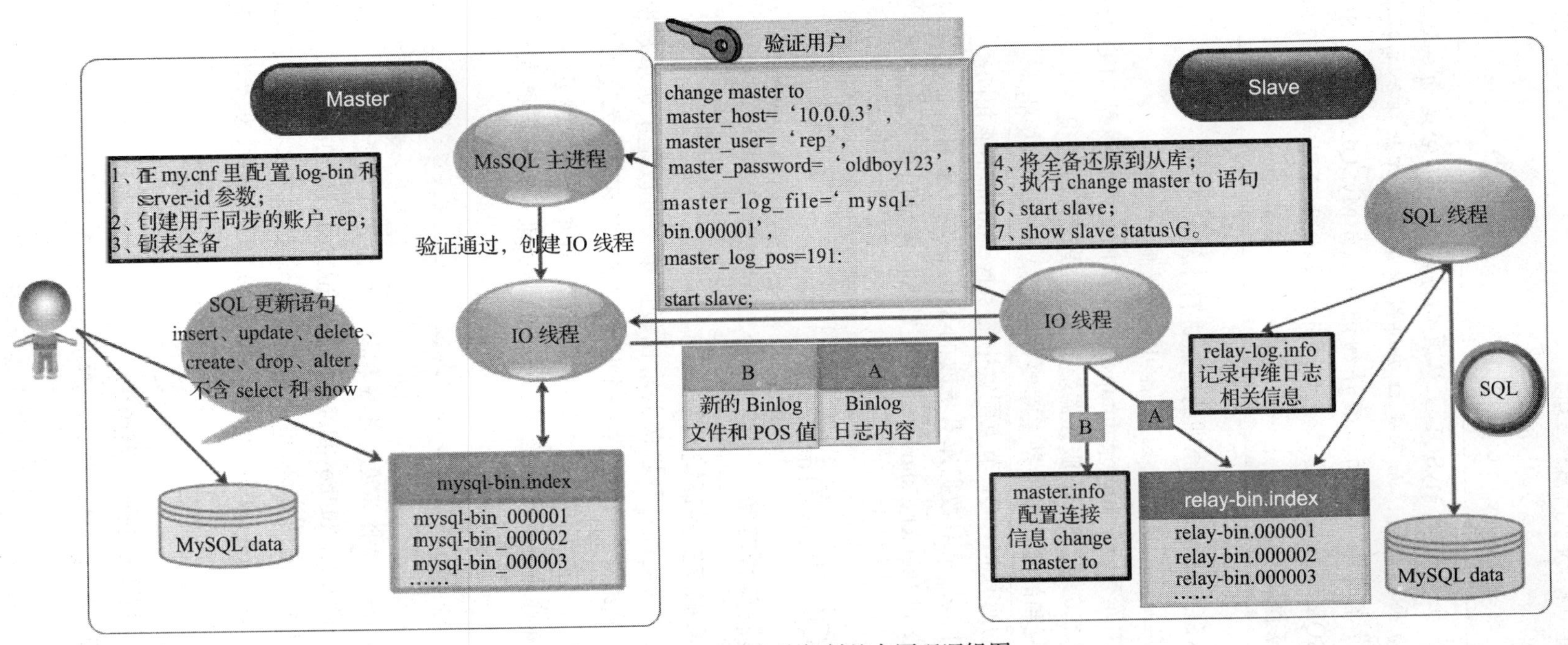

图 14-10　MySQL 主从复制基本原理逻辑图

特别说明：当企业面试 MySQL 主从复制原理时，不管是面试还是笔试，都要尽量画图表达，而不是口头讲或者通过文字描述，面试时可以找黑板或者拿出纸来向面试官详细讲解，自 MySQL 5.6 起，Slave 服务器端的 SQL 线程可以是很多个，针对多个库可以并行执行 SQL 解析及应用操作。

下面针对 MySQL 主从复制原理的重点进行小结。

- 主从复制是异步的逻辑的 SQL 语句级的复制。
- 复制时，主库有一个 binlog dump 线程，从库有两个线程，I/O 线程和 SQL 线程。
- 从 MySQL 5.6 起，Slave 服务器端的 SQL 线程可以是很多个。
- 实现主从复制的必要条件是主库要开启记录 binlog 的功能。
- 用于复制的所有 MySQL 节点配置中的 server-id 都不能相同。
- binlog 文件只记录对数据库有更改的 SQL 语句（来自主数据库内容的变更），不记录任何查询（select、show）以及未对数据库做出更改的语句。

14.2 MySQL 主从复制实践

14.2.1 主从复制实践准备

1. 主从复制数据库实战环境准备

MySQL 主从复制实践对环境的要求比较简单，可以是单机单数据库多实例的环境，也可以是两台服务器，每台机器一个独立数据库的环境。本文以两台服务器，每台服务器上均安装本书第 3 章所讲的单机单实例数据库的环境为例进行讲解，单机单数据库多实例的环境讲解请参考《跟老男孩学 Linux 运维：Web 集群实战》一书第 9 章的内容。

特别提示

1. 如果是 VMware 虚拟环境克隆虚拟机，则会导致网卡启动无法连网的问题，解决方法请参考 http://oldboy.blog.51cto.com/2561410/1363853。
2. 如果是克隆安装好的 MySQL 虚拟机，则需要注意数据目录下 auto.cnf 文件（本文是 /application/mysql/data/auto.cnf）里的 UUID 要人为修改一下，使其与原始虚拟机不一致。

2. 定义主从复制需要的服务器角色

主库及从库 IP、端口信息如表 14-1 所示。

表 14-1　主库及从库 IP 和端口信息

数据库角色	主机名	eth0（SSH 连接 IP）	eth1（内网通信 IP）
主库（Master）	db01	10.0.0.51	172.16.1.51
从库（Slave）	db02	10.0.0.52	172.16.1.52

3. 数据库中英文名称约定

MySQL 主库，也可称为 Master，本文所对应服务的端口号为 3306！

MySQL 从库，也可称为 Slave，本文所对应服务的端口号为 3306！

下面的内容中，可能把主库称为 Master，把从库称为 Slave，或者反过来称呼，代表的意思都是一样的。

4. 检查数据库的当前状态

分别执行命令检查主从数据库的启动状态：

```
[root@db01 ~]# lsof -i :3306
COMMAND  PID  USER   FD   TYPE DEVICE SIZE/OFF NODE NAME
mysqld  3044 mysql   11u  IPv6  15565      0t0  TCP *:mysql (LISTEN)
[root@db02 ~]# lsof -i :3306
COMMAND  PID  USER   FD   TYPE DEVICE SIZE/OFF NODE NAME
mysqld  3028 mysql   11u  IPv6  15422      0t0  TCP *:mysql (LISTEN)
```

根据结果可以确定数据库已处于正常启动状态。

14.2.2　在主库 Master（51）上执行操作配置

1. 设置 server-id 的值并开启 binlog 功能参数

根据前文介绍的 MySQL 主从复制原理我们可以知道，要实现主从复制，关键是要开启 binlog 日志功能，所以，首先我们需要打开主库的 binlog 日志参数。

1）修改主库的配置文件。执行 vi /etc/my.cnf，编辑 MySQL 的配置文件，两个参数按如下内容进行修改：

```
[mysqld]
server_id = 1    #<== 用于同步的每台机器或实例 server_id 都不能相同。
log_bin = /application/mysql/logs/oldboy-bin    #<== 红色加粗可省略，本文是与前面
                                                     的章节保持一致。
特别提示：从 MySQL5.6 起，参数中改用 "_" 代替 "-" 了，但是常规情况下后面这种写法依然兼容。
```

提示：

- 上面的两个参数要放在 my.cnf 中的 [mysqld] 模块下，否则会出错。
- server-id 的值使用服务器 IP 地址最后一个小数点后面的数字如 19，目的是避免不同的机器或实例 ID 重复（不适合多实例）。server-id 的取值范围为 0<server-id<$2^{32}-1$ 的自然数。

- 首先要在 my.cnf 配置文件中查找相关参数，并按要求进行修改。若发现不存在，再添加参数，切记，参数不能重复。
- 修改 my.cnf 配置后需要重启数据库，注意要确认已经真正重启了。

2）检查配置参数之后的结果：

```
[root@db01 ~]# egrep "server_id|log_bin" /etc/my.cnf
log_bin = /application/mysql/logs/oldboy-bin #<== 后面可以不带等号部分，MySQL 会
                                                   使用默认路径及日志名。
server_id = 1
```

3）重启主库 MySQL 服务：

```
[root@db01 ~]# /etc/init.d/mysqld restart
Shutting down MySQL.. SUCCESS!
Starting MySQL. SUCCESS!
```

4）登录数据库检查参数的更改情况：

```
[root@db01 ~]# mysql -e "show variables like 'log_bin';" #<== 不登入数据库检查，
                                                          密码已写入配置文件。
+---------------+-------+
| Variable_name | Value |
+---------------+-------+
| log_bin       | ON    |  #<==Binlog 功能已开启
+---------------+-------+
[root@db01 ~]# mysql -e "show variables like 'server_id';"
+---------------+-------+
| Variable_name | Value |
+---------------+-------+
| server_id     | 1     | #<== 通过检查可以得知配置的 server_id 为 1
+---------------+-------+
提示：通过使用 show variables 在数据库里查询变量的方式是真正确认数据库参数是否生效的关键。
```

到此，主库的 binlog 功能就开启了。

2. 在主库上建立用于主从复制的账号

根据主从复制的原理，从库要想与主库同步，必须要有一个可以连接主库的账号，并且这个账号是在主库上创建的，权限是允许从库连接主库并同步数据。

1）登录主数据库（172.16.1.51），命令如下：

```
[root@db01 ~]# mysql #<== 为了操作安全方便，密码已写入 my.cnf 配置文件。
```

2）建立用于从库复制的账号及对应的权限：

```
mysql> grant replication slave on *.* to 'rep'@'172.16.1.%' identified by 'oldboy123';
Query OK, 0 rows affected (0.01 sec)
```

```
#replication slave 为允许 MySQL Slave 同步的必需权限，此处不要授权 all 权限。
# “*.*”表示所有库所有表，也可以指定具体的库和表进行复制。例如 oldboy.test 中，oldboy
为库，test 为表。
# 'rep'@'172.16.1.%' 中的 rep 为同步账号。172.16.1.% 为授权主机网段，使用了“%”表示
允许整个 172.16.1.0 网段以 rep 用户访问。
# identified by 'oldboy123' 中的 oldboy123 为密码，在实际环境中还是复杂一点为好。
mysql> flush privileges; #<== 刷新权限使得授权的权限生效，对账号进行更改一般需要此
                              命令，此处是为养成习惯而执行，而不是必须执行。
Query OK, 0 rows affected (0.02 sec)
```

3）检查主库创建的 rep 复制账号：

```
mysql> select user,host from mysql.user; #<== 检查账号命令。
+------+------------+
| user | host       |
+------+------------+
| root | 127.0.0.1  |
| rep  | 172.16.1.% | #<== 出现这一行表示复制账号已经配置好了。
| root | localhost  |
+------+------------+
3 rows in set (0.00 sec)
mysql> show grants for rep@'172.16.1.%'; #<== 查看授权权限命令。
+--------------------------------------------------------------------------+
| GRANT REPLICATION SLAVE ON *.* TO 'rep'@'172.16.1.%' IDENTIFIED BY PASSWORD
'*FE28814B4A8B3309DAC6ED7D3237ADED6DA1E515' | #<== 结果显示，rep 账号权限正是配置的主
                                                  从复制所需要的权限。
REPLICATION SLAVE
+--------------------------------------------------------------------------+
```

3. 对主数据库锁表只读后进行备份

1）对主数据库锁表只读（当前窗口不要关掉）的命令如下：

```
mysql> flush table with read lock;
Query OK, 0 rows affected (0.00 sec)
```

提示： 对于不同引擎的情况，这个锁表命令的时间会受到下面参数的控制。锁表时，如果超过了设置的时间则会自动解锁。

默认情况下，自动解锁的时长参数值设置如下：

```
mysql> show variables like '%timeout%';
#<== 截取部分关键内容如下
+----------------------------+-------+
| Variable_name              | Value |
+----------------------------+-------+
| interactive_timeout        | 28800 |
```

```
| wait_timeout                | 28800 |
+-----------------------------+-------+
10 rows in set (0.00 sec)
```

提示：关于这两个参数的具体详情，请读者自行测试。

2）锁表后查看主库的状态：

```
mysql> show master status;
+-------------------+----------+--------------+------------------+-------------------+
| File              | Position | Binlog_Do_DB | Binlog_Ignore_DB | Executed_Gtid_Set |
+-------------------+----------+--------------+------------------+-------------------+
| oldboy-bin.000023 |      626 |              |                  |                   |
+-------------------+----------+--------------+------------------+-------------------+
1 row in set (0.00 sec)
```

最关键的是前两项，由上述代码可以看到当前 binlog 日志文件名和二进制 binlog 日志偏移量的位置。

注意，“show master status;”命令显示的信息需要记录在案，将后面的从库导入全备后，继续对主库进行复制时就是要从这个文件以及对应的位置开始（MySQL 5.6 版本支持 GTID 功能，关于此功能，后文会详细讲解）。

3）导出主库数据

锁表后，一定要单开一个新的 SSH 窗口（否则锁表会失效），导出数据库中的所有数据，如果数据量很大（30GB 以上），并且允许停机，则也可以停库直接打包数据文件进行迁移，那样做速度更快，使用第 9 章提供的 Xtrabackup 进行热备份也可以。

```
[root@db01 ~]# mkdir /server/backup -p  #<== 创建备份目录。
[root@db01 ~]# mysqldump -A -B |gzip >/server/backup/bak_$(date +%F).sql.gz
#<== 实施备份导出数据。
[root@db01 ~]# ls -l /server/backup/bak_$(date +%F).sql.gz #<== 检查备份。
-rw-r--r--. 1 root root 215482 9月  12 22:12 /server/backup/bak_2017-09-12.
sql.gz
```

为了确保导出数据期间，数据库没有数据插入，导库完毕后可以再检查下主库的状态信息：

```
mysql> show master status;
+-------------------+----------+--------------+------------------+-------------------+
| File              | Position | Binlog_Do_DB | Binlog_Ignore_DB | Executed_Gtid_Set |
+-------------------+----------+--------------+------------------+-------------------+
| oldboy-bin.000023 |      626 |              |                  |                   |
+-------------------+----------+--------------+------------------+-------------------+
1 row in set (0.00 sec)
```

提示：若无特殊情况，binlog 文件及位置点与锁表后导出数据前是一致的，即没有发生变化，如果使用了 -F 参数导出数据，因为会切割日志文件，因此上述状态可能会发生变化，但是两次状态变化之间并没有数据写入。

导出数据完毕后，解锁主库，恢复可写，因为主库还要对外提供服务，因此不能一直锁定不让用户访问：

```
mysql> unlock tables;
```

可能会有读者因为锁表后的 binlog 位置问题而犯迷糊，实际上在做从库之前，无论主库更新了多少数据，最后从库都可以从上面 show master status 的位置很快赶上主库的进度。

4. 把从主库导出的 MySQL 数据迁移到从库

这里常用的命令有 scp、rsync 等，可将备份的数据复制到异地。

本文采用 scp 进行复制，命令如下：

```
[root@db01 ~]# scp -rp /server/backup/bak_$(date +%F).sql.gz root@172.16.1.52:/opt
The authenticity of host '172.16.1.52 (172.16.1.52)' can't be established.
RSA key fingerprint is a3:42:ca:c2:e6:a9:cb:0b:9f:aa:8a:23:15:2c:c6:87.
Are you sure you want to continue connecting (yes/no)? yes
Warning: Permanently added '172.16.1.52' (RSA) to the list of known hosts.
reverse mapping checking getaddrinfo for bogon [172.16.1.52] failed - POSSIBLE
BREAK-IN ATTEMPT!
root@172.16.1.52's password:
bak_2017-09-12.sql.gz                              100%  210KB 210.4KB/s   00:00
```

若出现如上提示，则表示数据库备份已经复制到 172.16.1.52 从数据库服务器的 /opt 目录下了。

14.2.3　在 MySQL 从库上执行的操作过程

1. 设置 server_id 的值并关闭 binlog 功能参数

一般来说，数据库的 server_id 在一套主从复制体系内是唯一的，这里从库的 server_id 必须与主库及其他的从库不同，并且需要注释掉从库的 binlog 参数配置。如果不对从库进行级联复制，并且不作为备份使用，就不要开启 binlog 了，开启了反而会增加从库磁盘 I/O 的压力。

但是，如下两种情况需要打开从库的 binlog 记录功能，记录数据库更新的 SQL 语句：

- 作为形如 A → B → C 的级联同步，中间的 B 数据库服务，需要开启 binlog 记录功能。
- 在从库中做数据库备份时需要开启 binlog 记录功能。因为数据库备份必须要有全备和 binlog 日志，才是完整的备份。

1）修改配置文件，配置从库（172.16.1.52）的相关参数。

执行 vi /etc/my.cnf，编辑 my.cnf 配置文件，按如下两个参数对内容进行修改：

```
[mysqld]
server_id = 2   #<== 调整等号后的数值，与任何一个数据库实例都不相同。
#log_bin = /application/mysql/logs/oldboy-bin   #<== 如果有 log_bin 参数一行就注释掉，如果配置没有此行则可以忽略。
```

2）检查配置参数后的结果，命令如下：

```
[root@db02 ~]# egrep "server_id|log_bin" /etc/my.cnf
server_id = 2
log_bin = /application/mysql/logs/oldboy-bin
```

3）重启从数据库：

```
[root@db02 ~]# /etc/init.d/mysqld restart
Shutting down MySQL.. SUCCESS!
Starting MySQL. SUCCESS!
```

4）登录数据库检查参数的改变情况：

```
[root@db02 ~]# mysql -e "show variables like 'log_bin';" #<== 不登入数据库检查，密码已写入配置文件。
+---------------+-------+
| Variable_name | Value |
+---------------+-------+
| log_bin       | OFF   |   #<==Binlog 功能已关闭。
+---------------+-------+
[root@db02 ~]# mysql -e "show variables like 'server_id';"
+---------------+-------+
| Variable_name | Value |
+---------------+-------+
| server_id     | 2     |   #<== 通过检查得知配置的 server_id 为 2。
+---------------+-------+
```

2. 将从主库 mysqldump 中导出的数据恢复到从库

在做主从复制之前，我们需要让主库与从库的数据保持一致，因此需要将主库导出的数据全恢复到从库之后再设置主从复制。

操作命令如下：

```
[root@db02 opt]# zcat /opt/bak_2017-09-12.sql.gz|mysql #<== 直接读取压缩包恢复数据，不能有报错。
```

提示： 如果备份时使用了“-A”参数，则在还原数据到其他从库时，登录的 root 密码也会与主库一致，因为授权表也被主库数据覆盖了。

3. 登录从库（52）配置复制参数

1）MySQL 从库连接主库的配置信息如下：

```
CHANGE MASTER TO
MASTER_HOST='172.16.1.51',   #<== 这里是主库的 IP。
MASTER_PORT=3306,            #<== 这里是主库的端口，从库的端口可以与主库的不同。
MASTER_USER='rep',           #<== 这里是主库上建立的用于复制的用户 rep。
MASTER_PASSWORD='oldboy123', #<== 这里是 rep 用户的密码。
MASTER_LOG_FILE='oldboy-bin.000023', #<== 这里是 show master status 时查看到的
                                     二进制日志文件名称，注意不能多出空格。
MASTER_LOG_POS=626; #<== 这里是 show master status 时查看到的二进制日志偏移量，注意
                    不能多出空格。
```

提示：字符串用单引号括起来，数值不用引号，注意内容前后不能有空格。

2）登录从数据库后，应去掉上述语句中注释的部分，执行代码如下：

```
CHANGE MASTER TO
MASTER_HOST='172.16.1.51',
MASTER_PORT=3306,
MASTER_USER='rep',
MASTER_PASSWORD='oldboy123',
MASTER_LOG_FILE='oldboy-bin.000023',
MASTER_LOG_POS=626;
```

提示：这个步骤的参数信息一定不能出错，否则，数据库复制会前功尽弃。

也可以不登录数据库内部的命令行，在 Linux 命令行快速执行 CHANGE MASTER 的语句可以实现相应的功能，下面的语句特别适合在脚本中一键配置从库使用，语句如下：

```
    mysql<< EOF
CHANGE MASTER TO
    MASTER_HOST='172.16.1.51',
    MASTER_PORT=3306,
    MASTER_USER='rep',
    MASTER_PASSWORD='oldboy123',
    MASTER_LOG_FILE='oldboy-bin.000023',
    MASTER_LOG_POS=626;
EOF
```

配置 MySQL 从库连接主库信息操作的整个过程如下：

```
[root@db02 opt]# mysql<< EOF
> CHANGE MASTER TO
```

```
> MASTER_HOST='172.16.1.51',
> MASTER_PORT=3306,
> MASTER_USER='rep',
> MASTER_PASSWORD='oldboy123',
> MASTER_LOG_FILE='oldboy-bin.000023',
> MASTER_LOG_POS=626;
> EOF
```

上述操作过程的原理实际上是把用户密码等信息写入从库新的 master.info 文件中：

```
[root@db02 opt]# ls -l /application/mysql/data/master.info
-rw-rw----. 1 mysql mysql 91 9月  12 23:16 /application/mysql/data/master.info
[root@db02 opt]# cat /application/mysql/data/master.info
23
oldboy-bin.000023 #<== 这里是 show master status 时查看到的二进制日志文件名称。
626               #<== 这里是 show master status 时查看到的二进制日志偏移量。
172.16.1.51    #<== 这里是主库的 IP。
rep            #<== 这里是主库上建立的用于复制的用户 rep。
oldboy123      #<== 这里是 rep 用户的密码。
3306           #<== 这里是主库的端口。
…省略若干…
```

14.2.4 启动从库同步开关并测试主从复制

1）启动从库主从复制开关，并查看复制状态。相关语句如下：

```
[root@db02 opt]# mysql -e "start slave;"
[root@db02 opt]# mysql -e "show slave status\G;"
*************************** 1. row ***************************
               Slave_IO_State: Waiting for master to send event
                  Master_Host: 172.16.1.51
                  Master_User: rep
                  Master_Port: 3306
                Connect_Retry: 60
              Master_Log_File: oldboy-bin.000023
          Read_Master_Log_Pos: 626
               Relay_Log_File: db02-relay-bin.000002
                Relay_Log_Pos: 284
        Relay_Master_Log_File: oldboy-bin.000023
             Slave_IO_Running: Yes
            Slave_SQL_Running: Yes
              Replicate_Do_DB:
          Replicate_Ignore_DB:
           Replicate_Do_Table:
       Replicate_Ignore_Table:
      Replicate_Wild_Do_Table:
  Replicate_Wild_Ignore_Table:
                   Last_Errno: 0
                   Last_Error:
                 Skip_Counter: 0
```

```
          Exec_Master_Log_Pos: 626
              Relay_Log_Space: 456
              Until_Condition: None
               Until_Log_File:
                Until_Log_Pos: 0
           Master_SSL_Allowed: No
           Master_SSL_CA_File:
           Master_SSL_CA_Path:
              Master_SSL_Cert:
            Master_SSL_Cipher:
               Master_SSL_Key:
        Seconds_Behind_Master: 0
Master_SSL_Verify_Server_Cert: No
                Last_IO_Errno: 0
                Last_IO_Error:
               Last_SQL_Errno: 0
               Last_SQL_Error:
  Replicate_Ignore_Server_Ids:
             Master_Server_Id: 1
                  Master_UUID: 4c92bf66-0f0b-11e7-ba4a-000c292ece3d
             Master_Info_File: /application/mysql/data/master.info
                    SQL_Delay: 0
          SQL_Remaining_Delay: NULL
      Slave_SQL_Running_State: Slave has read all relay log; waiting for the slave
I/O thread to update it
           Master_Retry_Count: 86400
                  Master_Bind:
      Last_IO_Error_Timestamp:
     Last_SQL_Error_Timestamp:
               Master_SSL_Crl:
           Master_SSL_Crlpath:
           Retrieved_Gtid_Set:
            Executed_Gtid_Set:
                Auto_Position: 0

Master_SSL_Verify_Server_Cert: No
                Last_IO_Errno: 0
                Last_IO_Error:
               Last_SQL_Errno: 0
               Last_SQL_Error:
  Replicate_Ignore_Server_Ids:
             Master_Server_Id: 1
```

提示：有关 show slave status 结果的详细说明，请大家查看 MySQL 手册。

主从复制是否配置成功了，最关键的是查看下面 3 项状态参数：

```
[root@db02 opt]# mysql -e "show slave status\G;"|egrep "IO_Running|SQL_Running:
|_Behind_Master"
             Slave_IO_Running: Yes
            Slave_SQL_Running: Yes
        Seconds_Behind_Master: 0
```

- Slave_IO_Running：Yes，这个表示 I/O 的线程状态，I/O 线程负责从主库中读取 Binlog 日志，并将 Binlog 日志写入从库的中继日志中，状态为 Yes 表示 I/O 线程工作正常，否则异常。
- Slave_SQL_Running：Yes，这个表示 SQL 的线程状态，SQL 线程负责读取中继日志（relay-log）中的数据并转换为 SQL 语句应用到从数据库中，状态为 Yes 表示 I/O 线程工作正常，否则异常。
- Seconds_Behind_Master：0，这个表示在复制过程中，从库比主库延迟的秒数，这个参数很重要，但企业里有更准确地判断主从延迟的方法：在主库中写时间戳，然后通过从库读取时间戳，与当前数据库时间进行比较，从而认定是否真的延迟。

2）测试主从复制结果。在主库中写入数据，然后观察从库的数据状况：

```
[root@db01 ~]# mysql -e "create database alex_python;"   #<== 注意提示符：这是
                                                              主库建库操作。
[root@db02 ~]# mysql -e "show databases like 'alex%';"   #<== 这是从库查询检查。
+------------------+
| Database (alex%) |
+------------------+
| alex_python      |
+------------------+
```

根据测试可以判断，从库（172.16.1.52）和主库（172.16.1.51）是同步的，到此，主从复制的基本实践就已经全部完成了。

14.2.5 MySQL 主从复制问题汇总

问题 1：主库“show master status;”没有返回状态结果。

```
mysql> show master status;
Empty set (0.00 sec)
```

解答：上述问题的原因是主库 binlog 功能开关没开或是没生效。

问题 2：出现错误信息“Last_IO_Error: Got fatal error 1236 from master when reading data from binary log: 'Could not find first log file name in binary log index file'”。

解答：上面故障的原因是执行 CHANGE MASTER 命令时某一个参数的值多出了空格，因而产生了错误，如下：

```
CHANGE MASTER TO
MASTER_HOST='172.16.1.51',
MASTER_PORT=3306,
MASTER_USER='rep',
MASTER_PASSWORD='oldboy123',
MASTER_LOG_FILE=' oldboy-bin.000023 ', #<== oldboy-bin.000023 文件两端不能有空格。
MASTER_LOG_POS=626;
```

问题 3：MySQL 服务无法启动。

故障语句如下：

```
[root@db01 ~]# /etc/init.d/mysqld start
 ERROR! MySQL server PID file could not be found!
```

解决：上述问题的原因有很多种可能，具体如下。

1）数据库目录权限和用户属主问题，数据库目录使用 mysql 用户。

2）my.cnf 配置出错，需要调整 my.cnf 中有问题的配置。

3）数据库初始化时有问题，需要重新初始化数据库。

14.2.6　MySQL 主从复制配置步骤小结

MySQL 主从复制配置的完整步骤具体如下。

1）准备两台数据库环境，关闭 Selinux 和 Iptables 防火墙，确定其能正常启动和登录。

2）配置 my.cnf 文件：主库配置 log_bin 和 server_id 参数；从库配置 server_id 参数，该值不能像主库及其他从库一样，从库一般不开启 log_bin 功能。配置参数后需要重启才能生效。

3）登录主库增加用于同步的账户，例如 rep，并授权 replication slave 同步的权限。

4）登录主库，整库锁表 flush table with read lock（窗口关闭后即失效，超时参数设置的时间到了，锁表也会失效），然后 show master status 查看 binlog 的位置状态。

5）新开窗口，在 Linux 命令行备份导出原有的数据库数据，并复制到从库所在的服务器目录。如果数据库数据量很大，则使用热备工具 Xtrabackup 或停机打包，而不用 mysqldump。

6）导出主库中数据之后，即可刻执行 unlock tables 解锁主库。

7）把从主库中导出的数据恢复到从库。

8）根据主库的 show master status 查看到的 binlog 的位置状态，在从库中执行 "change master to..." 语句。

9）从库开启复制开关，即执行 "start slave;"。

10）从库 " show slave status\G"，检查同步状态（两个 Yes 和一个延迟秒数是否为 0），并在主库中进行更新，在从库中检查测试复制是否成功。

14.2.7　MySQL 主从复制线程状态说明及用途

1. MySQL 主从复制主库 I/O 线程状态说明

1）登录主数据库查看 MySQL 线程的同步状态：

```
mysql>  show processlist\G  #<== 查看主库所有线程的状态。
*************************** 1. row ***************************
     Id: 1
```

```
    User: rep
    Host: 172.16.1.52:39041
      db: NULL
 Command: Binlog Dump   #<== 用于复制的主库线程。
    Time: 755
   State: Master has sent all binlog to slave; waiting for binlog to be updated
   #<== 当前状态
    Info: NULL
1 rows in set (0.00 sec)
```

提示：上述状态的意思是线程已经从 binlog 日志中读取到了所有的更新，并已经将更新发送到了从数据库服务器。线程现在为空闲状态，等待主服务器上二进制日志中的新事件更新。

表 14-2 中列出了主服务器的 binlog Dump 线程的 State 列的最常见状态。如果你没有在主服务器上看见任何 binlog Dump 线程，则说明复制没有运行，二进制 binlog 日志由各种事件组成，一个事件通常会为一个更新添加一些其他的信息。

表 14-2　主库 I/O 线程工作状态

主库 I/O 线程工作状态	解释说明
Sending binlog event to slave	线程已经从二进制 binlog 日志中读取了一个事件并且正将它发送到从服务器
Finished reading one binlog; switching to next binlog	线程已经读完二进制 binlog 日志文件，并且正在打开下一个要发送到从服务器的 binlog 日志文件
Has sent all binlog to slave; waiting for binlog to be updated	线程已经从 binlog 日志中读取到所有更新并已经发送到了从数据库服务器。线程现在为空闲状态，等待由主服务器上二进制 binlog 日志中的新事件更新
Waiting to finalize termination	线程停止时发生的一个很简单的状态

2）登录从数据库查看 MySQL 线程的工作状态，从库有两个线程，即 I/O 和 SQL 线程。下面是从库 I/O 线程的状态。

```
mysql> show processlist\G
*************************** 1. row ***************************
     Id: 4
   User: system user
   Host: 
     db: NULL
Command: Connect
   Time: 2044
  State: Waiting for master to send event
   Info: NULL
```

表 14-3 列出了从服务器的 I/O 线程的 State 列的最常见的状态。该状态也出现在

Slave_IO_State 列，由 SHOW SLAVE STATUS 显示。

表 14-3　从库 I/O 线程的工作状态

从库 I/O 线程的工作状态	解释说明
Connecting to master	线程正在试图连接主服务器
Checking master version	与主服务器建立连接后临时出现的状态
Registering slave on master	
Requesting binlog dump	与主服务器建立连接之后立即出现的临时状态。线程向主服务器发送一条请求，索取从请求的二进制 binlog 日志文件名和位置开始的二进制 binlog 日志的内容
Waiting to reconnect after a failed binlog dump request	如果二进制 binlog 日志转储请求失败，则线程进入睡眠状态，然后定期尝试重新连接。可以使用“--master-connect-retry”选项指定两次重试之间的时间间隔
Reconnecting after a failed binlog dump request	线程正在尝试重新连接主服务器
Waiting for master to send event	线程已经连接上主服务器，正在等待二进制 binlog 日志事件的到达
Queueing master event to the relay log	线程已经读取了一个事件，正将它复制到中继日志供 SQL 线程来处理
Waiting to reconnect after a failed master event read	读取时（由于没有连接）出现错误。线程企图重新连接前将会睡眠 master-connect-retry 秒
Reconnecting after a failed master event read	线程正在尝试重新连接主服务器。当连接重新建立后，状态变为 Waiting for master to send event

下面是从库 SQL 线程的状态：

```
*************************** 2. row ***************************
     Id: 5
   User: system user
   Host:
     db: NULL
Command: Connect
   Time: 1600
  State: Slave has read all relay log; waiting for the slave I/O thread to update it
   Info: NULL
```

表 14-4 列出了从服务器的 SQL 线程其 State 列的最常见的状态。

表 14-4　从库 SQL 线程状态及说明

从库 SQL 线程状态	解释说明
Reading event from the relay log	线程已经从中继日志中读取到一个事件，可以对事件进行处理了
Has read all relay log; waiting for the slave I/O thread to update it	线程已经处理了中继日志文件中的所有事件，现在正等待 I/O 线程将新事件写入中继日志
Waiting for slave mutex on exit	线程停止时发生的一个很简单的状态

有关 MySQL 主从复制参与线程状态的更多信息，请参考 MySQL 官方手册。

2. 查看 MySQL 线程同步状态的用途

通过 MySQL 线程同步状态可以看到同步是否正常进行，故障的位置是什么，另外还可以查看数据库同步是否完成，可用于主库宕机切换数据库或者人工数据库主从切换迁移等。

例如，主库宕机，要选择最快的从库将其提升为主库，就需要查看主从库的线程状态，如果是主从复制在正常情况下进行角色切换，也需要查看主从库的线程状态，根据复制状态确定数据库更新是否完成。

14.2.8 生产场景中部署 MySQL 主从复制方案

1. 快速配置 MySQL 主从复制

快速配置 MySQL 主从复制的步骤具体如下。

1）安装好要配置的从库的数据库，配置好 log_bin 和 server_id 参数。

2）无须配置主库 my.cnf 文件，主库的 log_bin 和 server_id 参数默认就是配置好的。

3）登录主库，增加从库连接主库同步的账户，例如 rep，并授权 replication slave 同步的权限。

4）使用曾经在半夜通过 mysqldump 带“-x”和“**--master-data=1”的命令及参数**定时备份的全备数据备份文件，把它恢复到从库。

5）在从库中执行“change master to...”语句，无须 binlog 文件及对应位置点。

6）从库开启同步开关，start slave。

7）在从库中执行“show slave status\G”，检查同步状态，并在主库中进行更新测试。

2. 无须熬夜，轻松部署 MySQL 主从复制

实战过程如下。

1）在主库上通过定时任务使其半夜执行如下所示的命令，备份并导出主库数据：

```
mysqldump -A -B -x --master-data=1|gzip >/opt/bak1_$(date +%F).sql.gz
```

“--master-data=1”参数会在备份数据里增加如下语句：

```
-- Position to start replication or point-in-time recovery from
CHANGE MASTER TO MASTER_LOG_FILE='oldboy-bin.000024', MASTER_LOG_POS=107;
```

2）白天找机会在需要做复制的从库上导入全备

```
zcat /opt/bak1_$(date +%F).sql.gz|mysql
mysql << EOF
CHANGE MASTER TO
MASTER_HOST='172.16.1.51',
MASTER_PORT=3306,
MASTER_USER='rep',
MASTER_PASSWORD='oldboy123';
```

```
EOF
提示：这里忽略了两个参数 MASTER_LOG_FILE 和 MASTER_LOG_POS，这是因为在备份的时候使用了"--master-data=1"，在导入数据库时，这两个参数已经自动设置好了。
```

这里的 CHANGE MASTER 后面无须指定 binlog 文件名及具体位置，因为这部分已经在还原数据时提前应用到数据库里了（备份时使用"--master-data=1"的功劳）。

最后在从库上开启复制开关，检验成果：

```
start slave;            #<== 开启主从复制开关。
show slave status\G     #<== 查看主从复制状态。
```

14.3 MySQL 主从复制在企业中的故障案例

工作中 MySQL 从库停止复制的故障案例

模拟并重现故障的能力是运维人员最重要的能力。下面就来进行模拟操作。先在从库中创建一个库，然后在主库中创建同名的库来模拟数据冲突，代码如下：

```
show slave status\G: 结果为:
Slave_IO_Running: Yes
Slave_SQL_Running: NO
Seconds_Behind_Master: NULL
                  Last_Error: Error 'Can't create database 'xiaoliu'; database exists' on query. Default database: 'xiaoliu'. Query: 'create database xiaoliu'
```

对于该冲突，解决方法 1 为：

```
stop slave; #<== 临时停止同步开关。
set global sql_slave_skip_counter =1 ; #<== 将同步指针向下移动一个，如果多次不同步，
                                        则可以重复操作。
start slave; #<== 开启同步开关。
```

对于普通的互联网业务，上述移动指针的命令操作所带来的问题不是很大。当然，要在确认不影响公司业务的前提下进行上述操作。

若是在企业场景下，对当前业务来说，解决主从同步问题比主从数据不一致问题更重要，如果主从数据一致也是很重要的，那么就再找个时间来恢复下这个从库。

主从数据不一致更重要还是保持主从同步持续状态更重要，则要根据具体业务进行选择。

这样 Slave 就会和 Master 同步了，主要关键点为：

```
Slave_IO_Running:  Yes
Slave_SQL_Running: Yes
Seconds_Behind_Master 是否为 0，#0 表示状态已经同步
```

 **提示：** set global sql_slave_skip_counter=n; #n 取值>0，表示忽略执行 N 个更新。

解决方法 2：根据可以忽略的错误号事先在配置文件中进行配置，跳过指定的不影响业务数据的错误，例如：

```
[root@MySQL ~]# grep slave-skip /data/3306/my.cnf
slave-skip-errors = 1032,1062,1007
```

提示：类似由于入库重复所导致的失败可以忽略，其他情况下是不是可以忽略则需要根据不同公司的具体业务来进行评估。

其他可能引起复制故障的问题具体如下。

- MySQL 自身的原因及人为重复插入数据。
- 不同的数据库版本会引起不同步，低版本到高版本可以，但是高版本不能往低版本同步。
- MySQL 的运行错误或者程序 BUG。
- binlog 记录模式，例如 row level 模式就比默认的语句模式要好。

14.4 本章重点

1）MySQL 主从复制的常见架构。

2）MySQL 主从复制的原理（面试时经常会问到）。

3）MySQL 主从复制的实践。

4）生产场景下如何快速部署 MySQL 主从复制。

5）MySQL 主从复制生产故障解决思路。

14.5 参考资料

1）MySQL 官方手册 5.6

2）MySQL 数据库企业级核心知识精品

http://edu.51cto.com/course/course_id-4058.html

3）Heartbeat+DRBD+MySQL 高可用架构方案与实施过程细节

http://oldboy.blog.51cto.com/2561410/1240412

4）MySQL 数据库企业级应用实战

http://edu.51cto.com/pack/view/id-214.html

第15章

MySQL主从复制高级方案与应用实践

15.1 MySQL集群企业级架构方案

在实际生产环境中，一主多从的数据库环境是最常采用的数据库架构，那么我们应该怎么分配不同的主从以向用户提供更高效的访问呢？请阅读下文。

1. 根据对数据库的访问请求实现读写分离

在实际生产环境中，99%的业务场景都是读多写少，而一主多从的环境恰恰是主不容易扩展，而从更容易增加多台的环境，因此，把更少请求的写访问业务调度到主库上，而把读请求较多的业务调度到多个从库上，就是一个很好的策略。此方案对应的方法和工具已经在第14章中介绍过，此处就不再累述了，后文对本方案的实践还会进行讲解。

2. 根据不同的业务拆分多个从库以提供访问

从大的方向来分，用户的请求主要有两种，一个是外部用户的访问请求，一个是内部用户的访问请求。而大多数情况下，都是外部用户访问请求更重要，需要更好的用户体验效果，而对内部用户访问请求的体验要求相对外部来说就要低得多，甚至宕机一段时间也不会有太大的影响。

因此，首先要对外部用户和内部用户读数据库的访问请求进行分离，拿一主五从的数据库环境来说，可以让前三个从库（利用读写分离软件或LVS等工具实现负载均衡）提供外部用户读请求访问，让第四个从库用于内部用户读访问（业务后台、数据分析、搜索业务、财务统计、定时任务、开发查询等），让第五个数据库用于数据库定时全备份以及增量备份（开启binlog功能）。整个逻辑图如图15-1所示。

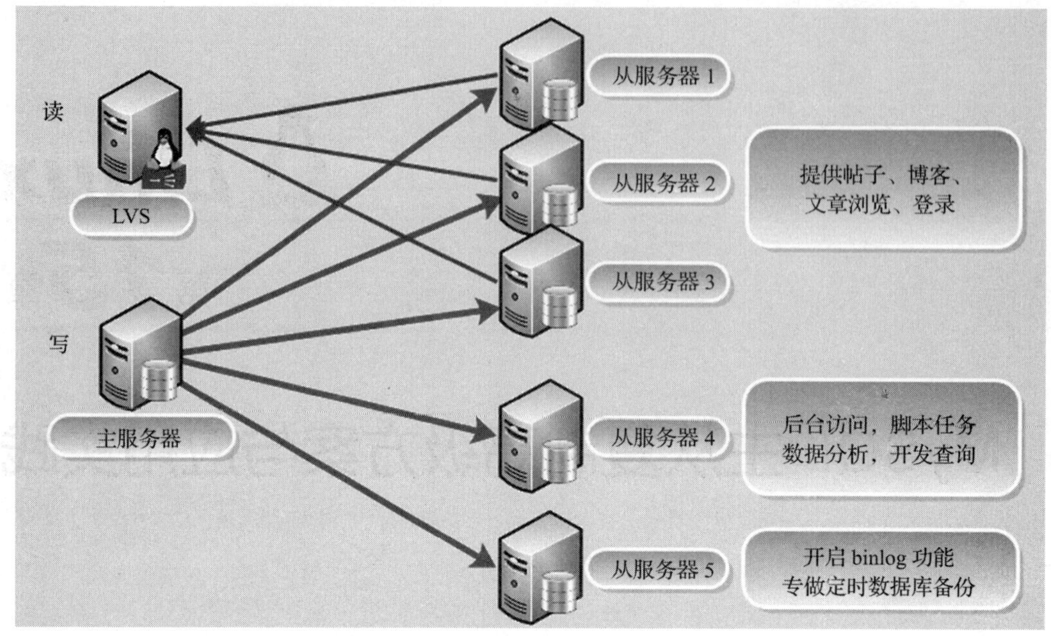

图 15-1　MySQL 主从复制根据业务重要性拆分从库方案

3. 实现对主库的高可用

一主多从的 MySQL 数据库环境，最脆弱的就是主库了，不但扩展困难，所承受的压力也很大，而且，还会面临宕机没有机器替补的问题。

本节为大家介绍的是 MySQL 的高可用方案。MySQL 的高可用方案包含很多种，具体如下。

1）heartbeat+dbrd+mysql 方案

此方案是通过 dbrd 工具对主数据库服务器实现基于 block 的异机物理复制（类似于网络 raid1），速度很快，但缺点是与备节点对应的复制的数据分区是不可见状态（即不能被访问，除非主节点宕机，备节点才可提供访问），浪费一台机器，早期受 MySQL 官方推荐，现如今在企业场景中使用的不是很多了，但仍然不失为一套成熟的 MySQL 高可用方案。

2）mysql-MMM（Master-Master replication Manager）方案

此方案是通过 MySQL 的 replication 实现的主主之间的数据同步，同时还可以实现 slaves 负载均衡等功能，但业界普遍认为 MMM 无法完全保持数据的一致性，因此对数据一致性要求较高的数据库场景很少采用，导致该方案也逐步没落了。

3）mysql MHA（Master High Availability）+keepalived 方案

MHA 是业界公认的 MySQL 高可用的相对来说比较成熟的方案，此方案也是通过 MySQL 的 replication 实现的数据库服务器之间的数据同步，同时还可以实现从库负载均衡、主库宕机后自动选择最优的从库，将其切换为主库，并尽最大的努力对所有的库做数据补全操作一直到最新，并对其他从库和新主库实现复制，再加上 keepalived 是为了实现 VIP 漂移，因此该方案是业界采用较多的方案，也是本书后面将会精讲的方案。

4）更多方案将在后续出版的书籍中再与大家探讨，例如，pxc、共享存储方案、分布式方案等。

15.2 MySQL 企业级备份策略方案

前文讲解过 MySQL 主从复制的企业应用场景之一，就是作为数据库的一个异地相当于实时性的备份，但是，这个实时性备份有一个无法解决的问题，那就是如果主库存在语句级误操作（例如“ drop database oldboy;”），那么从库也会执行“ drop database oldboy;”，这样 MySQL 主从库就都删除了该数据，因此，除了 MySQL 主从复制备份之外，我们还需要定时的数据库备份方案。

1. 利用 MySQL 主从复制的从库进行数据备份策略

根据前面的章节可知，定时备份比较常用的策略是使用 mysqldump（逻辑备份）以及 Xtrabackup（物理备份）进行备份。

虽然这二者都支持热备功能，但是由于在备份期间消耗了大量的磁盘 IO 以及内存、CPU 等系统资源，导致为用户提供服务的能力大大减弱，哪怕是在访问低谷时进行的备份，还是会影响一部分用户访问，那么有没有更好的备份策略呢？这就是接下来我们要讨论的话题。

高性能高并发业务场景下进行数据库备份时，可以选择 MySQL 主从复制中的一个不对外服务的从库作为定时数据库备份服务器，备份策略具体如下。

例如 15.1 节的图 15-1 所示的是一主多从的数据库集群环境，可以选择在一台从库上进行备份（Slave5），而不参与提供外部用户访问，此时需要在该从库（Slave5）中开启 binlog 功能，其逻辑如图 15-1 所示。

2. 利用 MySQL 主从复制的从库进行数据备份实战的步骤

1）选择一个不对外提供服务的从库，这样可以确保其与主库更新最接近，专门做数据备份用，从而告别在主库上进行备份但影响主库访问的方案。

2）开启从库的 binlog 功能，目的是将来数据丢失时可使用 binlog 进行增量恢复，注意，此处最好开启从库的 binlog 功能，而不是在数据恢复时拿主库的 binlog 进行数据恢复。

3）以下提供的是 3 种常见的备份方案。

- 当数据量低于 30GB 时，可采用 mysqldump 逻辑备份，优缺点前文已经讲解过了。
- 当数据量大于 30GB 时，可采用 Xtrabackup 物理热备工具，优缺点前文中也已经讲解过了。

- 采用从库备份也可以使用冷备的方案，即备份时可以选择停止从库的 SQL 线程，停止应用 SQL 语句到数据库，I/O 线程将继续保持工作状态，执行命令为“stop slave sql_thread;”，备份方式可以采取 cp、tar（针对“/data/”目录）工具进行备份，最后把全备文件和 binlog 数据发送到备份服务器上留存即可。

15.3 MySQL 主从复制生产场景的常见延迟原因及防范方案

笔者总结了 MySQL 主从复制的生产场景，延迟的常见问题、原因及解决方案，具体如下。

问题一：一个主库的从库太多，易导致复制延迟。

建议从库数量在 3 ～ 5 个为宜，要复制的从节点数量过多，会导致主库系统及网络带宽压力过大，从而最终导致从库复制延迟。

问题二：从库硬件比主库差，易导致复制延迟。

master 和 slave 的硬件配置应该保持一致，主从库硬件差异包括磁盘 IO、CPU、内存等各方面因素，在高并发大数据量写入的场景下易造成复制的延迟。

问题三：慢 SQL 语句过多，易导致复制延迟。

假如有一条 SQL 语句，在主库上执行了 20 秒完毕，此时到从库上可能也得 20 秒左右才能查到数据，这样就延迟了 20 秒。

SQL 语句的优化应作为常规工作不断地进行监控和优化，如果是单个 SQL 的写入时间过长，那么可以在修改后分多次写入。通过查看慢查询日志或“show full processlist”命令找出执行时间长的查询语句或者大的事务，建立索引或者分拆多条小的语句执行。

问题四：主从复制的设计问题，易导致复制延迟。

例如，主从复制单线程中，如果主库写并发太大，来不及传送到从库则会导致延迟。

MySQL 5.6 可以支持 SQL 多线程复制，但其也是针对不同的库级别的，大型门户网站则可能会开发多线程同步功能。

问题五：主从库之间的网络延迟，易导致复制延迟。

主从库的网卡、网线、连接的交换机等网络设备都可能会成为复制的瓶颈，导致复制延迟，另外，跨公网主从复制很容易导致主从复制延迟。

问题六：主库读写压力太大，导致复制延迟。

主库硬件要搞好一点，架构的前端要加 buffer 以及 cache 层，以减轻主库的压力。

15.4 MySQL 主从复制数据一致性企业级方案

MySQL 数据库主从复制延迟是高并发场景中时而会发生的问题，大家除了要注意上述 15.3 节中提到的 6 个问题之外，还有如下方法可以应对非预期的主从复制延迟问题。

1. 采用半同步复制方案

主从不一致时因为主从复制默认是异步的复制方式，即主库完成后，binlog 将数据传输到从库并写到中继日志中，最后在由从库解析执行到从库里。而半同步复制方案实际上就是实时复制方案，即让主库和从库同时写入完毕，再把请求结果返回给用户，这样就可以实现主从是实时一致性的，该方案的详细介绍和实践见本书后文。该方案的优点可以最大限度地保证主从一致，但是，增加了主库写入的时间，超过实时同步设置的超时时间都会转化成异步复制。

2. 当复制发生延迟时让程序改读主库

1）当数据写入后，程序在从库读不到该数据时，自动判断并请求主库，这是多年前老男孩曾为公司提供的方案，最终被采纳了（思路很重要，结果导向，倒推方法，解决方法的缺陷和对应的困难），此方案有一个小问题那就是对于新数据没有任何问题，但是对于更新的数据，可能会在从库读到旧的数据，从而不会再读取主库，另外还会增加主库的压力。

2）可以部署一个缓存服务器，当数据写入数据库的同时，将更新主库的数据的 key、时间戳以及数据超时时间（例如 1 秒）写入到缓存服务器中，然后在进行读请求访问的时候，先查缓存服务器，如果有对应的 key，则表示主库刚写完不到 1 秒，从库也有可能还没有，所以主动读主库，如果缓存里没有对应的 key，则表示更新的主库对应 key 的数据已经写完超过 1 秒了，此时从库也应该有了，如果此时从库中还没有，则可以再请求写库。该方案的缺点是逻辑复杂，开发成本很高，并且还会增加主库的压力，最后不管 key 的超时时间设置的是大还是小，如果复制发生了故障，那么理论上还可能会导致访问到旧的数据。

3）在产品程序逻辑上，应尽量延缓（例如 1 秒）用户访问刚更新过的数据，为数据库主从复制争取同步的时间，例如，自动返回设置 3、2、1 等，或者增加一个点击按钮，此方案是笔者曾经向公司推荐的方案，可能不是最佳的方案，这里将此方案提出来的目的是提醒读者，很多时候解决问题未必是技术层面的事情，也可以从产品层面解决问题，希望读者们能打开格局，不拘一格做运维。

4）采用读写分离工具实现路由数据到主库，一般是大型企业自研，常规读写分离工具会将写请求自动路由到主库，将从请求路由到从库。此时，可以让工具路由在写请求的同时记录写（增加或更新）请求对应的 key 和更新的时间，若有相同的请求访问这个 key 对应的读数据，则判断一下这个写请求延续的时间是否超过了指定的时间（例如 1-2 秒，根据业务需要来指定），如果未超过，则让这个读请求读主库。

以上方案的优点各有千秋，缺点也都很明显，最终的选择还是得依靠读者去折中平衡选择。

当然，从哲学上来说，最核心的还是主从复制不发生故障或故障自动治愈（14.3 节），不发生延迟（15.3 节），才是解决数据一致性的最高境界。因此，读者需要在 15.3 节和 14.3 节的知识讲解上多下功夫，再加上本节的内容，则可无敌于天下了。

15.5 MySQL 多线程复制解决复制延迟实践

早在 MySQL 5.6 版本以前，就有一线门户公司开发过 MySQL 多线程复制功能，MySQL 软件从 5.6.3 开始支持多线程复制功能，但这个多线程复制并不是完全的多线程复制，而是有条件的多线程复制，即只能针对不同的数据库多线程，而不能针对一个库里的多个表多线程，总的来说，多线程复制还是一个不错的功能。

具体的配置如下。

1）查看当前 slave 服务器的 SQL 线程状态，提示为“Waiting for master to send event”，表示等待主库发送事件日志：

```
mysql> show processlist;
+----+-------------+-----------+------+---------+-------+-----------------+
| Id | User        | Host      | db   | Command | Time  | State
| Info             |
+----+-------------+-----------+------+---------+-------+-----------------+
| 21 | system user |           | NULL | Connect | 23240 | Waiting for master
to send event | NULL              |
| 32 | root        | localhost | NULL | Query   |     0 | init
| show processlist |
+----+-------------+-----------+------+---------+-------+-----------------+
2 rows in set (0.00 sec)
```

2）检查多线程的参数配置：

```
mysql> show variables like '%parallel%';
+------------------------+-------+
| Variable_name          | Value |
+------------------------+-------+
| slave_parallel_workers | 0     | #<== 默认为 0，即单线程复制。
+------------------------+-------+
1 row in set (0.00 sec)
```

3）停止主从复制：

```
mysql> stop slave;
Query OK, 0 rows affected (0.01 sec)
mysql> set global slave_parallel_workers = 4; #<== 在线修改为 4 个线程。
Query OK, 0 rows affected (0.00 sec)
mysql> show variables like '%parallel%';
+------------------------+-------+
```

```
| Variable_name              | Value |
+----------------------------+-------+
| slave_parallel_workers | 4     |              #<== 参数修改成功。
+----------------------------+-------+
1 row in set (0.00 sec)
```

4）启动数据库查看修改效果：

```
mysql> start slave;
mysql> show processlist;
+----+-------------+-----------+------+---------+-------+----------------------------------------------
--+------------------+
| Id | User        | Host      | db   | Command | Time  | State
  | Info             |
+----+-------------+-----------+------+---------+-------+----------------------------------------------
--+------------------+
| 32 | root        | localhost | NULL | Query   |     0 | init
  | show processlist |
| 40 | system user |           | NULL | Connect |   593 | Waiting for master to send event
  | NULL             |
| 41 | system user |           | NULL | Connect |   593 | Slave has read all relay log; waiting
t | NULL             |
| 42 | system user |           | NULL | Connect | 23757 | Waiting for an event from Coordinator
  | NULL             |
| 43 | system user |           | NULL | Connect | 24177 | Waiting for an event from Coordinator
  | NULL             |
| 44 | system user |           | NULL | Connect | 24182 | Waiting for an event from Coordinator
  | NULL             |
| 45 | system user |           | NULL | Connect | 24167 | Waiting for an event from Coordinator
  | NULL             |
+----+-------------+-----------+------+---------+-------+----------------------------------------------
--+------------------+
7 rows in set (0.00 sec)
```

从输出中可以看到，已经启动了 4 个 SQL 线程，如果希望永久生效，则可同时在 my.cnf 中配置该参数，无须重启：

```
[mysqld]
slave_parallel_workers = 4
```

15.6 让 MySQL 主从复制的从库只读访问

read-only 参数选项可以让从数据库服务器只允许具备主从复制权限的线程或具有 SUPER 权限的数据库用户进行更新，从而确保从服务器不接受来自用户端的其他普通用户的更新。

1. read-only 参数允许数据库更新的条件

read-only 参数允许数据库更新的条件主要包含如下两种情况。

- 具有 SUPER 权限的用户可以更新，不受 read-only 参数影响，例如，管理员 root。
- 来自从服务器具备主从复制权限的线程可以更新，不受 read-only 参数的影响，例如，前文的 rep 用户。

在生产环境中，可以在从库 Slave 中使用 read-only 参数，以确保从库数据不被非法更新。

2. 如何配置 read-only 参数

方法一：启动数据库时直接带“--read-only”参数启动，代码如下。

```
mysqld_safe --read-only --user=mysql &
```

方法二：在 my.cnf 中 [mysqld] 模块下加 read-only 参数，然后重启数据库，配置如下。

```
[mysqld]
read-only
```

15.7 MySQL 主从复制读写分离 Web 用户生产设置方案

在配置好 MySQL 主从复制，并实现了读写分离以后，数据库授权程序访问的用户设置方法包含如下几种方案。

1. 主库和从库使用不同的用户，授权不同的权限。

主库上对 web_w 用户的授权如下：

用户：web_w 密码：oldboy123 端口：3306 主库 VIP：172.16.1.51

```
权限：SELECT, INSERT, UPDATE, DELETE
命令：GRANT SELECT, INSERT, UPDATE, DELETE ON `web`.* TO 'web_w'@'172.16.1.%'
identified by 'oldboy123';
```

从库上对 web_r 用户单独授权如下：

用户：web_r 密码：oldboy123 端口：3306 从库 VIP：172.16.1.52

```
权限：SELECT
命令：GRANT SELECT ON `web`.* TO 'web_r'@'172.16.1.%' identified by 'oldboy123';
```

提示： 此方法显得不够专业，而且从库上也会存在 web_w 用户，一旦被开发等人利用，就可以对从库进行写库，这种授权也会对数据库带来潜在的风险。

2. 网站程序访问主库和从库时使用一套用户密码

示例如下。

主库：用户为 web，密码为 oldboy123，端口为 3306，写 IP 为 172.16.1.51。

主库：用户为 web，密码为 oldboy123，端口为 3306，读 IP 为 172.16.1.52。

从外表上看，只有读写分配的 IP 不同，其他都是相同的。运维人员应尽量为开发人员提供方便，如果是数据库前端有 DAL 层（实现了读写分离），则可以只为开发人员提供一套用户、密码、端口、VIP，这样就更专业了，剩下的都由运维人员来完成即可。

下面是使用同一个 Web 连接用户授权访问的方案。

方法 1：主库和从库使用相同的用户，但授予不同的权限。

主库上对 web 用户的授权如下：

```
    用户：web 密码：oldboy123   端口：3306   主库 VIP：172.16.1.51
    权限：SELECT, INSERT, UPDATE, DELETE
    命令：GRANT SELECT, INSERT, UPDATE, DELETE ON `web`.* TO 'web'@'172.16.1.%'
identified by 'oldboy123';
```

从库上对 web 用户的授权如下：

```
    用户：web 密码：oldboy123   端口：3306   从库 VIP：172.16.1.52
    权限：SELECT
    提示：由于主库和从库是同步复制的，所以从库上的 web 用户会自动与主库的一致，即无法实现只读
select 的授权。
```

要实现方法 1 中的授权方案，并且要求操作严谨，应采用如下两个方法。

一是在主库上创建完 web 用户和权限之后，在从库上 revoke 收回对应的更新权限（insert、update、delete）。

命令分别如下。

```
    主库执行：
    GRANT SELECT, INSERT, UPDATE, DELETE ON `web`.* TO 'web'@'172.16.1.%'
identified by 'oldboy123';
    从库执行：
    REVOKE INSERT,UPDATE,DELETE ON web.* FROM 'web'@'172.16.1.%';
```

二是忽略授权库 mysql 同步，主库的 my.cnf 配置参数如下：

```
    binlog-ignore-db = mysql     #<==mysql 库不记录 Binlog 日志。
    replicate-ignore-db = mysql #<== 忽略复制 MySQL 库。
```

提示：注意上面参数的等号两边必须要有空格。

三是在从库上设置 read-only 参数，让从库只读。

主库从库：主库和从库使用相同的用户，授予相同的权限（非 ALL 权限）。

```
    用户：web 密码：oldboy123   端口：3306   主库 VIP：172.16.1.51，从库 VIP：172.16.1.52
    权限：SELECT, INSERT, UPDATE, DELETE
    命令：GRANT SELECT, INSERT, UPDATE, DELETE ON web.* TO 'web_w'@'172.16.1.%'
identified by 'oldboy123';
```

由于从库设置了 read-only，非 super 权限是无法写入的，因此，通过 read-only 参

数就可以很好地控制用户非法将数据写入从库。

老男孩老师的生产工作场景的设置方案具体如下。

1）忽略授权库 mysql 同步，主库的配置参数如下：

```
    binlog-ignore-db = mysql
    replicate-ignore-db = mysql
```

提示：注意上面参数等号两边必须要有空格。

2）主库和从库使用相同的用户，但授予不同的权限。

主库上对 web 用户的授权如下：

```
    用户：web 密码：oldboy123  端口：3306  写库 VIP：172.16.1.51
    权限：SELECT, INSERT, UPDATE, DELETE
    命令：GRANT SELECT, INSERT, UPDATE, DELETE ON web.* TO 'web'@'172.16.1.%'
identified by 'oldboy123';
```

从库上对 web 用户的授权如下：

```
    用户：web 密码：oldboy123  端口：3306  读库 VIP：172.16.1.52
    权限：SELECT
```

3）在从库上设置 read-only，增加第三个保险。

以上三点的共同作用即可达到专业规范的授权 Web 用户的目的。

15.8 MySQL 主从延迟复制方案及恢复实践

1. MySQL 主从延迟复制方案介绍

MySQL 从 5.6 版本开始就支持主从延迟复制，这个功能主要解决的问题是，当主库有逻辑的数据删除或者错误更新时，所有的从库都会进行错误的更新，从而导致数据库的所有数据都异常，即使有定时的备份数据可以用于数据恢复，特别是数据库的数据量很大时，恢复时间也会很长，在恢复期间，数据库数据被删除或者出现错误数据都会影响正常的访问体验。

而延迟复制就可以很好地解决这个问题。例如，可以设定某一个从库和主库的更新延迟 1 个小时，这样当主库数据出现问题以后，1 个小时以内即可发现，可以对这个从库进行无害恢复处理，使之依然是正确的完整的数据，这样就省去了数据恢复占用的时间，用户体验也会有所提高。

2. MySQL 主从延迟复制配置实践

MySQL 5.6 版本的延迟复制配置，是通过在 Slave 上执行以下命令实现的：

```
CHANGE MASTER TO MASTER_DELAY = N;    #<== 读者可在配置延迟从库 Change Master 时
                                           直接加上 MASTER_DELAY 选项。
```

该语句设置 Slave 数据库延时 N 秒后，再与主数据库进行数据复制，具体操作为登录到 Slave 数据库服务器（本文是 52），然后执行如下命令：

```
mysql> stop slave;
Query OK, 0 rows affected (0.45 sec)
mysql> CHANGE MASTER TO MASTER_DELAY = 20;    #<== 这是延迟的核心命令。
Query OK, 0 rows affected (0.22 sec)
mysql> start slave;
Query OK, 0 rows affected (0.15 sec)
mysql> show slave status\G
*************************** 1. row ***************************
             ...省略若干...
             Slave_IO_Running: Yes
             Slave_SQL_Running: Yes
             ...省略若干...
             SQL_Delay: 20                   #<== 这里设置的数字就是延迟 20 秒后进行复制。
             SQL_Remaining_Delay: NULL #<== 还剩多少秒执行复制。
   Slave_SQL_Running_State: Slave has read all relay log; waiting for the slave
I/O thread to update it                      #<==SQL 线程的状态。
...省略若干...
1 row in set (0.09 sec)
#<== 提示：复制状态里最常用的三个状态参数分别为 SQL_Delay、SQL_Remaining_Delay、Slave_
     SQL_Running_State，说明上面已经分别进行注释了。
```

主库插入数据：

```
mysql> create database lanlan;
Query OK, 1 row affected (0.00 sec)
```

主库插入完数据 1 秒以后，从库执行"show databases;"查看数据是否及时同步了，结果如下：

```
mysql> show databases;
+--------------------+
| Database           |
+--------------------+
| information_schema |
| alex_python        |
| mysql              |
| performance_schema |
+--------------------+
4 rows in set (0.36 sec)
```

在从库上并没有看到在主库上创建的数据库 lanlan，此时可间歇性地执行"show slave status\G"查看延迟的参数状态，输出如下：

```
mysql> show slave status\G
             ... 省略若干 ...
                    SQL_Delay: 20
          SQL_Remaining_Delay: 13 #<== 剩余 13 秒执行复制。
      Slave_SQL_Running_State: Waiting until MASTER_DELAY seconds after master
executed event
             ... 省略若干 ...
1 row in set (0.00 sec)
mysql> show slave status\G
             ... 省略若干 ...
                    SQL_Delay: 20
          SQL_Remaining_Delay: 9 #<== 剩余 9 秒执行复制。
      Slave_SQL_Running_State: Waiting until MASTER_DELAY seconds after master
executed event
             ... 省略若干 ...
1 row in set (0.00 sec)
mysql> show slave status\G
             ... 省略若干 ...
                    SQL_Delay: 20
          SQL_Remaining_Delay: NULL #<== 复制完成后，没有新数据更新的状态。
      Slave_SQL_Running_State: Slave has read all relay log; waiting for the
slave I/O thread to update it
             ... 省略若干 ...
1 row in set (0.00 sec)
```

在从库没有更新数据，并且处于延迟复制还没到时间的期间，查看从库的中继日志：

```
[root@db02 data]# pwd
/application/mysql/data
[root@db02 data]# mysqlbinlog db02-relay-bin.000002
SET @@session.lc_time_names=0/*!*/;
SET @@session.collation_database=DEFAULT/*!*/;
create database lanlan #<== 中继日志中的确已经有了创建的语句，说明 IO 线程还是实时在工作的。
```

3. MySQL 主从延迟复制原理解析及结论

MySQL 的延迟复制实际上影响的只是 SQL 线程将数据应用到从数据库，而 I/O 线程早已把主库更新的数据写到了从库的中继日志中，因此，在延迟复制期间，即使主库宕机了，从库到了延迟复制的时间，也依然会把数据更新到与主库宕机时一致。

特别提示：其实 MySQL 的延迟复制功能早在几年前，老男孩老师就已经用思想实现了这个功能，并应用于企业生产备份和恢复中了，方法如下。

1）正如 15.2 节已经介绍过的，执行“mysql> stop slave sql_thread;”停掉 SQL 线程，然后进行备份，备份期间主库可能会宕机，但是主库的 binlog 依然会及时发到从库，最终从库依然可以恢复到主库宕机之前的状态。

2）编写一个脚本，利用定时任务控制 sql_thread 的停止和运行，进而库就可以控制实现简单的从库延迟复制功能了，这就是思想的重要性。当然了，对于 5.6 版本还是就用软件本身提供的功能吧，对于 5.6 以前的数据库若要实现延迟复制，则可以考虑下老男孩曾经使用过的延迟备份以及延迟复制的思路。

---

4. 使用 MySQL 主从延迟复制进行数据恢复实践

在企业中，我们应根据业务需求为延迟复制指定一个时间段，例如 1 个小时后进行该从库复制，那么在这一个小时之内，如果主库误更新了数据，其他的从库也都会依样误更新数据，那么如何将这个延迟的从库恢复到正常没有误更新数据前的完整状态呢？且看下文的实践。

1）模拟环境，将从库延迟调整为 3600 秒：

```
mysql> stop slave;
Query OK, 0 rows affected (0.00 sec)
mysql> CHANGE MASTER TO MASTER_DELAY = 3600;
Query OK, 0 rows affected (0.03 sec)
mysql> start slave;
Query OK, 0 rows affected (0.08 sec)
mysql> show slave status\G
            ...省略若干...
                    SQL_Delay: 3600
          SQL_Remaining_Delay: 2414
      Slave_SQL_Running_State: Waiting until MASTER_DELAY seconds after master
executed event
            ...省略若干...
1 row in set (0.00 sec)
```

2）模拟在主库写入数据，每隔 5 秒写入 1 个库，就当是模拟用户写入数据了：

```
[root@db01 ~]# for n in {1..5}
> do
>     mysql -e "create database oldboy$n"
>     sleep 5
> done
提示：关于 Shell 脚本知识可以参考《跟老男孩学 Linux 运维 :Shell 编程实战》一书。
```

3）模拟人为破坏数据，也可以是不带 where 的 update 语句：

```
mysql> drop database oldboy5;     #<== 删除 oldboy5 数据库，后面要做的就是把这个数据
                                          库恢复回来，别的数据还得保留。
Query OK, 0 rows affected (0.00 sec)
mysql> show databases like 'oldboy%';
+--------------------+
| Database (oldboy%) |
|                    |
```

```
| oldboy1            |
| oldboy2            |
| oldboy3            |
| oldboy4            |
+--------------------+
4 rows in set (0.00 sec)
#此时，所有的从库都已经是坏数据了，只有延迟从库是好的，但是是一个小时之前的数据。
```

4）当数据库出现误删数据的情况时（特别是 update 不加条件破坏数据），要想完整恢复数据，最好选择对外停止访问措施，此时需要牺牲用户体验，除非业务可以忍受数据不一致，并且不会被二次破坏。从库可以适当地继续开放给用户读访问，但是也可能会导致用户读到的数据是坏的数据，这里就需要读者去衡量数据一致性和用户体验的问题。本例是使用 iptables 封堵用户对主库的所有访问：

```
[root@db01 ~]# iptables -I INPUT -p tcp --dport 3306 ! -s 172.16.1.53 -j DROP
#<== 非 172.16.1.53 禁止访问数据库 3306 端口 ,51 是主库 IP, 172.16.1.53 为远程连接 SSH
     客户端的 IP。
```

5）登录主库执行“ show processlist;”对 binlog 是否全部发送到该延迟从库进行确认，当然了，也可以登录延迟从库执行“ show processlist;”对从库 IO 线程是否完全接收 binlog 进行状态查询确认：

```
mysql> show processlist;
+----+------------------------------------------------------------------------
--+------------------+
| 12 | rep  | 172.16.1.52:39043 | NULL | Binlog Dump |  709 | Master has
sent all binlog to slave; waiting for binlog to be updated | NULL           |
+----+------------------------------------------------------------------------
--+------------------+
2 rows in set (0.00 sec)
#上述提示表示主库已经发送完所有的 Binlog 日志到从库了。
```

6）在从库上执行“stop slave;”暂停主从复制，并查看数据库是否已同步过来：

```
mysql> stop slave;
mysql> show databases;
+--------------------+
| Database           |
+--------------------+
| information_schema |
| alex_python        |
| mysql              |
| performance_schema |
+--------------------+
4 rows in set (0.00 sec)
#提示：因为还未到延迟时间，因此数据不会同步到该延迟从库。
```

7）根据 relay-log.info 记录的 SQL 线程读取 relay-log 的位置，解析未应用到从库的 relay-bin 日志：

```
[root@db02 data]# pwd           #<== 进入到中继日志所在的目录。
/application/mysql/data
[root@db02 data]# ls -l *relay* #<== 查看中继日志的相关信息。
-rw-rw----. 1 mysql mysql 172 9月  13 17:32 db02-relay-bin.000001 #<== 中继日志。
-rw-rw----. 1 mysql mysql 993 9月  13 17:37 db02-relay-bin.000002 #<== 中继日志。
-rw-rw----. 1 mysql mysql  48 9月  13 17:32 db02-relay-bin.index  #<== 中继日志索引。
-rw-rw----. 1 mysql mysql  61 9月  13 17:32 relay-log.info #<==SQL 线程读取中继日志
                                                             的位置信息。
[root@db02 data]# cat relay-log.info  #<== 查看中继日志应用的位置信息。
7
./db02-relay-bin.000002  #<==SQL 线程读取中继日志的文件名信息。
284                      #<==SQL 线程读取中继日志的位置点信息。
oldboy-bin.000024
309
3600
0
1
```

8）解析 SQL 线程未解析的全部剩余 relay-bin 中继日志数据，由于本例模拟数据量不够大，因此本例中只有 db02-relay-bin.000002 一个中继日志，实际工作中可能会有多个，将它们一并解析到一个指定文件或者分成不同的文件存放也可以。

```
    [root@db02 data]# mysqlbinlog --start-position=284 db02-relay-bin.000002 >
relay.sql #<== 根据上述的 relay-log.info 的中级日志文件和位置信息进行中继日志解析，关于此命
             令的用法前面章节已经讲解过了，此处不再累述。
```

9）找到破坏数据库数据的 SQL 语句，并从已解析的 SQL 语句中将其删除，这里使用的是"drop database oldboy5"：

```
[root@db02 data]# egrep "drop database oldboy5" relay.sql #<== 检查是否存在误删
                                                              的 SQL 语句。
drop database oldboy5
[root@db02 data]# sed -i '/drop database oldboy5/d' relay.sql #<== 删除，注意
                                                                  别删多了。
[root@db02 data]# egrep "^drop database oldboy5" relay.sql  #<== 检查删除结果。
```

10）将解析后并处理好的 relay.sql 数据文件恢复到延迟从库：

```
    [root@db02 data]# mysql<relay.sql    #<== 这一步就是从停止 slave 复制开始，根据 relay-
log.info 位置将剩下的所有日志数据手动恢复到数据库中，需要注意的是应提前清理破坏数据库的语句，
然后再恢复。
    [root@db02 data]# mysql -e "show databases like 'oldboy%';"
    +--------------------+
    | Database (oldboy%) |
    +--------------------+
```

```
| oldboy1              |
| oldboy2              |
| oldboy3              |
| oldboy4              |
| oldboy5              |    #<== 之前删除的 oldboy5 数据库已经找回。
+----------------------+
```

行文至此，利用延迟数据库恢复数据完毕，此时还需要要将此从库提升为主库（见手工实现主从角色切换章节的内容），将 VIP 指向该“延迟从库”，即作为新主库提供用户访问，然后，再对其他遭到破坏的主从数据库进行修复。

15.9 本章重点

1）MySQL 集群场景企业级架构方案。

2）MySQL 集群场景企业级备份策略方案。

3）MySQL 主从复制生产常见延迟原因及防范方案。

4）MySQL 主从复制数据一致性企业级方案。

5）MySQL 多线程复制解决复制延迟实践。

6）让 MySQL 主从复制的从库只读访问。

7）MySQL 主从复制读写分离 Web 用户生产设置方案。

8）MySQL 主从延迟复制方案及恢复实践。

15.10 参考资料

1）MySQL 官方手册 5.1、5.5 及 5.6。

2）MySQL 数据库企业级核心知识精品：
http://edu.51cto.com/course/course_id-4058.html

3）Heartbeat+DRBD+MySQL 高可用架构方案与实施过程细节：
http://oldboy.blog.51cto.com/2561410/1240412

4）MySQL 数据库企业级应用实战：
http://edu.51cto.com/pack/view/id-214.html

MySQL 复制高级方案应用实践

16.1　MySQL 级联复制

前文曾经介绍过，对于 MySQL 数据库的复制技术除了一主多从的常用复制架构之外，还可以是级联复制、双主（双向主从）复制以及多主（环状）复制等方案，本节就为大家介绍 MySQL 级联复制的方案。

16.1.1　MySQL 级联复制介绍

MySQL 级联复制的特点是从（slave）服务器本身除了作为从服务器之外，同时也会作为其下面从服务器的主数据库服务器。级联复制就是型如 A==>B==>C 的复制形式。

如图 16-1 所示的就是级联单向复制逻辑架构图，本套架构一般只能在 Master 服务器 A 端进行数据写入，工作场景 A 作为主库，B 作为 A 的从库，同时 B 又作为 C 的主库，C 作为 B 的从库，此时中间的 B 需要进行特殊的设置（开启 binlog 功能）。

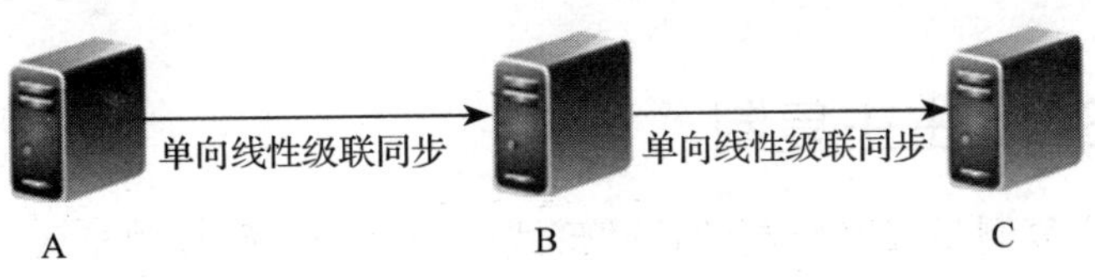

图 16-1　级联复制逻辑图

16.1.2 MySQL 级联复制实现要点

我们已经知道了，MySQL 主从复制技术的核心特点是通过传输 binlog 日志实现复制的功能。级联复制是主从复制的扩展变种，因此，级联复制架构中作为中间复制的从库 B 角色，如果同时还想做主库的话，就需要在 B 从库上开启 binlog 日志功能。

1. 从库开启 binlog 日志功能常见应用场景说明

从库开启 binlog 日志功能的常见应用场景具体如下。

1）当前的从库还要同时作为其他从库的主库，例如，级联复制或双主互为主从场景的情况下，就必须在从库上开启 binlog 日志功能。

2）前文提到的将从库作为数据库全备的服务器，此时也要开启 binlog 日志用于全备恢复之后的增量数据恢复。

2. 从库记录 binlog 日志方法

下面介绍一下从库记录 binlog 日志的方法。

在从库的 my.cnf 中加入如下参数，然后重启服务即可生效：

```
log_bin = /application/mysql/logs/oldboy-bin
log_slave_updates     #<== 必须要有这个参数，否则不会记录 Binlog 日志。
expire_logs_days = 7 #<== 相当于 find /path -type f -name " oldboy-bin.000*"
                      -mtime +7 |xargs rm -f
```

3. MySQL 级联复制的实现说明

除了作为新主库的从库需要开启 binlog 日志功能之外，级联复制的其他实现步骤与普通的主从复制是相同的，没有任何差别，因此这里就不再赘述了，请读者参考前文尝试下级联复制的实现。

16.1.3 MySQL 级联复制的应用场景

级联复制作为 MySQL 主从复制的一个扩展，其常用的应用场景具体如下。

1）作为主库的级联从库，在大并发场景下，可以减轻主库下面的直接从库过多带来的数据复制压力，同时把级联从库作为一级从库的一个物理备份（从库宕机热备可快速补充从库节点）。

2）级联从库用于数据备份、数据分析、企业内部等对数据实时性要求不是很高的业务应用。

16.2 MySQL 主主复制

MySQL 主主复制是级联复制的特殊形式，前文的级联复制是 A==>B==>C 的单向复制形式，而主主复制实际上是将 A 和 C 的角色合并为一个 A，即 A 和 B 是对等的双向复制结构。

图 16-2 为双向主主复制逻辑架构图，此架构可以在 Master1 端或 Master2 端进行数据写入，或者在两端同时写入数据（需要进行特殊设置）。

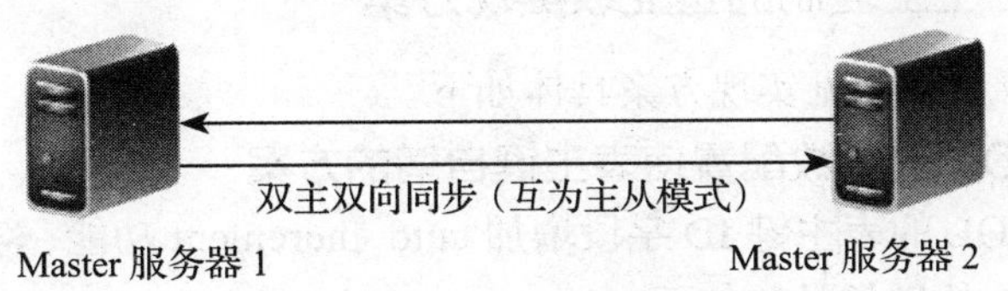

图 16-2　双向主主复制逻辑图

16.2.1　MySQL 主主复制介绍

MySQL 主主复制也是使用 mysql replication 的复制方式，只不过复制方向是双向的，因此，复制过程与主从复制大同小异，只是在配置参数上多了几个参数。

16.2.2　MySQL 主主复制能够解决的企业问题

很多企业设计 MySQL 主主复制架构的可能原因是希望增加写并发的能力，但其实双主是否真的能够增加写并发，还有待实践检验，因为一个库写入时，另一个库也会同时写入（由复制进程写入），写入量较大时，从库的写压力也是不小的。

如果要切实增加大量用户的写并发请求，那么 MySQL 主主复制架构可能并不是最好的选择，这里有如下的更优选择可供读者参考。

1）分库：例如原本一个数据库服务器里有 www/bbs/blog 等多个库，那么可以将每个产品库都做成一套集群，这样就可以提高写的压力了，这样的拆分简单有效，DBA 或运维人员自己就可以实现，几乎不需要业务程序做任何改动。

2）分表：a）横拆——将最常使用的小字段放在一个表里，将不常使用的大字段放在单独的表里，等需要查询大字段表时，再通过连表进行查询；b）纵拆——根据表的记录进行拆分，例如，1000 万条记录的一张表，可以根据 key 或 uid 将 1 ～ 1000000 条放在第一张表，1000001 ～ 2000000 条放在第二张表，依此类推拆成 10 张表，然后前端根据 key 或 uid 进行调度决定应去访问哪张表对应的数据。这里的横拆和纵拆需要开发人员的或者数据库研发人员的配合才能完成。

3）百度千台数据库集群拆分案例：当单表达到指定的记录数时，自动化扩容拆表，自动化收缩合表，具体详情见后文。

老男孩个人建议参考：即使配置了 MySQL 双主复制，最好也只单写，配置双主的目的并不是为了增加写并发，而是为了实现在主库宕机后角色能够快速切换提供服务。

正常主库宕机切换到从库，需要开启 binlog 功能，取消 read-only 参数，同时还需要更改 Web 用户授权等操作，而配置双主就不需要这些操作了，只要进行 VIP 的切换即可，当然了，后文讲解的 MHA 访问可以帮我们自动实现这个角色的切换，以及修改参数的过程。

16.2.3 MySQL 主主复制的企业级实现方案

MySQL 主主复制的常见实现方案具体如下。

1. 通过 MySQL 的参数配置使表主键自增的方案

即通过为 MySQL 的表主键 ID 字段增加 auto_increment 功能，实现主键的自动增长（默认步长为 1），ID 的增长具体如下。

- M1 库：每张表的主键都为奇数，例如：1、3、5....。
- M2 库：每张表的主键都为偶数，例如：2、4、6....。

该实现的具体参数配置。

解决主键自增长 ID 冲突，M1 库与 /M2 库的参数配置如下。

Master1 的参数配置如下。

- auto_increment_increment = 2 #<== 自增 ID 的间隔，如 1 3 5，间隔为 2。
- auto_increment_offset = 1 #<==ID 的初始位置。

（所有库里表的 ID 都将形成 1、3、5、7... 序列）

Master2 的参数配置如下。

- auto_increment_increment = 2 #<== 自增 ID 的间隔，如 2 4 6，间隔为 2。
- auto_increment_offset = 2 #<==ID 的初始位置

（所有库里表的 ID 都将形成 2、4、6、8 ... 序列）

该种方法的优缺点

缺点：该方法会导致表的 ID 号不连续。例如，写数据时 ID 的特征为：当 M1 中的数据写入 ID 号为 1、3、5，此时如果数据写入 M2，则数据写入 ID 就会从 6 开始，而不是从 2 开始。假设 M2 写入的连续 ID 为 6、8、10，此时 M1 开始写，则会从 11 开始写。结论：总是以当前表里最大的 ID 值为基础递增开始写 ID。

优点：前端网站程序不需要做任何修改，就可以实现双主的架构。

应用：尽量不要双写，而是单写，其作用可以作为主库宕机的备用切换选择（不用更改配置即可进行角色切换），当然要双写也是没有问题的，不会导致数据冲突，但会产生表里数据的 ID 值不连续的问题。

2. 使用序列服务实现 MySQL 双主方案

使用序列（sequence）服务，由序列服务提供 ID（就像银行的取号机器发号一样），当用户通过程序写数据库时，由序列服务分配 ID，然后按照分发的 ID 号顺序调度到不同的数据库写入，以确保写入不同双主数据库的 ID 是不同的，并确保 ID 是值连续的。

优点：表记录的 ID 号是连续的。

缺点：增加了序列服务或服务器，引入了单点，同时，程序若要改动，则实现会比较复杂。

总的建议，尽可能不要用双写模式。

16.2.4 主主复制实践（自增 ID）准备

1. 主主复制数据库实战环境准备

MySQL 主主复制实践对环境的要求比较简单，与主从复制环境一致即可，环境可以参考前文讲解，此处不现赘述。

2. 定义主主复制需要的服务器角色

主库及从库 IP、端口信息如表 16-1 所示。

表 16-1 主库及从库 IP、端口信息

数据库角色	主机名	eth0（SSH 连接 IP）	eth1（内网通信 IP）
主库 1（Master）	db01	10.0.0.51	172.16.1.51
主库 2（Master）	db02	10.0.0.52	172.16.1.52

3. 检查数据库的当前状态

分别执行命令检查主主数据库的启动状态：

```
[root@db01 ~]# lsof -i :3306
COMMAND  PID  USER   FD   TYPE DEVICE SIZE/OFF NODE NAME
mysqld  3044 mysql   11u  IPv6  15565      0t0  TCP *:mysql (LISTEN)
[root@db02 ~]# lsof -i :3306
COMMAND  PID  USER   FD   TYPE DEVICE SIZE/OFF NODE NAME
mysqld  3028 mysql   11u  IPv6  15422      0t0  TCP *:mysql (LISTEN)
```

根据结果可以确定数据库处于正常启动状态。

16.2.5 在主库 Master（51）上执行操作配置

1. 设置主主复制的相关参数

1）修改主库 1 的配置文件。执行 vi /etc/my.cnf，编辑 MySQL 的配置文件，两个参数按如下内容进行修改：

```
[mysqld]
server_id = 1                    #<== 用于同步的每台机器或实例的 server_id 都不能相同。
log_bin = /application/mysql/logs/oldboy-bin   #<== 可省略红色加粗部分，本文是与
                                                    前面的章节保持一致。
log_slave_updates                   #<== 从库记录 binlog 必备参数。
expire_logs_days = 7                #<== 自动清除 7 天前的 binlog 日志文件。
auto_increment_increment      = 2   #<== 自增 ID 的间隔，如 1 3 5，间隔为 2。
auto_increment_offset         = 1   #<==ID 的初始位置。
slave-skip-errors = 1032,1062,1007,1008,1146,1049  #<== 忽略一些不影响业务的
                                                       复制错误提示。
```

2）检查参数配置之后的结果：

```
[root@db01 ~]# egrep "server_id|log|auto" /etc/my.cnf
log_bin = /application/mysql/logs/oldboy-bin
expire_logs_days = 7
server_id = 1
log_slave_updates
auto_increment_increment     = 2
auto_increment_offset    = 1
log-error = /application/mysql/logs/oldboy.err
#特别提示：部分参数在前面章节中已经配置过，请注意检查时不要重复。
```

3）重启主库1的MySQL服务，并登录数据库检查参数的生效情况（这里略）：

```
[root@db01 ~]# /etc/init.d/mysqld restart
Shutting down MySQL.. SUCCESS!
Starting MySQL. SUCCESS!
```

到此，主库1的binlog功能和ID的起始及自增配置就配置好了。

2. 在主库1上建立用于主主复制的账号

该步骤与主从复制的配置一样，如果前文已经配置好了账号，那么本节内容也可以忽略。

1）登录主数据库1（172.16.1.51），命令如下：

```
[root@db01 ~]# mysql #<== 为了操作安全方便，密码已经写入my.cnf配置文件。
```

2）建立用于主库2复制的账号及对应的权限：

```
mysql> grant replication slave on *.* to 'rep'@'172.16.1.%' identified by
'oldboy123';
Query OK, 0 rows affected (0.01 sec)
mysql> flush privileges; #<== 刷新权限使得授权的权限生效，一般对账号的更改需要应用此
                              命令，此处是为养成习惯而执行，而不是必须执行的。
Query OK, 0 rows affected (0.02 sec)
```

3. 备份导出主库1的数据

1）备份导出主库1的数据，也可以半夜在主库1上通过定时任务执行如下面命令：

```
mysqldump -A -B -x --master-data=1|gzip >/opt/bak1_$(date +%F).sql.gz
#<== 备份。
scp -rp /opt/bak1_$(date +%F).sql.gz root@172.16.1.52:/opt/ #<== 复制到从库。
```

参数“--master-data=1”会在备份数据库里增加如下语句：

```
-- Position to start replication or point-in-time recovery from
CHANGE MASTER TO MASTER_LOG_FILE='oldboy-bin.000024', MASTER_LOG_POS=107;
```

16.2.6　在主库2Master（52）上执行操作配置

1. 设置主库2上复制的相关参数

1）修改主库2的配置文件。执行vi /etc/my.cnf，编辑MySQL的配置文件，两个参

数按如下内容进行修改：

```
[mysqld]
server_id = 2                              #<== 用于同步的每台机器或实例的 server_id 都不能相同。
log_bin = /application/mysql/logs/oldboy-bin     #<== 可省略红色加粗部分，本文是与
                                                    前面的章节保持一致。
log_slave_updates                          #<== 从库记录 Binlog 必备参数。
expire_logs_days = 7                       #<== 自动清除 7 天前的 binlog 日志文件。
auto_increment_increment         = 2       #<== 自增 ID 的间隔，如 1 3 5，间隔为 2。
auto_increment_offset            = 2       #<==ID 的初始位置。
slave-skip-errors = 1032,1062,1007,1008,1146,1049     #<== 忽略一些不影响业务的
                                                         复制错误提示。
```

2）检查参数配置之后的结果：

```
[root@db02 ~]# egrep "server_id|log|auto" /etc/my.cnf
log_bin = /application/mysql/logs/oldboy-bin
expire_logs_days = 7
server_id = 2 #<== 这个 ID 与主库 1 的 ID 是不同的。
log_slave_updates
auto increment_increment     = 2
auto_increment_offset    = 2    #<== 该起始数字与主库 1 也是不同的。
log-error = /application/mysql/logs/oldboy.err
# 特别提示：部分参数在前面章节中已经配置过，请注意检查不要重复。
```

3）重启主库 2 的 MySQL 服务，并登录数据库检查参数的生效情况（这里略）。

```
[root@db02 ~]# /etc/init.d/mysqld restart
Shutting down MySQL.. SUCCESS!
Starting MySQL. SUCCESS!
```

到此，主库 2 的 binlog 功能和 ID 起始，以及自增配置就配置好了。

2. 在需要做复制的主库 2 上导入全备做复制

特别提示：主库 2 上不需要再设置主库 1 用于复制的账号了，因为备份恢复到数据库，主库 2 就有了账号了，导入的命令如下：

```
zcat /opt/bak1_$(date +%F).sql.gz|mysql
mysql << EOF
CHANGE MASTER TO
MASTER_HOST='172.16.1.51',
MASTER_PORT=3306,
MASTER_USER='rep',
MASTER_PASSWORD='oldboy123';
EOF
提示：这里忽略了两个参数 MASTER_LOG_FILE 和 MASTER_LOG_POS，这是因为在备份的时候使用了
"--master-data=1"，在导入数据库时，这两个参数已经自动设置好了。
```

这里的 CHANGE MASTER 后无须指定 binlog 文件名及其具体位置，因为这部分已经在还原数据时提前应用到数据库里了（备份时"--master-data=1"的功劳）。

3. 启动从库同步开关并测试主主复制

1）启动从库主主复制开关，并查看复制状态。相关语句如下：

```
[root@db02 opt]# mysql -e "start slave;"
[root@db02 opt]# mysql -e "show slave status\G;"
               Slave_IO_State: Waiting for master to send event
                  Master_Host: 172.16.1.51
                  Master_User: rep
                  Master_Port: 3306
                Connect_Retry: 60
              Master_Log_File: oldboy-bin.000025
          Read_Master_Log_Pos: 120
               Relay_Log_File: db02-relay-bin.000011
                Relay_Log_Pos: 284
        Relay_Master_Log_File: oldboy-bin.000025
             Slave_IO_Running: Yes
            Slave_SQL_Running: Yes
              ...省略若干...
1 row in set (0.00 sec)
提示：有关 show slave status 结果的详细说明，请大家查看 MySQL 手册。
```

主主复制是否配置成功了，其中最关键的是如下所示的 3 项状态参数：

```
[root@db02 opt]# mysql -e "show slave status\G;"|egrep "IO_Running|SQL_Running:|_Behind_Master"
             Slave_IO_Running: Yes
            Slave_SQL_Running: Yes
        Seconds_Behind_Master: 0
```

特别强调：在首次开启复制的过程中，如果出现复制错误，可以执行如下语句。

```
stop slave; #<== 临时停止同步开关。
set global sql_slave_skip_counter = 1; #<== 将同步指针向下移动一个，如果多次移动仍
                                            不同步，则可以重复操作。
start slave; #<== 开启同步开关。
```

最后记录下主库 2 的 binlog 状态，用于在主库 1 上进行复制的 binlog 复制的位置点：

```
mysql> show master status;
+-------------------+----------+--------------+------------------+-------------------+
| File              | Position | Binlog_Do_DB | Binlog_Ignore_DB | Executed_Gtid_Set |
+-------------------+----------+--------------+------------------+-------------------+
| oldboy-bin.000027 |  1303324 |              |                  |                   |
+-------------------+----------+--------------+------------------+-------------------+
1 row in set (0.01 sec)
```

16.2.7 在主库 1（51）上执行复制配置

```
[root@db01 opt]# mysql << EOF
```

```
CHANGE MASTER TO
MASTER_HOST='172.16.1.52',
MASTER_PORT=3306,
MASTER_USER='rep',
MASTER_PASSWORD='oldboy123',
MASTER_LOG_FILE='oldboy-bin.000027', #<== 从上文获得。
MASTER_LOG_POS=1303324;              #<== 从上文获得。
EOF
[root@db01 opt]# mysql -e "start slave;"
[root@db01 opt]# mysql -e "show slave status\G;"
*************************** 1. row ***************************
               Slave_IO_State: Waiting for master to send event
                  Master_Host: 172.16.1.52
                  Master_User: rep
                  Master_Port: 3306
                Connect_Retry: 60
              Master_Log_File: oldboy-bin.000027
          Read_Master_Log_Pos: 1303324
               Relay_Log_File: db01-relay-bin.000002
                Relay_Log_Pos: 284
        Relay_Master_Log_File: oldboy-bin.000027
             Slave_IO_Running: Yes
            Slave_SQL_Running: Yes
              ...省略若干...
1 row in set (0.00 sec)
```

至此主库 1（51）和主库 2（52）就实现互相同步了。

16.2.8　在主库 1 和主库 2 进行测试

1）在主库 1 上建库建表，命令如下：

```
create database two_master;
use two_master;
CREATE TABLE test(
  id bigint(12) NOT NULL auto_increment COMMENT '主键',
  name varchar(12) NOT NULL COMMENT '姓名',
  PRIMARY KEY  (id)
);
```

2）然后插入数据，执行过程如下：

```
mysql> insert into test(name) values('jeacen'),('alex'),('老男孩');
Query OK, 3 rows affected (0.01 sec)
Records: 3  Duplicates: 0  Warnings: 0
mysql> select * from test;
+----+-----------+
| id | name      |
+----+-----------+
```

```
|  1 | jeacen    |
|  3 | alex      |
|  5 | 老男孩     |
+----+-----------+
3 rows in set (0.00 sec)
# 提示：可以看到 ID 都是奇数。
```

3）此时登录主库 2（52）查看数据：

```
mysql> select * from test;
+----+-----------+
| id | name      |
+----+-----------+
|  1 | jeacen    |
|  3 | alex      |
|  5 | 老男孩     |
+----+-----------+
3 rows in set (0.00 sec)
# 数据和主库 1 相同，因为实现了复制，ID 也为奇数。
```

4）登录主库 2（52）继续插入数据：

```
mysql> insert into test(name) values('卧底'),('wu_sir'),('小曹');
Query OK, 3 rows affected (0.00 sec)
Records: 3  Duplicates: 0  Warnings: 0

mysql> select * from test;
+----+-----------+
| id | name      |
+----+-----------+
|  1 | jeacen    |
|  3 | alex      |
|  5 | 老男孩     |
|  6 | 卧底       |
|  8 | wu_sir    |
| 10 | 小曹       |
+----+-----------+
6 rows in set (0.00 sec)
```

新插入的数据是从当前表中最大数字偶数 6 的基础上开始进行插入的，至此，双主复制测试成功。

16.3 本章重点

1）MySQL 主主复制的常见架构。

2）MySQL 主主复制的原理（面试时经常会问到）。

3）MySQL 主主复制的实践。

4）生产场景下如何快速部署 MySQL 主主复制。

5）MySQL 主主复制生产故障解决思路。

16.4　MySQL 双主复制 my.cnf 完整配置对比

表 16-2　MySQL 双主复制 my.cnf 完整配置对比

主库 1（51）	主库 2（52）
[client] user=root password=oldboy123 [mysqld] server_id = 1　#<== 区别 1:ID 值不同。 basedir = /application/mysql/ datadir = /application/mysql/data/ log_bin = /application/mysql/logs/oldboy-bin log_slave_updates expire_logs_days = 7 auto_increment_increment = 2 auto_increment_offset = 1 #<== 起始 ID 不同。 slave-skip-errors = 1032,1062,1007,1008, 1146,1049 [mysqld_safe] log-error = /application/mysql/logs/oldboy.err sql_mode=NO_ENGINE_SUBSTITUTION,STRICT_TRANS_TABLES	[client] user=root password=oldboy123 [mysqld] server_id = 2　#<== 区别 1:ID 值不同。 basedir = /application/mysql/ datadir = /application/mysql/data/ log_bin = /application/mysql/logs/oldboy-bin log_slave_updates expire_logs_days = 7 auto_increment_increment = 2 auto_increment_offset = 2 #<== 起始 ID 不同。 slave-skip-errors = 1032,1062,1007,1008, 1146,1049 [mysqld_safe] log-error = /application/mysql/logs/oldboy.err sql_mode=NO_ENGINE_SUBSTITUTION,STRICT_TRANS_TABLES

第17章

MySQL 半同步复制与 GTID 复制实践

17.1 MySQL 复制的多种工作方式

稍微深入学习 MySQL 的读者都会接触到复制的概念，就像前文所讲的 MySQL 主从复制原理是异步的复制工作方式，那么对于数据库复制，除了异步以外还有同步和半同步等工作方式，本节就对数据库的复制方式进行一个基本的介绍，并带领读者实践半同步复制的技术。

17.1.1 异步复制介绍

这是可以用一个比喻来描述一主两从异步的概念，假设你买了两份礼物，需要同时送给你的两个好朋友，骑车找到第一个朋友家，放在她家的门口，然后打个电话告知她自己去取，接着继续到第二个朋友家，也是放到家门口，同样打个电话告知她自己去取，那么这两个传输的过程就都是异步的方式。异步的特点是不保证实时收到或者一定会收到，但效率比较高，因为不需要等着朋友出来取，直接放到她的家门口即可。

默认情况下，MySQL 的复制就是异步的，即在 Master 上将所有的更新操作都写入 Binlog 之后并不能确保（也不关心）所有的更新是否都复制到了 Slave 服务器的中继日志中，以及是否应用到了 Slave 数据库里。

异步复制（async replication）的明显优势就是复制效率很高，但是其缺点也十分明显，那就是不同的服务器进行复制时可能会存在数据不一致的问题，甚至还可能会丢失数据；异步方式适合于常规的、普通的互联网应用场景。

17.1.2 全同步复制介绍

同样，这里再用一个比喻来描述一主两从同步复制的概念，你依然买了两份礼物，需要同时送给你的两个好朋友，骑车找到第一个朋友家，然后打个电话把她叫出来，把礼物交到她的手里，接着继续到第二个朋友家，也是打电话告知她出来，同样把礼物交到她的手里，那么这两个传输的过程就都是同步复制的方式，同步的特点是保证礼物实时收到，效率会低一些，因为要等待朋友出来取，如果朋友再磨蹭一下，就会额外浪费很多时间。

全同步复制（full sync repication）是指当主库执行完一个事务后，需要确保所有的从库都执行了该事务才返回给客户端。因为需要等待所有的从库都执行完该事务才能返回，所以全同步复制的性能必然会受到所有从库更新的拖累。

MySQL 自身不支持同步复制，需要用第三方工具如 DRBD（sync 模式）等实现同步复制，严格来说，把下文讲解的半同步复制技术默认（或人为）全部应用到所有从库上也算是全同步复制。

同步复制的优点是能够确保将数据实时复制到所有的从库，但是主库需要等待所有从库的写入完成，这会影响主库的更新效率，可能还会导致主库的更新延迟，适合于对数据一致性要求较高的应用场景。

17.1.3 半同步复制

再用一个同样的比喻来描述一主两从**半同步复制**的概念，你还是买了两份礼物，需要送给你的两个好朋友，骑车找到第一个朋友家，然后打个电话把她叫出来，把礼物交到她的手里，接着继续到第二个朋友家，这次是把礼物放到她的家门口，打个电话告知她自己去取，那么第一个传输的过程就是半同步复制的方式，第二个传输的过程就是异步的方式，半同步的目的是保证礼物会被实时收到，异步的目的是提高送礼物的效率。

半同步复制（semi-sync repication）介于异步复制和全同步复制之间，主库在执行完客户端提交的事务之后不是立刻返回给客户端，而是等待至少一个从库接收到并写到rclay log 中才返回给客户端。相对于异步复制，半同步复制提高了数据的安全性，同时它也造成了一定程度的延迟，半同步复制最好在低延时的复制节点之间使用。

17.2 MySQL 半同步复制原理及实践准备

17.2.1 MySQL 半同步复制介绍

MySQL 从 5.5 版本开始，即支持半同步复制。引入半同步复制功能的目的是为了保证在 Master 出现问题的时候，至少有一台 Slave 的数据是完整的。在超时的情况下半同步复制也会转换为异步复制，以保障主库业务的正常更新。

半同步复制模式在一定程度上可以保证所提交的事务至少会发送给一个从库。但仅仅是保证事务已经传递到了从库上，并不能确保已经在从库上应用完成。

17.2.2 MySQL 半同步复制原理

在半同步复制的模式下，每一个事务都需要等待从库返回正常接收日志数据的信息之后，才会返回给用户更新完毕。如果在更新期间，主从库发生了网络故障或者从库宕机，那么此时主库在事务提交后会等待 10 秒（默认值），如果 10 秒内还是不能联系到该从库，就会放弃更新该从库，并向用户返回数据。这时主从库就会恢复到默认的异步复制状态。

如果主机间的通信延迟较小，而且更新的事务较小，则半同步复制可以在主库更新性能损失很小的情况下，最大限度地实现某一台从库的零数据丢失。

图 17-1 为 MySQL 半同步复制的逻辑图，希望读者能够更好地理解半同步复制技术。

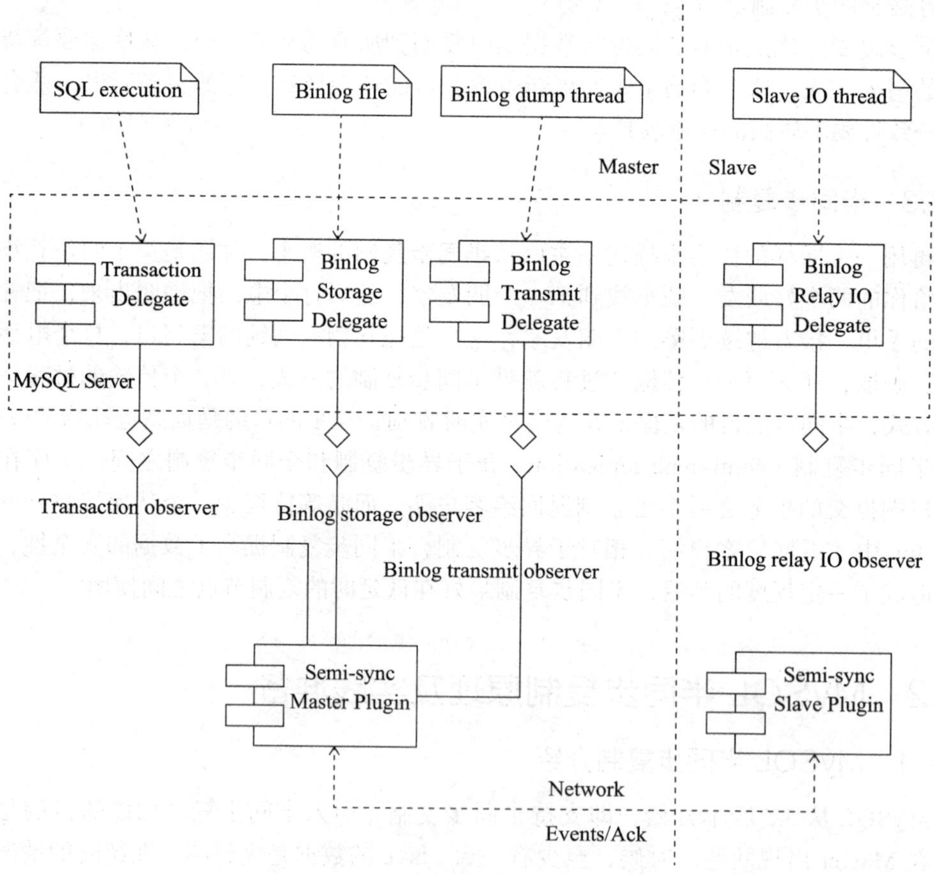

图 17-1　MySQL 半同步复制的逻辑图

在上述图 17-1 所示的逻辑图中，我们可以得知，要实现半同步复制功能，必须要在主从库中同时开启半同步复制功能，并进行适当的配置才行，在实际工作中，至少需要配置一台半同步从服务器，在主服务器更新事务处理返回给用户之前，需要确认更新已经收到并写入了从服务器的中继日志中。当出现连接从服务器超时（默认为 10 秒）时，主服务器会暂时切换到异步复制模式进行复制，恢复半同步复制模式的从服务器并及时接收来自主库的更新信息。

17.2.3　MySQL 半同步复制准备

1. MySQL 半同步复制环境准备

MySQL 半同步复制实践对环境的要求比较简单，既可以是单机单数据库多实例的环境，也可以是两台服务器，每个机器一个独立数据库的环境。本文以两台服务器，每个服务器均安装本书第 3 章单机单实例数据库的环境为例进行讲解，单机单数据库多实例的环境讲解请参考《跟老男孩学习 Linux 运维：Web 集群实战》一书第 9 章的内容。

特别提示：

1）如果是 VMware 虚拟环境克隆虚拟机，则会导致网卡启动无法连网的问题，解决方法请参考 http://oldboy.blog.51cto.com/2561410/1363853。

2）如果是对安装好的 MySQL 的虚拟机进行克隆，则需要注意数据目录下文件 auto.cnf(本文是 /application/mysql/data/auto.cnf）里的 UUID 需要人为修改一下，使其与原始虚拟机不一致。

---

2. MySQL 半同步复制服务器角色说明

主库及从库 IP、端口信息如表 17-1 所示。

表 17-1　主库及从库 IP、端口信息

数据库角色	主机名	eth0（SSH 连接 IP）	eth1（内网通信 IP）
主库（Master）	db01	10.0.0.51	172.16.1.51
从库（Slave）	db02	10.0.0.52	172.16.1.52

3. MySQL 半同步复制主从库配置文件对比说明

请注意主从库中配置不同的部分，见表 17-2 半同步主从库配置文件对比说明。

配置完毕后，重启所有的 MySQL 服务。

4. 配置 MySQL 主从复制

半同步复制实现的基础是主从复制环境，因此，请读者参考前面的章节准备好主从复制的环境，当然主主复制环境也可以，此处不再赘述，配置完最好在虚拟机上做好快照，以后进行其他复制时还会用到。

表 17-2 半同步主从库配置文件对比说明表

主库 1（51）	主库 2（52）
[client] user=root password=oldboy123 [mysqld] server_id = 1 #<== 区别 1:ID 值不同。 basedir = /application/mysql/ datadir = /application/mysql/data/ log_bin = /application/mysql/logs/oldboy-bin expire_logs_days = 7 [mysqld_safe] log-error = /application/mysql/logs/oldboy.err sql_mode=NO_ENGINE_SUBSTITUTION,STRICT_TRANS_TABLES	[client] user=root password=oldboy123 [mysqld] server_id = 2 #<== 区别 1:ID 值不同。 basedir = /application/mysql/ datadir = /application/mysql/data/ log_bin = /application/mysql/logs/oldboy-bin expire_logs_days = 7 log_slave_updates #<== 从库记 binlog 关键参数。 [mysqld_safe] log-error = /application/mysql/logs/oldboy.err sql_mode=NO_ENGINE_SUBSTITUTION,STRICT_TRANS_TABLES

17.3 MySQL 半同步复制应用实践

17.3.1 MySQL 半同步复制插件介绍

MySQL 从 5.5 版本开始即支持半同步复制，本文的环境是 5.6.40（同样也适合其他 5.6 系列的版本）版，因此，软件本身就支持了，无须再额外安装软件了，默认情况下，半同步的插件在 MySQL 安装目录的如下路径中：

```
[root@db01 plugin]# pwd
/application/mysql/lib/plugin
[root@db01 plugin]# ls -l semi*
-rwxr-xr-x. 1 mysql mysql 425141 2月  26 2017 semisync_master.so
-rwxr-xr-x. 1 mysql mysql 248175 2月  26 2017 semisync_slave.so
```

17.3.2 MySQL 主库（db01）半同步插件安装和配置

登录 MySQL 主库（db01）安装半同步插件，操作命令如下：

```
mysql> install plugin rpl_semi_sync_master soname 'semisync_master.so';
Query OK, 0 rows affected (0.00 sec)
```

开始配置主库半同步插件。

临时生效方法具体如下。

控制 Master 是否开启半同步，需要将如下参数设置为 ON 或 OFF（1 或者 0）：

```
mysql> set global rpl_semi_sync_master_enabled = ON; #<== 此处用 1 不生效。
```

```
Query OK, 0 rows affected (0.00 sec)
```

同时控制 Master 等待多长时间被告知 Slave 已收到日志，也就是所谓的超时时间：

```
mysql> set global rpl_semi_sync_master_timeout = 10000;
Query OK, 0 rows affected (0.00 sec)
```

永久生效方法具体如下。

编辑配置文件调整如下参数到 [mysqld] 模块下。注意，别放错位置了。参数调整如下：

```
[mysqld]
rpl_semi_sync_master_enabled = ON
rpl_semi_sync_master_timeout = 1000
```

以上两种方法如果同时进行配置，则可以不重启数据库，生产库可以同时配置。

检查主库开启及配置的插件生效方法具体如下：

```
mysql> select * from mysql.plugin;
+----------------------+---------------------+
| name                 | dl                  |
+----------------------+---------------------+
| rpl_semi_sync_master | semisync_master.so |
+----------------------+---------------------+
1 row in set (0.00 sec)
mysql> show plugins;#<== 也可以查询 INFORMATION_SCHEMA.PLUGINS 库表。
+----------------------+--------+----------------+--------------------+---------+
| Name                 | Status | Type           | Library            | License |
+----------------------+--------+----------------+--------------------+---------+
| binlog               | ACTIVE | STORAGE ENGINE | NULL               | GPL     |
...省略若干...
| partition            | ACTIVE | STORAGE ENGINE | NULL               | GPL     |
| rpl_semi_sync_master | ACTIVE | REPLICATION    | semisync_master.so | GPL     |
+----------------------+--------+----------------+--------------------+---------+
43 rows in set (0.00 sec)
mysql> show global status like '%semi%'; #<== 查看主库半同步复制的状态参数，细节
                                              见表 17-4 的详细说明。
+--------------------------------------------+-------+
| Variable_name                              | Value |
+--------------------------------------------+-------+
| Rpl_semi_sync_master_clients               | 0     | #<== 默认值几乎都是 0。
| Rpl_semi_sync_master_net_avg_wait_time     | 0     |
| Rpl_semi_sync_master_net_wait_time         | 0     |
| Rpl_semi_sync_master_net_waits             | 0     |
| Rpl_semi_sync_master_no_times              | 0     |
| Rpl_semi_sync_master_no_tx                 | 0     |
| Rpl_semi_sync_master_status                | ON    | #<== 这个为 ON，表示开启
                                                           半同步复制状态。
| Rpl_semi_sync_master_timefunc_failures     | 0     |
```

```
| Rpl_semi_sync_master_tx_avg_wait_time          | 0      |
| Rpl_semi_sync_master_tx_wait_time              | 0      |
| Rpl_semi_sync_master_tx_waits                  | 0      |
| Rpl_semi_sync_master_wait_pos_backtraverse | 0      |
| Rpl_semi_sync_master_wait_sessions             | 0      |
| Rpl_semi_sync_master_yes_tx                    | 0      |
+--------------------------------------------+-------+
14 rows in set (0.00 sec)
mysql> show global variables like '%semi%'; #<== 查看主库半同步复制的相关参数设置，
                                                   细节详见表 17-3 的说明。
+------------------------------------+-------+
| Variable_name                      | Value |
+------------------------------------+-------+
| rpl_semi_sync_master_enabled       | ON    | #<== 为 ON 表示已开启。
| rpl_semi_sync_master_timeout       | 1000  |
| rpl_semi_sync_master_trace_level   | 32    |
| rpl_semi_sync_master_wait_no_slave | ON    |
+------------------------------------+-------+
4 rows in set (0.00 sec)
```

17.3.3 MySQL 半同步复制参数介绍

（1）主库半同步复制配置参数说明

主库半同步复制可配置的参数较少，可通过“ show global variables like '%semi%';”查看，见上文代码，具体参数说明见表 17-3 主库半同步复制参数说明。

表 17-3 主库半同步复制参数说明

参数	说明
rpl_semi_sync_master_enabled = ON	值为 ON 或 OFF，ON 表示在主库上开启半同步复制功能，OFF 表示关闭
rpl_semi_sync_master_timeout = 10000	单位为毫秒，默认为 10000 毫秒（10 秒），该参数表示主库在每次执行更新事务时，等待从库同步更新的时间，如果等待时间超过 10 秒，则自动降级为异步复制模式，即不再等待从库同步更新。当主库监测到可以连接从库了，则会再次自动回到半同步复制模式
rpl_semi_sync_master_wait_no_slave = ON	表示是否设置主库的每个事务提交后都要等待从库的接收确认信号。默认为 ON，每一个事务都会等待
rpl_semi_sync_master_trace_level = 32	表示开启半同步复制模式时的信息输出级别，默认为 32（输出关于网络状态的更多信息）

（2）主库半同步复制状态说明

主库半同步复制状态的参数较多，但都不是很重要，了解一下即可。可通过“show global status like '%semi%';”查看，见上文代码，具体参数说明见表 17-4 主库半同步复制参数说明。

表 17-4 主库半同步复制状态说明

参数	说明
Rpl_semi_sync_master_clients	查看有多少个开启了半同步复制模式的从库
Rpl_semi_sync_master_net_avg_wait_time	master 等待 slave 回复的平均网络等待时间
Rpl_semi_sync_master_net_wait_time	master 总的网络等待时间
Rpl_semi_sync_master_net_waits	master 等待 slave 回复总的网络等待次数
Rpl_semi_sync_master_no_times	master 关闭半同步复制的次数
Rpl_semi_sync_master_no_tx	查看有多少事务没有使用半同步复制的机制进行复制，也就是 master 等待超时的次数
Rpl_semi_sync_master_status	标记 master 现在是否为半同步复制状态
Rpl_semi_sync_master_timefunc_failures	
Rpl_semi_sync_master_tx_avg_wait_time	master 花在每个事务上的平均等待时间
Rpl_semi_sync_master_tx_wait_time	master 总的事务等待时间
Rpl_semi_sync_master_tx_waits	master 等待 slave 回复总的事务等待次数
Rpl_semi_sync_master_wait_pos_backtraverse	后来的先到了而先来的还没有到的次数
Rpl_semi_sync_master_wait_sessions	当前有多少个 session 因为 slave 的回复而造成等待
Rpl_semi_sync_master_yes_tx	查看有多少事务是通过半同步复制机制成功进行复制，也即 master 成功接收到 slave 的回复的次数

17.3.4 MySQL 从库（db02）半同步插件安装和配置

登录 MySQL 从库（db02）安装半同步插件，操作命令如下：

```
mysql> INSTALL PLUGIN rpl_semi_sync_slave SONAME 'semisync_slave.so';
Query OK, 0 rows affected (0.34 sec)
```

开始配置从库半同步插件。

临时生效方法具体如下。

控制 Slave 是否开启半同步，需要将如下参数设置为 ON 或 OFF：

```
mysql> SET GLOBAL rpl_semi_sync_slave_enabled = ON;
Query OK, 0 rows affected (0.00 sec)
```

永久生效方法具体如下。

编辑配置文件“/etc/my.cnf”调整如下参数到 [mysqld] 模块下：

```
[mysqld]
rpl_semi_sync_slave_enabled = ON
```

以上两种方法如果同时配置，则可以不重启数据库，生产库可以同时进行配置。

如果在一个正在运行的 Slave 上开启半同步复制的功能，那么在配置半同步以后，需要重启停止 Slave 的 I/O 线程：

```
mysql> show slave status\G
*************************** 1. row ***************************
               Slave_IO_State: Waiting for master to send event
...省略若干...
             Slave_IO_Running: Yes   #<== 确保主从复制是两个 Yes。
            Slave_SQL_Running: Yes
...省略若干...
 1 row in set (0.00 sec)
mysql> stop slave io_thread; #<== 停止 IO 线程。
Query OK, 0 rows affected (0.00 sec)
mysql> start slave io_thread;  #<== 启动 IO 线程。
Query OK, 0 rows affected (0.00 sec)
```

检查**主库**（db01）开启及配置的插件的生效方法：

```
mysql> show global status like '%semi%'; #<== 查看从库半同步复制的状态。
+----------------------------+-------+
| Variable_name              | Value |
+----------------------------+-------+
| Rpl_semi_sync_slave_status | ON    |   #<== 为 ON 表示已开启。
+----------------------------+-------+
1 row in set (0.00 sec)
mysql> show variables like '%semi%';      #<== 查看从库半同步复制插件的参数，共 2 个。
+---------------------------------+-------+
| Variable_name                   | Value |
+---------------------------------+-------+
| rpl_semi_sync_slave_enabled     | ON    | #<== 表示是否激活半同步插件。
| rpl_semi_sync_slave_trace_level | 32    | #<== 从库半同步复制的调试级别。
+---------------------------------+-------+
2 rows in set (0.00 sec)
```

同时查看主库 db01 上面的半同步插件是否开启，输出如图 17-2，注意第一个参数 clients 的值变为 1 了（之前是 0），表示主从半同步复制连接成功。

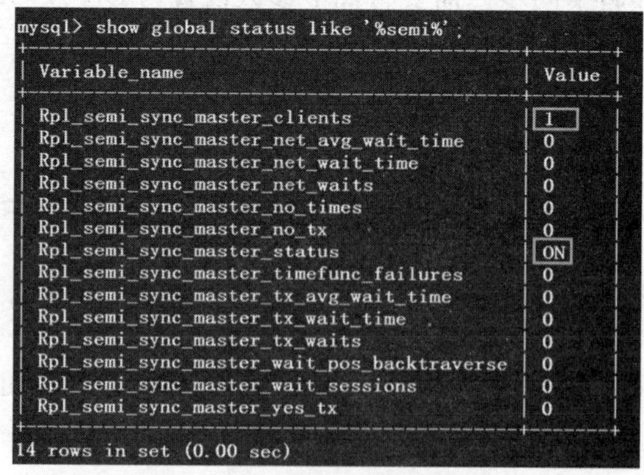

```
mysql> show global status like '%semi%';
+--------------------------------------------+-------+
| Variable_name                              | Value |
+--------------------------------------------+-------+
| Rpl_semi_sync_master_clients               | 1     |
| Rpl_semi_sync_master_net_avg_wait_time     | 0     |
| Rpl_semi_sync_master_net_wait_time         | 0     |
| Rpl_semi_sync_master_net_waits             | 0     |
| Rpl_semi_sync_master_no_times              | 0     |
| Rpl_semi_sync_master_no_tx                 | 0     |
| Rpl_semi_sync_master_status                | ON    |
| Rpl_semi_sync_master_timefunc_failures     | 0     |
| Rpl_semi_sync_master_tx_avg_wait_time      | 0     |
| Rpl_semi_sync_master_tx_wait_time          | 0     |
| Rpl_semi_sync_master_tx_waits              | 0     |
| Rpl_semi_sync_master_wait_pos_backtraverse | 0     |
| Rpl_semi_sync_master_wait_sessions         | 0     |
| Rpl_semi_sync_master_yes_tx                | 0     |
+--------------------------------------------+-------+
14 rows in set (0.00 sec)
```

图 17-2　主从半同步复制连接成功

17.3.5　实践 1：半同步复制是否配置成功测试

1）登录主库 db01 再次确定半同步复制插件是否已经开启，状态是否正常。输出如图 17-3 所示

```
mysql> show global variables like '%semi%';
+------------------------------------+-------+
| Variable_name                      | Value |
+------------------------------------+-------+
| rpl_semi_sync_master_enabled       | ON    |
| rpl_semi_sync_master_timeout       | 10000 |
| rpl_semi_sync_master_trace_level   | 32    |
| rpl_semi_sync_master_wait_no_slave | ON    |
+------------------------------------+-------+
4 rows in set (0.00 sec)

mysql> show global status like '%semi%';
+--------------------------------------------+-------+
| Variable_name                              | Value |
+--------------------------------------------+-------+
| Rpl_semi_sync_master_clients               | 1     |
| Rpl_semi_sync_master_net_avg_wait_time     | 0     |
| Rpl_semi_sync_master_net_wait_time         | 0     |
| Rpl_semi_sync_master_net_waits             | 0     |
| Rpl_semi_sync_master_no_times              | 0     |
| Rpl_semi_sync_master_no_tx                 | 0     |
| Rpl_semi_sync_master_status                | ON    |
| Rpl_semi_sync_master_timefunc_failures     | 0     |
| Rpl_semi_sync_master_tx_avg_wait_time      | 0     |
| Rpl_semi_sync_master_tx_wait_time          | 0     |
| Rpl_semi_sync_master_tx_waits              | 0     |
| Rpl_semi_sync_master_wait_pos_backtraverse | 0     |
| Rpl_semi_sync_master_wait_sessions         | 0     |
| Rpl_semi_sync_master_yes_tx                | 0     |
+--------------------------------------------+-------+
14 rows in set (0.00 sec)
```

图 17-3　主库 db01 半同步复制插件已开启

图 17-3 中，方框结尾的值为 ON，表示主库半同步插件都已处于工作状态，请注意其他状态值都为 0。

2）登录从库 db02 确定半同步复制插件是否已经开启，并且从库的复制状态是正常的：

```
mysql> show variables like '%semi%';
+---------------------------------+-------+
| Variable_name                   | Value |
+---------------------------------+-------+
| rpl_semi_sync_slave_enabled     | ON    |
| rpl_semi_sync_slave_trace_level | 32    |
+---------------------------------+-------+
2 rows in set (0.00 sec)
mysql> show slave status\G
*************************** 1. row ***************************
               Slave_IO_State: Waiting for master to send event
...省略若干...
             Slave_IO_Running: Yes   #<== 确保主从复制是两个 Yes。
            Slave_SQL_Running: Yes
...省略若干...
 1 row in set (0.00 sec)
```

3）开始写入数据，操作命令如下：

```
mysql> create database oldboy1; #<== 建立 oldboy1 库。
Query OK, 1 row affected (0.00 sec)
mysql> create database oldboy2; #<== 建立 oldboy2 库。
Query OK, 1 row affected (0.00 sec)
mysql> show databases like 'oldboy%';
+--------------------+
| Database (oldboy%) |
+--------------------+
| oldboy1            |
| oldboy2            |
+--------------------+
2 rows in set (0.00 sec)
```

4）查看主库半同步复制状态，操作命令如下：

```
mysql> show global status like '%semi%';
+--------------------------------------------+-------+
| Variable_name                              | Value |
+--------------------------------------------+-------+
| Rpl_semi_sync_master_clients               | 1     |
| Rpl_semi_sync_master_net_avg_wait_time     | 387   |#<== 平均网络等待时间为 387 毫秒。
| Rpl_semi_sync_master_net_wait_time         | 775   |#<== 总网络等待时间为 775 毫秒。
| Rpl_semi_sync_master_net_waits             | 2     |#<== 总网络等待次数为 2。
| Rpl_semi_sync_master_no_times              | 0     |
| Rpl_semi_sync_master_no_tx                 | 0     |
| Rpl_semi_sync_master_status                | ON    |
| Rpl_semi_sync_master_timefunc_failures     | 0     |
| Rpl_semi_sync_master_tx_avg_wait_time      | 466   |#<== 平均事务等待时间为 466 毫秒。
| Rpl_semi_sync_master_tx_wait_time          | 933   |#<== 总事务等待时间为 775 毫秒。
| Rpl_semi_sync_master_tx_waits              | 2     |#<== 总事务等待次数为 2。
| Rpl_semi_sync_master_wait_pos_backtraverse | 0     |
| Rpl_semi_sync_master_wait_sessions         | 0     |
| Rpl_semi_sync_master_yes_tx                | 2     | #<== 收到了 2 次接受的确认。
+--------------------------------------------+-------+
14 rows in set (0.00 sec)
```

从主库半同步复制状态的信息上看，复制是成功的。

17.3.6 实践 2：半同步复制超时等待测试

1）停止从库的 IO 线程复制状态，操作命令如下：

```
mysql> stop slave io_thread; #<== 测试从库 IO 线程是否停止，半同步复制更新情况。
Query OK, 0 rows affected (0.02 sec)
```

注意： 前文提到过，半同步复制原理是等待数据传输到从库的中继日志，以及向客户返回结果，因此，半同步复制和 IO 线程直接相关，与 SQL 线程无关。

2）在从主库中更新数据，操作命令如图 17-4 所示。

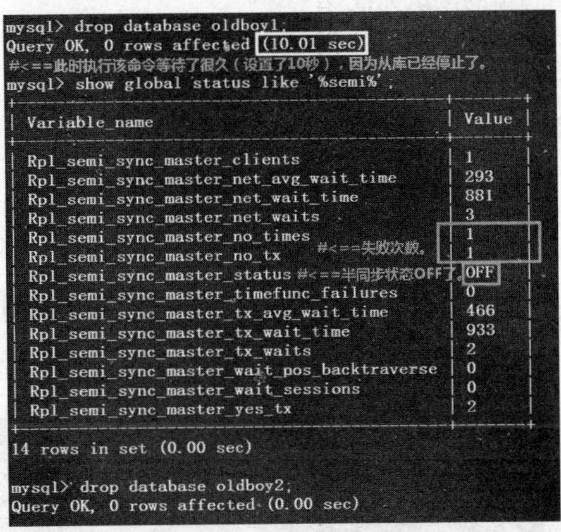

```
mysql> drop database oldboy1;
Query OK, 0 rows affected (10.01 sec)
#<==此时执行该命令等待了很久（设置了10秒），因为从库已经停止了。
mysql> show global status like '%semi%';
+--------------------------------------------+-------+
| Variable_name                              | Value |
+--------------------------------------------+-------+
| Rpl_semi_sync_master_clients               | 1     |
| Rpl_semi_sync_master_net_avg_wait_time     | 293   |
| Rpl_semi_sync_master_net_wait_time         | 881   |
| Rpl_semi_sync_master_net_waits             | 3     |
| Rpl_semi_sync_master_no_times              | 1     |
| Rpl_semi_sync_master_no_tx       #<==失败次数。 | 1     |
| Rpl_semi_sync_master_status #<==半同步状态OFF了。| OFF   |
| Rpl_semi_sync_master_timefunc_failures     | 0     |
| Rpl_semi_sync_master_tx_avg_wait_time      | 466   |
| Rpl_semi_sync_master_tx_wait_time          | 933   |
| Rpl_semi_sync_master_tx_waits              | 2     |
| Rpl_semi_sync_master_wait_pos_backtraverse | 0     |
| Rpl_semi_sync_master_wait_sessions         | 0     |
| Rpl_semi_sync_master_yes_tx                | 2     |
+--------------------------------------------+-------+
14 rows in set (0.00 sec)

mysql> drop database oldboy2;
Query OK, 0 rows affected (0.00 sec)
```

图 17-4　更新主从库数据

从如图 17-4 所示的测试结果可以得出，从库停止 IO 线程复制之后，第一次执行删除数据库 oldboy1 的操作时等待了 10 秒之后才提交完事务，但是，第二次执行删除数据库 oldboy2 的操作就很快了，这是因为第一次等待从库超时之后，半同步复制状态自动转换为异步了，所以第二次及以后都会很快了。

3）开启从库的 IO 线程复制状态，操作命令如下：

```
mysql> start slave io_thread;
Query OK, 0 rows affected (0.02 sec)
```

4）再次查看主库的半同步复制状态，如图 17-5 所示。

```
mysql> show global status like '%semi%';
+--------------------------------------------+-------+
| Variable_name                              | Value |
+--------------------------------------------+-------+
| Rpl_semi_sync_master_clients               | 1     |
| Rpl_semi_sync_master_net_avg_wait_time     | 18580 |
| Rpl_semi_sync_master_net_wait_time         | 74323 |
| Rpl_semi_sync_master_net_waits             | 4     |
| Rpl_semi_sync_master_no_times              | 1     |
| Rpl_semi_sync_master_no_tx                 | 2     |
| Rpl_semi_sync_master_status                | ON    |
| Rpl_semi_sync_master_timefunc_failures     | 0     |
| Rpl_semi_sync_master_tx_avg_wait_time      | 466   |
| Rpl_semi_sync_master_tx_wait_time          | 933   |
| Rpl_semi_sync_master_tx_waits              | 2     |
| Rpl_semi_sync_master_wait_pos_backtraverse | 0     |
| Rpl_semi_sync_master_wait_sessions         | 0     |
| Rpl_semi_sync_master_yes_tx                | 2     |
+--------------------------------------------+-------+
14 rows in set (0.00 sec)
```

图 17-5　查看主库的半同步复制状态

因为监测到从库恢复了，因此半同步复制状态自动又恢复为 ON，继续保持半同步复制状态了，至此，半同步的测试完成。

17.3.7 实践 3：主从复制故障时的半同步复制测试

1）模拟复制故障：先在从库（db02）上创建 oldboy10 的数据库（create database oldboy10），然后在主库（db01）上再创建 oldboy10 的同名数据库（create database oldboy10），最后在从库上查看复制状态，如图 17-6 所示。

注意： 从库配置文件里不能有“slave-skip-errors = 1032,1062,1007,1008, 1146,1049”参数行。

```
mysql> show slave status\G
*************************** 1. row ***************************
               Slave_IO_State: Waiting for master to send event
                  Master_Host: 172.16.1.51
                  Master_User: rep
                  Master_Port: 3306
                Connect_Retry: 60
              Master_Log_File: oldboy-bin.000031
          Read_Master_Log_Pos: 934
               Relay_Log_File: db02-relay-bin.000033
                Relay_Log_Pos: 284
        Relay_Master_Log_File: oldboy-bin.000031
             Slave_IO_Running: Yes
            Slave_SQL_Running: No
              Replicate_Do_DB:
          Replicate_Ignore_DB:
           Replicate_Do_Table:
       Replicate_Ignore_Table:
      Replicate_Wild_Do_Table:
  Replicate_Wild_Ignore_Table:
                   Last_Errno: 1007
                   Last_Error: Worker 3 failed executing transaction '' at master log oldboy-bin.000031, end_log_pos 934; Error 'Can't create database 'oldboy10'; database exists' on query. Default database: 'oldboy10'. Query: 'create database oldboy10'
                 Skip_Counter: 0
```

图 17-6 模拟复制故障

2）此时查看主库的半同步复制状态，发现其依然为 ON，如图 17-7 所示，可见半同步复制和 SQL 线程没有关系。

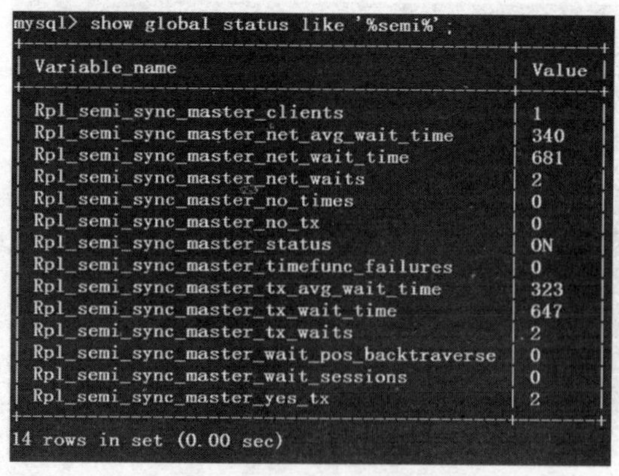

```
mysql> show global status like '%semi%';
+--------------------------------------------+-------+
| Variable_name                              | Value |
+--------------------------------------------+-------+
| Rpl_semi_sync_master_clients               | 1     |
| Rpl_semi_sync_master_net_avg_wait_time     | 340   |
| Rpl_semi_sync_master_net_wait_time         | 681   |
| Rpl_semi_sync_master_net_waits             | 2     |
| Rpl_semi_sync_master_no_times              | 0     |
| Rpl_semi_sync_master_no_tx                 | 0     |
| Rpl_semi_sync_master_status                | ON    |
| Rpl_semi_sync_master_timefunc_failures     | 0     |
| Rpl_semi_sync_master_tx_avg_wait_time      | 323   |
| Rpl_semi_sync_master_tx_wait_time          | 647   |
| Rpl_semi_sync_master_tx_waits              | 2     |
| Rpl_semi_sync_master_wait_pos_backtraverse | 0     |
| Rpl_semi_sync_master_wait_sessions         | 0     |
| Rpl_semi_sync_master_yes_tx                | 2     |
+--------------------------------------------+-------+
14 rows in set (0.00 sec)
```

图 17-7 查看主库的半同步复制状态

提示：作者在做这个实验时，出现了一次 OFF 状态，后来再重试就没有了。

3）处理从库复制故障，操作命令如下：

```
mysql> stop slave;
Query OK, 0 rows affected (0.01 sec)
mysql> set global sql_slave_skip_counter =1 ;
Query OK, 0 rows affected (0.00 sec)
mysql> start slave;
Query OK, 0 rows affected (0.00 sec)
mysql> show slave status\G
*************************** 1. row ***************************
               Slave_IO_State: Waiting for master to send event
...省略若干...
             Slave_IO_Running: Yes   #<== 确保主从复制是两个 Yes。
            Slave_SQL_Running: Yes
...省略若干...
 1 row in set (0.00 sec)
```

4）分别查看主库和从库的半同步复制状态。

主库半同步复制状态依然是 ON，如图 17-8 所示。

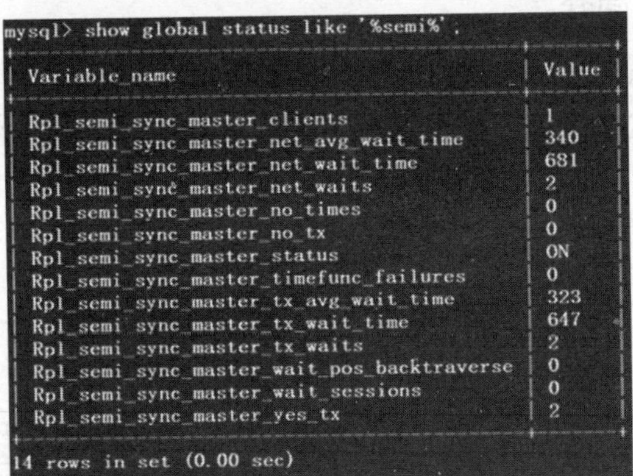

mysql> show global status like '%semi%';

Variable_name	Value
Rpl_semi_sync_master_clients	1
Rpl_semi_sync_master_net_avg_wait_time	340
Rpl_semi_sync_master_net_wait_time	681
Rpl_semi_sync_master_net_waits	2
Rpl_semi_sync_master_no_times	0
Rpl_semi_sync_master_no_tx	0
Rpl_semi_sync_master_status	ON
Rpl_semi_sync_master_timefunc_failures	0
Rpl_semi_sync_master_tx_avg_wait_time	323
Rpl_semi_sync_master_tx_wait_time	647
Rpl_semi_sync_master_tx_waits	2
Rpl_semi_sync_master_wait_pos_backtraverse	0
Rpl_semi_sync_master_wait_sessions	0
Rpl_semi_sync_master_yes_tx	2

14 rows in set (0.00 sec)

图 17-8　主库半同步复制状态

从库半同步复制状态业依然是 ON，如图 17-9 所示。

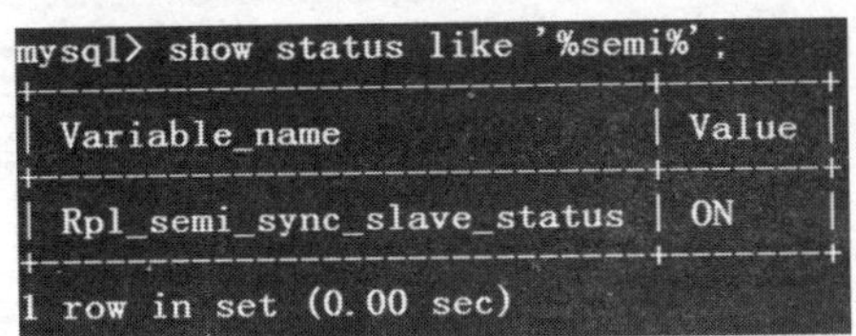

mysql> show status like '%semi%';

Variable_name	Value
Rpl_semi_sync_slave_status	ON

1 row in set (0.00 sec)

图 17-9　从库半同步复制状态

17.4 生产半同步复制建议及其他方案说明

对于常规的互联网应用，主从复制就够用了，对于主从一致性要求较高的应用可以使用半同步复制方案，这是一个很不错的选择，但是半同步复制方案也会有缺点，那就是半同步复制会导致主库更新性能的下降，尤其是在从库网络不稳定时会对主库更新带来更大的更新性能下降。

解决办法具体如下。

1）将主库半同步超时调短（例如，1 ～ 2 秒）。

2）半同步复制的从库硬件与主库之间的网络配置要更好一些。

3）半同步从库不用提供任何业务服务（包括读服务）。

除了半同步复制技术之外，还有一些方案可以用于解决数据一致性问题，具体如下。

1）客户端程序实现双写数据库。

2）客户端程序在写数据库的同时，写一段时间数据到磁盘上或内存中（redis）。

17.5 MySQL GTID 复制

17.5.1 GTID 复制简介

GTID（global transaction identifier）是一个在主数据库上对每个已经提交到数据库的事务的唯一编号，这个标识不仅在主数据库上是唯一的，而且在整个复制架构中的所有数据库中都是唯一的。

一个 GTID 由一对坐标表示，用冒号（:）分隔，代码如下所示：

```
GTID = source_id : transaction_id
```

在上面的定义中，每一个 GTID 均代表一个数据库的事务，等号右边的 source_id 表示执行事务的源服务器主库的 uuid（也就是 server_uuid），而 transaction_id 是一个从 1 开始的自增的序列号，表示在这个主库上执行的第 n 个事务。只要保证每台数据库的 server_uuid 全局唯一，以及每台数据库生成的 transaction_id 自身唯一，就能保证 GTID 的全局唯一性。

GTID 是事务在数据库中提交时创建分配的唯一标识符，所有事务均与 GTID 一一映射。下面是一个 GTID 的具体形式：

```
2E11FA47-61CA-11E1-9E33-C70AA9429562:28
```

什么是 sever_uuid？

MySQL 5.6 用 128 位的 server_uuid 代替了原本 32 位的 server_id 的大部分功能。原因很简单，server_id 依赖于 my.cnf 的手工配置，有可能会产生冲突，而自动产生 128 位

uuid 的算法可以保证所有的 MySQL uuid 都不会发生冲突。

在进行首次启动时，MySQL 会自动生成一个 server_uuid，并且保存到数据库目录下的 auto.cnf 文件里，这个文件目前存在的唯一目的就是保存 server_uuid。在 MySQL 再次启动时其会读取 auto.cnf 文件，继续使用上次生成的 server_uuid。

17.5.2　基于 GTID 复制技术的优缺点及工作原理

1. GTID 复制的工作原理简介

GTID 复制的工作原理具体如下。

1）当主数据库进行数据更新时，会在事务前产生 GTID 号，一同记录到 binlog 日志中。

2）从数据库端的 I/O 线程将变更的 binlog 数据，写入到本地的中继日志（relay log）中。

3）从数据库端的 SQL 线程从中继日志中获取 GTID 号，然后对比本地的 Binlog 查看其是否有记录。如果有记录，则说明该 GTID 的事务已经执行，此时从数据库会忽略。

4）如果没有记录，则从数据库就会从中继日志中获取数据并执行该 GTID 的事务，并记录到 binlog 中。

根据 GTID 号可以知道事务最初是在哪个数据库上提交的，GTID 的存在方便了主从复制的宕机切换（failover）。

2. 传统主从复制的宕机切换

由图 7-10 可以看到，在 MySQL 的 GTID 功能出现以前，主从复制的宕机切换操作过程。

若 A 服务器宕机，则需要将业务切换到 B 服务器上。同时，我们又需要使得 C 服务器与 B 服务器重新保持复制。这种情况的操作过程命令很简单，即在 C 服务器上执行“CHANGE MASTER TO MASTER_HOST='xxx', MASTER_LOG_FILE='xxx', MASTER_LOG_POS=nnn。”

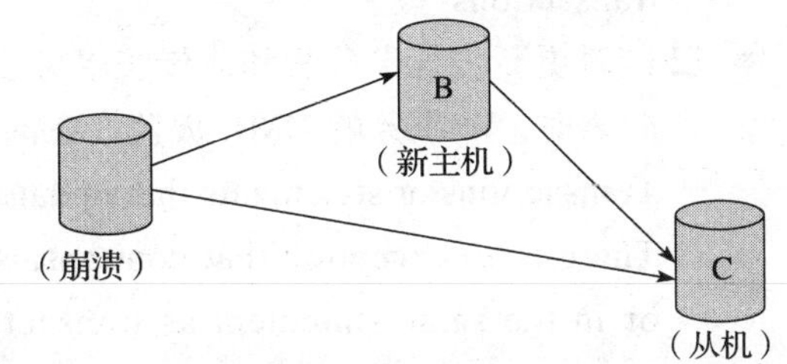

图 17-10　主从复制的宕机切换操作过程

问题在于同一个事务在每台数据库服务器上所在的 binlog 名字和位置点可能都不一样，那么怎样才能找到 C 当前同步的停止位置点呢，对应 B 的 master_log_file 和 master_log_pos 是什么的时候就变成了难题，这可能是官方推出 GTID 复制的原因。

老男孩：其实，作者在前文中已经介绍过了，master.info 文件记录了 master_log_file 和 master_log_pos 的位置，可以通过读 master.info 文件来找到真正的位置点，因此，在没有 GITD 功能以前，我们也是很快就能够搞定切换的。更进一步的，我们还可以通过第三方工具，例如 MHA 等 MySQL 集群管理工具来实现主从复制主库宕机的切换以及从库和新主库复制的问题。

不过 MySQL 在 5.6 的 GTID 功能出现以后，对于上述问题的解决似乎变得更简单一些了。由于同一事务的 GTID 在所有节点上的值都是一致的，那么根据 C 服务器，当前停止点的 GTID 就能唯一定位到 B 上的 GTID。而由于 MASTER_AUTO_POSITION 功能的出现，管理员不需要知道 GTID 的具体值，直接使用“CHANGE MASTER TO MASTER_HOST='xxx',”MASTER_AUTO_POSITION 命令就可以直接完成宕机切换的工作了。

17.5.3 GTID 的优缺点

1. GTID 复制的优点

GTID 复制的优点具体如下。

- 根据 GTID 可以知道事务最初是在哪个数据库上提交的。
- GTID 对于宕机切换有一定的方便性。

2. GTID 复制的缺点

GTID 复制的缺点具体如下。

- GTID 模式实例和非 GTID 模式实例之间是不能进行复制的，不能混用，要么都是 GTID，要么都不是。
- 在同一事务中更新事务表与非事务表将导致多个 GTIDs 分配给同一事务。
  官方指出，GTID 包含如下三个限制，当 enforce-gtid-consistency=ON 时，以下三类 SQL 语句是不支持的：“CREATE TABLE ... SELECT statements”“CREATE TEMPORARY TABLE” 和“DROP TEMPORARY TABLE statements inside transactions”
- 同时更新传统事务表和非传统事务表时，有一个例外，如果所有非事务表都是临时表时，非事务的 DML 被允许在同一事务中或在同一语句中作为传统的 DML。
  Transactions or statements that update both transactional and nontransactional tables. There is an exception that nontransactional DML is allowed in the same transaction or in the same statement as transactional DML, if all nontransactional tables are temporary.

17.5.4 MySQL GTID 复制的应用及实践

1. 环境准备

参考 17.2.3 节“MySQL 半同步复制准备”中 1 和 2 的内容，本文 GTID 复制安装和初始化的步骤与该节环境一致，只是配置文件有区别，具体见下文。

2. GTID 复制主从库配置文件对比说明

请注意，GTID 主从库配置的不同部分，请参考表 17-5 半同步主从库配置文件的对比说明。

表 17-5　GTID 复制主从库配置文件对比说明

<table>
<tr><th>主库 1（51）</th><th>主库 2（52）</th></tr>
<tr><td>[client]
user=root
password=oldboy123
[mysqld]
server_id = 1　#<== 区别 1:ID 值不同。
basedir = /application/mysql/
datadir = /application/mysql/data/
log_bin = /application/mysql/logs/oldboy-bin
expire_logs_days = 7
log-slave-updates = 1
binlog-format=ROW
gtid-mode=on
enforce-gtid-consistency=true
[mysqld_safe]
log-error = /application/mysql/logs/oldboy.err
sql_mode=NO_ENGINE_SUBSTITUTION,STRICT_TRANS_TABLES</td><td>[client]
user=root
password=oldboy123
[mysqld]
server_id = 2　#<== 区别 1:ID 值不同。
basedir = /application/mysql/
datadir = /application/mysql/data/
log_bin = /application/mysql/logs/oldboy-bin
expire_logs_days = 7
log_slave_updates = 1
binlog-format=ROW
gtid-mode=on
enforce-gtid-consistency=true
[mysqld_safe]
log-error = /application/mysql/logs/oldboy.err
sql_mode=NO_ENGINE_SUBSTITUTION,STRICT_TRANS_TABLES</td></tr>
</table>

说明：除了 server-id 之外，其他完全一致。配置完毕后，重启所有的 MySQL 服务。

3. GTID 复制特殊配置参数说明

GTID 复制特殊配置参数说明具体见表 17-6。

表 17-6　GTID 复制特殊配置参数说明

my.cnf 参数名称	说明
server-id = x	同一个复制拓扑中的所有 MySQL 服务器的 id 号必须唯一
binlog-format = ROW	设置二进制日志格式，这里设置为 ROW 格式
log-slave-updates = 1	开启开关让 slave 从库更新 binlog 日志
gtid-mode = on	启用 GTID 复制模式，否则就是普通的复制模式
enforce-gtid-consistency = true	强制确保 GTID 一致性

4. 配置 MySQL GTID 主从复制

1）建立用于从库复制的账号及对应权限：

```
mysql> grant replication slave on *.* to 'rep'@'172.16.1.%' identified by 'oldboy123';
Query OK, 0 rows affected (0.01 sec)
mysql> flush privileges;
Query OK, 0 rows affected (0.02 sec)
```

2）导出主库的数据：

```
mysqldump -A -B -x --set-gtid-purged=OFF|gzip >/opt/bak1_$(date +%F).sql.gz
```

如果不加“--set-gtid-purged=OFF”参数备份，则会在 dump 文件里看到以下信息：

```
SET @@GLOBAL.GTID_PURGED='4c92bf66-0f0b-11e7-ba4a-000c292ece3d:1-2';
```

3）将主库导出的 MySQL 数据迁移到从库。

本文采用 scp 进行复制，命令如下：

```
[root@db01 ~]# scp -rp /opt/bak1_$(date +%F).sql.gz root@172.16.1.52:/opt
```

4）把从主库 mysqldump 导出的数据恢复到从库。

```
[root@db02 etc]# cd /opt/
[root@db02 opt]# gzip -d bak1_$(date +%F).sql.gz
[root@db02 opt]# mysql < bak1_2017-09-18.sql
```

5）登录从库（52）配置复制参数。

登录从数据库之后，执行去掉上述语句中注释部分的代码如下：

```
CHANGE MASTER TO
MASTER_HOST='172.16.1.51',
 MASTER_PORT=3306,
MASTER_USER='rep',
MASTER_PASSWORD='oldboy123',
MASTER_AUTO_POSITION=1;                   #<== GTID 复制的参数。
MASTER_LOG_FILE='oldboy-bin.000023',      #<== 删除传统复制的 binlog 文件参数。
MASTER_LOG_POS=626;                       #<== 删除传统复制的 binlog 文件位置点参数。
```

6）启动从库同步开关并测试主从复制：

```
mysql>start slave;
mysql> show slave status\G
*************************** 1. row ***************************
               Slave_IO_State: Waiting for master to send event
                  Master_Host: 172.16.1.51
                  Master_User: rep
                  Master_Port: 3306
                Connect_Retry: 60
              Master_Log_File: oldboy-bin.000002
          Read_Master_Log_Pos: 532
               Relay_Log_File: db02-relay-bin.000002
                Relay_Log_Pos: 411
        Relay_Master_Log_File: oldboy-bin.000002
             Slave_IO_Running: Yes    #<== 为 Yes 就对了。
            Slave_SQL_Running: Yes    #<== 为 Yes 就对了。
            ...省略若干...
```

```
              Exec_Master_Log_Pos: 532
                  Relay_Log_Space: 614
                  Until_Condition: None
                  ...省略若干...
                 Master_UUID: 4c92bf66-0f0b-11e7-ba4a-000c292ece3d
                 Master_Info_File: /application/mysql/data/master.info
                        SQL_Delay: 0
              SQL_Remaining_Delay: NULL
    Slave_SQL_Running_State: Slave has read all relay log; waiting for the slave
I/O thread to update it
               Master_Retry_Count: 86400
               ...省略若干...
                Executed_Gtid_Set: 4c92bf66-0f0b-11e7-ba4a-000c292ece3d:1-2
                    Auto_Position: 1
    1 row in set (0.00 sec)
    提示：有关 show slave status 结果的详细说明，请大家查看 MySQL 手册。
```

主从复制是不是配置成功了，其中最关键的是下面 3 项的状态参数：

```
    [root@db02 opt]# mysql -e "show slave status\G;"|egrep "IO_Running|SQL_Running:
|_Behind_Master"
                 Slave_IO_Running: Yes
                Slave_SQL_Running: Yes
            Seconds_Behind_Master: 0
```

7）测试主从复制结果。在主库上写入数据，然后观察从库的数据状况：

```
    [root@db01 ~]# mysql -e "create database alex_python;"   #<== 注意提示符：这是
                                                                  主库建库的操作。
    [root@db02 ~]# mysql -e "show databases like 'alex%';"    #<== 这是从库查询检查。
    +-------------------+
    | Database (alex%) |
    +-------------------+
    | alex_python       |
    +-------------------+
```

根据测试可以判断，从库（172.16.1.52）和主库（172.16.1.51）是同步的，到此，GTID 主从复制的基本实践就完成了。

17.5.5　GTID 如何跳过事务冲突

这个功能主要是跳过事务，代替第 14 章讲解的传统复制错误时使用的“set global sql_slave_skip_counter = 1”。

由于在这里 GTID 必须是连续的，因此正常情况下，同一个服务器产生的 GTID 是不会存在空缺的，所以不能简单地 skip 掉一个事务，只能通过注入空事务的方法替换掉一个实际操作的事务。注入空事务的方法如下：

```
    stop slave;
```

```
set gtid_next='xxx:N';
begin;commit;
set gtid_next='AUTOMAIC';
start slave;
```

这里的“xxx:N”就是你的 slave sql thread 报错的 GTID 号，也即你想要跳过的 GTID 号。

案例如下：模拟在从库中先建立数据库 inca，在主库中继续创建 inca，制造冲突。

从库建立数据库 inca 的代码如下：

```
[root@db02 opt]# mysql -e "create database inca;"
```

主库建立数据库 inca 的代码如下：

```
[root@db01 opt]# mysql -e "create database inca;"
```

从库：

```
[root@db02 opt]# mysql -e "show slave status\G;"
*************************** 1. row ***************************
               Slave_IO_State: Waiting for master to send event
                  Master_Host: 172.16.1.51
            ...省略若干...
             Slave_IO_Running: Yes
            Slave_SQL_Running: No
                        ...省略若干...
                   Last_Errno: 1007
                   Last_Error: Error 'Can't create database 'inca'; database
exists' on query. Default database: 'inca'. Query: 'create database inca'
                 Skip_Counter: 0
          Exec_Master_Log_Pos: 831
              Relay_Log_Space: 1055
            ...省略若干...
        Seconds_Behind_Master: NULL
Master_SSL_Verify_Server_Cert: No
                Last_IO_Errno: 0
                Last_IO_Error:
               Last_SQL_Errno: 1007
               Last_SQL_Error: Error 'Can't create database 'inca'; database
exists' on query. Default database: 'inca'. Query: 'create database inca'
  Replicate_Ignore_Server_Ids:
            ...省略若干...
      Last_SQL_Error_Timestamp: 170918 15:29:39
               Master_SSL_Crl:
           Master_SSL_Crlpath:
           Retrieved_Gtid_Set: 4c92bf66-0f0b-11e7-ba4a-000c292ece3d:3-5
            Executed_Gtid_Set: 4c92bf66-0f0b-11e7-ba4a-000c292ece3d:1-4,
4c92bf66-0f0b-11e7-ba4a-000c292ece3f:1
                Auto_Position: 1
```

故障解决实战：

```
mysql> stop slave;      #<== 停止复制。
Query OK, 0 rows affected (0.01 sec)
mysql> set gtid_next='4c92bf66-0f0b-11e7-ba4a-000c292ece3d:5';
#<== 这里是上文"Retrieved_Gtid_Set:"里的最大事务号。
Query OK, 0 rows affected (0.00 sec)
mysql> begin;commit;     #<== 执行一个空事务。
Query OK, 0 rows affected (0.00 sec)
Query OK, 0 rows affected (0.00 sec)
mysql> set gtid_next='AUTOMATIC'; #<== 自动比较 GTID，使复制继续进行。
Query OK, 0 rows affected (0.00 sec)
mysql> start slave;    #<== 开启复制。
Query OK, 0 rows affected (0.32 sec)
mysql> show slave status\G   #<== 检查修复的结果。
*************************** 1. row ***************************
               Slave_IO_State: Waiting for master to send event
                  Master_Host: 172.16.1.51
                  Master_User: rep
                  Master_Port: 3306
                 ...省略若干...
        Relay_Master_Log_File: oldboy-bin.000002
             Slave_IO_Running: Yes
            Slave_SQL_Running: Yes
           ...省略若干...
                  Master_UUID: 4c92bf66-0f0b-11e7-ba4a-000c292ece3d
             Master_Info_File: /application/mysql/data/master.info
           Retrieved_Gtid_Set: 4c92bf66-0f0b-11e7-ba4a-000c292ece3d:3-5
            Executed_Gtid_Set: 4c92bf66-0f0b-11e7-ba4a-000c292ece3d:1-5,
4c92bf66-0f0b-11e7-ba4a-000c292ece3f:1
                Auto_Position: 1
1 row in set (0.00 sec)
#<== 提示：有两个 Yes，证明复制修复成功。
```

17.6　本章重点

1）MySQL 复制的多种方式。

2）MySQL 半同步复制的原理。

3）MySQL 半同步复制的实践。

4）生产场景中如何选择半同步复制？

5）实时复制的其他解决方案思路。

6）MySQL GTID 概念与工作原理。

7）MySQL GTID 实践与故障解决方案。

第18章 MySQL 集群高可用方案 MHA 应用实践

18.1 什么是 MHA

MHA（Master High Availability）是用 Perl 编写的**一套非常流行和实用的 MySQL 高可用解决方案软件**，它的作用是保证 MySQL 主从复制集群中主库的**高可用性，同时保证整个集群业务服务不受影响**。当主库异常宕机后，MHA 能够在 1 ～ 30 秒的时间内实现故障自动检测和故障自动转移，选择一个最优的从库变成新的主库，同时使得其他的从库和新的主库继续保持数据一致的状态，同时还需要保证在数据库发生故障时，将集群所有数据的损失都降到最低。

在主从复制集群框架中，MHA 方案能够很好地解决主从复制宕机切换过程中业务持续服务和数据一致性的问题，因此 MHA 方案备受企业欢迎，其在互联网企业中的应用率很高，是一套值得读者掌握好的解决方案。

高可用性（high availability）：通常用于描述一个系统经过专门的设计，使其减少停工时间，从而保持业务服务的高度可用性的功能说明。

18.2 MHA 的基本架构组成

整个 MHA 软件由两部分角色组成，即 MHA Manager（管理节点）和 MHA Node（数据节点）。MHA Manager 服务可以独立部署在一台服务器（含虚拟机）上管理多个主从复制集群，也可以部署在某一台主从复制从节点或者其他应用服务器节点上，而 MHA Node 服务需要运行在每一个 MySQL 服务器上。MHA Manager 会定时通过主库上的 MHA Node 服务监测主库，当主库出现故障时，它可以自动将最优从库（可以提前指定或由 MHA 判定）提升为新的主库，然后让所有其他的从库与新的主库重新保持正常的复制状态。故障的整个切换和转移的过程对客户以及应用程序几乎是完全透明的。

18.3　MHA 的工作原理

前面已经说过，MHA 的两大重要功能，其一是主库宕机切换到新的主库，同时保证其他从库与新主库保持一致的复制状态，其二是保证整个故障切换转移过程中整个集群的数据丢失应尽可能最小，那么 MHA 是怎么做到的呢？

MHA 的工作原理大体可以分为如下三个过程。

（1）选择新主

主动宕机需要在集群中选择适合的从库作为新主库，根据 MHA 的配置，可选择的方法具体如下。

1）根据其他从库的 binlog 位置点选择最新的从库作为新的主库。

2）设置半同步从库，直接选择半同步的从库作为新的主库。

（2）数据补全

在进行故障切换和转移之前，必须要进行数据补全操作，否则就算是进行故障切换了，也会面临数据丢失的问题，这是不可接受的，因此数据补全的步骤具体如下。

1）如果主库服务器仍然可以连接，那么 MHA 会试图通过 SSH 连接主库，把宕机主库内的所有 binlog 日志保存下来；如果不可进行 SSH 连接，则放弃主库的 binlog 日志数据。

2）以选择好的最新主库的 binlog 位置点为基准点，通过中继日志（relay log）进行数据补全，使得其他所有从库与新主库的数据保持一致。

3）将宕机时从主库上保存下来的 binlog 日志（如果有）恢复到所有数据库节点上。

（3）角色切换

1）将选择好的新主库提升为正式主库的角色。

2）让其他的从库重新与新主库保持主从复制状态。

说明： 这里面还有一个问题那就是主库 IP 的问题，可以通过 Keepalived 的 VIP 漂移功能解决应用程序访问数据库集群的问题，Keepalived 高可用软件内容见老男孩的 Web 集群实战一书的第 13 章。

图 18-1 表示的是 MHA 工作原理基本架构图解。

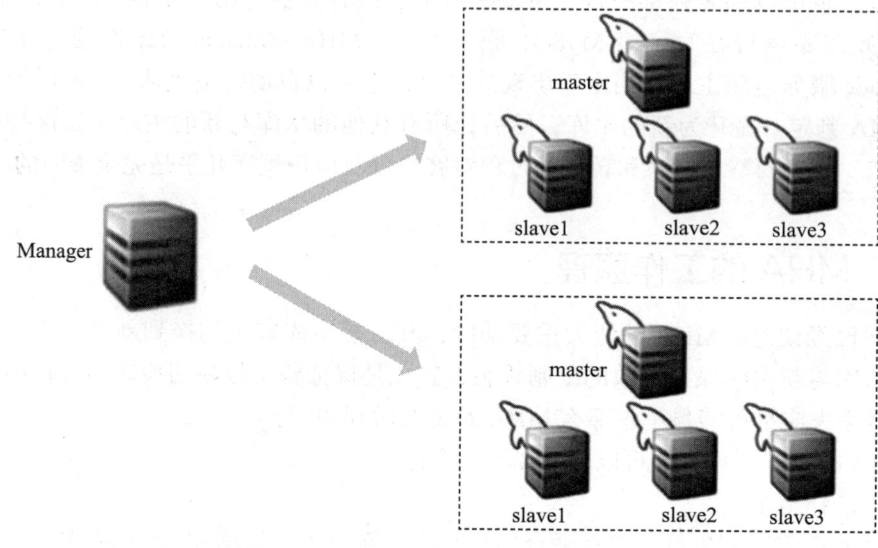

图 18-1　MHA 工作原理基本架构图解

18.4　MHA 工具包介绍

前文中已经说明过，MHA 的解决方案由两部分组成，Manager 节点和 Node 节点，不同的节点软件，对应的命令工具的说明具体如下。

（1）Manager 节点软件包含的一些主要工具如表 18-1 所示。

表 18-1　Manager 节点工具及说明

Manager 节点命令工具	功能说明
masterha_check_ssh	用于检查 MHA 的 ssh-key 设置是否符合要求
masterha_check_repl	用于检查 MySQL 的主从复制情况
masterha_check_status	检测 MHA 的运行状态
masterha_manger	启动 MHA
masterha_master_monitor	检测 master 是否宕机
masterha_master_switch	手动故障转移
masterha_conf_host	手动添加 server 信息
masterha_secondary_check	从远程服务器建立 TCP 连接
masterha_stop	停止 MHA

（2）Node 节点软件包含的一些主要工具如表 18-2 所示。

表 18-2　Node 节点工具及说明

Node 节点命令工具	功能说明
save_binary_logs	保存并复制宕机的主库的 binlog 日志数据
apply_diff_relay_logs	对比中继日志的差异，并补全到各个节点
filter_MySQLbinlog	过滤掉无用的回滚事件
purge_relay_logs	清除无用的中继日志

18.5　MHA 解决方案的优点

- 主库宕机后，从库可以立刻接替主库提供服务，并且故障转移的速度会很快。
- 主库崩溃不存在数据一致性问题。
- 部署 MHA 不需要对当前 MySQL 集群环境做出重大更改。
- 不需要添加额外的服务器（仅一台 manager 就可以管理上百个节点，以及多套不同的集群）。
- 功能强大，适应场景多，性能优秀，可工作在半同步复制和异步复制场景中，当监控 MySQL 状态时，仅需要每隔 N 秒向 master 发送一次 ping 包（默认 3 秒），所以对性能无影响。
- 只要是 MySQL 主从复制支持的存储引擎，MHA 都支持，不会仅局限于 InnoDB。

18.6　MHA 方案实战

18.6.1　搭建 MHA 的先决必要条件

- 两台以上 MySQL 服务器或虚拟机环境（最好不用多实例环境）。
- 在多台 MySQL 之间实现主从复制。

检验方法，登录到所有从库，执行如下命令：

```
mysql> show slave status\G                          #<== 查看复制状态命令。
 Slave_IO_Running: Yes                              #<== 有两个 Yes，证明主从复制成功。
 Slave_SQL_Running: Yes                             #<== 有两个 Yes，证明主从复制成功。
```

- MySQL 配置文件参数的更改

用于提升主库的从库 my.cnf 的额外设置（也可以使全部数据库均按此参数进行设置）：

```
relay_log_purge = 0                    #<== 不自动删除 relay log，以便于宕机后修复数据。
log_bin = /application/mysql/logs/oldboy-bin  #<== 从库开启 binlog，以便于宕机
                                                  后修复数据。
expire_logs_days = 7                   #<== 自动删除 7 天前的 binlog。
log-slave-updates = 1                  #<== 从库开启 Binlog，以便于宕机后修复数据。
```

18.6.2 MySQL 节点规划

本文实战案例规划了一主两从的 MySQL 主从集群环境，MHA 管理节点放置在一台从库上，具体的规划见表 18-3。

表 18-3 MySQL 节点规划

主机名	IP	主从角色	MHA 角色
db01	10.0.0.51/24	Master	MHA-node
db02	10.0.0.52/24	slave	MHA-node
db03	10.0.0.53/24	slave	MHA-node, MHA-Manager
vip	10.0.0.55/24	NULL	NULL

18.6.3 配置 SSH 密钥实现免密码登录

MHA 管理节点在工作时，会通过 SSH 服务连接到其他节点服务器进行探测或复制数据，因此，在部署 MHA 方案之前，需要让每套 MySQL 主从复制集群内的每台机器之间都能做到免密码登录（包括其本身），这个过程相对来说比较简单，步骤如下。

分别在 db01、db02、db03 上执行如下命令，创建密钥对，并执行复制密钥的命令。

```
ssh-keygen -t dsa -P '' -f ~/.ssh/id_dsa >/dev/null 2>&1  #<== 创建密钥对。
ssh-copy-id -i ~/.ssh/id_dsa.pub 10.0.0.51      #<== 复制到不同的机器上，含本身。
ssh-copy-id -i ~/.ssh/id_dsa.pub 10.0.0.52
ssh-copy-id -i ~/.ssh/id_dsa.pub 10.0.0.53
# 说明：
# 最终达到的结果就是，每台机器之间都要互相信任，都可以互相免密码登录到任意的其他机器。
# 例：有三台机器 db01、db02、db03
# 在 db01 上执行 ssh 可以不用输入密码连接到 db02、db03（也包括自己）。
# 同样，db02 和 db03 也是一样，可以免密 ssh 连接到其他两台机器（包括自己）。
# 因为 MHA 在检测本机的时候，也是通过 SSH 来进行检测的，必须要做到免密。
```

重点强调：在 manager 节点安装在 MySQL 主从复制集群中的一台服务器的前提下，一定要让本机也可以免密 ssh 登录本机。

18.6.4 对所有的 MySQL 节点安装 MHA Node 软件

对所有 MySQL 节点（db01、db02、db03）安装 MHA Node 软件的详细步骤如下。

1）安装 MHA 软件需要依赖包（本章开头介绍了 MHA 是用 perl 语言编写的，因此需要安装 perl 语言的环境）：

```
yum install perl-DBD-MySQL -y
```

2）安装 MHA-node 包（需要去 Google 上下载或者加入开篇老男孩读者群来获取）：

```
rpm -ivh mha4mysql-node-0.56-0.el6.noarch.rpm
```

在任意安装完 MHA node 包的机器上执行如下命令，可以看到前文提到的 MHA node 包里包含的工具，这些工具都是 perl 语言编写的脚本，功能说明前文已述，此处不再累述。

```
[root@db02 bin]# ls -l /usr/bin/*_*log*
-rwxr-xr-x. 1 root root 16367 3月  31 2014 /usr/bin/apply_diff_relay_logs
-rwxr-xr-x. 1 root root  4807 3月  31 2014 /usr/bin/filter_mysqlbinlog
-rwxr-xr-x. 1 root root  8261 3月  31 2014 /usr/bin/purge_relay_logs
-rwxr-xr-x. 1 root root  7525 3月  31 2014 /usr/bin/save_binary_logs
```

3）对命令实现软链接，以便于直接使用：

```
ln -s /application/mysql/bin/mysqlbinlog /usr/bin/mysqlbinlog
ln -s /application/mysql/bin/mysql /usr/bin/mysql
#说明：之所以要做这两条命令的软链接，是因为 MHA-Manager 在做检测的时候会去这两个路径下寻找 MySQL 的命令。也可以直接把这两条命令复制到 /usr/bin 目录下，如果在前文安装 MySQL 时设置好了 /application/mysql/bin 路径对应的环境变量也可以。
```

4）登录所有 MySQL 数据库添加 MHA 管理账号并检查：

```
grant all privileges on *.* to mha@'10.0.0.%' identified by 'mha';
select user,host from mysql.user;
```

特别说明：所有 MySQL 节点全部都要执行本节的操作。

18.6.5　MHA 管理节点安装

管理节点既可以部署在任何一台机器上，也可以部署在 MySQL 集群的其中一台机器上，并且一个管理节点可以管理多套 MySQL 集群。

1）使用 epel 源安装 perl 相关语言环境依赖：

```
wget -O /etc/yum.repos.d/epel.repo http://mirrors.aliyun.com/repo/epel-6.repo
```

2）安装管理节点所需的依赖：

```
yum install -y perl-Config-Tiny epel-release perl-Log-Dispatch perl-Parallel-ForkManager perl-Time-HiRes
```

3）安装 MHA-node 包（需要去 Google 上下载或者加入开篇老男孩读者群来获取），本文为了节省服务器，选择在 db03 上安装 MHA-manger，上文已经安装好了 node 包：

```
rpm -ivh mha4mysql-node-0.56-0.el6.noarch.rpm
```

4）安装 MHA-manger 包（需要去 Google 上下载或者加入开篇老男孩读者群来获取）：

```
rpm -ivh mha4mysql-manager-0.56-0.el6.noarch.rpm
```

在安装完 MHA-manger 包的机器上执行如下命令，可以看到前文提到的 MHA-manger 包里所包含的工具，这些工具依然都是 perl 语言编写的脚本，功能说明前文已述，此处不再累述：

```
[root@db03 bin]# ls -l /usr/bin/masterha_*
-rwxr-xr-x. 1 root root 1995 3月  31 2014 /usr/bin/masterha_check_repl
-rwxr-xr-x. 1 root root 1779 3月  31 2014 /usr/bin/masterha_check_ssh
-rwxr-xr-x. 1 root root 1865 3月  31 2014 /usr/bin/masterha_check_status
-rwxr-xr-x. 1 root root 3201 3月  31 2014 /usr/bin/masterha_conf_host
-rwxr-xr-x. 1 root root 2517 3月  31 2014 /usr/bin/masterha_manager
-rwxr-xr-x. 1 root root 2165 3月  31 2014 /usr/bin/masterha_master_monitor
-rwxr-xr-x. 1 root root 2373 3月  31 2014 /usr/bin/masterha_master_switch
-rwxr-xr-x. 1 root root 5171 3月  31 2014 /usr/bin/masterha_secondary_check
-rwxr-xr-x. 1 root root 1739 3月  31 2014 /usr/bin/masterha_stop
```

提示：MHA-manager 不要安装在主库所在的服务器上，一旦主库因为物理宕机或者网络故障，则会无法完成故障切换，MHA 是通过 SSH 来进行检测的，MHA-manager 相当于这套高可用方案中的“大脑”。

18.6.6 配置 MHA 管理节点

安装完 MHA 管理节点之后，需要进行相关文件的配置，实操步骤如下：

```
[root@db03 ~]# mkdir -p /etc/mha                    #<== 在 /etc 下创建 mha 目录。
[root@db03 ~]# mkdir -p /var/log/mha/app1           #<== 在 /etc 下创建 mha 目录。
[root@db03 ~]# vim /etc/mha/app1.cnf                #<== 编辑 mha 配置文件，增加配置内容。
[server default]                                     #<== 默认模块标签。
manager_log=/var/log/mha/app1/manager.log           #<== 配置日志路径。
manager_workdir=/var/log/mha/app1.log               #<== 配置工作日志路径。
master_binlog_dir=/application/mysql/data           #<== 配置 MHA 保存主库 binlog 日志的路径。
user=mha                                             #<==MySQL 数据中授权的用户。
password=mha                                         #<==MySQL 数据中授权的用户。
ping_interval=2                              #<== 设置监控主库发送 ping 数据包的时间间隔，
                                             若尝试三次没有回应则自动进行 failover。
repl_user=rep                                        #<== 主从复制对应的用户。
repl_password=oldboy123                              #<== 主从复制用户对应的密码。
ssh_user=root                                        #<==ssh 远程连接服务器的用户。
report_script=/usr/local/send_report                 #<== 设置故障发生切换后触发执行的脚本。
secondary_check_script=/usr/local/bin/masterha_secondary_check -s db03 -s db02
--user=root --master_host=db01 --master_ip=10.0.0.51 --master_port=3306
#<== 当 MHA Manager 节点到 MASTER 节点（db01）的监控之间出现问题时，MHA Manager 将会
     尝试从其他路径登录到 MASTER（db01）节点。
#<== 注：此配置在 MHA Manager 节点只有单独一台机器时起作用。意思就是，在 Manager 节点
     联系不上 Master 时，通过两个从节点（db02、db03）去探视 Master（db01）节点的状态。
shutdown_script="" #<== 设置故障发生后执行主机脚本关闭故障机（防止故障机活过来发生脑裂）
[server1]                                            #<== 第一个 mysql 主机模块标签。
hostname=10.0.0.51                                   #<== 第一个 mysql 主机 IP。
```

```
port=3306                                    #<== 第一个 mysql 主机端口。
[server2]
hostname=10.0.0.53
port=3306
candidate_master=1                 #<== 设定此参数后，server2 标签的主机，将优先作为主库
                                         宕机的候选服务器（切换主库优先选择）。
check_repl_delay=0  #<== 设定此参数后，MHA 会忽略主从复制延迟，将此服务器作为后选主机。
[server3]
hostname=172.16.1.52
port=3306
```

最终去掉解释说明及无关配置的案例代码如下：

```
[server default]
manager_log=/var/log/mha/app1/manager.log
manager_workdir=/var/log/mha/app1.log
master_binlog_dir=/application/mysql/data
master_ip_failover_script=/usr/local/bin/master_ip_failover
user=mha
password=mha
ping_interval=2
repl_user=rep
repl_password=oldboy123
ssh_user=root
shutdown_script=""
[server1]
candidate_master=1
check_repl_delay=0
hostname=10.0.0.51
port=3306
[server2]
hostname=10.0.0.52
port=3306
candidate_master=1
check_repl_delay=0
[server3]
hostname=10.0.0.53
port=3306
```

至此，我们的 MHA 就已经安装并配置完毕了，但是我们还需要做一些动作。

18.7　启动及测试 MHA

18.7.1　启动 MHA 前需要检测的要素说明

在启动 MHA 之前，我们需要先进行启动测试，如下是两个 MHA 启动的必要条件。

- SSH 免密登录是否成功。
- MySQL 主从复制是否成功。

当然在启动 MHA 的时候，MHA 也会进行这两项检测，但是手动检测可以更直观地看到结果，如果没有检测成功，那么问题出在哪里，这里会用到上文提及的 MHA 工具。

18.7.2 检测 SSH 免密码登录配置

通过前文提供的脚本工具加上 MHA 的配置文件进行检测执行命令及结果如下：

```
[root@db03 ~]# masterha_check_ssh --conf=/etc/mha/app1.cnf
Wed Feb 28 22:02:41 2018 - [warning] Global configuration file /etc/masterha_default.cnf not found. Skipping.
Wed Feb 28 22:02:41 2018 - [info] Reading application default configuration from /etc/mha/app1.cnf..
Wed Feb 28 22:02:41 2018 - [info] Reading server configuration from /etc/mha/app1.cnf..
Wed Feb 28 22:02:41 2018 - [info] Starting SSH connection tests..
...省略若干行...
reverse mapping checking getaddrinfo for bogon [10.0.0.53] failed - POSSIBLE BREAK-IN ATTEMPT!
reverse mapping checking getaddrinfo for bogon [10.0.0.52] failed - POSSIBLE BREAK-IN ATTEMPT!
Wed Feb 28 22:02:44 2018 - [debug]   ok.
Wed Feb 28 22:02:44 2018 - [info] All SSH connection tests passed successfully.
#<== 说明：当看到结尾出现'All SSH connection tests passed successfully'字样，
     则证明所有服务器之间的SSH免密钥登录没有问题，否则还需要参考前文重新配置SSH免密钥登录。
```

18.7.3 检测 MySQL 集群主从复制状况

```
masterha_check_repl --conf=/etc/mha/app1.cnf
#当看到出现'MySQL Replication Health is OK'字样，则证明主从复制没有问题。
#启动MHA
nohup masterha_manager --conf=/etc/mha/app1.cnf --remove_dead_master_conf --ignore_last_failover < /dev/null > /var/log/mha/app1/manager.log 2>&1 &
#--conf指定配置文件。
#--remove_dead_master_conf在配置文件中删除宕机的master信息。
#--ignore_last_failover忽略上一次故障切换。
```

18.8 配置 VIP 漂移

18.8.1 虚拟 IP 管理的两种方式

- 通过 keepalived 的方式，管理 VIP。
- 通过 MHA 自带的脚本方式，管理 VIP。

本章主要讲解如何使用 MHA 自带的脚本方式来管理 VIP，因为 keepalived 的弊端在于只允许两台服务器之间进行互相切换，若使用了 MHA 自带的脚本，则可以实现所有机器都可以切换。

18.8.2　配置脚本

```
#在配置文件中添加以下内容，指定master_ip_failover脚本的路径
master_ip_failover_script=/usr/local/bin/master_ip_failover
#在脚本中添加VIP相关的内容（这个脚本是MHA-Manager自带的）
my $vip = '10.0.0.55/24';
my $key = '0';
my $ssh_start_vip = "/sbin/ifconfig eth0:$key $vip";
my $ssh_stop_vip = "/sbin/ifconfig eth0:$key down";
#为脚本添加执行权限（否则MHA会无法启动）
chmod +x /etc/mha/master_ip_failover
#然后在主库上手动添加一个VIP
ifconfig eth0:0 10.0.0.55/24
```

提示： 大家可以将 MHA 与一些读写分离的软件一起结合使用，例如第 19 章会讲到的 Atlas。

第19章

MySQL 读写分离 Atlas 工具实践

19.1 什么是 Atlas

Atlas 是由 QIHU 360 软件有限公司（纽约证券交易代码：QIHU）的 Web 平台部门的基础架构团队开发和维护的、基于 MySQL 协议的数据库中间件项目。它修复了大量的 Bug，并在 MySQL-Proxy 0.8.2 的基础上添加了许多新功能。目前该项目已广泛应用于 QIHU 公司，许多 MySQL 业务均已连接到 Atlas 平台。Atlas 转发的读取和写入请求数量已达到数十亿。

读写分离：为了确保数据库产品的稳定性，很多数据库都拥有双机热备功能。也就是说，第一台数据库服务器，是对外提供增、删、改业务的生产服务器；第二台数据库服务器，则主要是进行读的操作。

19.2 Atlas 的主要功能

Atlas 的主要功能具体如下。

- 读 / 写分离。
- 从库负载均衡。
- IP 过滤。
- 数据分片，自动分表。

- DBA 可平滑上下线数据库。
- 自动删除宕机的数据库服务器。
- 不停机重新加载配置文件。

提示：通过配置文件中的管理用户和管理端口可以针对配置文件进行修改，并保存，无须重启。

19.3　Atlas 与官方 mysql-proxy 的对比

Atlas 与官方 mysql-proxy 的对比如下。

- Atlas 将主流程中所有的 Lua 代码用 C 语言进行重写，Lua 仅用于管理接口。
- 重写网络模型、线程模型。
- 实现了真正意义上的连接池。
- 优化了锁机制，性能提高数十倍。

19.4　安装 Atlas

根据官方提供的安装包，Atlas 分为如下两种。

- Atlas（普通）：Atlas-2.2.1.el6.x86_64.rpm。
- Atlas（分片）：Atlas-sharding_1.0.1-el6.x86_64.rpm。

Atlas 的安装代码如下：

```
#下载 Atlas 安装包（普通）
wget https://github.com/Qihoo360/Atlas/releases/download/2.2.1/Atlas-2.2.1.
el6.x86_64.rpm
#安装 Atlas
rpm -ivh Atlas-2.2.1.el6.x86_64.rpm
```

19.5　Atlas 配置文件

Atlas 配置文件的代码如下：

```
#配置文件路径
/usr/local/mysql-proxy/conf/test.conf
#配置文件标签
[mysql-proxy]
#带#号的为非必需的配置项目
#管理接口的用户名
admin-username = user
```

```
    #管理接口的密码
    admin-password = pwd
    #Atlas 后端连接的 MySQL 主库的 IP 和端口，可设置多项，用逗号分隔
    proxy-backend-addresses = 192.168.1.10:3306, 192.168.1.11: 3306
    #Atlas 后端连接的 MySQL 从库的 IP 和端口，“@”后面的数字代表权重，用来作负载均衡，若省略则默认为 1，可设置多项，用逗号分隔。
    proxy-read-only-backend-addresses = 192.168.1.231:3306
    #用户名与其对应的加密过的 MySQL 密码，密码使用 PREFIX/bin 目录下的加密程序 encrypt 加密，以下行的 user1 和 user2 为示例，将其替换为你的 MySQL 的用户名和加密密码！
    pwds = root: 1N/CNLSgqXuTZ6zxvGQr9A==
    #设置 Atlas 的运行方式，设为 true 时为守护进程方式，设为 false 时为前台方式，一般开发调试时将其设为 false，线上运行时设为 true,true 后面不能有空格。
    daemon = true
    #设置 Atlas 的运行方式，设为 true 时 Atlas 会启动两个进程，一个为 monitor，一个为 worker，monitor 在 worker 意外退出后会自动将其重启，设为 false 时只有 worker，没有 monitor，一般开发调试时设为 false，线上运行时设为 true,true 后面不能有空格。
    keepalive = true
    #工作线程数，对 Atlas 的性能有很大的影响，可根据情况进行适当设置。
    event-threads = 8
    #日志级别，分为 message、warning、critical、error、debug 五个级别。
    log-level = message
    #日志存放的路径。
    log-path = /usr/local/mysql-proxy/log
    #SQL 日志的开关，可设置为 OFF、ON、REALTIME，OFF 代表不记录 SQL 日志，ON 代表记录 SQL 日志，REALTIME 代表记录 SQL 日志且实时写入磁盘，默认为 OFF。
    sql-log = ON
    #慢日志输出设置。若设置了该参数，则日志只输出执行时间超过 sql-log-slow（单位为 ms）的日志记录。若不设置该参数则输出全部日志。
    #sql-log-slow = 10
    #实例名称，用于同一台机器上多个 Atlas 实例间的区分。
    #instance = test
    #Atlas 监听的工作接口 IP 和端口。
    proxy-address = 0.0.0.0:3307
    #Atlas 监听的管理接口 IP 和端口。
    admin-address = 0.0.0.0:2345
    #分表设置，此例中，person 为库名，mt 为表名，id 为分表字段，3 为子表数量，可设置多项，以逗号分隔，若不分表则不需要设置该项。
    #tables = person.mt.id.3
    #默认字符集，设置该项后客户端不再需要执行 SET NAMES 语句。
    charset = utf8
    #允许连接 Atlas 的客户端的 IP，可以是精确 IP，也可以是 IP 段，以逗号分隔，若不设置该项则允许所有 IP 连接，否则只允许列表中的 IP 连接。
    #client-ips = 127.0.0.1, 192.168.1
    #Atlas 前面挂接的 LVS 的物理网卡的 IP(注意不是虚 IP)，若有 LVS 且设置了 client-ips，则必须设置此项，否则可以不设置。
    #lvs-ips = 192.168.1.1
```

提示：对用户密码加密，在 /usr/local/mysql-proxy/bin 下有个 encrypt 工具，执行该工具将需要加密的密码输入在后面即可。

```
#例：
#root的密码是oldboy123
/usr/local/mysql-proxy/bin/encrypt oldboy123
#执行后会出现如下加密后的密码，写入配置文件即可。
1N/CNLSgqXuTZ6zxvGQr9A==
Atlas配置文件示例：
[mysql-proxy]
admin-username = user
admin-password = pwd
proxy-backend-addresses = 10.0.0.55:3306
proxy-read-only-backend-addresses = 10.0.0.52:3306,10.0.0.53:3306
pwds = root: 1N/CNLSgqXuTZ6zxvGQr9A==
daemon = true
keepalive = true
event-threads = 8
log-level = message
log-path = /usr/local/mysql-proxy/log
sql-log=ON
proxy-address = 0.0.0.0:33060
admin-address = 0.0.0.0:2345
charset=utf8
```

19.6 启动 Atlas

启动 Atlas 代码如下：

```
#启动Atlas
/usr/local/mysql-proxy/bin/mysql-proxyd test start
#test是上文中配置文件中的实例名字，可以自行更改
```

注意： 启动 Atlas 的工具是“mysql-proxyd”而不是“mysql-proxy”，它们在同一目录下，请勿混淆。

19.7 Atlas 管理操作

通过配置文件中的配置，可以使用管理用户、管理密码及管理端口，连接到 Atlas，代码如下：

```
#根据上文配置连接Atlas
mysql -uuser -ppwd -h127.0.0.1 -P2345
#查看帮助
select * from help;
测试读写分离：
```

```
mysql -uuser -ppwd -h127.0.0.1 -P33060
show variables like "server_id";
```

图 19-1 是 Atlas 的帮助界面。

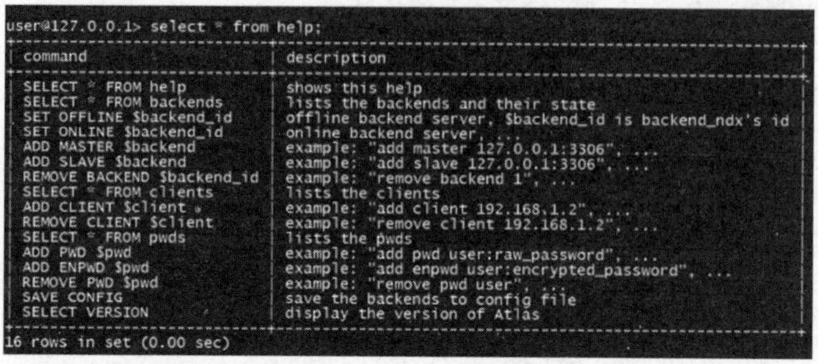

```
user@127.0.0.1> select * from help;
+----------------------------+---------------------------------------------------------+
| command                    | description                                             |
+----------------------------+---------------------------------------------------------+
| SELECT * FROM help         | shows this help                                         |
| SELECT * FROM backends     | lists the backends and their state                      |
| SET OFFLINE $backend_id    | offline backend server, $backend_id is backend_ndx's id |
| SET ONLINE $backend_id     | online backend server, ...                              |
| ADD MASTER $backend        | example: "add master 127.0.0.1:3306", ...               |
| ADD SLAVE $backend         | example: "add slave 127.0.0.1:3306", ...                |
| REMOVE BACKEND $backend_id | example: "remove backend 1", ...                        |
| SELECT * FROM clients      | lists the clients                                       |
| ADD CLIENT $client         | example: "add client 192.168.1.2", ...                  |
| REMOVE CLIENT $client      | example: "remove client 192.168.1.2", ...               |
| SELECT * FROM pwds         | lists the pwds                                          |
| ADD PWD $pwd               | example: "add pwd user:raw_password", ...               |
| ADD ENPWD $pwd             | example: "add enpwd user:encrypted_password", ...       |
| REMOVE PWD $pwd            | example: "remove pwd user", ...                         |
| SAVE CONFIG                | save the backends to config file                        |
| SELECT VERSION             | display the version of Atlas                            |
+----------------------------+---------------------------------------------------------+
16 rows in set (0.00 sec)
```

图 19-1　Atlas 帮助界面

```
# 帮助注解
SELECT * FROM backends;              #《== 查看后端代理的数据库信息。
SET OFFLINE $backend_id ;            #《== 平滑下线数据库。
SET ONLINE $backend_id ;             #《== 平滑上线数据库。
ADD MASTER $backend ;                #《== 添加一个主库。
ADD SLAVE $backend ;                 #《== 添加一个从库。
REMOVE BACKEND $backend_id ;         #《== 移除的数据库。
SELECT * FROM clients ;              #《== 查看客户端信息。
ADD CLIENT $client ;                 #《== 添加一个客户端。
REMOVE CLIENT $client ;              #《== 删除一个客户端。
SELECT * FROM pwds ;                 #《== 查看数据库的连接用户。
ADD PWD $pwd ;                       #《== 添加一个用户（密码不用加密）。
ADD ENPWD $pwd ;                     #《== 添加一个用户（密码加密）。
REMOVE PWD $pwd ;                    #《== 删除一个用户。
SAVE CONFIG ;                        #《== 保存配置文件。
SELECT VERSION ;                     #《== 查看版本信息。
```

提示：以上命令执行完毕后，无须重启服务，执行“SAVE CONFIG;”即可将配置保存到配置文件中。

第20章 云关系型数据库

云数据库是一种被优化或部署在一个虚拟计算环境中的数据库，是一种稳定可靠、具有弹性伸缩能力的、在线的数据库服务。云数据库能够根据用户的需求，进行资源的按需扩展（CPU、内存、存储），同时进行按需付费。

云数据库同比传统自建数据库具有如下优势。

（1）高性价比

云数据库的使用者不需要购买硬件设备，也不需要构建自己的硬件基础环境，即无须投入人力维护物理基础环境。同时云数据库是基于X86的服务器，通过集群的方式来实现，性价比极高。付费方式有包年包月和按量付费，能从很大程度上降低成本。

（2）简单部署

我们只需要注册相关云厂商的账号，然后在控制台内点击购买云数据库，即可完成云数据库的部署，即开即用。

云厂商还会提供一套功能完善的Web工具，无须我们自己使用第三方工具对数据库进行管理和监控，这从很大程度上降低了数据库管理的复杂性。

（3）高可用性

云数据库一般使用多节点部署模式。例如，在Web界面购买一个数据库实例，云厂商会提供一个不可见的备份实例，当主数据库发生异常时，云数据库会自动进行故障切换，保证数据库的高可用性。

云数据库还具备自动备份等功能，保证数据库实例的高可用进行和数据安全。

20.1 阿里云 RDS

阿里云 RDS 是指阿里云的云关系型数据库（Relational Database Service，RDS），本章我们会对阿里云的云关系型数据库——RDS for MySQL 做详细的介绍。

目前 RDS 兼容 MySQL、SQL Server、PostgreSQL 和 PPAS（高度兼容 Oracle）四种关系型数据库。相关数据库的语法可以直接通用，RDS 数据库还提供了容灾、备份、恢复、监控、迁移等方面的全套解决方案，彻底解决了数据库运维的烦恼。

20.2 阿里云 RDS for MySQL

RDS for MySQL 是阿里云提供的一种稳定可靠、可弹性伸缩的在线数据库服务，强调的是稳定可靠、可弹性伸缩和在线使用数据库服务，与传统数据库是有区别的，RDS for MySQL 即开即用，我们从线上即时购买，即时开通就可以使用了。

RDS for MySQL 提供了完善的 Web 管理界面，可通过 Web 界面，对数据库进行数据库实例的管理，例如，数据库的创建和删除、数据库实例数据备份和恢复、数据库实例的性能监控、数据库实例升降级等功能。

RDS for MySQL 特点

1）RDS 本身是主从备份架构，数据有三份以上的存储备份，具有非常高的可用性和数据可靠性，服务可用性的承诺是 99.95%，数据可靠性的承诺是六个九，99.9999%。使用克隆实例可以轻松地将数据恢复至 7 天内的任意时刻。

2）RDS 专门为用户准备了在线的数据库管理平台 DMS，这是阿里云自主研发的，是专门为 RDS 量身定制的一个数据库管理平台，用户完全可以通过浏览器在线，安全方便地对数据库进行管理和维护，还可以在线实现轻松的数据回溯，根据备份文件和 log 日志可以恢复 7 天内的任意时刻并精确到分钟。

3）阿里云通过 MySQL 所有的 SQL 操作日志记录和慢 SQL 的分析，能够为用户提供完整的分析报告，告知客户一些优化的建议，比如说，主键的检查、是不是有主键、索引建立得是否合适，以及在线可以看到的 SQL 执行计划，帮助客户优化自己的 SQL 语句等。

4）RDS 有完整的监控体系，RDS 具有将近 20 种的性能监控和资源监控视图，可对部分资源设置报警阀值，比如说硬盘使用率达到多少时可以进行报警。

20.3 阿里云 RDS 云数据库的相关概念

20.3.1 地域

地域（region）是所购买的 RDS 实例的服务器所处的地理位置，阿里云数据中心目前提供华东 1、华东 2、华北 1、华北 2、华北 3、华南 1、美国西部 1、美国东部 1、亚太东南 1、亚太东北 1、欧洲中部 1、中东东部 1 等地域的服务。

备注：不同地域之间的阿里云产品，内网不互通。

20.3.2　可用区

可用区（zone）是指在同一地域内，电力和网络互相独立的物理区域。同一可用区内的 ECS 和 RDS 实例网络延时更小。在同一地域内可用区与可用区之间内网互通，可用区之间能够做到故障隔离。是否将云服务器 ECS 和 RDS 实例放在同一可用区内，主要取决于对容灾能力和网络延时的要求。

如果您的应用需要较高的容灾能力，那么建议您将 ECS 和 RDS 实例部署在同一地域的不同可用区内。如果您的应用在实例之间需要较低的网络时延，则建议您将 ECS 和 RDS 实例创建在相同的可用区内。单可用区可有效控制云产品间的网络延迟，多可用区可轻松实现同城容灾。

20.3.3　RDS 实例

RDS 实例是阿里云关系型数据库的运行环境，各实例（instance）之间相互独立、资源隔离，同一实例中的不同数据库之间是资源共享的，RDS for MySQL 实例目前支持的通用实例，最大 CPU16 核、内存为 96GB、最大磁盘容量为 2000GB（独显主机可以达到 3TB 的存储）。独享套餐实例最大 CPU 16 核、内存为 128G、最大磁盘容量为 2000GB（独显主机可以达到 3TB 的存储）。独占物理主机实例最大 CPU60 核、内存为 470G、最大磁盘容量为 3000GB。

20.3.4　RDS for MySQL 只读实例

RDS for MySQL 只读实例可分担数据库压力，提高应用的吞吐量，在对数据库有少量写请求，但有大量读请求的应用场景下，单个 RDS 实例可能无法应对读取带来的压力，读取压力过大会对主数据库产生影响，从而影响业务。为了实现读取能力的弹性扩展，分担数据库压力，RDS 支持在同一个地域中创建一个或多个只读实例。使用只读实例能够满足大量的数据库读取需求，以此提高应用的吞吐量。

只读实例是单个物理节点的架构（没有备节点），采用 MySQL 的原生复制功能，会将主实例的更改同步到所有只读实例，如图 20-1 所示。只读实例与主实例在同一地域，但可以在不同的可用区。只读实例是按时收费的。

20.3.5　RDS for MySQL 克隆实例

克隆实例可以按照指定的 RDS 实例批量复制出与原实例一模一样的新 RDS 实例，复制的内容包括实例数据和实例中可设置的参数（如备份设置、参数设置的参数）。对于需要批量创建相同实例的用户，可以使用克隆实例的功能，在一个现有实例上快速复制出多个实例。

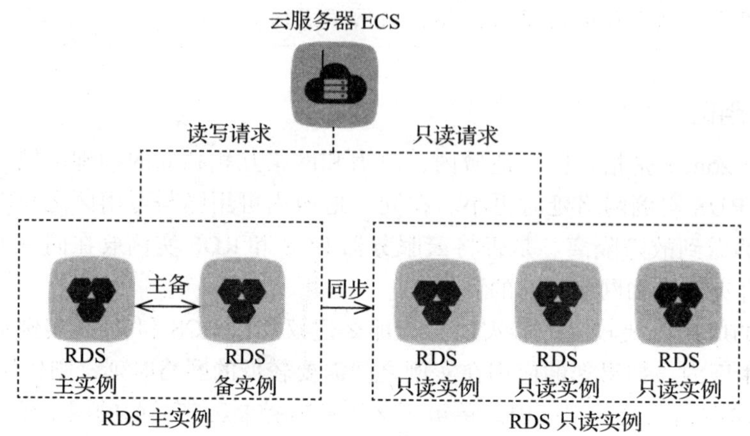

图 20-1 高冗余版云数据库架构图

克隆实例目前仅支持 MySQL 类型的数据库。

20.3.6 RDS for MySQL 灾备实例

对于数据可靠性有较强需求的业务场景，或者是有监管需求的金融业务场景，RDS 提供异地灾备实例，帮助用户提升数据的可靠性。

RDS 通过数据传输服务（DTS）实现了主实例和异地灾备实例之间的实时同步，如图 20-2 所示。主实例和灾备实例均搭建了主备高可用架构，当主实例所在的区域发生了突发性自然灾害等状况，主节点（Master）和备节点（Slave）均无法连接时，可将异地灾备实例切换为主实例，在应用端修改数据库链接地址后，即可快速恢复应用的业务访问。

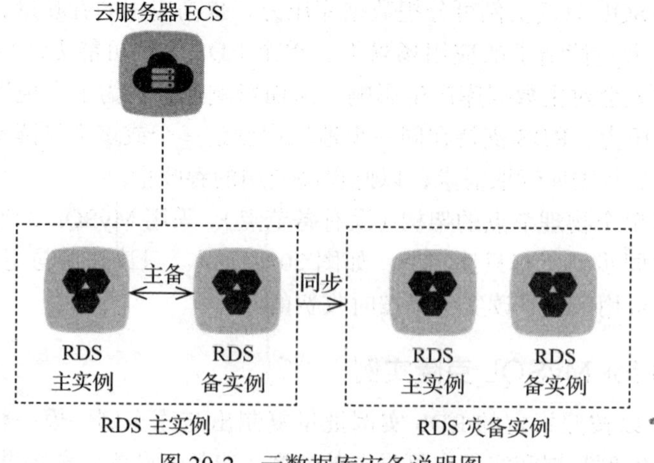

图 20-2 云数据库灾备说明图

20.3.7 RDS 数据库

数据库是用户在一个实例下创建的逻辑单元，一个实例可以创建多个数据库，在实例内数据库命名唯一，MySQL 类型的实例，最多可以创建 500 个数据库，而 SQL Server 类型的实例最多则可以创建 50 个数据库，所有的数据库都会共享该实例下的资源，如 CPU、内存、磁盘容量等。

20.3.8 RDS 数据库账号

每个数据库账号都可以应用于多个数据库，同时每个数据库的读写权限也可以被分配给多个数据库账号，一个账号可以创建多个实例，对于 MySQL 和 SQL Server 类型的实例来说，每个实例最多可以创建 500 个数据库账号。

20.3.9 RDS 连接数

应用程序可以同时连接到 RDS 实例的连接数量。

20.3.10 RDS 磁盘容量

用户购买 RDS 实例时，所选择购买的磁盘大小。磁盘总容量包含数据空间的使用量、日志空间的使用量、临时文件的使用量，等。

20.3.11 RDS for MySQL 读写分离

读写分离功能当前只有 RDS for MySQL5.6 双机高可用版支持。RDS for MySQL5.6 双机高可用版，添加只读实例之后，均可免费开通读写分离功能。

此功能目前仅支持在华东 2 地域使用，其他地域将会逐步开通读写分离功能。

20.3.12 RDS for MySQL 三节点企业版

MySQL 三节点企业版（以下简称三节点）是阿里云关系型数据库 RDS 于 2017 年 3 月份面向高端企业级用户推出的一款完全自研的云数据库系列，除了维持原有的 MySQL 兼容性和可用性，我们在 AliSQL 内核中引入了 Raft 协议，借助 MySQL Semi-sync Replication 可实现日志多副本同步复制，以确保数据的强一致性，提供金融级的可靠性，如图 20-3 所示。

三节点企业版已从 2017 年 3 月 17 日开始进行免费公测。

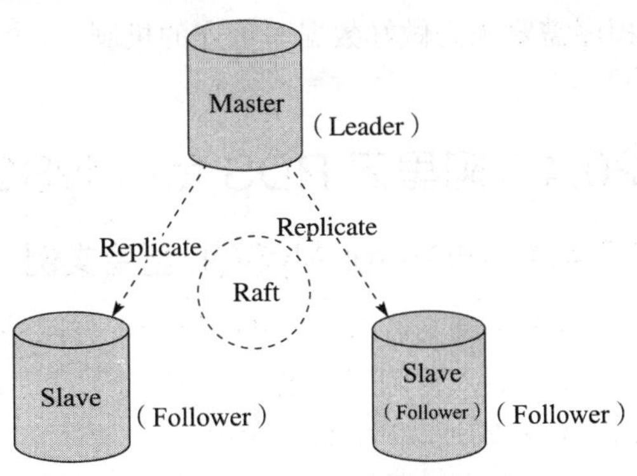

图 20-3 云数据库金融版架构图

20.3.13 RDS for MySQL 单机版

单机版是云数据库 RDS 推出的全新系列，采用单个数据库节点部署架构，与主流的主备双机高可用版相比，它只包含一个节点，没有备用节点用于故障恢复，如图 20-4 所示。现在，MySQL 和 SQL Server 均已支持这种新的系列。

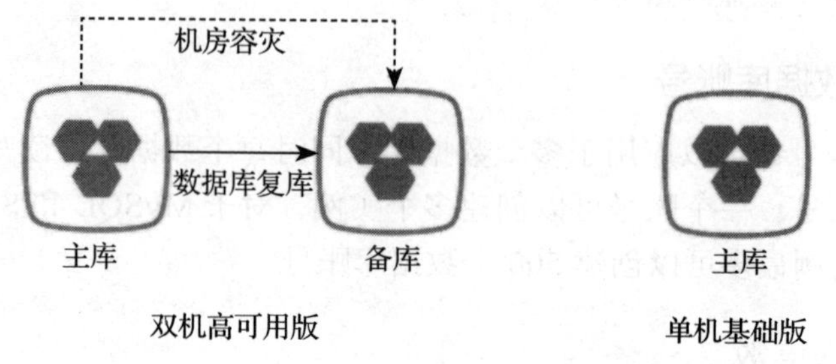

图 20-4 双机高可用版和单机版架构图

双机高可用版的备库仅用于故障转移恢复，没有对外提供服务，并且数据库复制也为主库带来了额外的性能开销，因此从这个角度分析，单机基础版的性能不仅不会低于双机高可用版，甚至还会有所提升。

RDS 单机基础版可以通过底层数据分布式存储层来保证数据多副本的可靠性，一个物理节点故障损坏不会造成数据丢失。同时，减少一个数据库节点，可以大幅节省用户的成本，售价可低至双机高可用版的一半。

20.3.14 RDS for MySQL 跨可用去迁移

一键式迁移可满足业务部署，如果当前可用区不满足业务部署的需要，则 RDS 支持跨可用区迁移。跨可用区迁移必须在相同的物理地域下进行，例如可将支持华东 1 可用区 A 的实例迁移至华东 2 可用区 B，可用区在迁移过程中不会影响正常使用，数据库实例的状态，会显示为升降级中数据迁移完毕切换时候的状态，会有 30s 的闪断，应用程序需要预先做好数据库重连的机制。

20.4 阿里云 RDS for MySQL 数据库实战

20.4.1 RDS for MySQL 创建实例

1）在浏览器内，打开阿里云官方网站 www.aliyun.com，如图 20-5 所示。

2）输入你阿里云的账号和密码，点击登录（阿里云账号注册的过程，相信读者可以自行完成），如图 20-6 所示。

3）登录以后界面显示如图 20-7 所示，点击右上角的“控制台”。

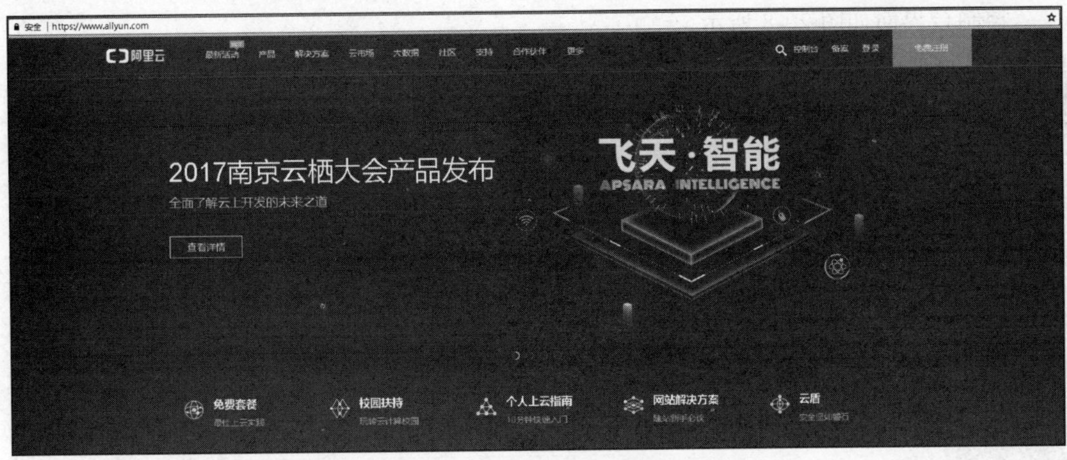

图 20-5　阿里云官方网端

图 20-6　阿里云登录界面

图 20-7　登录后的界面

控制台界面如图 20-8 所示。

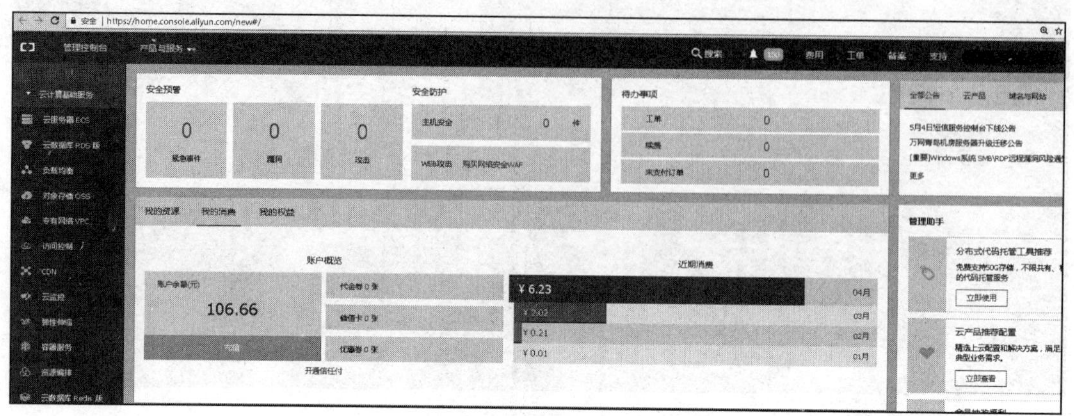

图 20-8　控制台界面

4）按照图 20-9 所示的操作，进入 RDS 购买页面。

依次点击“产品与服务”→“云计算基础服务”→“数据库”→“云数据库 RDS 版”。

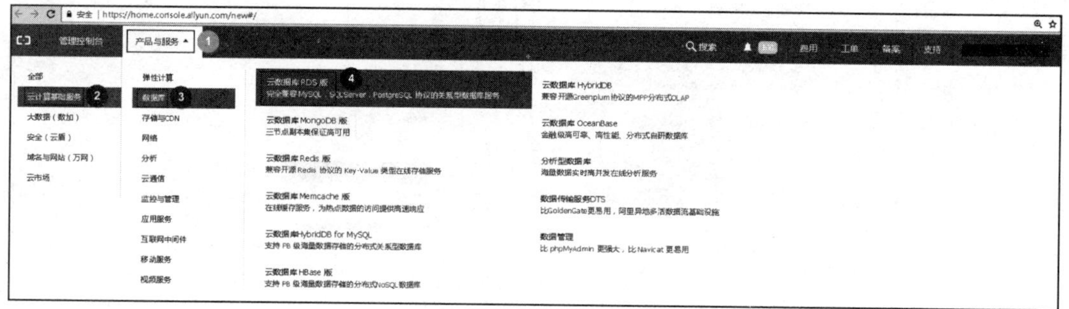

图 20-9　RDS 购买界面

5）选择地域并在此地域创建 RDS 实例。

上文中我们已经介绍过如何选择地域，这里不再赘述。点击“新建实例”，如图 20-10 所示。

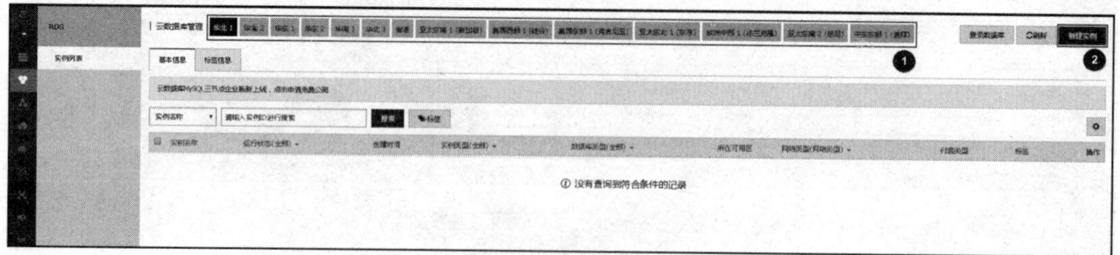

图 20-10　选择地域

6）创建 RDS 实例，如图 20-11 所示。

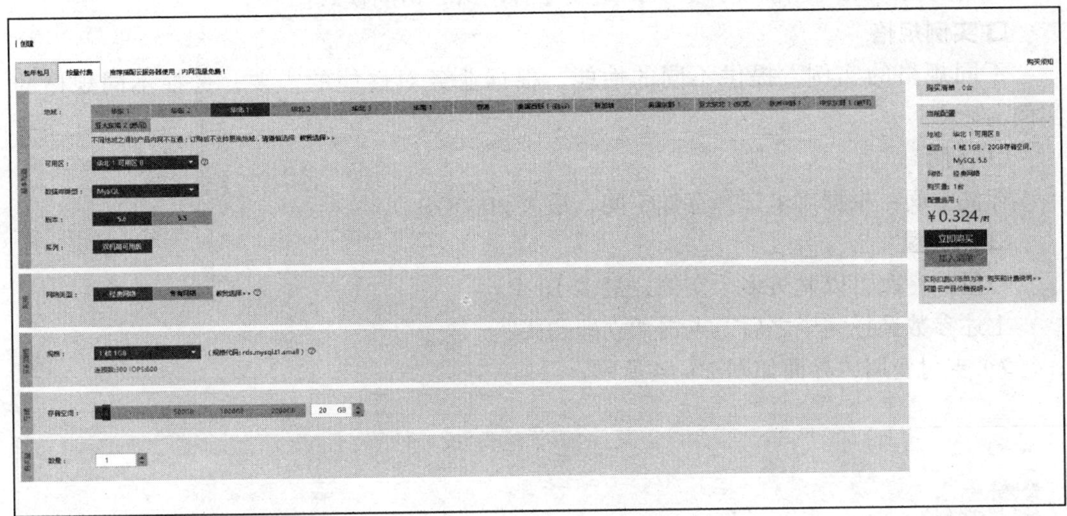

图 20-11　创建 RDS 实例

❑ 计费类型

计费类型分为包年包月和按量付费。当前测试使用 RDS，这里我们使用按量付费即可，如果是生产环境，且需要长期使用，建议选择包年包月。

❑ 基础配置

地域：选择适当的地域（上文已经介绍过）。

可用区：这里可以选择单可用区和多可用区，如图 20-12 所示。单可用区实例，主和备都会在一个可用区内；多可用区实例，主和备实例会在不同的可用区，以提高 RDS 的高可用性。

数据库类型：当前 RDS 支持 MySQL、MSSQLServer、PgSQL 和 PPAS，这里我们选择 MySQL，如图 20-13 所示。

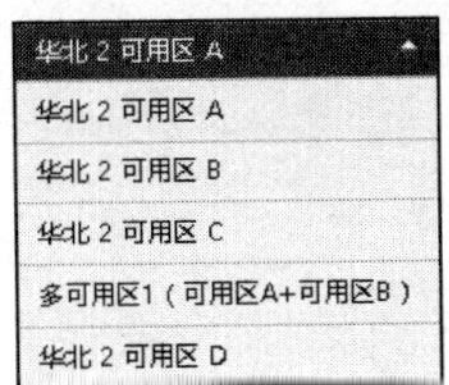

图 20-12　可用区选择界面

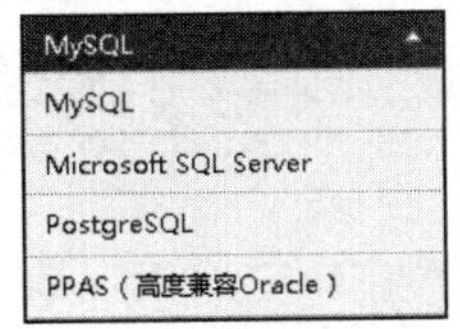

图 20-13　数据库选择界面

数据库版本：MySQL 数据库支持 5.6 和 5.5（单机实例支持 5.7 版本）。

系列：双机高可用版。

❑ **网络**

网络类型：RDS 当前支持经典网络或专有网络，访问模式。

❑ **实例规格**

不同规格的实例，提供不同的性能，根据业务对性能的需要，选择不同规格的实例。

❑ **存储**

存储空间：根据需求选择存储空间，最大 2000GB。

❑ **购买量**

数量：一次可以购买多个实例，最多 10 个。

上述参数选择完毕之后，点击“立即购买”。

7）支付费用，界面如图 20-14 所示。

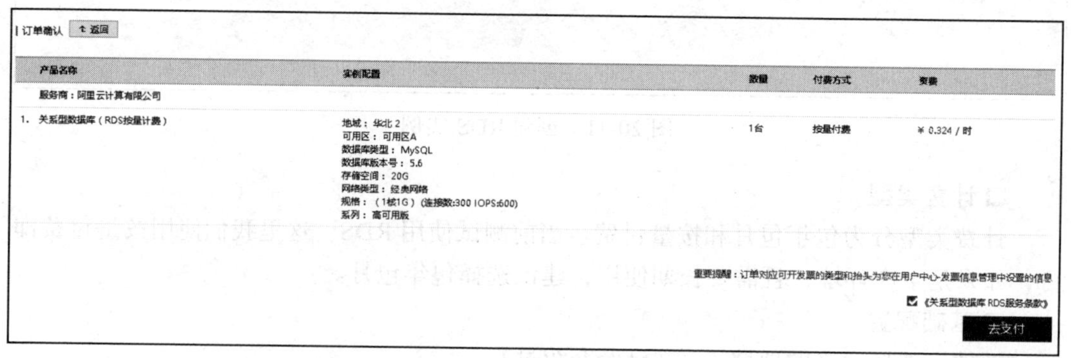

图 20-14　支付费用界面

点击“管理控制台”，如图 20-15 所示。

图 20-15　开通成功界面

可以看到，数据库为创建中状态，如图 20-16 所示。

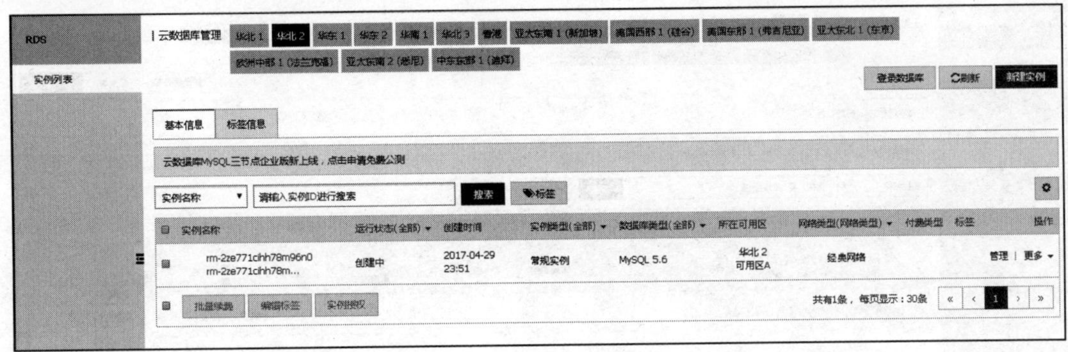

图 20-16　数据库状态界面

至此，RDS 数据库实例创建完毕。

20.4.2　RDS for MySQL 升级实例

在业务量持续增大的场景下，RDS 实例的性能可能会无法满足需求。此时我们就需要考虑对 RDS 的性能进行升级，以满足业务对性能的需求。

RDS 规格升级的过程，不会影响到业务使用数据库。关于升级规则，如果本地物理机硬件配置足够，那么会直接进行本地升级，此种情况下升级速度较快。如果本地物理机硬件资源不足，那么 RDS 会在资源充足的物理机上创建新的实例，然后进行升级，此种升级会复制当前数据库的数据到远端的数据库，数据同步过程中，对业务没有影响，升级期间无法管理数据库，例如无法添加数据库账号等。当数据库数据同步完毕后，会进行主备切换，此时会有 30 秒左右的闪断，需要业务支持数据库断开重连。

1）登录 RDS 控制台，如图 20-17 所示。

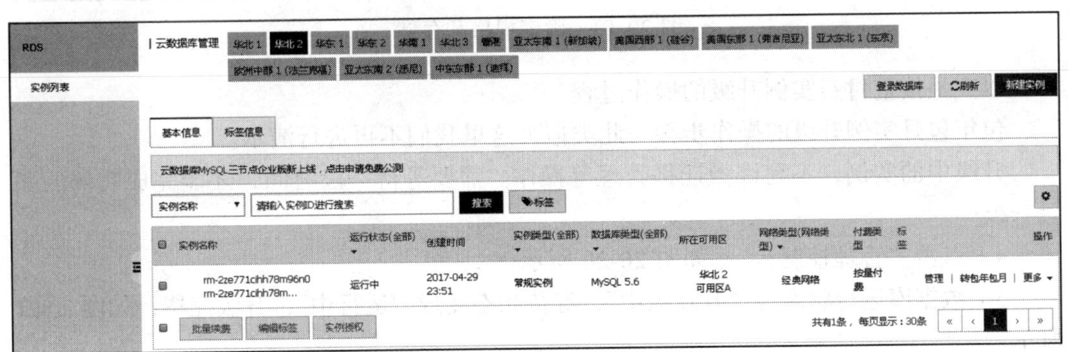

图 20-17　RDS 控制台界面

2）选择需要升级的 RDS 实例，如图 20-18 所示。

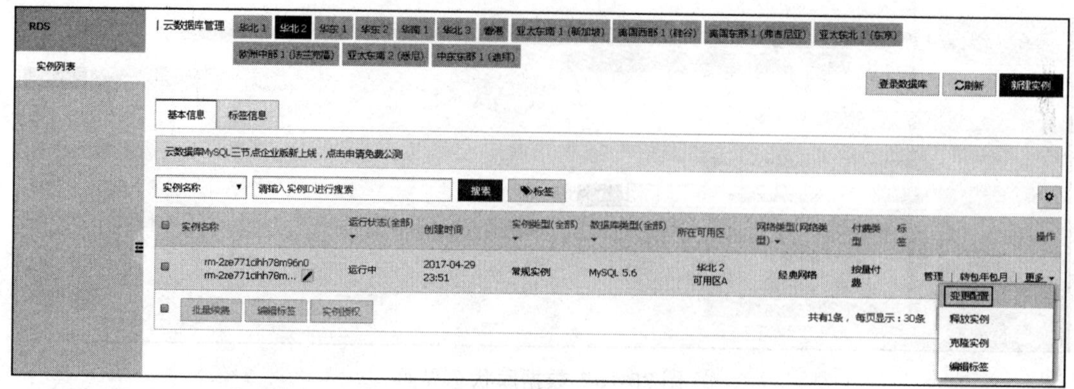

图 20-18 选择需要升级的 RDS 实例

3）确定规格和存储，点击“确认变更”，如图 20-19 所示。

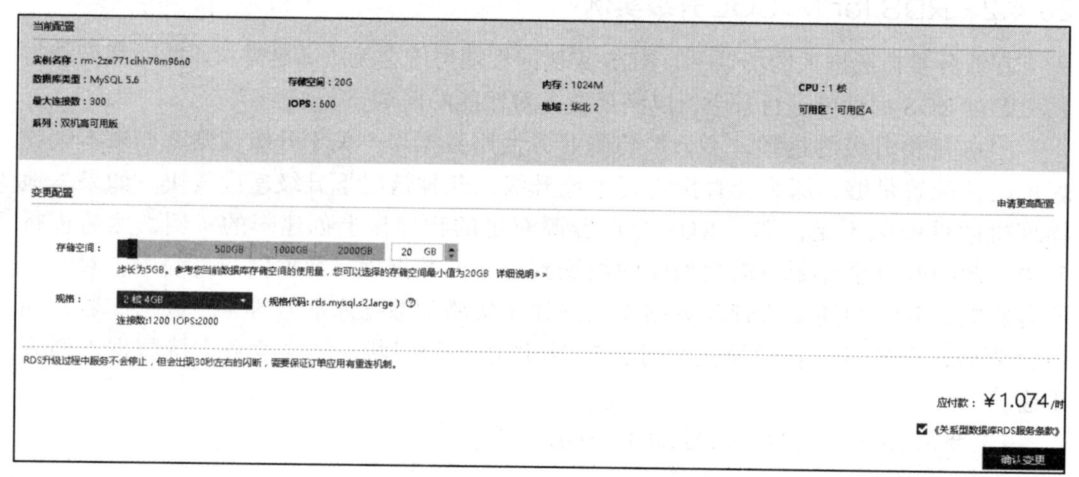

图 20-19 确定规格和存储

以上是按量付费实例升级的操作过程。

包年包月实例升级的操作步骤与此类似，这里我们不再进行演示。

升级中的实例，不允许做迁移管理等操作。需要等待一段时间，才能完成实例的配置升级。

4）点击“管理控制台”，如图 20-20 所示。

5）数据库运行状态为“升降级中”，等待状态变成“运行中”，升级完毕，如图 20-21 所示。

20.4.3 RDS for MySQL 查看基本信息

实例关系：主实例、只读实例、灾备实例的关系。

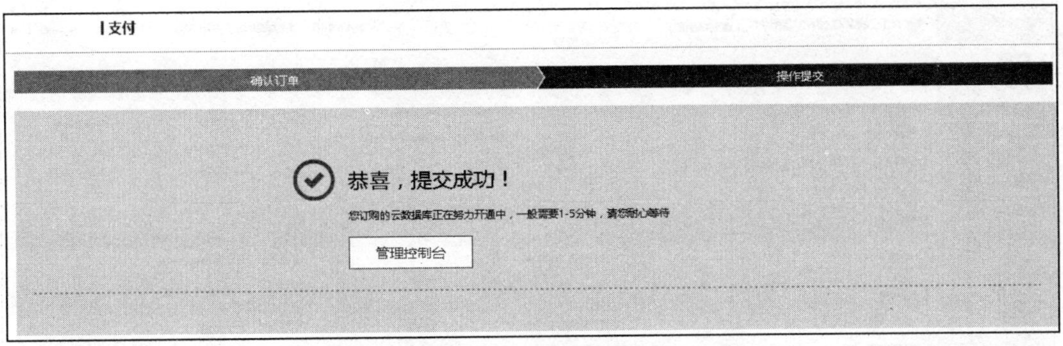

支付
确认订单
操作提交
恭喜，提交成功！
您订购的云数据库正在努力开通中，一般需要1-5分钟，请您耐心等待
管理控制台

图 20-20　升级成功界面

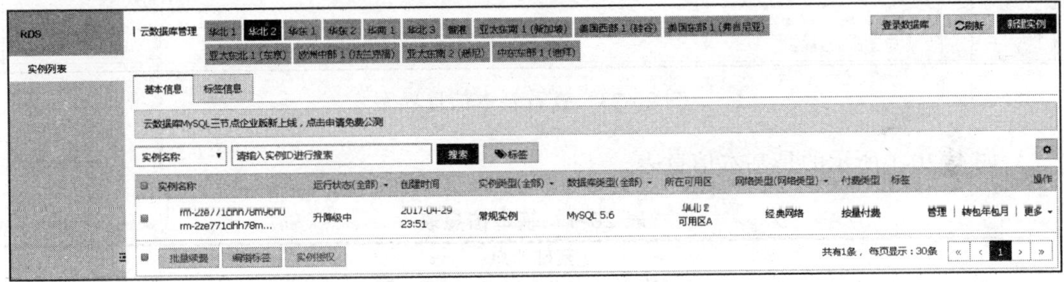

图 20-21　数据库运行状态界面

基本信息配置信息：地域、可用区、实例 ID、实例名称、内存、磁盘数据库版本。

运行状态运行周期：可用性、是否锁定、空间使用、创建时间、付费模式、到期时间。

登录控制台

1）点击“管理”或“实例名称”，如图 20-22 所示。

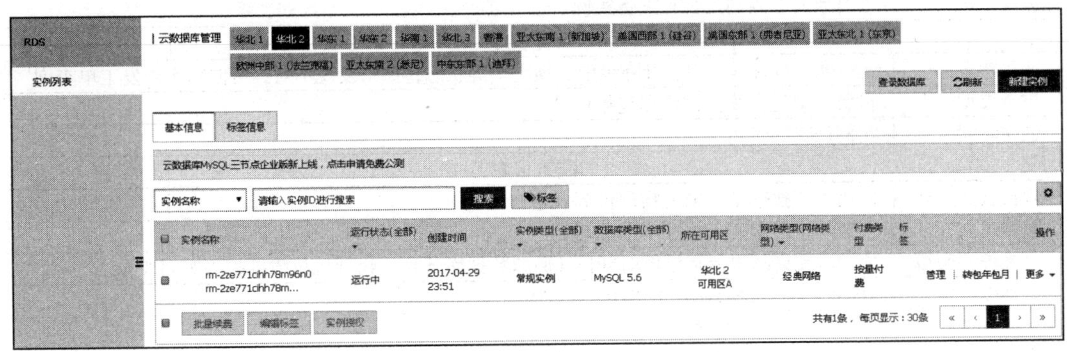

图 20-22　实例列表界面

2）查看基本信息，如图 20-23 所示。

图 20-23　查看基本信息界面

如表 20-1 所示的是基本信息表。

表 20-1　基本信息表

基础信息	
实例 ID	ID 为全局唯一 ID，当您的数据库出现问题的时候，需要将此 ID 提供给阿里云的技术人员
名称	名称可以按照您的需求进行自定义，可以将名称修改成您容易记录的名字
地域可用区	当前 RDS 实例所在的地域和可用区
实例类型	查看实例的类型（常规实例，只读实例，以及实例是否为高可用版，或者为单机基础版）
内网地址	RDS 内外网地址，都是需要设置白名单以后才会显示
内网端口	数据库的工作端口
外网地址	外网地址需要单独申请，并且数据库需要工作在高安全模式下。下文会详细讲解
实例分布	
只读实例	查看当前主实例是否有只读实例，最多 5 个
灾备实例	查看当前主实例是否有灾备实例
运行状态	
运行状态	运行状态包含运行中、升降级中、锁定中等状态，如果发现不对，可向阿里云发工单查询
付费类型	付费类型包含按量付费和包年包月
创建时间	实例创建的时间
配置信息	
规格族	通用型、独享型、独占物理机等规格
数据库内存	不同规格的实例，内存不同
可维护时间段	使用者允许阿里云运维的时间段（例如数据库迁移、物理机故障维护等时间段）
数据库类型	MySQL、SQLServer、PgSQL、PPAS 等
最大 IOPS	数据库最大 IOPS 参数
实例规格	实例规格，可以在阿里云官方网站上查询到。不同配置的实例，规格不同
CPU	当前规格的 RDS 实例 CPU 核数
最大连接数	实例规格不一样，最大连接数也不同，如果需要更多的连接数，可以通过升级规格来实现

（续）

使用量统计	
存储空间	会显示已用空间和总空间
备份使用量	备份使用量不包含在存储空间中，是额外的空间，10GB 以内免费，超出会收费
SQL 采集量	SQL 采集量将会产生额外的费用，开启 SQL 审计，价格为 0.008 元 /GB · 小时。

20.4.4　RDS for MySQL 数据库管理

1. 数据库创建管理

1）创建数据库的账号，如图 20-24 和图 20-25 所示。

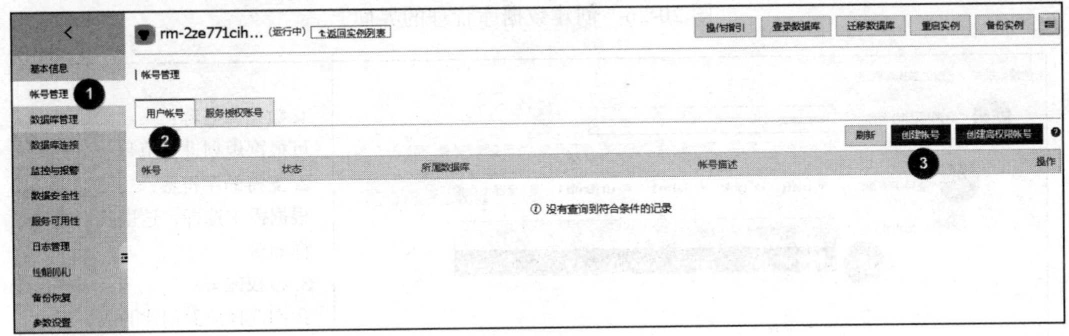

图 20-24　创建数据库的账号界面

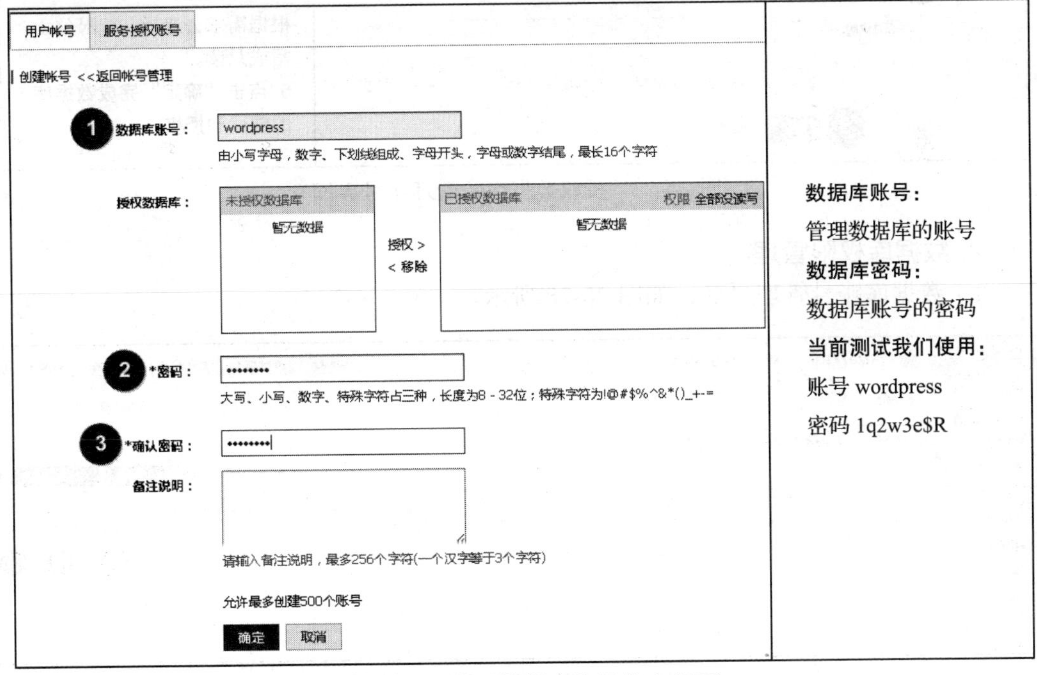

图 20-25　填入数据库账号信息界面

2）创建数据库并授权数据库的管理账号，如图 20-26 和图 20-27 所示。

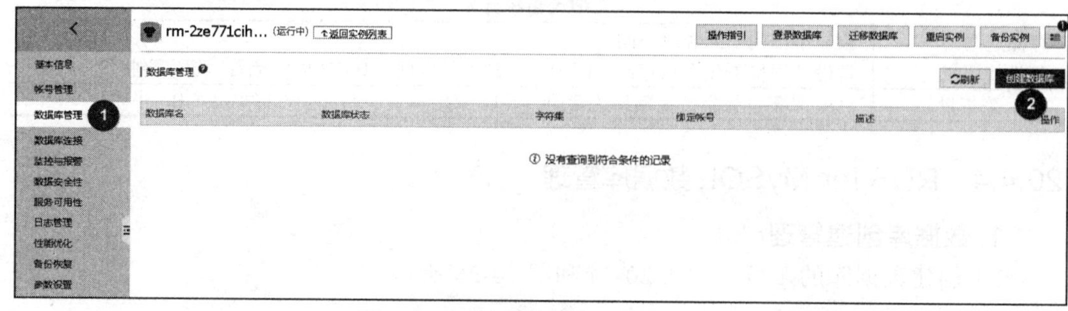

图 20-26　创建数据库管理的界面

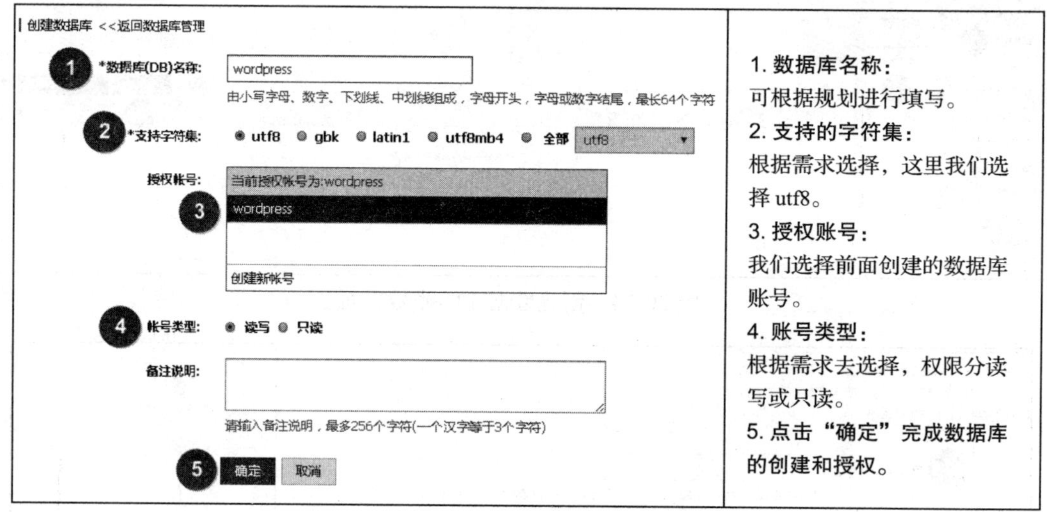

图 20-27　授权数据库的管理账号界面

2. 数据库权限管理

1）数据库账号管理界面，如图 20-28 所示。

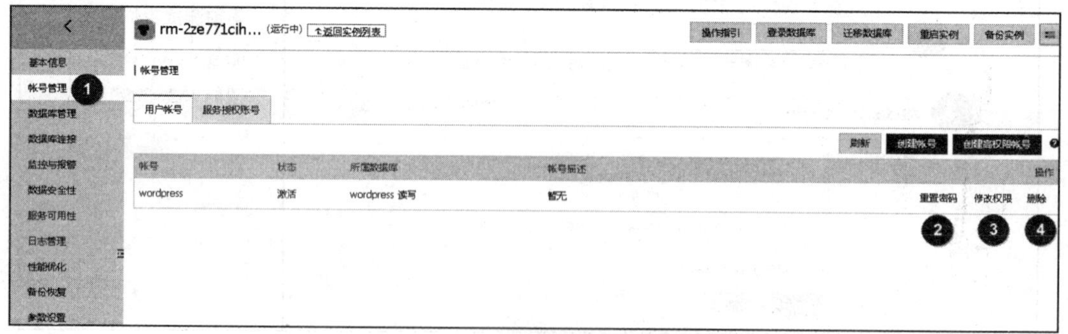

图 20-28　数据库账号管理界面

2）重置账号密码，点击“重置密码”标签，如图 20-29 所示。

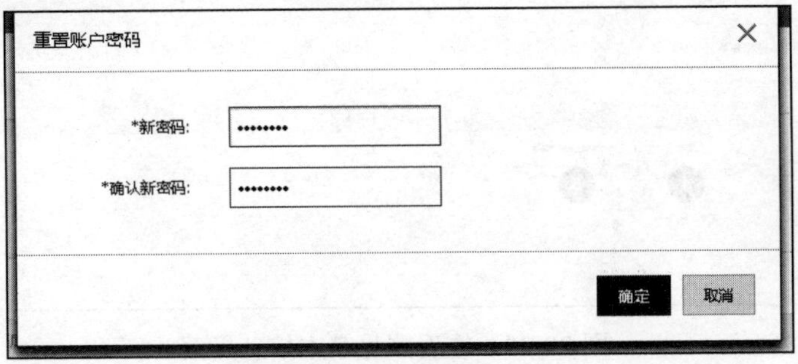

图 20-29　重置账号密码界面

3）修改账号权限，点击“修改权限”标签，可设置账号，是哪个数据库的读权限或读写权限，以及授权账号到更多数据库，如图 20-30 所示。

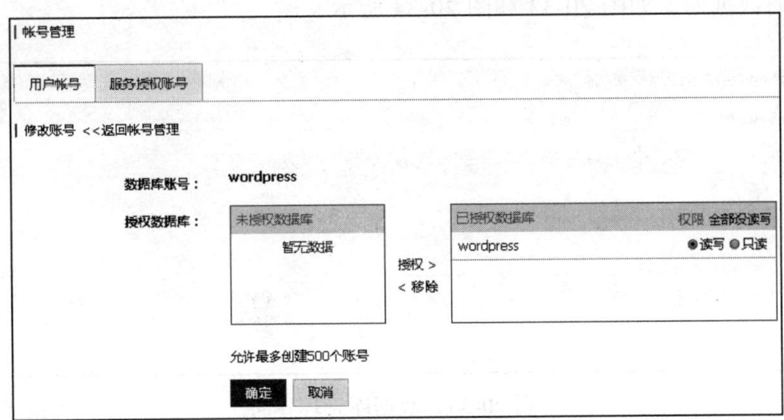

图 20-30　修改账号权限界面

4）删除账号，点击“删除”标签，如图 20-31 所示。

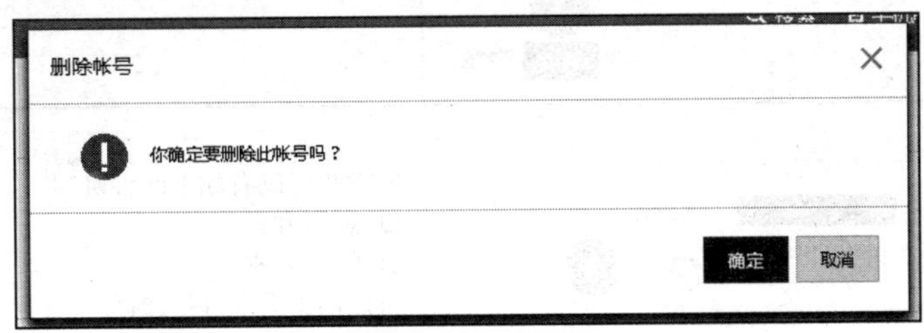

图 20-31　删除账号界面

5）查看账号基本信息，如图 20-32 所示。

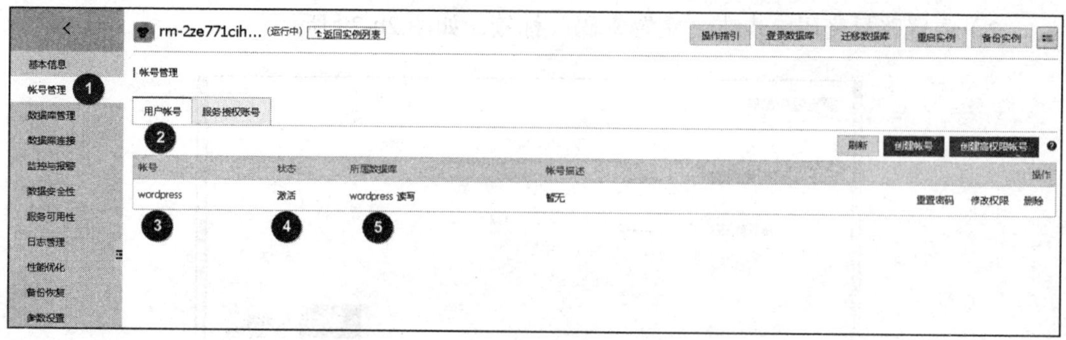

图 20-32 查看账号基本信息界面

由图 20-32 可以看到，账号的状态是激活状态，并且可以查询账号管理几个数据库，以及对应数据库的管理权限。

3. 数据库维护管理

1）重启数据库，如图 20-33 和图 20-34 所示。

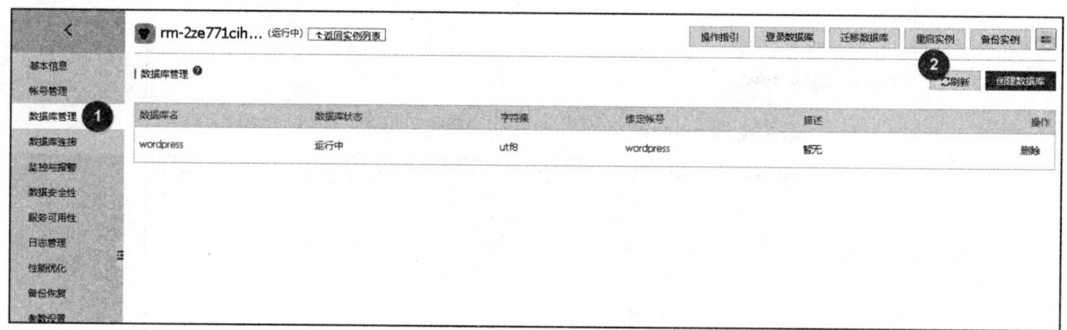

图 20-33 数据库管理界面

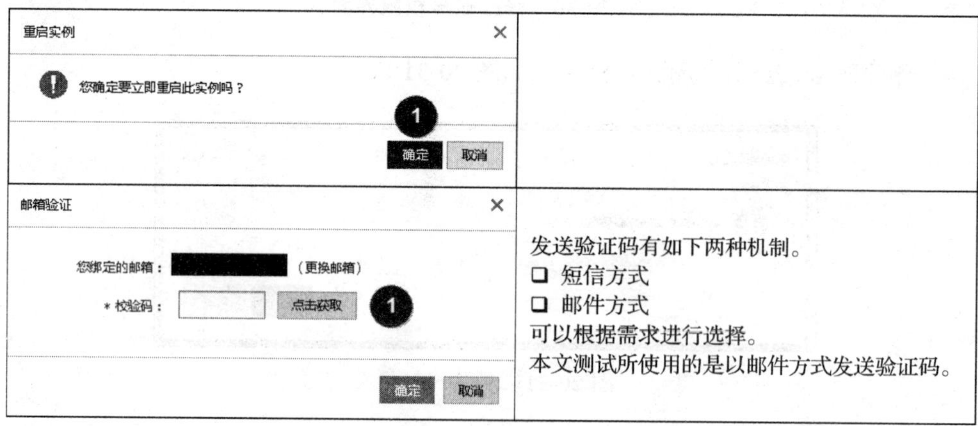

图 20-34 重启数据库界面

输入验证码后，进行实例重启，重启过程中实例不可用。

从如图 20-35 所示的 RDS 管理控制台中可以看到，数据库状态为“重启中”。

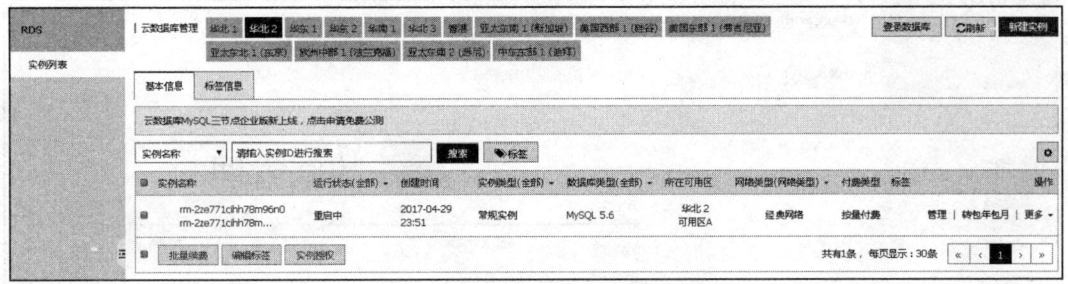

图 20-35　RDS 管理控制台界面

点击“管理”或“实例名称”，进入实例基本信息页面，点击图 20-36 中的标识 1，可以看到重启任务的进度。

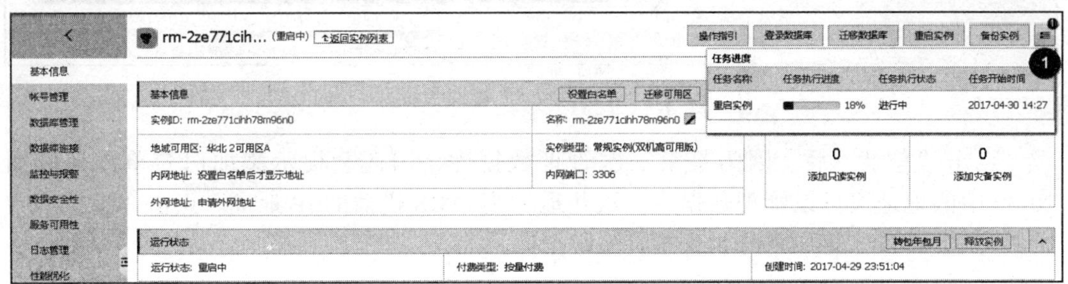

图 20-36　实例基本信息界面查看重启进度

2）登录数据库，如图 20-37 所示，进入 RDS 实例的数据库管理界面，点击“登录数据库”。

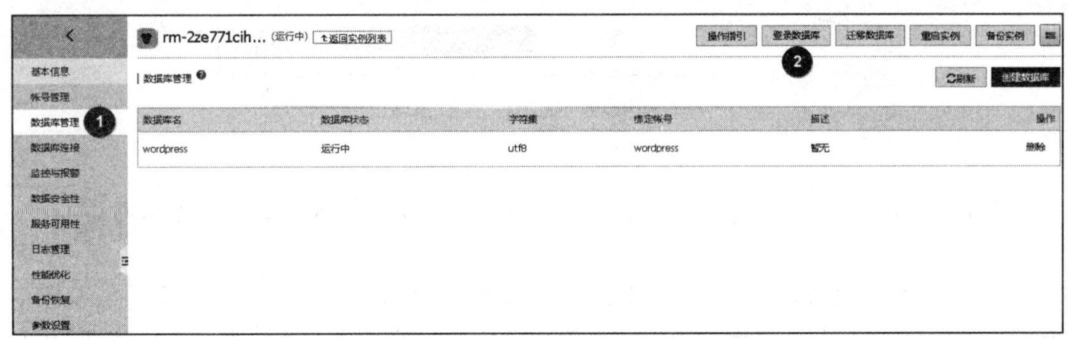

图 20-37　登录数据库界面

点击“登录数据库”后，进入数据库管理工具 DMS 管理界面，1）选择正确的数据库，2）输入数据库用户名和密码，3）点击“登录”，如图 20-38 所示。

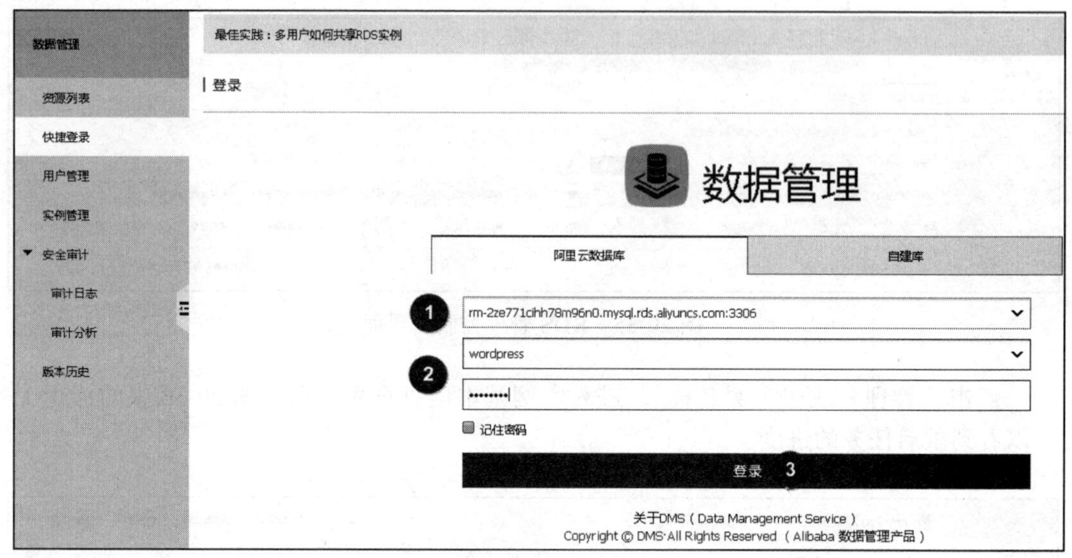

图 20-38　DMS 管理界面

点击“登录”后，因为是第一次管理数据库，因此会提示添加白名单，允许图 20-39 中的地址段可以管理数据库，这些地址为 DMS 机器的 IP 地址。点击“设置所有实例”，如果不设置，DMS 将无法管理数据库。

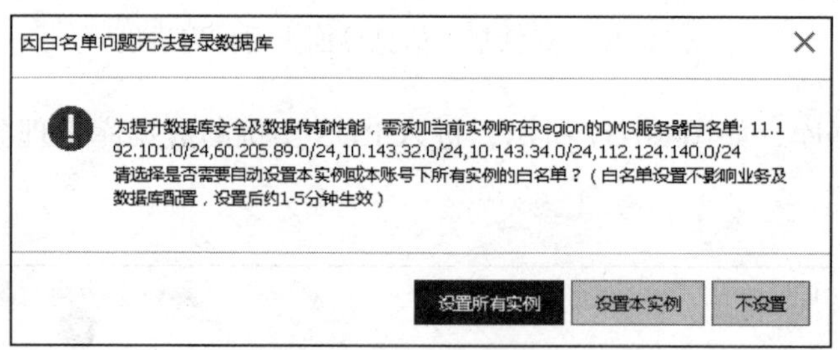

图 20-39　添加白名单界面

备注：如果点击“不设置”，则没有添加上述地址到白名单，请手动添加白名单。

通过数据管理 DMS 登录数据库后，可以通过 DMS 管理界面，查看当前数据库的 IOPS、CPU、连接数、存储空间等信息等，性能信息监控每 4 秒采集一次，如图 20-40 所示。

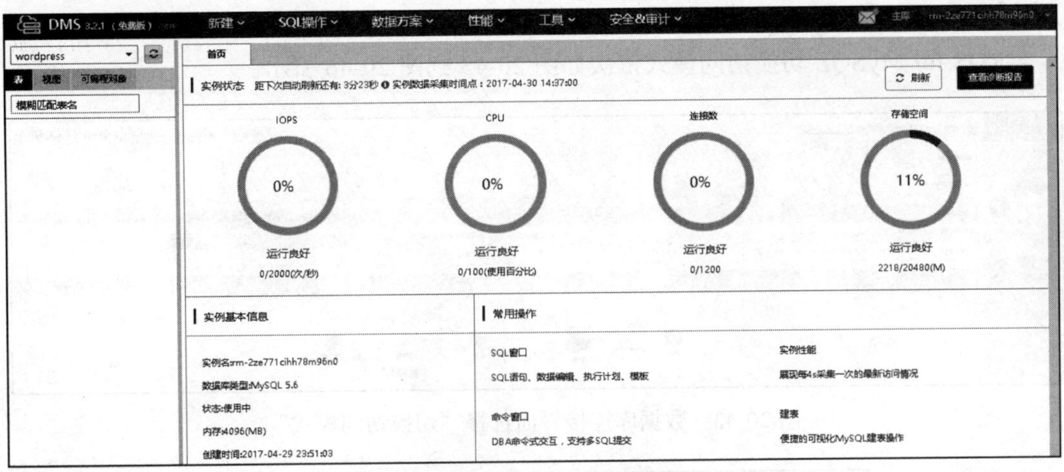

图 20-40　DMS 管理界面，查看数据库信息

20.4.5　RDS for MySQL 远程访问

1. RDS for MySQL 访问模式

RDS for MySQL 支持两种访问模式：标准模式和高安全模式。

（1）标准模式

使用负载均衡屏蔽了数据库引擎 HA 切换对应用层的影响，标准模式响应时间最短，如图 20-41 所示。

图 20-41　RDS for MySQL 标准模式

（2）高安全模式

高安全模式可以预防 90% 的链路闪断，因所有的 SQL 语句都会经过代理层，高安全模式可以支持 SQL 注入的防御，可以分析 SQL 语句，来防护 SQL 注入，目前支持 MySQL 和 PostgreSQL，高安全模式会增加响应时间，如图 20-42 所示。

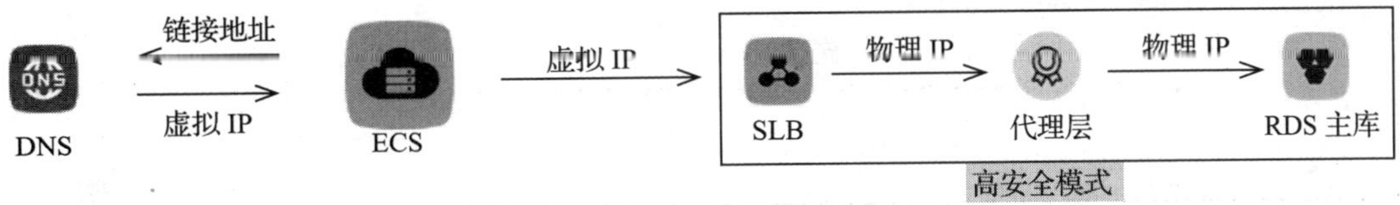

图 20-42　RDS for MySQL 高安全模式

2. RDS for MySQL 切换访问模式

RDS for MySQL 切换访问模式依次如图 20-43 到图 20-46 所示。

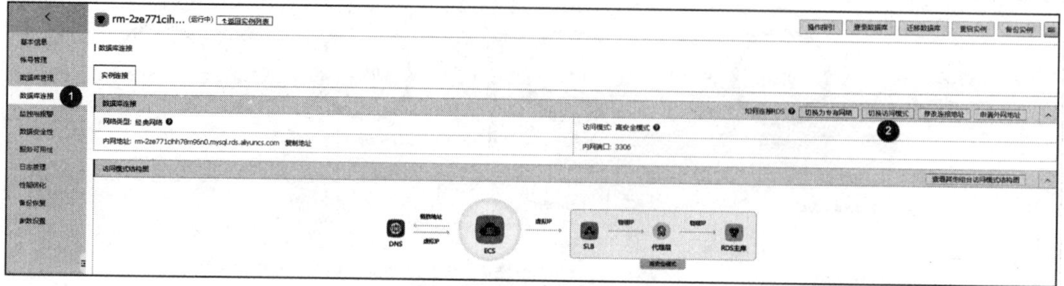

图 20-43　数据库连接界面选择“切换访问模式”

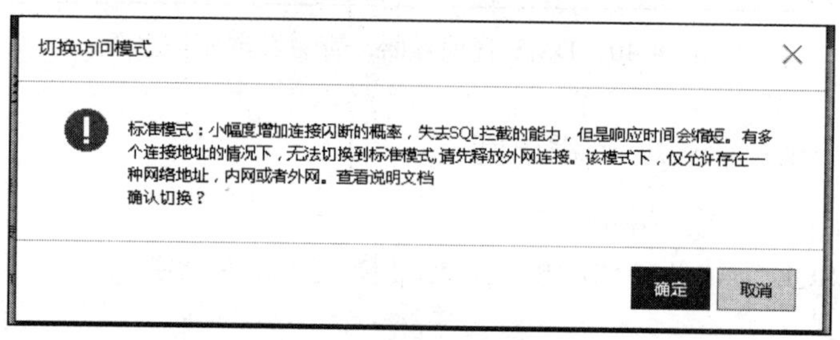

图 20-44　切换访问模式界面

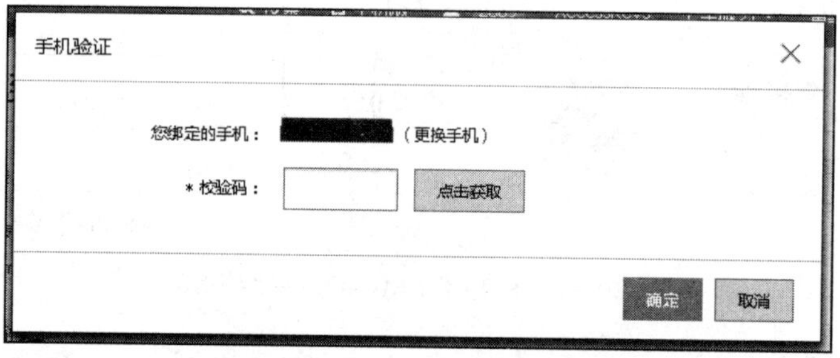

手机验证
您绑定的手机：（更换手机）
* 校验码：点击获取
确定
取消

图 20-45　输入手机验证码

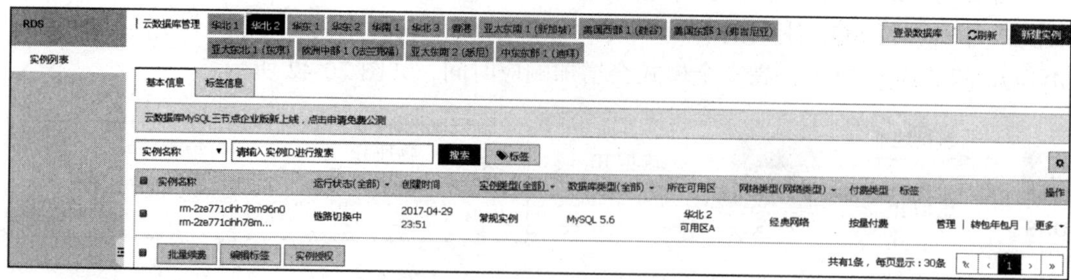

图 20-46　实例列表界面查看基本信息

3. RDS for MySQL 申请外网地址

（1）标准模式

RDS for MySQL 申请外网地址界面，如图 20-47 和图 20-48 所示。

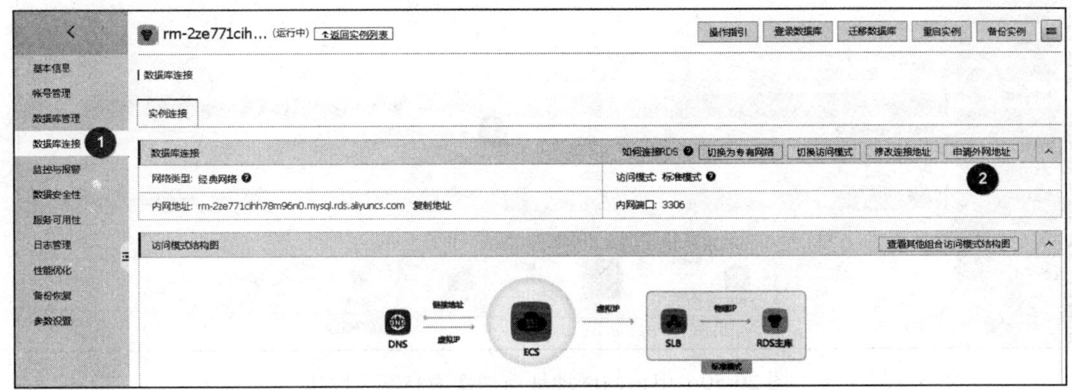

图 20-47　数据库连接界面选择“申请外网地址”

> **注意：** 如果需要同时使用内网和外网地址，请将“标准模式”切换为“高安全模式”。外网服务器 IP 地址需要设置白名单之后，方可通过外网地址连接实例。

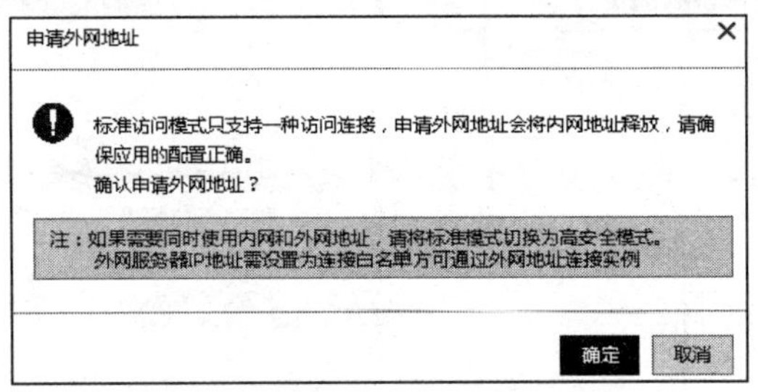

图 20-48　申请外网地址界面

申请外网地址，状态显示为“内外网切换中”，如图 20-49 所示。

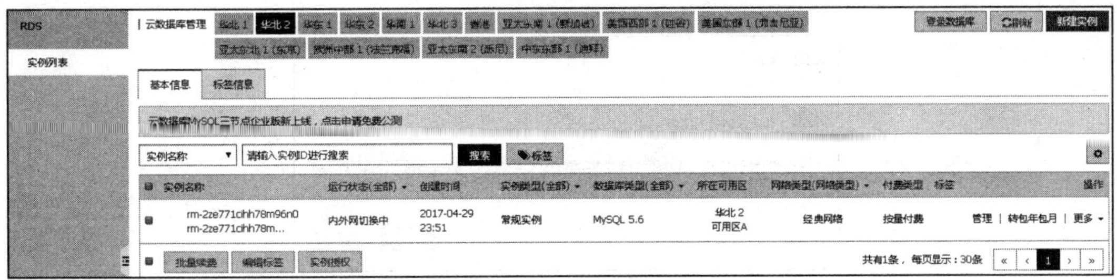

图 20-49　实例列表界面查看基本信息

（2）高安全模式

申请内网地址，如图 20-50 所示。

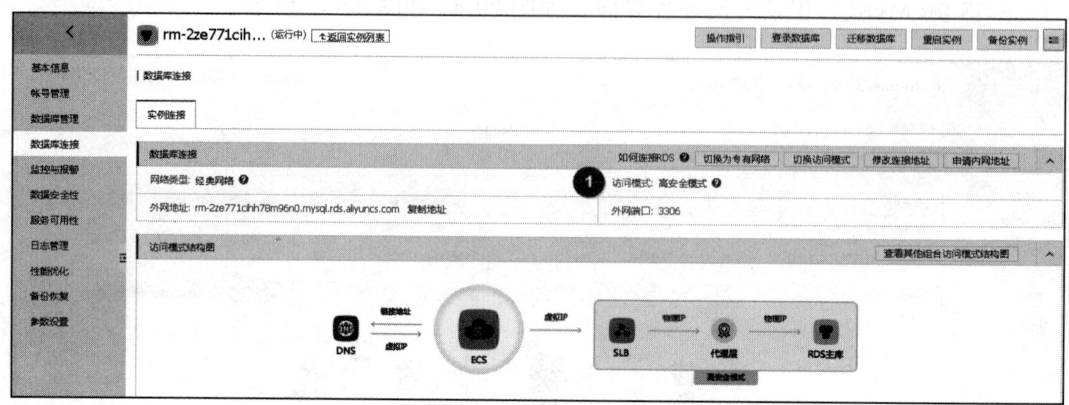

图 20-50 申请内网地址前切换为高安全模式

切换回“高安全模式”，申请内网地址，高安全模式可以同时支持内网地址和外网地址。

已经是高安全访问模式，申请内网地址，如图 20-51 和图 20-52 所示。

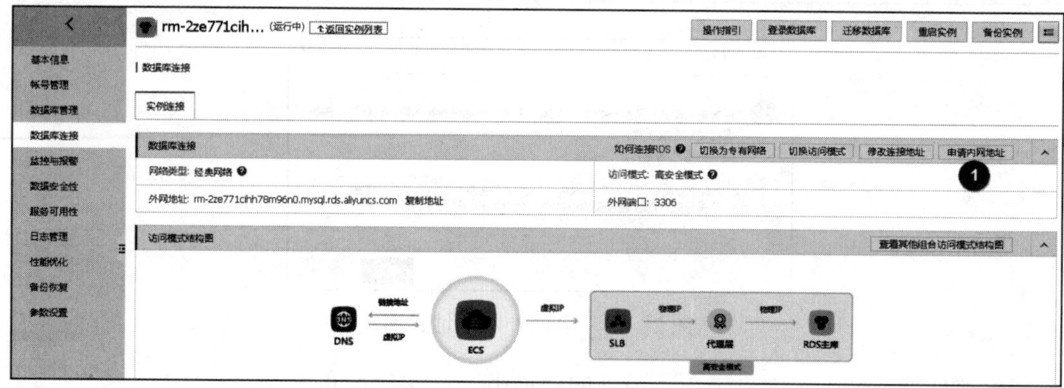

图 20-51 数据库连接界面选择“申请内网地址”

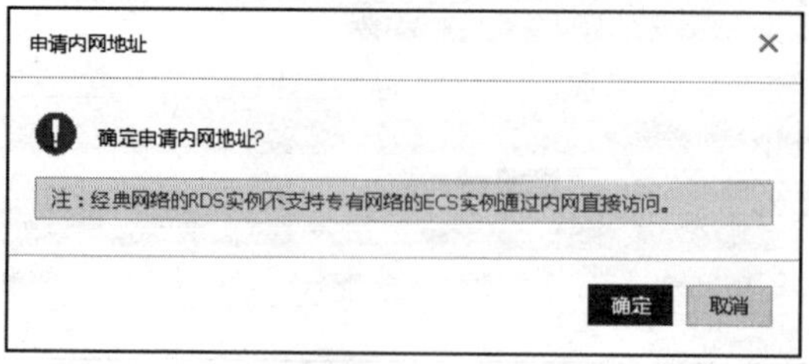

申请内网地址 ×

确定申请内网地址？

注：经典网络的RDS实例不支持专有网络的ECS实例通过内网直接访问。

确定 取消

图 20-52 是否确定申请内网地址

点击“确定”之后，回到 RDS 管理菜单可以查看工作状态，如图 20-53 所示。

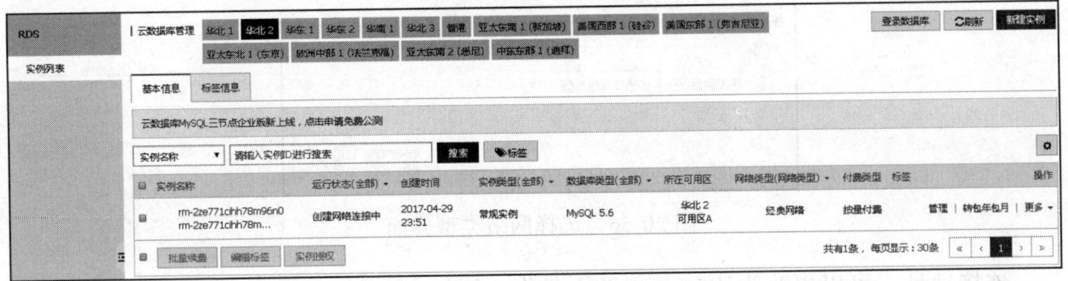

图 20-53　实例列表界面查看基本信息

等待任务完成后，就可以看到 RDS 已经有了内网地址和外网地址，如图 20-54 所示。

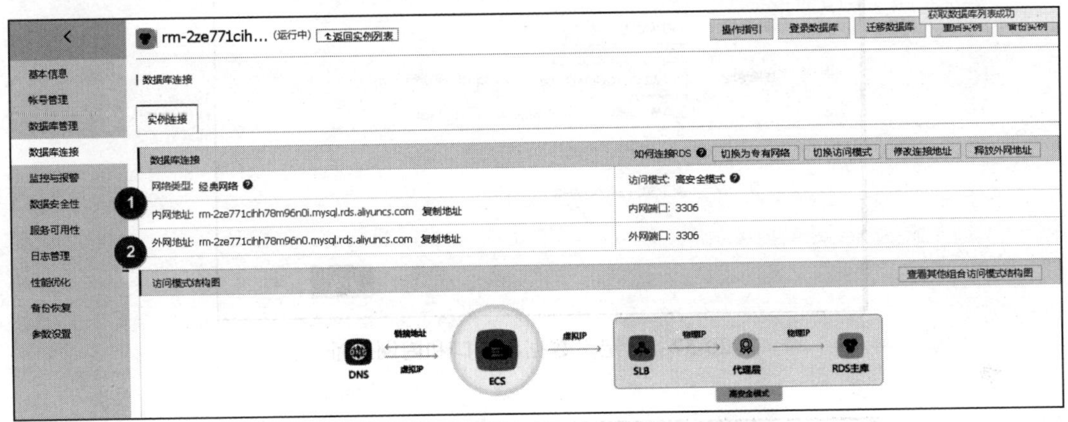

图 20-54　RDS 已经有了内网地址和外网地址

4. RDS for MySQL 连接地址修改

RDS 的连接地址，可以进行自定义，这样便于维护管理，如图 20-55 所示。

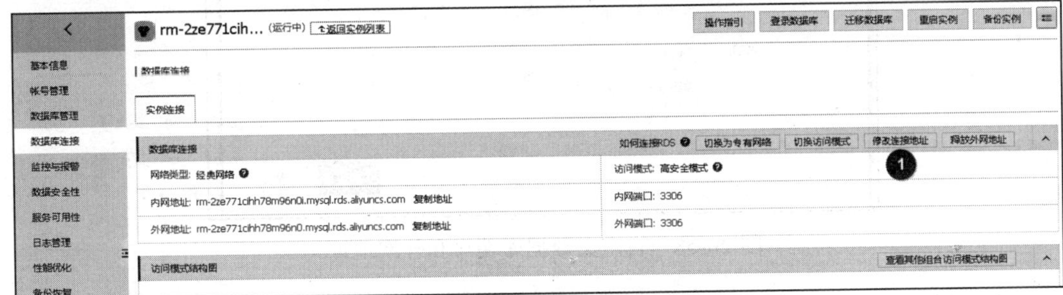

图 20-55　RDS 连接地址可进行修改

点击图 20-55 中的“修改连接地址”，选择内网或外网地址，如图 20-56 所示。

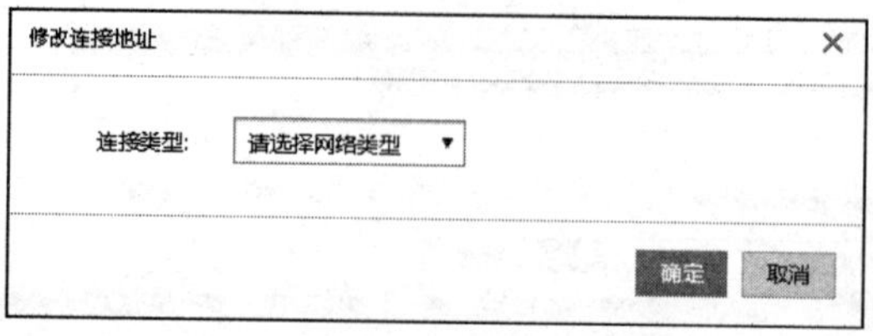

图 20-56 选择网络类型界面

连接地址，可以更改为比较有意义的名称，例如 WordPress-db，同时还可以自定义数据库的端口号，内网地址和外网地址都可以进行自定义，如图 20-57 和 20-58 所示。

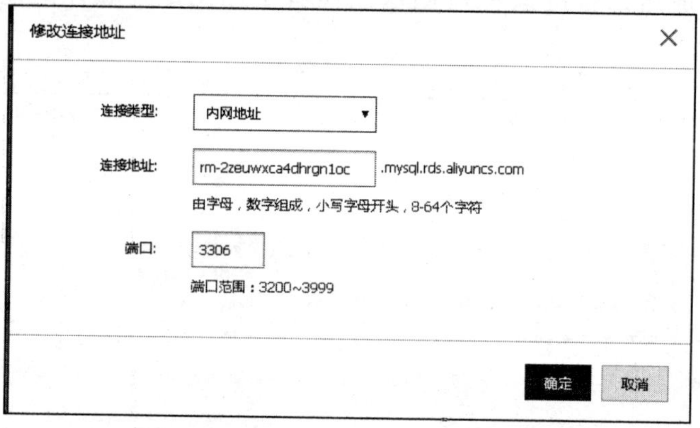

图 20-57 自定义数据库端口和内网地址

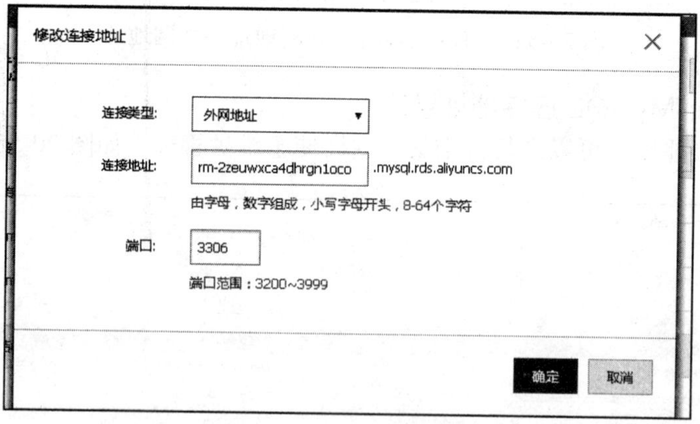

图 20-58 自定义数据库端口和外网地址

点击图 20-59 中的“点击获取”，输入验证码后开始更改。

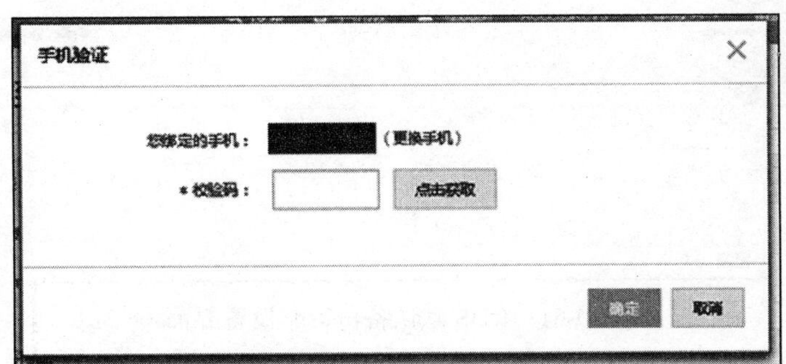

图 20-59 输入手机验证码

20.4.6 RDS for MySQL 备份与恢复

（1）自动备份

RDS 提供了多种类型的备份，MySQL 支持物理备份和逻辑备份，MySQL 支持全量备份和增量备份。备份开始时间可由用户根据自己的业务低峰进行灵活配置，所有备份文件免费保留 7 天。

（2）手动备份

用户在需要时可以临时性发起备份操作，备份文件免费保留 7 天。

（3）数据回溯

利用备份文件和日志，RDS 可以生成一个 7 天内任意时刻的克隆实例，用户可在校验数据无误之后，再进行数据恢复操作。创建克隆实例操作不影响用户当前实例的正常运行。

（4）备份文件下载

RDS 会将用户备份文件免费保留 7 天，在此期间用户可登录 RDS 管理控制台，将备份文件下载至本地。

1. RDS for MySQL 默认备份策略

RDS 备份查询如图 20-60 所示。

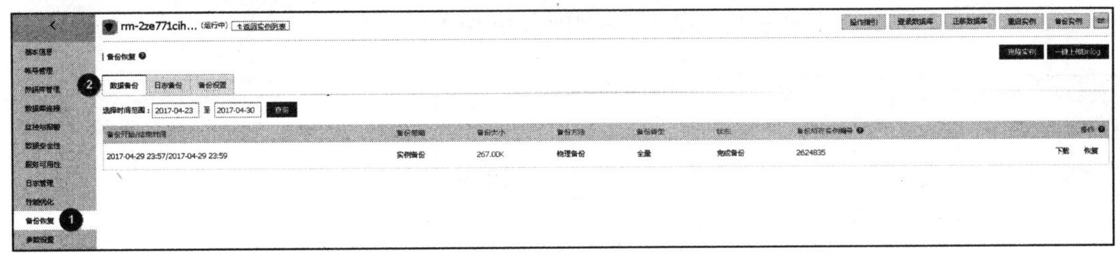

图 20-60 RDS 备份查询界面

当 RDS 创建完毕之后，默认会有备份策略设置。

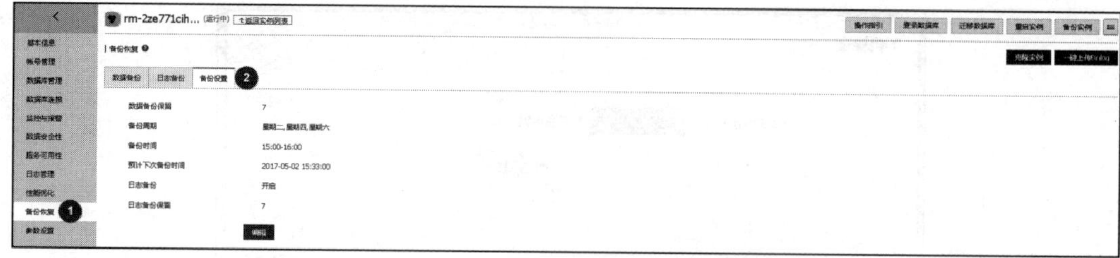

图 20-61　RDS 默认备份策略设置界面

2. RDS for MySQL 自动备份策略设置

如图 20-62 所示，选择好备份周期和备份时间之后，RDS 将会根据设置开启自定义备份策略。

> **注意：**应尽量避免在业务高峰期备份数据库。

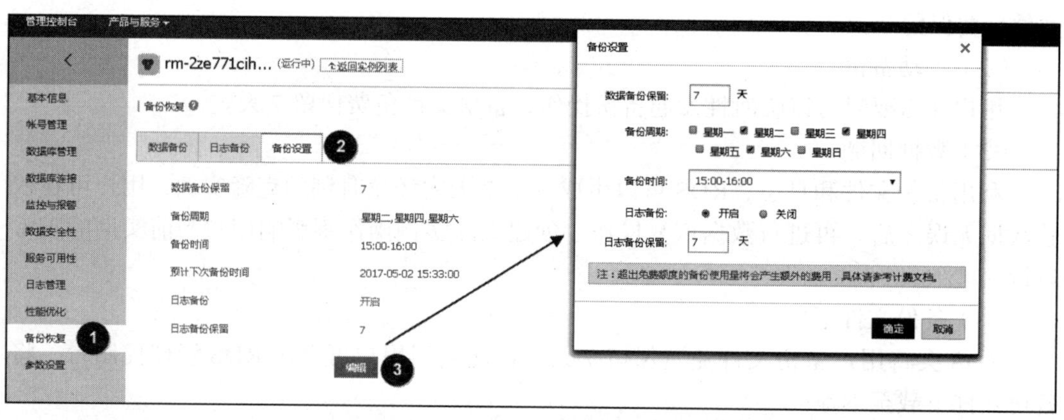

图 20-62　RDS 根据备份设置开启自动备份策略

3. RDS for MySQL 手动备份

如图 20-63 所示，手动备份可以选择物理备份和逻辑备份。

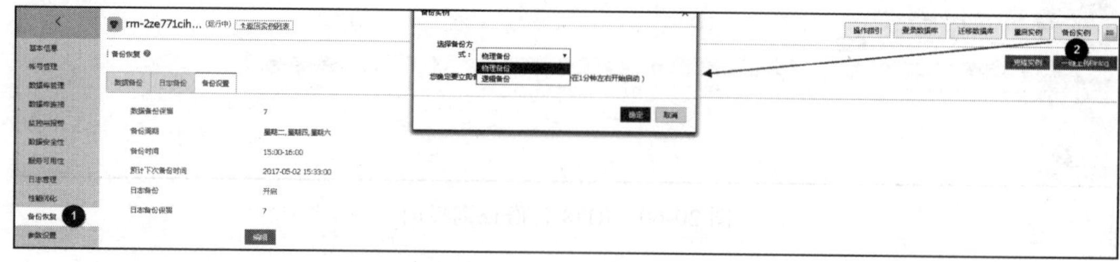

图 20-63　手动备份选择备份方式界面

如图 20-64 所示，逻辑备份可以选择实例备份和单库备份。

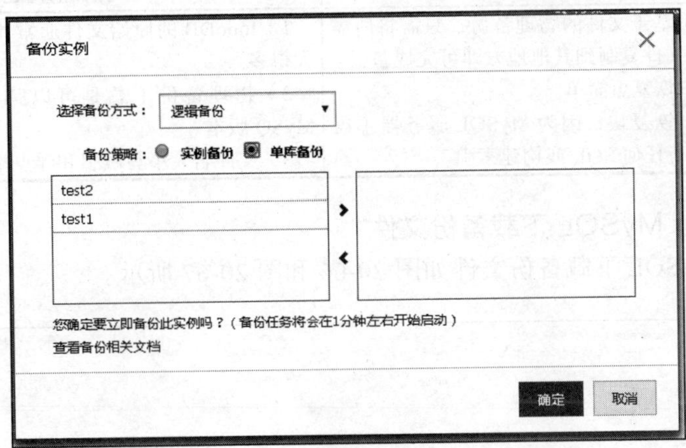

图 20-64　逻辑备份选择界面

逻辑备份既可以选择备份单个库，也可以选择实例级别的备份，即备份所有的库。任务执行完毕后可以查看任务的执行状态，如图 20-65 所示。

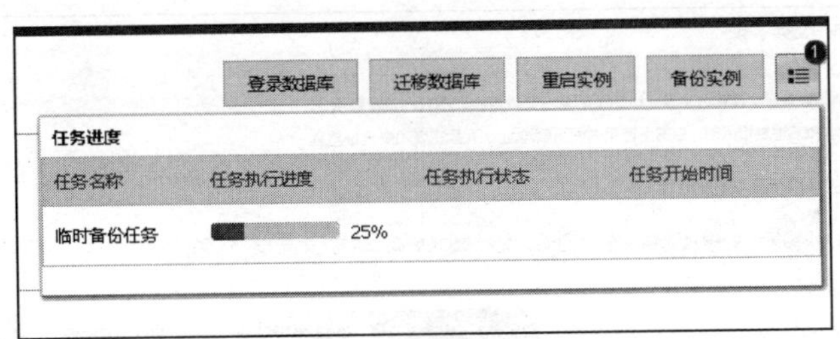

图 20-65　查看任务的执行状态

4. RDS for MySQL 物理备份和逻辑备份比较

RDS 使用 mysqldump 对 MySQL 数据库进逻辑全量备份，使用开源软件 Xtrabackup 对 MySQL 数据库进行实例级别的物理全量备份，具体见表 20-2。

表 20-2　逻辑备份和物理备份对比表

备份方式	适用的场合	存在的问题
逻辑备份	1）逻辑备份是可以用编译器或类似于 grep 和 sed 之类的命令查看和操作的普通文件。 2）恢复简单，非常灵活。 3）与存储引擎无关	1）还原时需要 MySQL 加载和解释语句，转化为存储格式，并重建索引，所以会比较慢。 2）无法保证导出后再还原出来的一定是同样的数据。浮点数、软件 BUG 等都会导致问题。 3）必须由数据库服务器完成生成逻辑备份的工作，因此要使用更多的 CPU 周期

（续）

备份方式	适用的场合	存在的问题
物理备份	1）基于文件的物理备份，只需将所需要的文件复制到其他地方即可完成备份。 2）恢复更简单。 3）恢复快，因为 MySQL 服务器不需要执行任何 SQL 或构建索引	1）InnoDB 的原始文件通常比相应的逻辑备份要大得多。 2）物理备份不总是可以跨平台、操作系统及 MySQ 版本。 3）文件名大小写敏感和浮点格式可能会遇到问题

5. RDS for MySQL 下载备份文件

RDS for MySQL 下载备份文件如图 20-66 和图 20-67 所示。

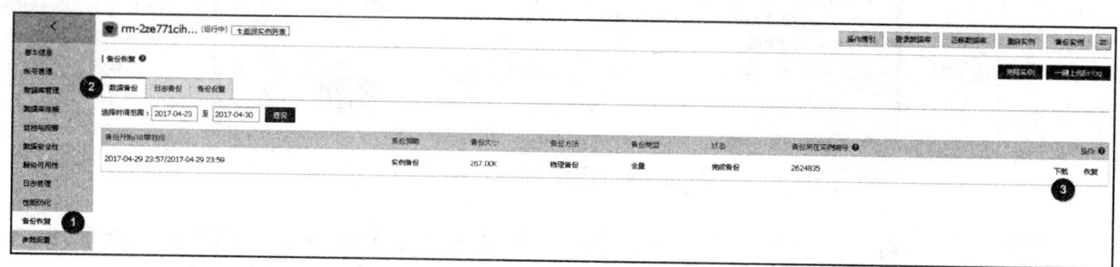

图 20-66 备份恢复界面选择数据备份下载

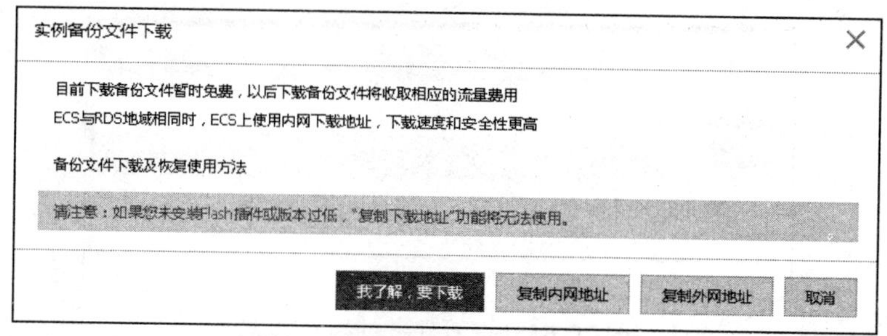

图 20-67 实例备份文件下载确认界面

下载到本地后是一个 tar 包，可以解压查看，如图 20-68 所示。

图 20-68 下载到本地的压缩包

6. RDS for MySQL 恢复

什么情况下需要恢复实例？

1）系统上线前，做功能的反复验证时。

2）系统运行中，出现脏数据，无法在线修复时。

云数据库 RDS 恢复，可以在线完成。

7. RDS for MySQL 覆盖性恢复

RDS for MySQL 覆盖性恢复界面如图 20-69 和图 20-70 所示。

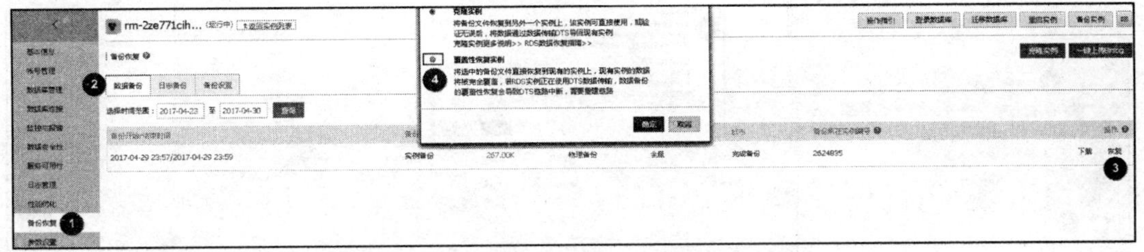

图 20-69　备份恢复界面选择数据备份恢复

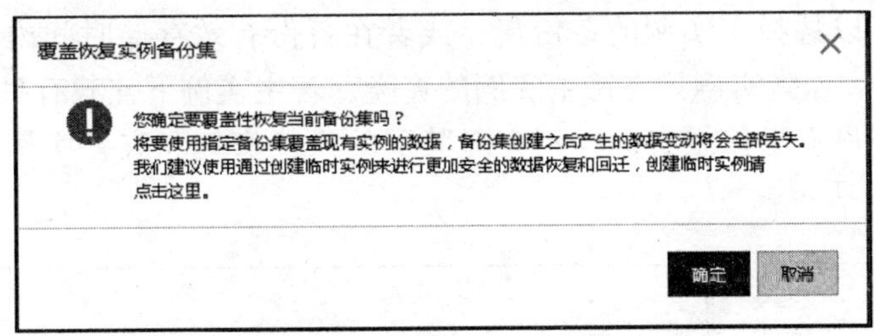

图 20-70　覆盖恢复实例备份集确认界面

输入验证码后，开始恢复，如图 20-71 所示。

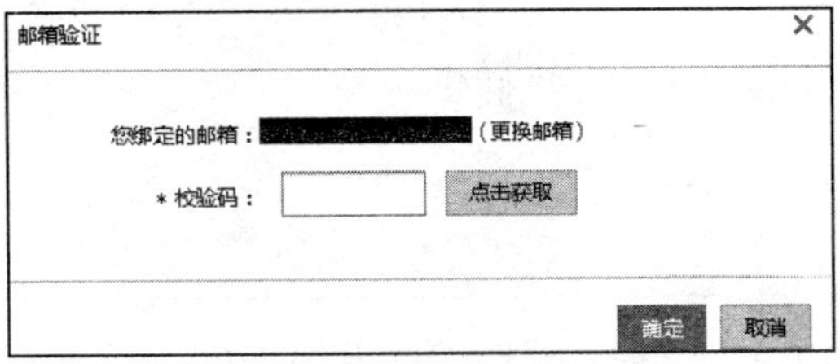

图 20-71　输入验证码界面

回到 RDS 主管理界面，可以看到数据库的状态是“备份恢复中”，根据备份量的大小，时间会有所不同，如图 20-72 所示。

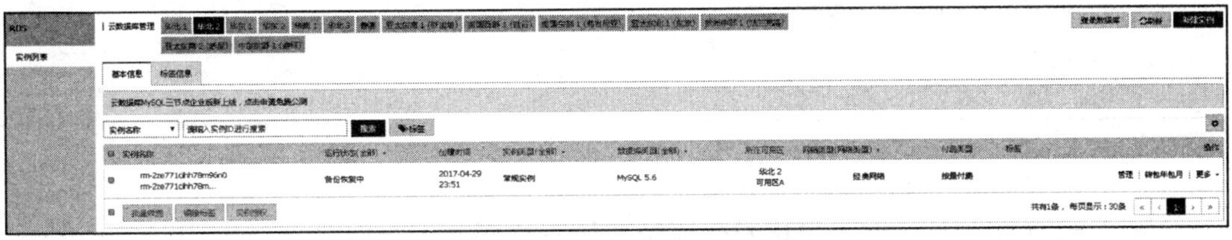

图 20-72　实例列表界面查看基本信息

8. RDS for MySQL 通过克隆实例进行数据恢复

RDS for MySQL 通过克隆实例进行数据恢复如图 20-73 所示。

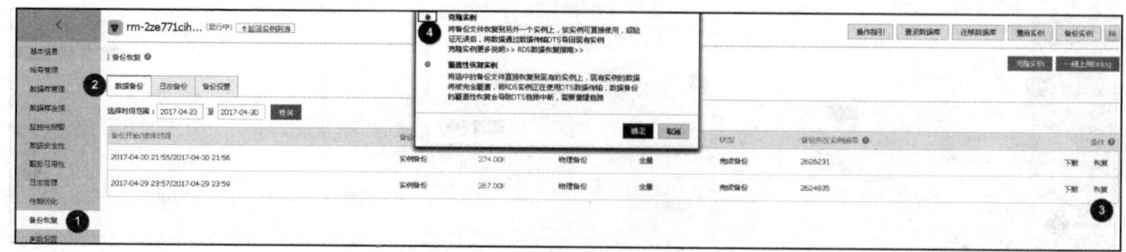

图 20-73 RDS 通过克隆实例进行数据恢复的界面

克隆实例可以选择主实例的备份集，或者在备份有效存储时间内的时间点上复制出一个新的实例。克隆实例只支持主实例的克隆，若主实例下挂载有只读实例和灾备实例，那么克隆时只克隆该主实例，不克隆其下的只读实例和灾备实例。具体操作如图 20-74 和图 20-75 所示。

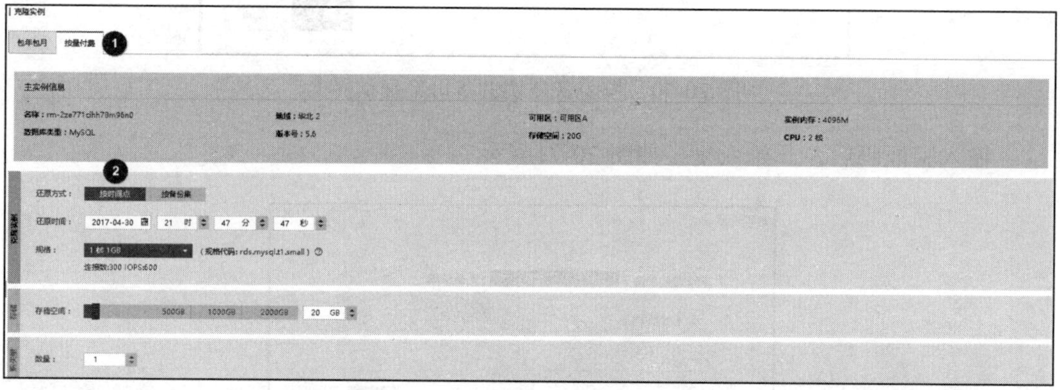

图 20-74 克隆实例的方式

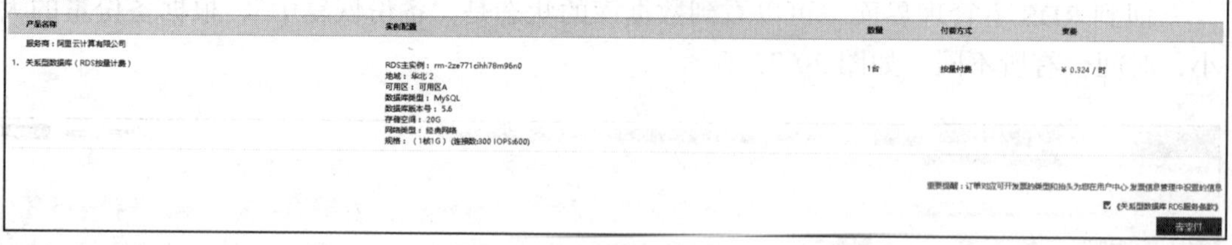

图 20-75 订单确认界面

回到 RDS 管理控制台，可以看到克隆实例正在创建中，如图 20-76 所示。

进入主实例界面可以查看到，状态是“克隆实例中”，如图 20-77 所示。

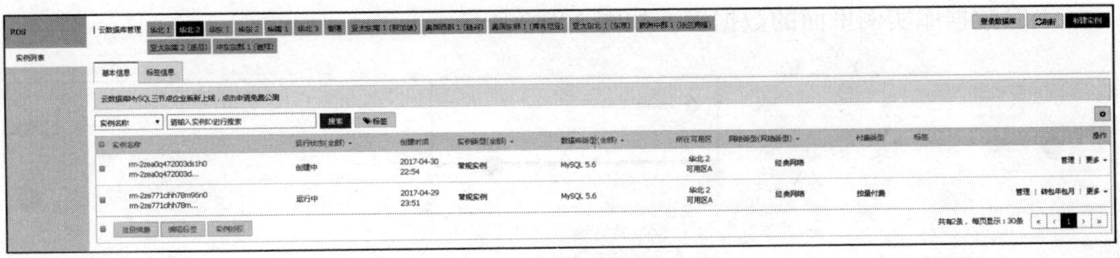

图 20-76　实例列表界面查看基本信息

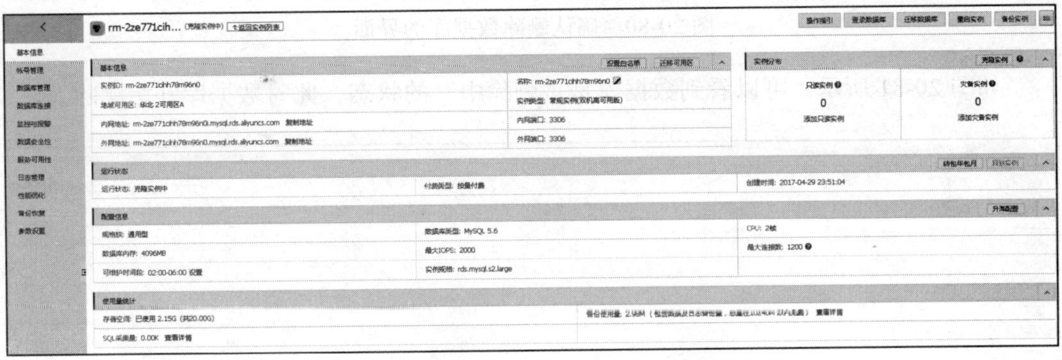

图 20-77　主实例界面查看克隆状态

克隆完毕，如图 20-78 所示。

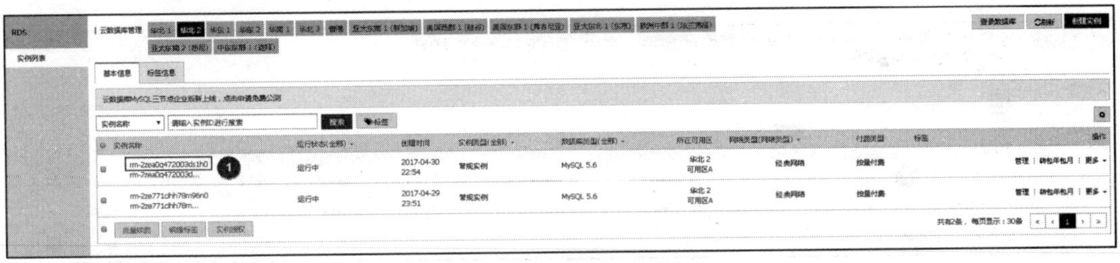

图 20-78　克隆完毕界面

下面我们手动删除原数据库里面的内容。点击数据库实例的名称，如图 20-79 所示。

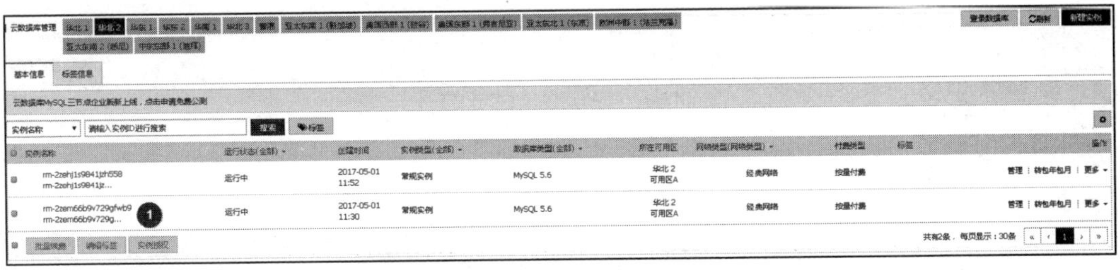

图 20-79　选择数据库实例的界面

删除数据库实例里面的数据库，如图 20-80 所示。

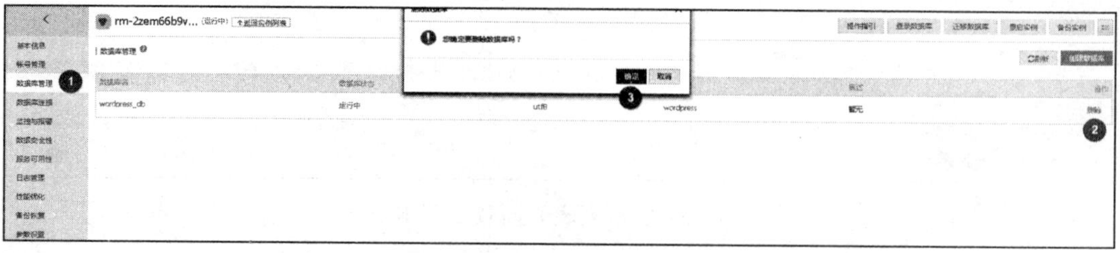

图 20-80　确认删除数据库的界面

如图 20-81 所示，可以看到数据库是“删除中”的状态，此时数据库开始删除。

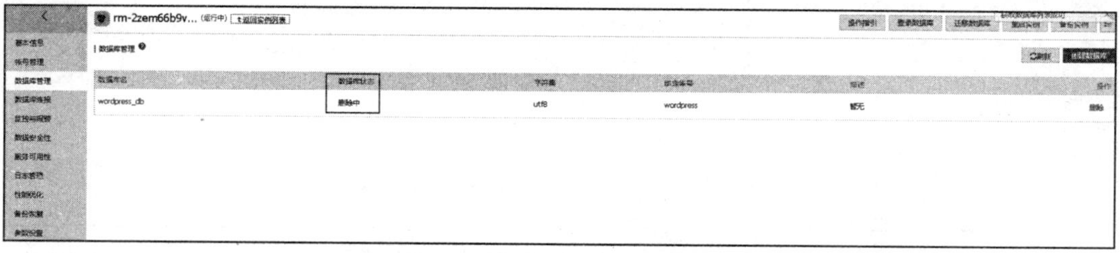

图 20-81　开始删除数据库的界面

回到 RDS 管理界面，点击新建立的克隆实例名称，如图 20-82 所示。

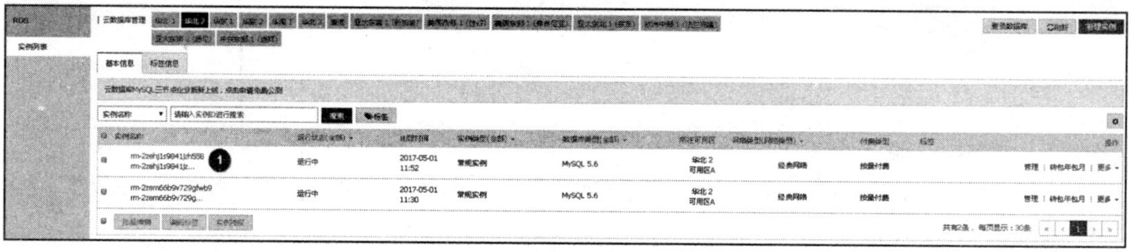

图 20-82　选择新建立的克隆实例

在克隆实例内，可以看到数据库还存在，如图 20-83 所示。

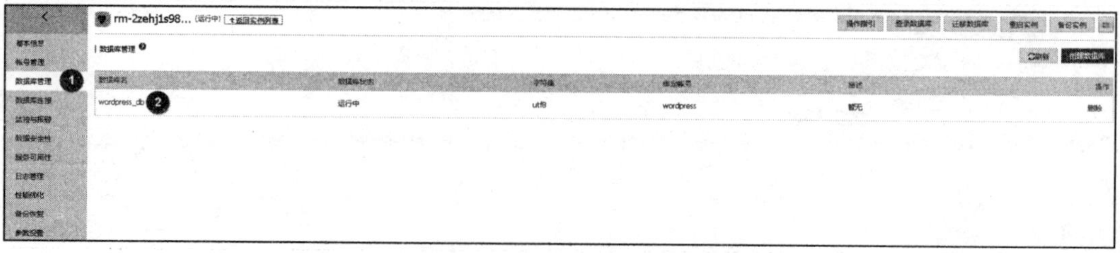

图 20-83　克隆实例中的数据库还存在

现在我们使用数据传输工具 DTS，开始迁移恢复数据库。点击“迁移数据库”，后续步骤如图 20-84 到图 20-87 所示。

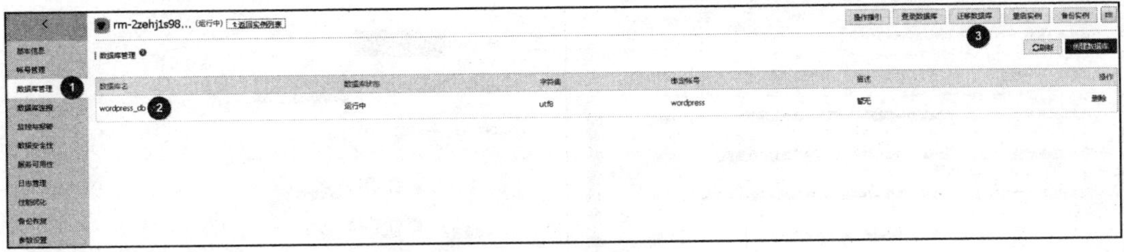

图 20-84　选择迁移数据库界面

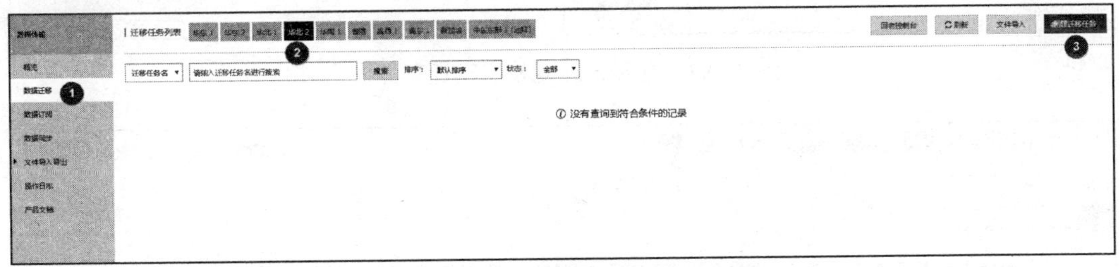

图 20-85　创建迁移任务界面

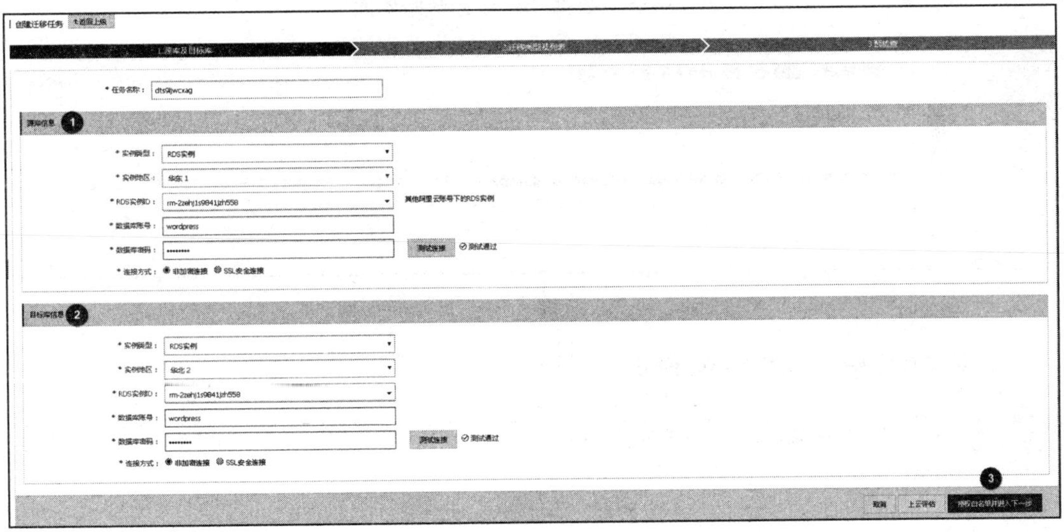

图 20-86　填写源库及目标库的信息

数据迁移任务开始，如图 20-88 所示。

数据迁移中，如图 20-89 所示。

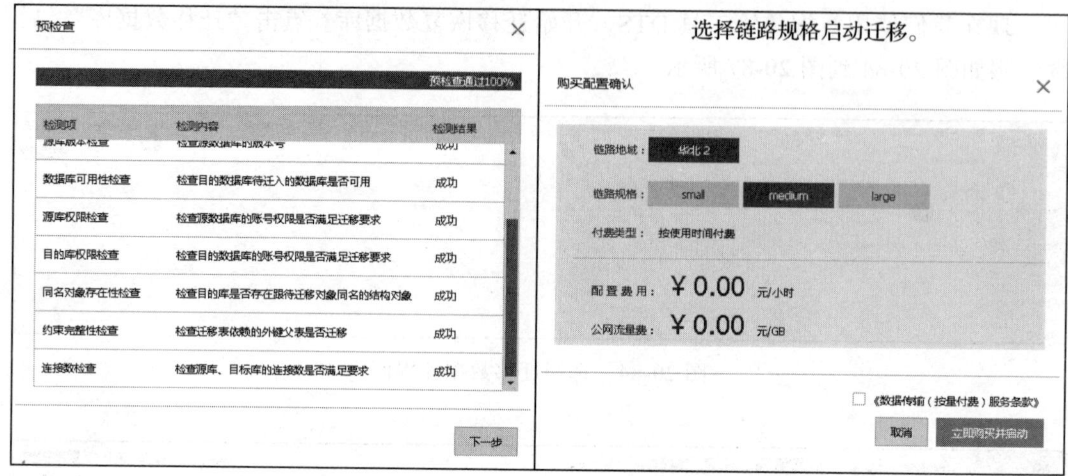

图 20-87　选择链路规格启动迁移界面

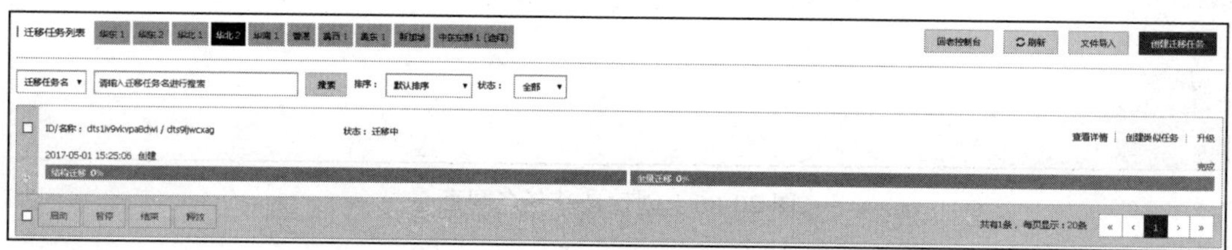

图 20-88　数据迁移任务开始界面

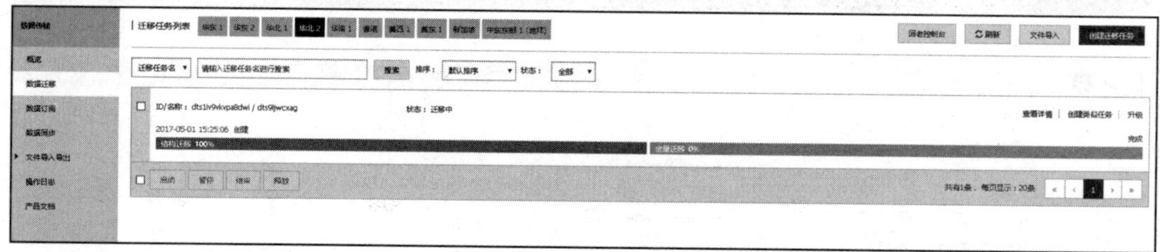

图 20-89　数据迁移进行中界面

数据迁移完毕，如图 20-90 所示。

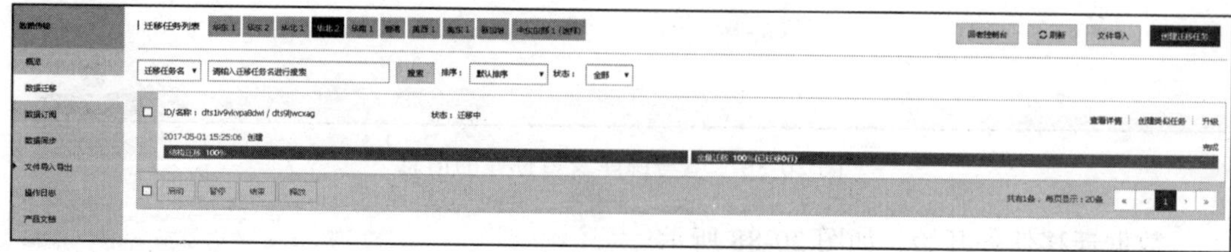

图 20-90　数据迁移完毕界面

回到数据，查看数据，是否从灾备实例内恢复到了源数据库中，如图 20-91 所示。

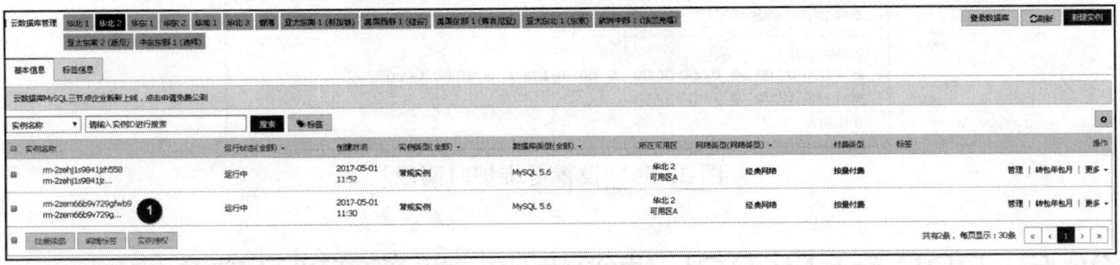

图 20-91　查看源数据库中是否已恢复

可以看到数据库已经恢复，如图 20-92 所示。

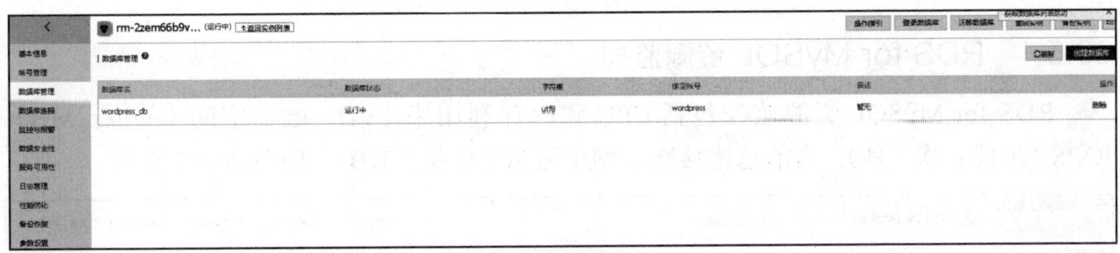

图 20-92　源数据库中已恢复成功

9. 可维护的时间段

阿里云的后台运维人员将在指定的时间段内进行例行维护。维护期间可能会造成 RDS 闪断，请确定应用程序有自动重连的功能。可维护时间段一定要选择在业务低峰期。需要根据业务特性进行维护时间段的选择。

可维护时间段的选择如图 20-93 和图 20-94 所示。

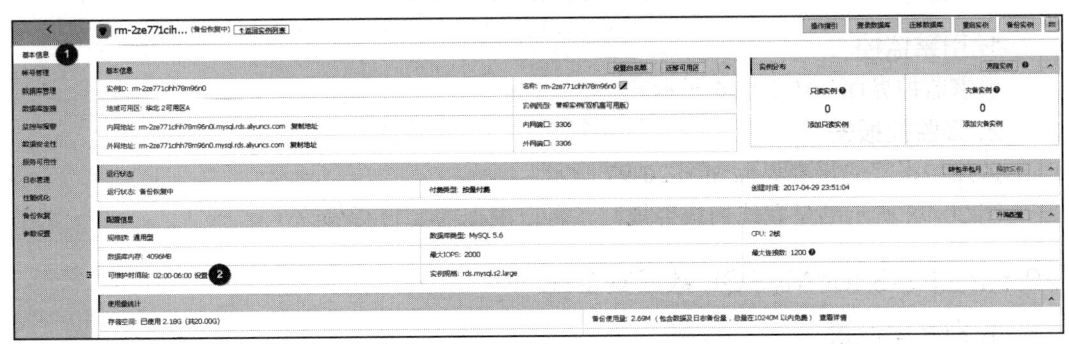

图 20-93　基本信息中选择可维护时间段的配置信息

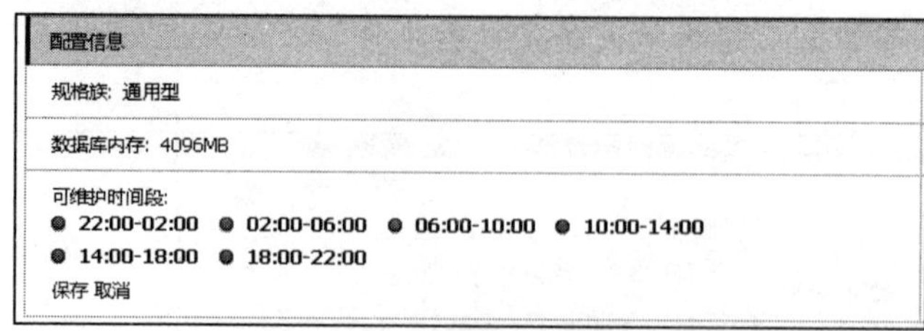

图 20-94 设置可维护时间段

20.5 RDS for MySQL 性能优化、报警管理及安全控制

- 性能优化：慢日志查询、SQL 运行报告、缺失索引。
- 阈值报警：磁盘空间、CPU 使用率、连接数使用率、IOPS 使用率。
- 安全控制：白名单设置、SQL 注入告警。

20.5.1 RDS for MySQL 资源监控

RDS for MySQL 资源监控包括 CPU 和内存利用率（%）、磁盘空间（单位：MB）、IOPS（单位：次 / 秒）、当前总连接数、网络流量（单位：KB），如图 20-95 所示。

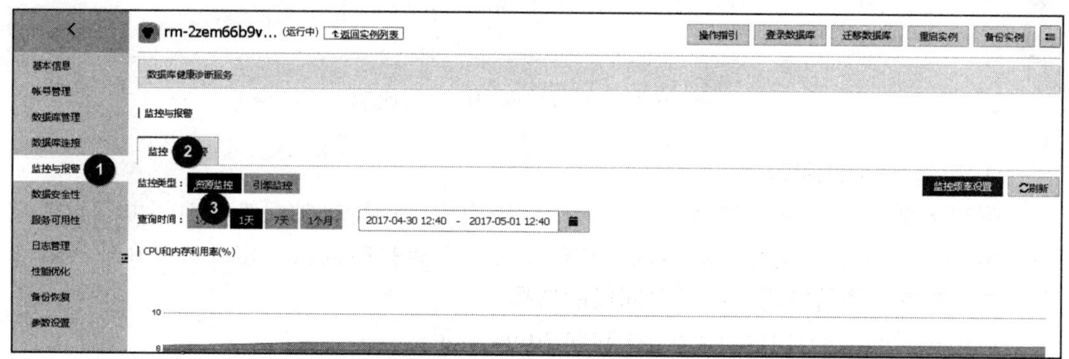

图 20-95 资源监控界面

1. 引擎监控

引擎监控界面如图 20-96 所示。

2. 云监控报警

监控与报警的报警界面如图 20-97 所示。

图 20-98 所示的是默认的报警规则，可以根据需要自行修改。

20.5.2 RDS for MySQL 数据安全性

1. 白名单设置

顾名思义，白名单是允许哪些机器可以访问数据库，只有添加了白名单以后，客户端才可以连接上数据库，如图 20-99 和图 20-100 所示。

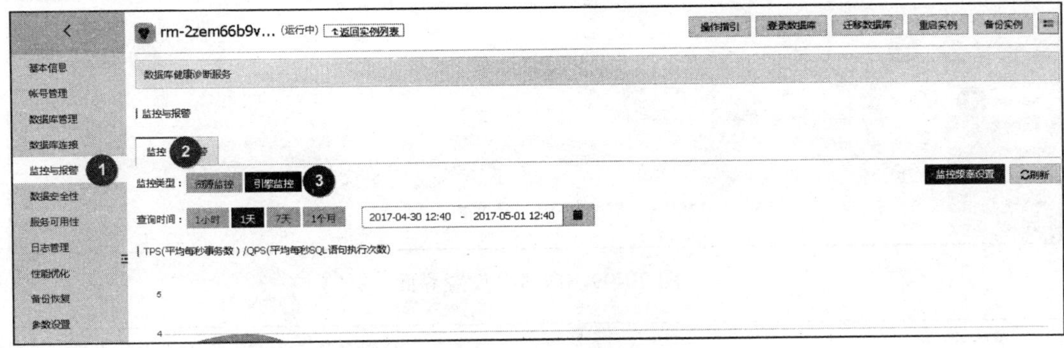

图 20-96　引擎监控界面

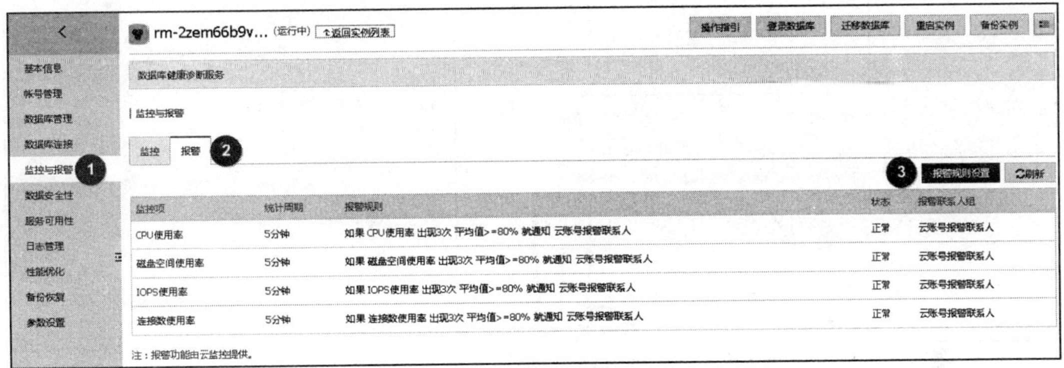

监控项	统计周期	报警规则	状态	报警联系人组
CPU使用率	5分钟	如果 CPU使用率 出现3次 平均值>=80% 就通知 云账号报警联系人	正常	云账号报警联系人
磁盘空间使用率	5分钟	如果 磁盘空间使用率 出现3次 平均值>=80% 就通知 云账号报警联系人	正常	云账号报警联系人
IOPS使用率	5分钟	如果 IOPS使用率 出现3次 平均值>=80% 就通知 云账号报警联系人	正常	云账号报警联系人
连接数使用率	5分钟	如果 连接数使用率 出现3次 平均值>=80% 就通知 云账号报警联系人	正常	云账号报警联系人

图 20-97　云监控报警界面

rm-2zem66b9v729gfwb9 返回实例列表

创建报警规则　前往此实例控制台　刷新

云监控：概览、Dashboard、应用分组、主机监控、日志监控、站点管理、云服务监控、自定义监控、报警服务

监控图表　报警规则

规则名称	监控项	规则描述	通知对象	状态	启用	操作
	CPU使用率	5分钟 CPU使用率 平均值>=80%...	云账号报警联系人 查看	正常	已启用	报警历史 修改 | 禁用 | 删除
	磁盘使用率	5分钟 磁盘使用率 平均值>=80%...	云账号报警联系人 查看	正常	已启用	报警历史 修改 | 禁用 | 删除
	IOPS使用率	5分钟 IOPS使用率 平均值>=80%...	云账号报警联系人 查看	正常	已启用	报警历史 修改 | 禁用 | 删除
	连接数使用率	5分钟 连接数使用率 平均值>=80...	云账号报警联系人 查看	正常	已启用	报警历史 修改 | 禁用 | 删除

启用　暂停　删除　共 4条　10

图 20-98　默认的报警规则界面

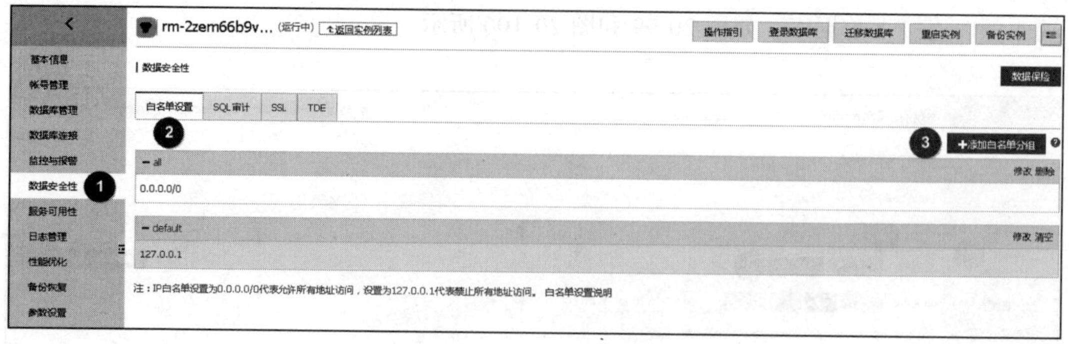

图 20-99　白名单设置界面

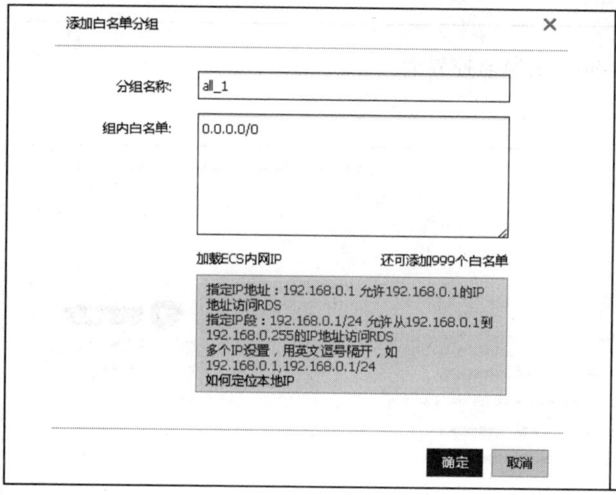

添加白名单分组 分组名称：all_1 组内白名单：0.0.0.0/0 加载ECS内网IP　还可添加999个白名单 指定IP地址：192.168.0.1 允许192.168.0.1的IP地址访问RDS 指定IP段：192.168.0.1/24 允许从192.168.0.1到192.168.0.255的IP地址访问RDS 多个IP设置，用英文逗号隔开，如192.168.0.1,192.168.0.1/24 如何定位本地IP 确定　取消	**分组名称**：设定一个有意义的名字，这样可以便于管理维护。 **组内白名单**：可以是单个 IP 地址，也可以是 IP 地址段。

图 20-100　添加名单分组界面

2. SQL 审计

如图 20-101 所示的是开始 SQL 审计界面。

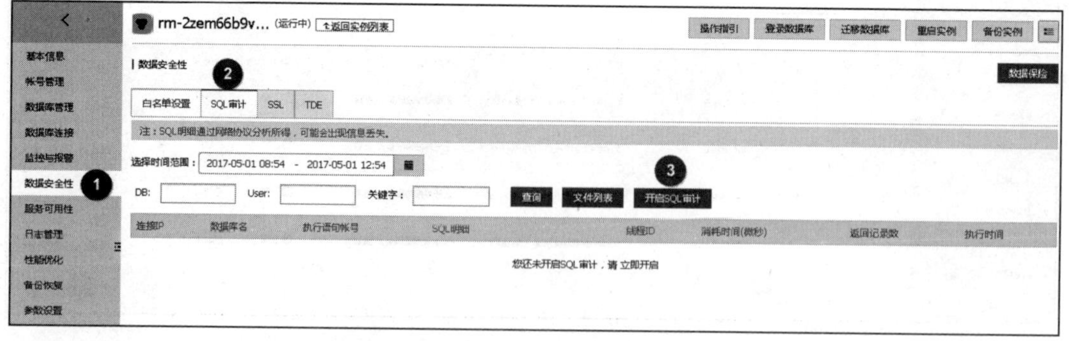

图 20-101　开始进行 SQL 审计的界面

20.5.3　RDS for MySQL 性能优化

1. 诊断报告

诊断报告内会详细说明数据库内的语句是否有问题，以及数据库的相关优化建议。建议多看诊断报告以判断数据库的状态，如图 20-102 所示。

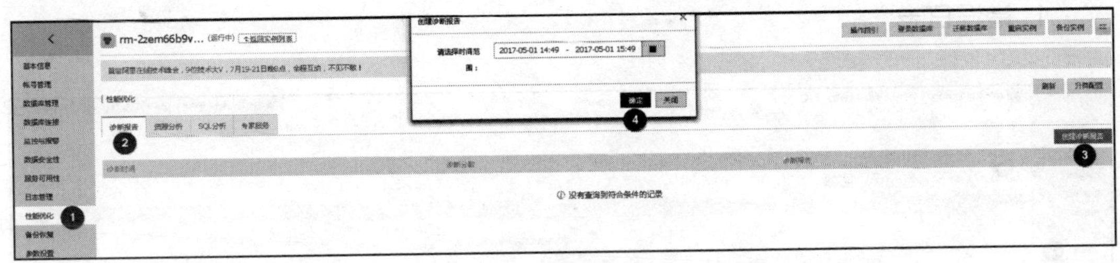

图 20-102　创建诊断报告的界面

2. SQL 分析

SQL 分析界面如图 20-103 所示。

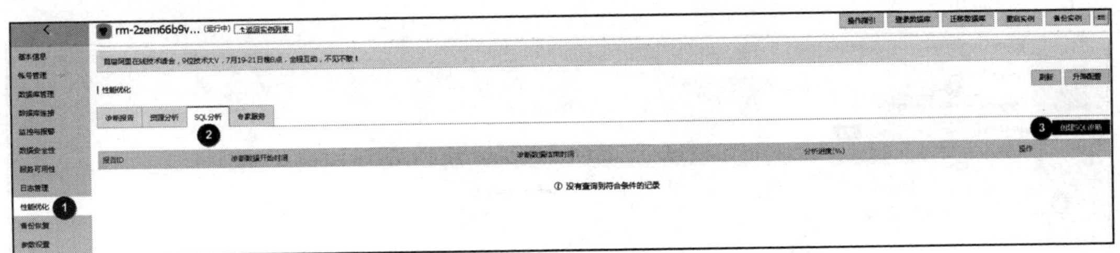

图 20-103　SQL 分析的界面

3. 资源分析

查看数据库的资源利用率，通过资源利用率可以分析数据资源是否被有效使用，如图 20-104 所示。

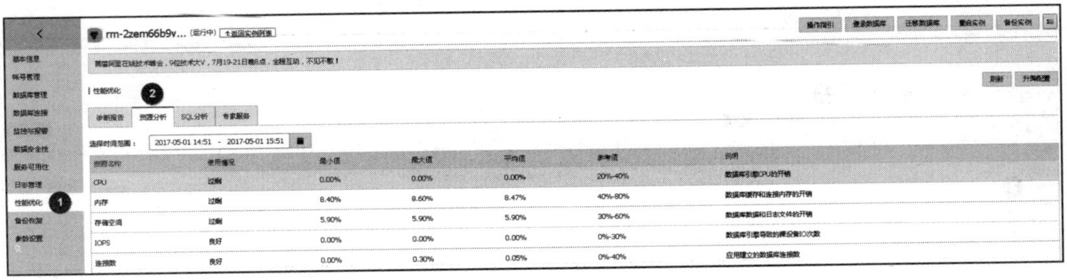

选择时间范围：2017-05-01 14:51 - 2017-05-01 15:51

资源名称	使用情况	最小值	最大值	平均值	参考值	说明
CPU	过剩	0.00%	0.00%	0.00%	20%-40%	数据库引擎CPU的开销
内存	过剩	8.40%	8.60%	8.47%	40%-80%	数据库缓存和连接内存的开销
存储空间	过剩	5.90%	5.90%	5.90%	30%-60%	数据库数据和日志文件的开销
IOPS	良好	0.00%	0.00%	0.00%	0%-30%	数据库引擎导致的裸设备IO次数
连接数	良好	0.00%	0.30%	0.05%	0%-40%	应用建立的数据库连接数

图 20-104　资源分析界面

20.6 RDS for MySQL 日志管理

日志管理

日志管理可以进行数据库相关的错误日志和慢日志查询，如图 20-105 和图 20-106 所示。

1. 错误日志

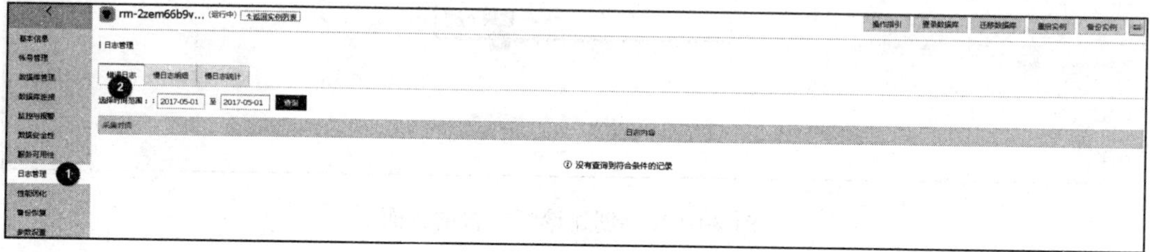

图 20-105　错误日志查询界面

2. 慢日志明细

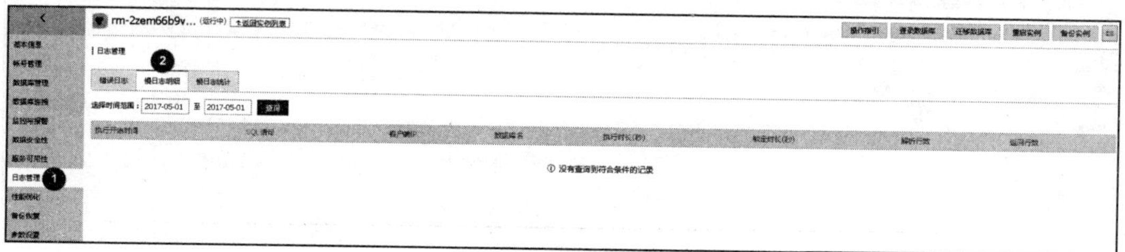

图 20-106　慢日志明细查询界面

3. 慢日志统计

数据库慢日志，可以在控制台上进行统计，统计完毕之后还可以导出，以便于我们对数据库进行优化，如图 20-107 所示。

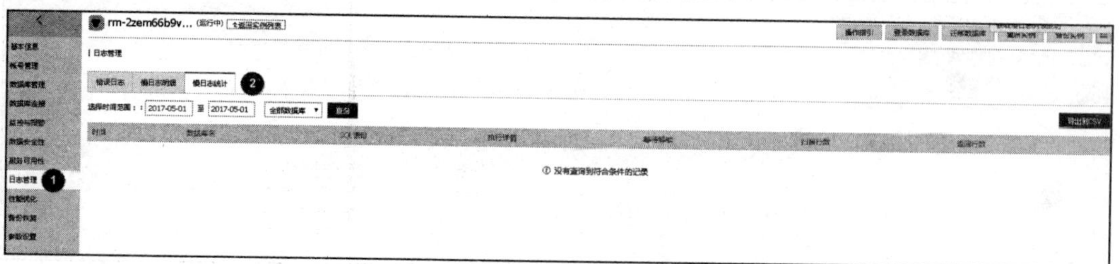

图 20-107　慢日志统计查询界面

20.7　RDS for MySQL 的只读实例和克隆

20.7.1　RDS for MySQL 只读实例

RDS 只读实例和备份实例是一样的，都是通过 Binlog 生成的。

只读实例采用 MySQL 的原生复制功能将源数据库实例（以下简称主实例）的更改同步到所有相关的只读节点。

注意：DTS 无法订阅迁移只读实例。

20.7.2　RDS for MySQL 只读实例功能特点

一个主实例（限 MySQL 5.6 版本）最多可以创建 5 个只读实例，只读实例的规格大小可以与主实例不一致，可以更方便地进行弹性升降级。根据业务压力，在需要时可以随时对实例规格进行升级。只读实例计费模式目前仅支持按小时计费；

只读实例不需要维护账号与数据库，全部通过主实例进行同步，白名单独立配置。

20.7.3　RDS for MySQL 只读实例创建过程

第 1 步：

创建一个空的只读实例，该步骤大概在 5 ～ 10 分钟内完成。

第 2 步：

检查用户选择的 RDS 主实例最近 24 小时内是否进行了物理备份，如果未进行物理备份，则会对主实例进行临时备份。该步骤所花费的时间比较长。所以建议用户在购买只读实例之前，先对主实例进行一次物理备份，从而缩短只读实例的创建时间。

第 3 步：

将主实例的物理备份覆盖到只读实例中。该步骤的耗时将取决于主实例的数据大小。

图 20-108 所示的是主实例备份文件不同大小在此步骤所花费的时间，仅供参考。

物理备份覆盖到只读实例				
备份文件大小	1G	10G	100G	500G
需要的时间	60s	180s	1800s	10000s

图 20-108　备份文件大小与对应的时间共费

第 4 步：

同步 24 小时日志。

20.7.4　RDS for MySQL 创建只读实例

点击“添加只读实例”，如图 20-109 所示。

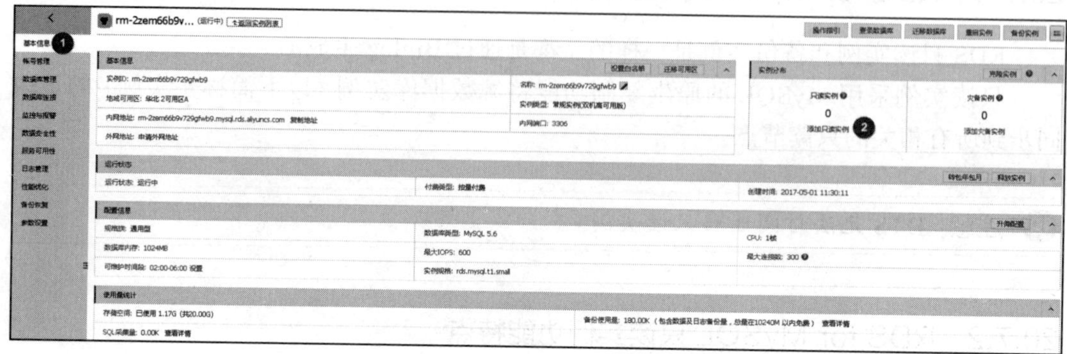

图 20-109　添加只读实例界面

如图 20-110 所示，选择只读实例的规格。因为只读实例提供的是长期的服务，所以只读实例是收费的，如图 20-111 所示。

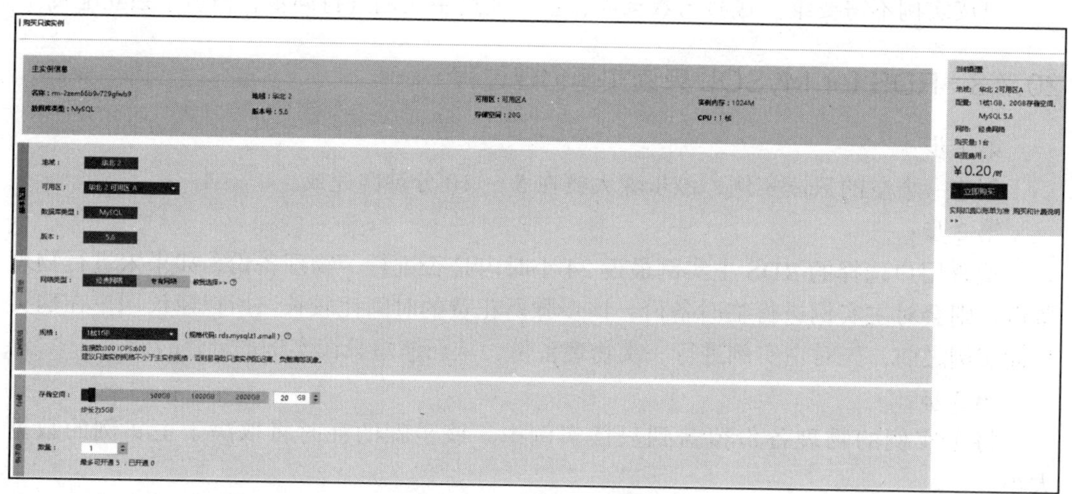

图 20-110　选择只读实例的规格

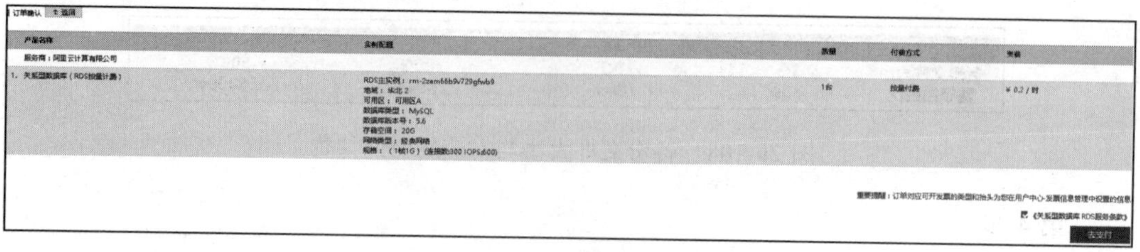

图 20-111　只读实例收费确认界面

创建只读实例成功界面如图 20-112 所示。

图 20-112　创建只读实例成功界面

回到 RDS 管理控制台，可以看到只读实例正在创建中，如图 20-113 所示。

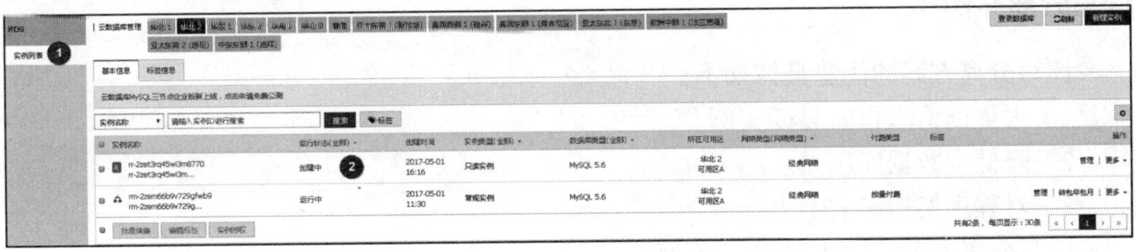

图 20-113　实例列表界面查看基本信息

进入主实例可以看到，当前主实例中有一个只读实例，如图 20-114 所示。

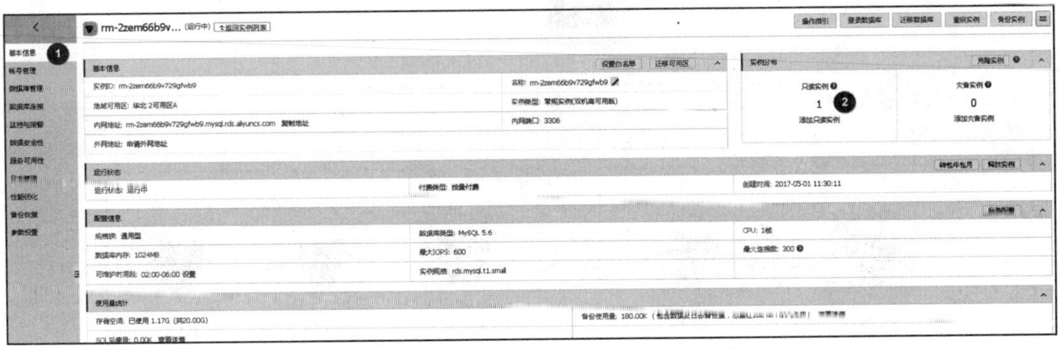

图 20-114　主实例中已有一个只读实例

只读实例，同主实例是一样的，可以有内外网访问地址，只不过只读实例只能是只读，如图 20-115 所示。

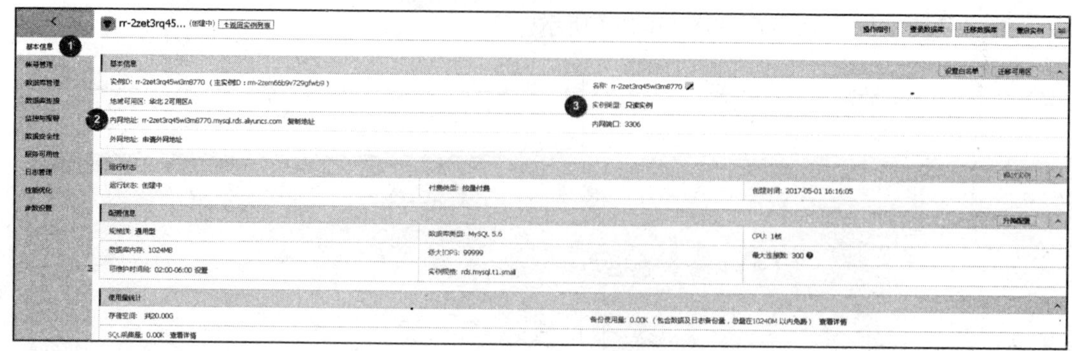

图 20-115 只读实例的内外网地址

20.8 RDS for MySQL 只读实例实现读写分离

读写分离案例

读写分离方案的优势具体如下。

1）大量读请求指向只读实例。

2）降低主数据库压力。

3）对程序架构影响不大。

读写分离方案结构如图 20-116 所示。

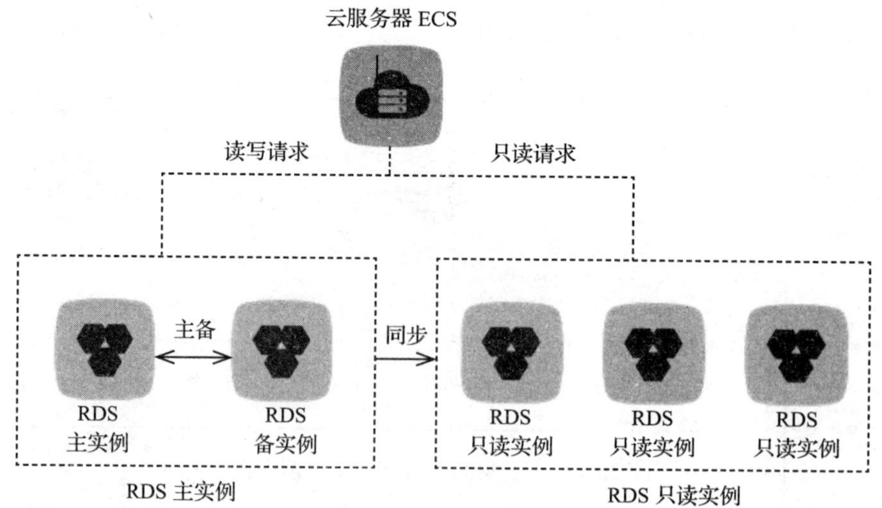

图 20-116 读写分离方案结构图

20.9　RDS for MySQL 克隆实例

克隆实例的概念和创建过程

克隆实例可以按照指定的 RDS 实例批量复制出与原实例一模一样的新实例，复制的内容包括实例数据和实例中可设置的参数（如备份设置、参数设置的参数）。对于需要批量创建相同实例的用户，可以使用克隆实例功能，在一个现有实例上快速复制出多个实例。

克隆实例当前仅支持 MySQL 类型的数据库，克隆实例的计费标准与主实例相同。

克隆实例可以选择主实例的备份集，或者在备份有效存储时间内的时间点上复制出一个新的实例。克隆实例只支持主实例的克隆。若主实例下挂载有只读实例和灾备实例，则克隆时只克隆该主实例，不克隆其下的只读实例和灾备实例。

上文 20.4.6 “RDS for MySQL 备份与恢复” 一节中我们已经实战练习过克隆实例如图恢复数据，实验步骤这里不再重复。

20.10　RDS for MySQL 克隆实例使用场景

20.10.1　克隆实例用于数据回溯

什么情况下需要进行数据回溯？

1）误删除数据。

2）系统 BUG “污染” 了主数据库。

数据回溯功能可以帮助您恢复到 7 天以内的任意一个时间点，精确到秒。如图 20-117 所示是从克隆实例自主实例迁移数据的过程。

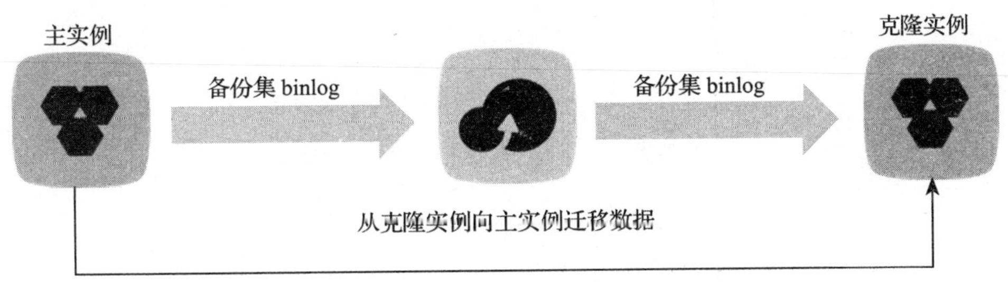

图 20-117　从克隆实例向主实例迁移数据

20.10.2　克隆实例用于准生产测试

实际场景中可能会遇到如下的困惑。

- ❑ 系统升级前想要进行全面测试，但缺乏真实的数据。

- ❑ 拥有真实数据的备份，但恢复一次时间太长。

克隆实例可以灵活、方便、随时、低成本满足业务需要。

20.11 RDS for MySQL 重点回顾

- ❑ RDS 的特点、场景、相关概念。
- ❑ RDS 的购买、计费、升级。
- ❑ RDS 的数据库实例管理备份、恢复、迁移、监控、日志。
- ❑ 只读实例，读写分离。
- ❑ 克隆实例，数据回溯。